批判与阐释

● Criticism and Interpretation

信念认知合理性
意义的现代解读

翟志宏　著

中国社会科学出版社

图书在版编目(CIP)数据

批判与阐释：信念认知合理性意义的现代解读／翟志宏著. —北京：中国社会科学出版社，2024.3
ISBN 978-7-5227-3047-9

Ⅰ.①批… Ⅱ.①翟… Ⅲ.①信念—研究 Ⅳ.①B848.4

中国国家版本馆 CIP 数据核字（2024）第 037421 号

出 版 人	赵剑英
责任编辑	刘亚楠
责任校对	张爱华
责任印制	张雪娇
出　　版	中国社会科学出版社
社　　址	北京鼓楼西大街甲 158 号
邮　　编	100720
网　　址	http://www.csspw.cn
发 行 部	010-84083685
门 市 部	010-84029450
经　　销	新华书店及其他书店
印　　刷	北京君升印刷有限公司
装　　订	廊坊市广阳区广增装订厂
版　　次	2024 年 3 月第 1 版
印　　次	2024 年 3 月第 1 次印刷
开　　本	710×1000　1/16
印　　张	21.5
插　　页	2
字　　数	389 千字
定　　价	128.00 元

凡购买中国社会科学出版社图书，如有质量问题请与本社营销中心联系调换
电话：010-84083683
版权所有　侵权必究

导　言

　　本书以现代西方哲学认识论为基础，以哲学与宗教、理性与信仰之关系为视角，对围绕着宗教信念之认知合理性问题而在哲学家和神学家之间展开的对话与争论，进行历史性的概括、归类与分析，以期在现当代的处境中对宗教信念是否具有理性的以及证据的合理性意义，形成一个较为全面的把握和认识。在总体倾向上，围绕着宗教信念合理性问题而在哲学和神学之间展开的争论，不仅体现了这两种不同思想体系之间的对立、冲突以及对话与交流，具有非常重要的学术理论意义；而且随着现代启蒙运动的展开，这种争论也引起了社会学家、文化学家、心理学家和语言学家等学者的关注与参与，从而使得对宗教信念合理性意义的批判和认识也具有了更广泛的思想文化意义。从基本的思想进程上看，哲学引导了这种对话的性质和方向：它所确定的知识论标准及其合理性评价尺度，在公共的层面上成为评估宗教信念之认知合理性的基础。因此，对哲学的宗教批判以及神学的回应与辩护进行客观的考察与分析，对于我们深入理解理性与信仰的关系、理解宗教信念是否以及如何具有知识论意义与地位，对于我们从整体上更好地把握西方宗教哲学的历史进程及其在当代的演变，都有着非常重要的思想史价值和认识论意义。此外，鉴于宗教信仰在社会文化中的历史地位和现实地位，这些考察与分析对于我们合理地认识和把握它的社会文化功能及其在人们日常生活中的认识论价值，也具有极为重要的启发意义和借鉴意义。

　　在现当代语境中，围绕着宗教信念认知合理性问题而提出的看法与主张，大致可分为批判、辩护和解释三种不同的立场。**批判的立场**主要是由哲学家们在现代认识论的基础上展开，以及在启蒙运动的影响下将这种批判向社会、文化、语言和心理等层面扩展。**辩护的立场**则是由一些神学家和宗教哲学家所持守的，其中既有以信仰主义的方式对理性批判的反驳，也有以扩展了的

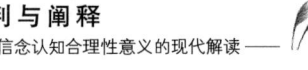

或修正了的基础主义原则以及通过对"理性"和"合理性"等概念的重新界定来对哲学的证据批判做出辩护性的回应。批判的立场与辩护的立场在传统中占据优势,形成了长期相互对立的二元格局。**解释的立场**则表现出了试图超越批判与辩护二元格局的倾向,一方面希望通过情感、意志和道德等因素来说明宗教产生的缘由;另一方面则提出了某种扩展了的意义理论,试图通过某种语言游戏、思维框架、非认知功能和符号理论等方式,将知识的实证性标准转换成为对不同信仰观念之内在合理性意义的解释。第三种立场在19世纪后期现代宗教学产生之后拥有了更多的支持者。

从历史上看,宗教信念之合理性问题,具有深远的思想文化背景,可说是在西方哲学家和神学家之间长期争论的基础上形成并逐步扩展开来的话题。早在古希腊哲学产生之初,哲学家们就已对原始神话及希腊社会信仰形式的荒诞性展开了批判,并尝试通过理性阐释传统的建构来为宇宙、人类以及宗教现象的本原和本质做出合理的解释。基督宗教产生之后,哲学的宗教批判逐步围绕着这一具体的对象而展开,罗马帝国的哲学家们运用希腊哲学的思想观念和理性方法,对基督宗教信仰中的某些不合理观念与教义给予了揭露和嘲讽。然而这些批判性的嘲讽与揭露很快就引起了早期教会及其神学家们的抵制与辩护,其中的一些神学家采取了一种理性主义的辩护方式,运用希腊哲学的概念与方法来论证基督宗教的合理性,从而在哲学和宗教之间开启了批判与辩护的历史对话格局。

在这种对话格局形成的早期历史阶段,虽然有一些神学家始终敏感于宗教和哲学之间的差异与张力,但也有不少神学家偏好理性的辩护方式,努力尝试把哲学的批判转化为一种哲学的辩护。罗马帝国晚期以及随后到来的中世纪时期,随着基督宗教的存在合法性在政治和社会层面上的解决,哲学的辩护逐步演变为一种思想体系的建造。这个时期的神学家和哲学家们通过哲学与宗教的全面整合,建构起了一系列内容广泛的神哲学体系;其中,辩护的意愿为体系建构的尝试所取代,成为内在于或隶属于这些体系中的一个遥远的回声。然而在这些时期,无论神哲学家们在运用希腊哲学的概念和方法解决宗教信念的合理性问题中采取的是哪种方式,它们都随着以笛卡尔和洛克等人为标志的现代哲学的开始,而再次遭遇哲学家们的证据主义质疑,甚至是更为严格的规范性质疑。

笛卡尔和洛克的哲学思想可说是这种质疑以及由此导致的合理性批判的基础。他们对认识论起点、证据与知识的关系以及理性的规范意义进行了深入的考察，特别是笛卡尔为建构"可信赖的和系统化的知识"而孜孜以求的"毋庸置疑的第一原则"，以及洛克对人类知识的基础、范围和类型及其可靠性根据的探究所激发出来的基础主义和证据主义思想，成为17世纪之后哲学家们对信念合理性展开批判的基本原则。在他们之后，莱布尼茨在阐发理性与信仰相一致思想的同时，对理性原则的解释意义与论证意义做出了分析梳理；休谟和康德依据经验论原则与人类认识能力的分析对古典自然神学展开了深入批判，并对笛卡尔和洛克的基础主义和证据主义思想的示范作用与信念批判指向，以及莱布尼茨的规范性理论与弱理性主义主张给予了历史性的考察与分析。

现代早期在有关真正的知识和必然性真理的诉求中所逐步涌现出来的基础主义和证据主义原则，不仅成为信念合理性批判中的基本原则，而且也逐步演变成为一种伦理原则和道义原则，一种只有满足知识确定性的证据原则并受到理性的规范和引导才能够成为在思想上是负责任的以及在道义上是值得尊重的原则。这种证据原则以及伦理责任原则随着启蒙运动的深入，在为19世纪和20世纪哲学家们所继承的同时，也被众多社会学家、心理学家和宗教学家等学者所接纳，在社会、文化与心理等领域扩展了合理性批判的深度与广度。在基本倾向上，洛克在证据基础上对宗教信念的规范以及由此提出的思想责任要求，成为大多数现当代哲学家思考理性、责任和宗教信念间关系的基本路线。将这一路线以最为典型的形式表达出来的是19世纪英国哲学家克利福德，他在其《信仰的伦理学》一文中把严格的证据原则阐释成一种普遍的伦理责任，提出了"相信任何没有充分根据的东西，无论在何时何地对何人都是错误的"这一影响深远的主张。在20世纪，运用证据主义原则对宗教信念展开哲学批判的代表是逻辑实证主义。逻辑实证主义是以19世纪中期以来的实证主义思潮为基础，并在20世纪三四十年代达至鼎盛的一种哲学运动，它以可证实性标准为原则，对所有形而上学命题的认识论意义进行了批判性考察，认为宗教命题因其缺乏经验上的可证实性或可验证性而不具有知识的可能性，从而是无意义的。与此同时，对宗教合理性批判从认识领域向社会文化和心理等领域的扩展也形成了一些重要的思想运动，在19世纪和

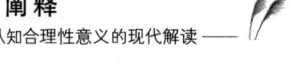

20世纪引起了众多思想家们的关注与兴趣,其中费尔巴哈、马克思、涂尔干（杜尔凯姆）和弗洛伊德等人的相关理论具有代表性,它们与现代宗教学的产生和发展也有着广泛的联系和深远的思想理论意义。

围绕着宗教信念合理性问题而形成的批判与辩护对话格局,虽相互对峙,但也存在着广泛的交流。在总体上,哲学家们引导了这种对话所得以展开的性质和方向,但神学家们也有着采取何种方式和立场为自身信念辩护的诸多可能性选择。从历史上看,针对哲学批判而做出的辩护,主要表现为信仰主义的和理性主义的方式与立场。而在现当代的信念合理性辩护中,占据着某种主导地位的依然是这两种方式所体现出来的思想旨趣,虽然在辩护中这两种方式在使用的话语观念、预期的目的以及基本的态度上都发生了相当大的变化。也就是说,在同样持守辩护立场的神学家或哲学家之间,是采取信仰主义的方式还是理性主义的方式,存在着颇多的分歧与争议。一些神学家,如宗教改革时期的马丁·路德,对神学解释中使用哲学概念与方法抱有深深的敌意,并对中世纪经院哲学过分推崇哲学理性的思想传统给予了辛辣的嘲讽,坚持唯有通过圣经才是把握和认识宗教（福音）真谛的真正道路。他的立场和思想对宗教改革及后世产生了深刻的影响。19世纪的克尔凯郭尔更是强调了宗教信仰与客观证据的不相关性,认为主体性的激情和悖论才是进入宗教信仰的唯一途径。当然,20世纪也有一些神学家会持有与他们相同或相似的立场与倾向,如卡尔·巴特,他认为从理性上证明上帝存在既不能成为一个神学问题,也不应该是神学的一部分,重申了"唯有圣经"的意义和价值,只是在态度上已不再那么尖锐。

而在现当代的思想文化处境中,虽然有一些哲学家希望以理性的方法说明宗教信念的合理性,但采取的手段与中世纪时期神哲学家们的整合建构方式大相径庭,由此所形成的乃是一些多元化的阐释性理论。例如威廉·詹姆斯把信念的形成基础归结为意志,对意志形成机制的非盲目性或合法性做了阐发;普兰丁格以改革宗认识论为基础,梳理和分析了传统证据主义的基本原则,通过重新解读所谓的基本命题与合理性概念,提出了有保证信念的主张。即使休谟和康德依循证据主义和基础主义的认识论路线,对宗教信念特别是自然神学在知识上的不可能性及其不合理性进行了深入的揭露和批判;但他们并不回避也不否认宗教信念在西方社会历史文化中的地位与意义,休谟认为"关于宗教的每一次探究都至关重要",康德则把对"可以希望什么的"宗教的探究作为他一生所要解决的三大基本任务之一。因而他们在从认识论上对宗教进行批判并否认它具有"理性的基础"和可以"证成"的根据之后,进而对它何以出现或形成的"因"给予了解释和说明。休谟把宗教的自然起源归于人性,认为情感引发了信仰;康德则把至善存在者的产生看作一种道德设定,是德福相配的需要,主张道德导致了宗教。虽然也有人把休谟和康德关于宗教起源的情感归属和道德设定看作对宗教合理性的一种辩护,如视康德的道德设定为上帝存在的道德论证明,但本书作者倾向于认为他们的看法更多的是一种关于宗教起源和产生的客观解释与说明,并尝试从19世纪中后期所形成的现代宗教学的立场来阐释其理论意义。

本书所涉及的信念合理性问题以及由此形成的批判与辩护之对话格局,主要是围绕着哲学家们所提出的认识论原则以及知识的真假意义而展开的。无论是在内容、态度还是在视角、方法上,现当代的社会处境为对话双方都提供了更为广阔的思想空间。其中的一些学者运用语言(符号)理论和思维框架等观点学说,尝试为宗教命题提供一种超越认识论意义的或者说非认知功能的解释。本书选取维特根斯坦(后期)、尼尔森、博仁、布雷思韦特和蒂利希等人的看法,对这些尝试做出了简要的评述。本书认为,如果试图把宗教语言或宗教符号看作一个超越或不具有认识论意义的问题,那么就会包含着一个极富挑战性的话题,即我们是否能够或是否应该把宗教命题置放在知识真假意义的基础上进行讨论的问题,是否能够使之免于认识论的合理性批判的问题。由于这个问题不仅与本书前几章的内容有着逻辑上的和思想上的内在关联,而且同时也具有重要的理论意义和现实意义,因而本书虽然对其进行的只是简要的讨论,但希望因此能够引起更多学者的思考与关注。

宗教信念的合理性问题以及与之密切相关的哲学与宗教、理性与信仰之间的关系问题,可说是不同时代哲学家们在基本认识论基础上建构的公共平台或对话语境中所生发出来的一个最为根本的问题。具有不同立场与倾向的哲学家和神学家们在长期的历史过程中对之进行了广泛深入的思考、探究与争论,丰富并扩展了知识、信念以及合理性等思想观念的内容。虽然在基本倾向上,哲学与理性相关,而宗教与信仰一致,人们一般会认同这样的看法,并对它们各自的含义在总体上能够形成某种相对明确的认识;然而西方思想史上关于理性与信仰问题长期的争论与探究，使得它们之间的关系呈现出了较为复杂的局面。本书所涉及的内容与对象，即在这种错综复杂的历史关系中建构起来的，因此，适当地界定"理性"和"信仰"以及"合理性"的含义，对于较为明确地理解本文的内容，当有着积极的思想意义。

从古典的意义上看，"理性"（reason）意味着从前提导出结论的逻辑推理过程或能力。它要求作为前提的命题必须是在合理的基础——例如经验证据——上形成或提出，而推理的过程必须符合有效的逻辑程序。在历史传统上，人们往往会把这种"理性"作为知识获得的基本基础和主要手段，用它来提出、论证和批判（或评估）一定的认识论命题或某种思想观念。这是一种相对严格的或理论化的"理性"观。① 这种观念有时会把"理性"等同于逻辑，依据哲学认识论或自然科学的思想取向为其建构典范或标准。本书基本认同这种理性观，而且这种理性观也是对宗教信念持批判立场的大多数哲学家所采纳的观点。在他们看来，所谓的"合理性"（rationality）即合乎这样的理性，一个观念或命题是合理的，乃是能够满足经验证据或者逻辑推论之类真假条件的；反之，就是不合理的。除此之外，"理性"概念有时特别是现当代，还会被人们用来指称那些与人们的生活实践和文化传统密切相关——诸如所谓的"传统的累积智慧"以及常识理性——的东西。② 虽然这样的"理性"观含义较为宽泛也不够严格，却在现当代宗教哲学研究中受到了一些学者们的青睐。与此相关，他们也扩展了"合理性"概念的含义，认为一个信念或命题是合理的，既可能与单纯认识论意义上的真假相关，也可能与接受它的文化条件和思想背景相关。③

与"理性"类似，"信仰"（faith）也是一个有着多重含义的概念，在日常生活和宗教活动中有着广泛的应用。就后者来说，作为宗教活动的核心，"信仰"表现为对某个（或某些）神圣对象或宗教命题的认可或认同的态度与倾向。在西方的文化背景中，这种态度与倾向主要体现为一神论的信仰，

---

① 参见 *Faith and Reason*, edited by Paul Helm, Oxford University Press, 1999, pp. 4–5。

② 参见 *Faith and Reason*, edited by Paul Helm, pp. 5–6；凯利·詹姆斯·克拉克：《重返理性》，唐安译，戴永富、邢滔滔校，北京大学出版社2004年版，第126页。

③ 参见 A. Plantinga, *Religious Belief without Evidence*; *To Believe or Not to Believe*: *Readings in the Philosophy of Religion*, edited by Klemke, Harcourt Brace Jovanovich College Publishers, 1992, p. 415。

对"有关超越上帝的假设的存在和活动的某种确定的神学主张的认可"以及对"关于永恒生命及其他相关主张的认可"。① 这种认可与认同在持有这种信仰的人们看来,并不一定是以客观证据或经验证据为基础的,甚至完全是与感性证据无关的,而是来自启示以及对启示之源的上帝的绝对信任。在英语中,表达"信仰"的语词通常有"faith"和"belief",在一般意义上,本书作者都将它们译为"信仰",但有时也根据具体语境而把前者译为"信仰",把后者译为"信念"。

此外,本书中也有一系列主要的概念,诸如知识、意见、证据主义、基础主义、信仰主义等等,大多会在相关的具体内容中给予说明。

---

① *To Believe or Not to Believe: Readings in the Philosophy of Religion*, edited by Klemke, p.7.

目录

第一章　思想缘起与理论背景 … 1
第一节　殊途同归与建构张力 … 2
第二节　早期认知传统 … 29
第三节　信仰寻求理解 … 50

第二章　认知基础与证据理性 … 87
第一节　寻求可靠性 … 88
第二节　证明与解释 … 113
第三节　证明理论批判 … 126

第三章　伦理责任与社会文化意义 … 155
第一节　信仰的伦理学 … 156
第二节　可证实性原则 … 169
第三节　信仰与社会文化 … 187

第四章　主体性与自由决断 … 200
第一节　无关的雅典 … 200
第二节　主体性与悖论 … 208
第三节　决断与责任 … 224

第五章　情感、意志与新基础主义 ································ 238
第一节　人性之源与道德之基 ································ 239
第二节　意志与信念 ································ 249
第三节　有保证的信念 ································ 267

第六章　语言、符号与泛功能主义 ································ 287
第一节　语言游戏与思维框架 ································ 287
第二节　非认知功能与宗教符号 ································ 298

参考文献 ································ 311

人名索引 ································ 319

主题词索引 ································ 323

后　记 ································ 333

第一章　思想缘起与理论背景

现代早期西方哲学家们对认识论问题所表现出的前所未有的热情与兴趣，极大地拓展了这一哲学领域历史性探究的广度和深度。被众多学者称为认识论转向的这场思想运动，既与哲学自身的历史演进有关，也深受当时自然科学的突破和理论成就的影响，同时为不同时代哲学家们所关注的宗教信念的认知合理性问题也与之有着千丝万缕的内在关联。当哲学从中世纪迈进现代社会这一新时代的门槛之后，其思想趣味和理论指向发生了根本的变化，不仅在中世纪时期占据支配地位的传统世界观为一种较为开放的探究精神所取代，即使那些为中世纪特别是经院哲学时期一些神学家们所偏爱的思想方法——将古希腊哲学的概念和逻辑方法运用在神学的解释和论证之中——及其理论成果，如自然神学，也受到了现代早期哲学家们的质疑和批判。虽然在现代哲学刚刚开始的时候，这些质疑和批判更多的不是针对哲学与神学联姻的可能性，而是在这个联姻过程中所取得的结论，如上帝存在可以在理性上获得可靠的证明；但是随着这些质疑和批判的展开，有关知识的标准以及与之相关的认知合理性问题逐步引起了越来越多的哲学家们的兴趣，其结果是不仅对"人类知识的起源、确定性和范围"的探讨越发的全面、深入和严格，而且也使得质疑和批判的矛头从哲学与神学联姻的理论结论波及这种联姻本身。可以说，现代早期的历史转折和批判精神以及在哲学上所导致的认识论转向，为随后的哲学家们深入思考知识的起源、范围和标准以及"信念、意见和赞同"的"根据与程度"，提供了广泛的思想基础和理论视野，从而也使得现当代知识的基础主义和证据主义讨论以及信念的合理性批判拥有了深厚的历史背景。

第一节 殊途同归与建构张力

在西方历史上，宗教信念的认识论地位及其认知合理性意义问题最早是由希腊哲学家们提出的，它萌芽于希腊哲学形成过程中对传统神话观念与神话思维的批判与超越，彰显于基督宗教产生初期希腊哲学对其认知合理性的质疑和早期教父（基督宗教神学家）的辩护。应该说，作为两种不同的思想体系和文化体系，希腊哲学与基督宗教本有着相互迥异的历史源头、发展轨迹、思想内容与话语体系，然而罗马帝国的建立为两者间的碰撞与交流提供了现实的政治条件和地域条件，从而使得在两者间碰撞与交流中所展开的质疑和辩护的对话以及在这种对话中所凸显出来的合理性张力，在公共层面上开创了一种新的话语体系和理论潮流，并最终成为西方宗教哲学史上一种极具影响力的思想内容。

一 理性阐释

从公元 1 世纪开始在罗马帝国这个社会舞台中上演的有关宗教信念合理性意义之争的两位主角——希腊哲学与基督宗教，是从完全不同的原始文明中孕育并经过长期的历史演进而最终汇聚在一起的。如果说基督宗教是源出于西亚的希伯来宗教（犹太教）并可追溯到公元前 3500 年前后两河流域的美索不达米亚文明的话，那么希腊哲学形成的社会文化基础乃是在公元前 8 世纪之后在希腊半岛和爱琴海地区所建立起来的希腊城邦社会，其前身是被统称为爱琴文明的米诺斯文明①和迈锡尼文明②。米诺斯文明和迈锡尼文明虽然有着初具规模的商业贸易、手工制造业、建筑和雕刻等，但其社会形式仍处在原始社会阶段，是不同氏族间相互征战与不断融合的时期。③

---

① 米诺斯文明是于公元前 2500—前 1500 年出现在克里特岛（位于希腊本土的南部、地中海中一个岛屿，处在爱琴南端的入口处）上的一种原始文明。

② 迈锡尼文明是在公元前 16 世纪—前 12 世纪末在希腊本土（伯罗奔尼撒平原的东北部）兴起并取代米诺斯文明的另一种原始文明形式。

③ 参见斯塔夫里阿诺斯《全球通史》上卷，吴象婴、梁赤民、董书慧、王昶译，北京大学出版社 2012 年版，第 67—68、77—79 页。

希腊城邦社会是以众多相对独立的城市为主干而构成的文明社会。这些城市非常众多，较为著名的有希腊半岛的雅典和底比斯、伯罗奔尼撒的斯巴达和科林斯、小亚细亚的米利都、爱琴海的米太林和萨莫斯等。希腊城邦文明形成时期是在公元前800—前500年，古典或鼎盛时期为公元前500—前336年，然后是公元前336—前31年对外扩张的希腊化时期；随后为在意大利半岛逐步崛起的罗马帝国所取代。① 虽然希腊城邦和罗马帝国在地理面积、社会构成形式和文明表现方式等方面都不同于早期的米诺斯文明和迈锡尼文明，但在宗教信仰和神话传说方面则深受后者的影响，只不过是更为精致和更为体系化。希腊所继承的早期爱琴海文明的信仰和神话传说，进而传递给了罗马，"希腊神话中的宙斯、赫尔墨斯和阿尔忒弥斯成为罗马神话中的朱庇特、墨丘利和狄安娜"②。

虽然构成希腊城邦社会精神文化基础的多神崇拜与神人谱系饱含着诸多原始的和想象的成分，但内在于其中的有关宇宙、世界和人类自身之本原的追溯，则是激励希腊文明不断探究的一股不竭的形而上学冲动，并随着历史的演进而从中涌现出了一种迥异于原始神话思维的新的阐释方式和思想原则。开创这一新的阐释方式和思想原则的是生活在公元前6世纪前后小亚细亚伊奥尼亚地区的一批哲学家——泰勒斯（Thales，约前624－前546）、阿那克西曼德（Anaximander，约前610－前546）和阿那克西米尼（Anaximenes，约前586－前525），尝试以一种合乎自然的方式解释和探究宇宙与世界的本原和始基。在他们之后，更多来自希腊其他城邦和地区的哲学家们，包括毕达哥拉斯（Pythagoras，约前570－前490）、塞诺芬尼（Xenophanes，约前570－470）、巴门尼德（Parmenides，约前515－前445）和德谟克利特（Democritus，约前460－前370）等，采取了与泰勒斯等人相同的探索方式，对自然或宇宙形成的原因和根源进行了更深入的解释与思考。

即使希腊哲学的这些早期开创者们在以自然的方式探究宇宙的根源时，更多的是把水、气、火、原子等物质元素看作万物的始基或本原而显得较为简单和粗糙，但它是以一种不同于传统神话的认知方式看待宇宙的本原，以

---

① 参见斯塔夫里阿诺斯《全球通史》上卷，第5章"希腊—罗马文明"。
② 斯塔夫里阿诺斯：《全球通史》上卷，第121页。

一种自然的以及"论证的"方式解释世界的存在及其原因。① 更重要的是，在以自然方式对宇宙本原及其变化原因的探究中，早期希腊哲学家表现出了对人类自身认识能力的信任，相信通过人类自身的努力是可以揭示出宇宙的奥秘，可以把握宇宙的终极本质及其起源与变化的原则。这正如赫拉克利特所说，每个人都有一种"健全的思想"，它能够"说出真理并按真理行事，按照事物的本性（自然）认识它们"。②

可以说，早期希腊哲学家对人类认识能力的信任所表现出的"哲学乐观主义"，在一定程度上取代并消解了希腊诗歌中对人类认识能力怀疑的"悲观主义"；③ 而他们以自然的方式探究宇宙的本原及其演化的努力，也建构起了一种不同于传统神话式思维的理性阐释传统。虽然希腊文化中充满神圣性的"有神论架构"还会以这样那样的方式对哲学家们的语言和思想产生一定的影响，但他们在本原问题的探究中所引进的自然理性方式则形成了一种不同于传统神话世界观的问题意识和对象意识——这是一种全新的看待问题的立场和表达问题的方式，从而他们在探究宇宙本原意义时不会依循于过去的看法说由于它是神圣的因而是第一原则，而会说因为它是第一原则从而是神圣的。④

由于早期希腊哲学家对宇宙本原及其变化原因的探究是立足于人类自身的认识能力而展开的，从而他们对这些能力的构成、认识的途径与方式以及由此形成的不同知识类型等认识论问题也做出了相应的思考与界定。在他们看来，隶属于人类自身的感觉器官能够感知外部事物并为我们提供可靠的知识来源，而内在于心灵中的思想（noein）则能够认识事物的本性（自然）并把握真正的存在（estin）。可以说，早期的希腊哲学家如赫拉克利特、巴门尼德、恩培多克勒（Empedocles，约前492－前428）、德谟克利特等，已在人类认识能力方面形成了相对明确的看法，区分出了感觉和思想两种不同的认识

---

① 参见 E. 策勒尔《古希腊哲学史纲》，翁绍军译，山东人民出版社2007年版，第3页；莱昂·罗斑：《希腊思想和科学的起源》，陈秀斋译，段德智修订，广西师范大学出版社2003年版，第34页。
② 参见汪子嵩、范明生、陈村富、姚介厚《希腊哲学史》（第一卷），人民出版社1997年版，第491页。
③ 参见 The Cambridge Companion to Early Greek Philosophy, edited by A. A. Long, Cambridge University Press, 1999, pp. 225 - 227。
④ 参见 The Cambridge Companion to Early Greek Philosophy, edited by A. A. Long, pp. 206 - 207。

方式或途径。① 虽然这种认识和区分是简单的和初步的，却是明确的，而且分别给予这两种能力以不同的认识地位。在总体倾向上，他们更为看重"思想"的认知意义，认为唯有"健全的思想"（赫拉克利特）或"完美的思想"（巴门尼德）才能把握世界真正的内在本质。在他们看来，宇宙及其万物所要服从的"内在秩序原则"——诸如凝聚和稀散的双重力量（阿那克西米尼）、正义与必然性（巴门尼德）、爱与斗争（恩培多克勒）、和谐力量（菲罗劳斯②）、有序的宇宙精神（阿那克萨戈拉）以及德谟克利特的必然性等等，是一些"躲藏起来"的"自然"，不可能为感性知觉所直接感受到，必须"心灵"以抽象的思想能力来探究和把握。③ 赫拉克利特用"逻各斯"（logos）一词来表达这种隐藏着的有序规则，那是需要智慧或"健全的思想"才能思考并把握到的万物自身"真正的本性"（physis）和"深刻的结构"。④

在区分两种认识能力并赋予思想以更重要的认识作用的过程中，早期希腊哲学家们逐步认识到了由此所形成的知识类型的不同——这是塞诺芬尼、赫拉克利特、德谟克利特等人以不同方式和语言所讲到的有关真实的和确定性的真理（aletheia）与猜测性的和不确定的意见（doxa）的不同。⑤ 巴门尼德对此做了更为明确的表述，指出真理是"不可动摇的圆满的"，是一种"可靠的逻各斯和思想"；而意见则是"不确定、不可靠的"，是"因人而异的"；她以此为基础进而提出了有关认识的两条道路的看法——"真理"之路和"意见"之路，认为前者是对世界唯一不变的本质——"存在"（estin）的认识和把握，是依赖思想、通过逻辑论证而获得的真正的知识，将真理视为人类认识活动的基本功能或目的；而后者则是在对多样的和变化着的现象世界的认识过程形成的，充满着不真实的和虚幻的内容。⑥ 恩培多克勒从万物与人

---

① 参见汪子嵩、范明生、陈村富、姚介厚《希腊哲学史》（第一卷），第 488—489、491、629—631、1047—1050 页；*The Cambridge Companion to Early Greek Philosophy*, edited by A. A. Long, pp. 243 - 234.

② 菲罗劳斯（Philolaus），公元前 5 世纪后期至 4 世纪初期毕达哥拉斯学派的主要代表人物。

③ 参见 *The Cambridge Companion to Early Greek Philosophy*, edited by A. A. Long, p. 228。

④ 参见 *The Cambridge Companion to Early Greek Philosophy*, edited by A. A. Long, p. 232, 236；汪子嵩等：《希腊哲学史》（第一卷），第 465 页。

⑤ 参见 *The Cambridge Companion to Early Greek Philosophy*, edited by A. A. Long, p. 229；汪子嵩等：《希腊哲学史》（第一卷），第 643 页，1054 页。

⑥ 参见汪子嵩等《希腊哲学史》（第一卷），第 644—645、647、657—658 页。

类本性存在结构的一致性方面，对人类真理性认识的获得提供了他所相信是更为坚实的论证：我们正是"通过土看到了土""通过水看到了水""通过苍穹看到了苍穹"，我们的思想为我们面对或看到的事物所决定并将它们以其本来的方式呈现出来。①

赫拉克利特、巴门尼德和恩培多克勒等早期希腊哲学家在探究宇宙本原及其内在的理性结构（logos）与本性（physis）的过程中所提出并界定的真理（aletheia）、意见（doxa）和知识（episteme）等概念，以及对人类认识对象、认识能力和知识类型所做出的阐释与说明，为后来的苏格拉底（Socrates，前469-前400）、柏拉图（Plato，前427-前347）和亚里士多德（Aristotle，前384-前322）等哲学家所继承，并成为他们进一步建构古典知识论的思想基础。只是当苏格拉底等人试图在秉承早期哲学家所开创的"真理"之路上继续前行的时候，他们首先或直接面对的是一批被称为"智者"（sophistes）的职业教师以及他们对真理的客观必然性所表示出的怀疑与解构。

这是一个大约从公元前5世纪中后期开始在雅典和其他希腊城邦中陆续出现的、以"收费授徒"为业的松散的职业群体，其成员自诩为"智者"，号称拥有广博的知识和智慧，活跃于这些城邦中的各种公共聚会场所，发表演说、讲授各种知识；其中最为典型的代表人物则属普罗泰戈拉（Protagoras，约前485-415）和高尔吉亚（Gorgias，约前483-375）。这些所谓的"智者"不仅把自身的兴趣更多地集中在人类的社会生活及其所创建的文化，从而在思想内容上形成了不同于早期哲学家偏重于自然的理论倾向；而且还因其人生态度与思维方法上的怀疑主义、相对主义和个人主义而被认为"动摇了宗教、国家和家庭现存的权威"以及科学知识的"可能性"。② 虽然到公元前4世纪初的时候，这些智者们在广泛的社会活动和教学活动中所掀起的思想运动，在雅典等城邦开始趋于衰落；然而在这场运动中针对哲学认识论所提出的尖锐的理论问题，诸如普罗泰戈拉认为对事物的认识主要取决于人们的感知，以及对真理的判断是相对的和因人而异的；高尔吉亚认为对实在存在的

---

① 参见 The Cambridge Companion to Early Greek Philosophy，edited by A. A. Long, p. 243。
② E. 策勒尔：《古希腊哲学史纲》，第99页。

证明和认识是不可能的;等等,① 却是随后的希腊哲学家们必须面对和解决的。如果他们的看法是对的,那么早期希腊哲学家对宇宙本原及其本质探究中所形成的可靠性知识就是有问题的,他们关于人类有能力获得客观必然性真理的信心也将会受到质疑。因此,去除智者消极的思想后果并重建哲学探究的意义和信心,就成为苏格拉底等希腊哲学家必须认真面对和解决的重大问题。

虽然有关人的社会文化与生活实践、道德和伦理以及辩证的方法的关注、兴趣与使用上,在苏格拉底的身上表现出了诸多与智者相似的历史烙印,但与智者不同的是,怀疑主义和否定性结论不会成为苏格拉底最终的目的,他更多的是希望通过彻底的怀疑和质询,以助产士的方式为真正的知识带来新生。他认为他的使命或"神圣的职责"乃是唤醒其同胞,"引导他们去思索生活的意义"和"最高的善"。② 因为只有认识到善的人才会行善,因此以确定无疑的方式建构并寻求可靠的客观知识与绝对的善,乃是苏格拉底的最终目标。为了实现这一目标,苏格拉底把古希腊特尔斐神庙的铭文"认识你自己"作为座右铭,使之成为人类了解自身本性以及使自身变得更好的基本途径。在他看来,灵魂是智慧所在地,具有理智和理性,是人之中最为近于神圣的部分,因此唯有灵魂才体现了人特有的品性、功能与本质(arete)。认识人自己就是认识人的灵魂,认识人之中最为神圣的部分。③ 而且更为重要的是,把握或认识理性灵魂,不仅在于它是人类存在中最神圣的部分,而且唯有通过它,人类才能获得稳定可靠的知识。苏格拉底认为真正的知识应该是稳定不变的,它应具有永恒绝对的本质;而与之相对应的真正的存在能够始终保持自身的同一,是永恒不变的,如绝对的美、善等,人们对它们的认识才会是确定可靠的,由此形成的知识才是真正的知识。④

---

① 有关普罗泰戈拉和高尔吉亚观点的相关表述及其思想特征,可参见《西方哲学原著选读》(上卷),北京大学哲学系外国哲学史教研室编译,商务印书馆1982年版,第54、56—57页;汪子嵩、范明生、陈村富、姚介厚:《希腊哲学史》(第二卷),人民出版社1993年版,第246—248、253—274页。

② 参见 E. 策勒尔《古希腊哲学史纲》,第103页。

③ 参见汪子嵩等《希腊哲学史》(第二卷),第410—414页。

④ 参见汪子嵩等《希腊哲学史》(第二卷),第414—420页;《柏拉图全集》第二卷,王晓朝译,人民出版社2003年版,第133页。

可以说，在解决智者怀疑主义和相对主义的历史进程中，苏格拉底试图通过"能知的"理性与"被知的"美、善等绝对存在的结合，来建构一种具有确定不变本质的知识。而这种知识的建构则需要可靠的方法，苏格拉底主要是通过两个方面来实现的：一是辩证法，二是普遍性定义。辩证法主要是一种在谈话或质询中展开的方法，它是在对话中通过不断的询问来揭露对方或所谓专家的矛盾和虚假性，从中寻找某一领域或某种对象的普遍共同的本质，进而形成稳定不变的可靠知识。苏格拉底在揭露智者的诡辩、寻求真理性知识的过程中，对这一方法做出了充分的运用与发挥。① 普遍性定义是一种运用逻辑手段在对某一类事物的共同本质的揭示过程中，所形成的关于这类事物的普遍性和确定性概念的理性知识。他在这里所使用的逻辑方法主要是一种从特殊到普遍从而归纳出一类事物共同本质的归纳的方法，通过它揭示出一类事物之所以存在的必然性原因。苏格拉底认为导致一类事物存在的因果必然性即这类事物的普遍本质或本性，它们是客观存在的，是可以通过理性来把握和认识并能够以普遍性概念来表达的。他尝试以"型"（eidos）或"相"（或理念，idea②）这样的范畴来表达一类事物的这种普遍本质。③

苏格拉底在反驳智者派的感觉主义和怀疑主义认识论的过程中所强调的理性可以把握和认识宇宙的普遍本质或本性的看法，首先是为柏拉图所继承，然后在更为普遍的层面上为亚里士多德所展开。黑格尔在《哲学史讲演录》中对这一思想传统做出了极高的评价，他说："哲学之发展成为科学，确切点说，是从苏格拉底的观点进展到科学的观点。哲学之作为科学是从柏拉图开始［而由亚里士多德完成的］。"④ 柏拉图在其一生所写的众多著作（对话录）中，不仅记载了大量的苏格拉底的哲学观点，而且也阐释了他自身对这些问题的思考与探究。

---

① 参见汪子嵩等《希腊哲学史》（第二卷），第424—428页；Anthony Kenny, *Ancient Philosophy*, Oxford University Press, 2004, pp. 150 - 151。

② 汪子嵩等人在《希腊哲学史》第二卷中，对苏格拉底特别是柏拉图所使用的基本概念 eidos 和 idea 的含义做了细致的辨析，主张将中文传统译为"理念"的 idea 翻译为"相"。参见汪子嵩等《希腊哲学史》（第二卷），第653—661页。本书在使用柏拉图的 idea 概念时，除了注明"相"（理念）之外，大多沿用传统的惯例，用"理念"或"理念论"表述柏拉图的相关思想。

③ 参见汪子嵩等《希腊哲学史》（第二卷），第400—410页。

④ 黑格尔：《哲学史讲演录》，贺麟、王太庆译，商务印书馆1983年版，第151页。

在有关真理性知识的问题上,柏拉图继续了苏格拉底对智者的批判,认为人类有能力获得真正存在的可靠知识。当然,他并不认为通过人类认识能力所获得的所有看法都是真正的知识。在这个问题上,他采纳了早期希腊哲学家们在真理和意见之间所做的划分,结合认识对象对人类的认识能力以及由此获得的认识类型进行了分析考察。在他看来,作为认识对象的整个世界是由两类"真实存在的东西"构成的,一类是"统治着理智的秩序和区域"的世界,是一种"可知的"或"可理解的"世界;另一类是"统治着眼球的世界",可称之为"可见的"世界。① 这两类不同的世界构成了四类不同的对象——影像、具体事物、数理对象和"类型"或"相";灵魂把它们作为认识对象也会形成四类不同的认识状态:猜测或想象(eikasia)、信念(pistis)、理智(dianoia)和理性(noesis)。前两种属于意见,后两种属于知识,它们之间有着不同的"清晰程度和精确性",依照不同的比例而拥有"真理和实在"的不同程度。②

如果说真正的知识是与理性或理智相关,那么这种知识的基本特性是什么呢?柏拉图是从当时流行的关于知识的看法出发进行分析的。在专门讨论什么是知识(episteme)的《泰阿泰德篇》(*Theaetetus*)中,柏拉图通过泰阿泰德的话语列举了当时流行的有关什么是知识的观点,诸如"知识就是感觉"、知识即真意见以及知识即真意见加逻各斯,并对它们进行了细致的批判性考察,最终否定了泰阿泰德关于知识的三种定义。③ 虽然在这种否定中,柏拉图并没有给出自己关于知识的定义,但在反驳中对灵魂或心灵中的认识能力及其认识过程的诸多方面的分析阐释,则深化了希腊哲学关于认识论问题的理解;特别是他始终坚持的知识必须是真实的、不变的和客观的立场,彰显了从早期希腊哲学以来的追寻普遍永恒的真理性知识的理想。或许柏拉图在这里认为,仅仅通过对灵魂中的认识能力的分析是不能够给出知识一个完整的定义的。在《国家篇》中,柏拉图从对象方面考虑了知识问题,认为真

---

① 柏拉图:《国家篇》509E – 510B;参见《柏拉图全集》第二卷,王晓朝译,人民出版社2003年版。
② 参见柏拉图《国家篇》510C – 511E;汪子嵩等《希腊哲学史》(第二卷),第792—798页。
③ 有关这些考察与批判的具体内容,可参见柏拉图《泰阿泰德篇》151E, 153E – 164E, 187B – 201C, 201D, 206C – 210A;参见《柏拉图全集》第二卷。

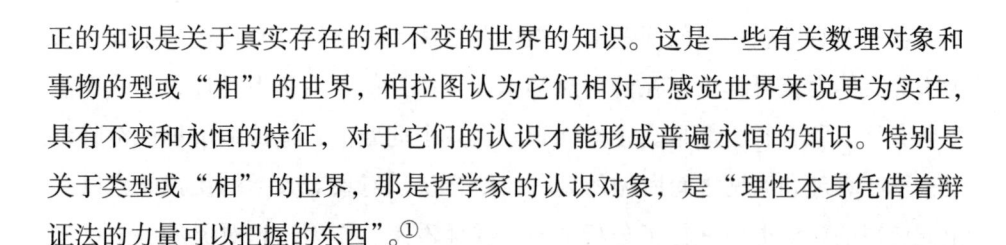

正的知识是关于真实存在的和不变的世界的知识。这是一些有关数理对象和事物的型或"相"的世界,柏拉图认为它们相对于感觉世界来说更为实在,具有不变和永恒的特征,对于它们的认识才能形成普遍永恒的知识。特别是关于类型或"相"的世界,那是哲学家的认识对象,是"理性本身凭借着辩证法的力量可以把握的东西"。①

如果说真理知识是对实存世界的认识,仅仅与绝对的和真实的型或相相关,那么除了在辩证法中通过假设而上升到第一原理而对它们有所把握之外,是否还有另外更直接的途径获得关于相或型的世界——如善的相或善本身以及美的相或美本身等——的认识?柏拉图在《国家篇》中似乎并没有给出一个明确的答案。然而在《斐多篇》(Phaedo)和《美诺篇》(Meno)中,柏拉图提到了一种获得相的途径,即以灵魂不朽为基础的回忆说。他认为灵魂在生前即已拥有相的知识,当它在此生通过对周围世界的感觉而帮助或刺激它回忆到了这些天生的知识。对相的认识就是通过回忆的学习过程。② 柏拉图在这里提出的认识相的回忆说,与他的关于世界二元划分——认为"可知的"(即所谓理念的)世界是永恒真实的以及"可见的"(即所谓经验的)世界是虚假暂时的——的本体论思想可说是密切相关。应该说,在柏拉图不同时期的诸多著作中,为解决智者派的感觉主义和相对主义而对认识论问题在不同方面所做的充分细致的探究,在希腊哲学认识论的发展中具有非常重要的基础性地位。

在希腊哲学认识论以及真正知识的探究中,亚里士多德是继柏拉图之后、沿着苏格拉底的思想路线将早期希腊哲学的理性主义传统推向了新的高度另一位有着重要建树的哲学家。他把"求知"看作"所有人的本性",而哲学则是关于"真理知识"的学问,哲学的任务就是从事物最初的原因或本原上探究而获得的普遍知识。③ 他认为所有的知识或思想都是以存在者为研究对象,探究作为存在着的事物的原因或本原。他把这些知识在总体上分为三类,

---

① 参见柏拉图《国家篇》508E – 511E;参见《柏拉图全集》第二卷。
② 参见柏拉图《斐多篇》72E – 73C 和《美诺篇》81B – 81E;《柏拉图全集》第一卷,王晓朝译,人民出版社 2002 年版。
③ 亚里士多德:《形而上学》第一卷(A 卷)980^a,第二卷(a 卷)993^{b}20,(A 卷)982^a – 982^b;苗力田译,中国人民大学出版社 2003 年版。

实践的、创制的和思辨的，它们各自有着自身的研究对象和理论特征。思辨的知识或学科包括数学、物理学和神学（第一哲学）三种，它们比其他学科知识更应受到重视，其中最为崇高的知识是第一哲学（神学），以最为普遍和永恒不动的实体为研究对象，是关于"作为存在的存在、是什么以及存在的东西的属性"的知识或学问。①

在所有被亚里士多德称为知识的学科门类中，思辨的第一哲学之所以具有最为重要的知识论地位，乃是由于它的研究对象不仅是最普遍的和最本原性的，而且它所运用的认识能力以及体现的认识阶段也是最高的和最为卓越的。亚里士多德曾对人类的认识能力依次从低到高进行了区分，它们也表现出了相应的不同认识阶段。这些认识能力分别是感觉（aisthesis）、记忆（mneme）、经验（empeiria）、技艺（techne）和知识（episteme）与智慧（sophia）。他在逐个对它们的认识特性和认识对象进行考察之后，认为唯有智慧才具有把握更为普遍的知识以及事物其所以然的原因的认识能力。正是智慧一种"为知识自身而求取知识"的方式对最初原因和本原的研究，才使人们获得了"通晓一切"的"最高层次的普遍知识"，才使人们拥有了能够"确切地传授各种原因"的能力。②

通过对人的认识能力的考察，来区分不同的知识类型并为普遍必然性知识的获得建构更为坚实可靠的基础，亚里士多德在其他论著如《工具论》诸篇等中也做出了详细的论述。虽然他在感觉与理性以及意见与真理的不同与区别方面保持了与巴门尼德和柏拉图等早期哲学家相对一致的立场，但与他们不同的是，他并不认为它们之间是绝对对立的。他相信感觉经验在把握和认识事物方面有其可靠性和合理的地方，在知识的形成过程中也有其积极的意义。③ 应该说，他在不同论著中对感觉可靠性的肯定与论证，改变或修正了柏拉图等哲学家关于感觉具有不稳定和混乱本质的看法，把感觉经验作为客观必

---

① 亚里士多德：《形而上学》第六卷（E卷）1025^b – 1026^a。
② 参见亚里士多德《形而上学》第一卷（A卷）980^a – 982^b；对其相关内容的解释，可参见汪子嵩、范明生、陈村富、姚介厚《希腊哲学史》（第三卷下），人民出版社2003年版，第627—631页。
③ 亚里士多德除了在《形而上学》第一卷（A卷）980^a – 982^b之外，在《形而上学》第四卷（Γ卷）1009^a – 1011^a中分析普罗泰戈拉的问题以及在《论灵魂》中，都在一定程度上对感觉的确定性和可靠性做出了肯定。

批判与阐释
—— 信念认知合理性意义的现代解读 ——

然性知识的基础和本原之一,在希腊哲学认识论的发展中具有非常重要的开创性意义。正是他对感觉经验认识论地位的肯定,以及他以逻辑学为核心对科学方法论的建构,使得希腊哲学认识论能够以完整合理的理论体系呈现出来。

亚里士多德在对人的认识能力和认识对象的考察中,不仅关注到感觉知识的可靠性以及普遍必然性知识的最终认识论地位,而且对获得这些知识的方法也保持着极大的兴趣。在他看来,正确严格的认识论方法对于人们获得普遍必然性知识是不可或缺的。他在其整个学术生涯中,对这种方法非常重视,在总结和整合古希腊各种科学思想的认识方法、早期哲学的辩证法与逻辑学的诸多成果以及论辩术和修辞学等学科中积累起来的思维方法等的基础上,写下了大量的论著予以阐述和建构。① 现存于《工具论》中的六种亚里士多德论著,即是其方法论思想的集中体现,它们以不同的逻辑主题为内容,分别从概念、命题、推理、证明和论辩等方面对其方法论思想作了全面的阐述,由此所建立起来的系统化的逻辑学体系,被誉为"希腊古典时期哲学自觉反思人的理性思维而结出的硕果,标志希腊科学理性精神的升华,奠定了西方分析理性的传统"。②

在亚里士多德看来,普遍必然性知识应该是一种证明的知识,一种"通过证明所获得"的"科学知识";③ 而一个被证明的科学知识的获得,必须是以非证明的、真实的初始原理为前提,遵循严格的逻辑程序和论证程序,并依赖于一定的思维形式和理性能力。只有满足了这些条件,一种知识才是被证明的知识,才具有普遍必然性。正是证明知识的这种普遍的和必然的性质,使得亚里士多德把它与意见做出了明确的区分。在他看来,由于意见及其对象的性质是不确定的,它所断定的对象并非必定是如此这般的,以一种方式断定的对象也可能变成另一种方式或样子;因而相对于"知识是关于必定如

---

① 参见汪子嵩、范明生、陈村富、姚介厚《希腊哲学史》(第三卷上),人民出版社 2003 年版,第 119—127 页。
② 汪子嵩等:《希腊哲学史》(第三卷上),第 115 页。
③ 亚里士多德:《后分析篇》(第一卷)71^{b}17–19,苗力田主编:《亚里士多德全集》第一卷,中国人民大学出版社 1990 年版。现代学者认为,亚里士多德在这里用来标明"知识"的希腊语"epistêmê",是一种严格意义上的"知识",指的是一个包括了一系列证据或证明的体系,类似于现代的"science"(科学)一词。参见 The Cambridge Companion to Aristotle, edited by Jonathan Barnes, Cambridge University Press 1995, p. 47。

此的命题"的断定，意见所涉及的则是"可真实可虚假、能够变成其他的东西"，也就是说，"意见就是对既非直接亦非必然的前提的断定"。① 意见因而缺乏知识所具有的确定的和必然的特征与性质。

亚里士多德把在逻辑的探究过程中所获得的普遍必然性知识分为四种不同的类型，它们分别是事实、根据、存在和本质。② 由于普遍必然性知识是一种证明的知识，是通过严格的逻辑方法获得的；因此亚里士多德在"前、后分析篇"等论著中对这些方法做了全面的阐述，特别是他最为重视的三段论方法，更是进行了细致入微的论述与建构。③ 除此之外，有关其他的科学认识论方法，如定义和归纳等，亚里士多德也给予了关注和论述。④

在古希腊哲学思想的演进中，亚里士多德对认识能力、认识对象和认识过程等问题的说明，特别是他关于普遍必然性知识以及获得这种知识的逻辑方法的阐述与建构，继承并在一定历史阶段上完成了苏格拉底、柏拉图等哲学家对普罗泰戈拉和高尔吉亚等智者的认识论批判，将从前苏格拉底以来众多希腊哲学家所推展的理性主义认识论思想提升到一个新的高度和新的水平。亚里士多德把普遍必然性知识确定为一种证明的知识，一种按照严格的逻辑程序与逻辑方法而获得的科学知识。这种知识是以不可证明的前提或本原为基础、以可靠严密的逻辑方法为保证而获得的。因而，一个科学的知识是有根据有保证的知识，而非科学的知识则是缺乏合理的根据与保证的，它不能被称为知识，而是可能真也可能假的意见；或者说，如果把没有根据或保证的观念与看法称之为真理或知识，则是不合理的和荒诞的。实际上，亚里士多德已经在古典的意义上为什么是真正的和合理的知识，建立起了较为严格的认知根据与评判标准。

---

① 参见亚里士多德《后分析篇》（第一卷）$88^b30 - 89^a$。
② 有关这四种知识类型性质和内容的不同，可参见亚里士多德《后分析篇》（第二卷）$89^b23 - 38$。
③ 如他在《前分析篇》(*Prior Analytics*) 以数学的严格性所提出并详细论述的三段论推理理论，对后希腊化、伊斯兰中世纪以及欧洲中世纪等时期的哲学和思想产生了空前的影响，使得许多代的哲学家们都把逻辑等同于亚里士多德的逻辑；参见 *The Cambridge Companion to Aristotle*, p. 27。而他在《后分析篇》中对"科学的划界、基本要素、建构方法以至知识本原等重要问题"所做的阐述，也被誉为"西方第一部系统的科学方法论著作"；参见汪子嵩、范明生、陈村富、姚介厚《希腊哲学史》（第三卷上），第330页。
④ 参见亚里士多德《后分析篇》（第二卷）$90^b3 - 28$。

二 信仰传统

当希腊哲学在以希腊本土诸城邦为核心而建构其理性主义思想传统的时候，来自两河流域（底格里斯河和幼发拉底河）的希伯来宗教则在地中海的东岸寻觅其赖以安家的港湾，并最终在公元1世纪前后的巴勒斯坦地区孕育出了一种新的宗教信仰形式——基督宗教，从而在罗马帝国这一舞台上与希腊哲学相遇，上演了理性与信仰激烈冲突的历史戏剧。

当然，就其思想特征和文化源流来说，基督宗教有着与希腊哲学完全不同的指向和历史轨迹。它们的相遇、交流以及冲突主要是由于罗马帝国这一政治力量的作用。就其宗教信仰传统来看，基督宗教的前身是犹太教，是在以色列人长期的民族迁徙过程中所建构起来的犹太教的基础上发展而来的。以色列的先民是一些最早生活在两河流域的闪米特人，他们因后来入侵并定居在巴勒斯坦地区而被当地的迦南人称为"希伯来人"（亚兰文为Ebrai），意为"来自大河彼岸的人"（《旧约圣经》称幼发拉底河为"大河"），或者说是因为他们是传说中的伊伯尔人（Eber）的后裔而得名。① 他们的宗教传统因此被称为"希伯来宗教"。两河流域最早的文明类型被认为是产生于公元前3500年前后的"美索不达米亚文明"（地处现今的伊拉克），其中的第一个文明中心是位于其南部的苏美尔（《旧约圣经》称之为"希纳国"，Land of Shinar）；这是一种以诸多独立的城邦为主体联合而成的文明类型，具有一定的社会分工和较为稳定的农业、手工业、商业贸易与简单的楔形文字。②

虽然美索不达米亚在当时有着明显的文明特征，但其内部则存在着各城邦之间不停地征战，其外部也面临着来自北方的印欧人和来自南方的闪米特人的大规模入侵；同时在随后的一两千年的时间中，它自身也经历了由东向西的民族迁徙和部族战争。③ "希伯来人"大约就是这个时期来到巴勒斯坦地区的。《圣经》记载了以色列的祖先亚伯拉罕族长受上帝呼召、带领其族人离

---

① 参见塞西尔·罗斯《简明犹太民族史》，黄福武、王丽丽等译，山东大学出版社2004年版，第4页；王美秀、段琦、文庸、乐峰等：《基督教史》，江苏人民出版社2006年版，第1页。
② 参见斯塔夫里阿诺斯《全球通史》上卷，吴象婴、梁赤民、董书慧、王昶译，北京大学出版社2012年版，第49、59页。
③ 参见斯塔夫里阿诺斯《全球通史》上卷，第59、76—77页。

开美索不达米亚到迦南（巴勒斯坦地区）与埃及之间迁徙的民族故事（《创世纪》12—13），这与历史研究所揭示的公元前1700年至公元前1100年之间的前后第二次游牧民族对中东的入侵、希伯来人最终占据巴勒斯坦的史实有其一致的地方，① 只是前者有着更多的宗教传说内容而已。

当以色列的先民来到迦南和埃及的时候，这些地区即已存在着较为发达的社会文明。如果说埃及是在公元前3100年前后建立起了不同于苏美尔城邦文明的帝国文明，并一直以稳定与保守的形式存留着的话，② 那么中东则在更早的公元前7500年之前即已发展出了以植物栽培为主的"原始农业"阶段，并在公元前3000年前后开始使用青铜器具，养育了当地已存的原始人类以及在不同阶段从周边地区迁徙而来的其他族群，使之逐步拥有了稳定的生存基础和生活方式。③ 因此可以说，早期以色列人就是在这些已存的居民及其文明类型的融合、冲突和征战中明确其民族身份与宗教信仰的。

虽然早期以色列人这些长期的冲突与征战，既有着征服与胜利的辉煌，也包含着失败与流离失所的屈辱；但这些可歌可泣的故事则丰富了以色列民族信仰的史话，成为犹太教经典《圣经》中以色列民族信仰建构起来的极富传奇色彩的内容与基础。正是以"不同时代、不同取向的文献"和口述传统为基础辑录而成并表达了以色列人信仰历史的这部经典，被学者们认为"以色列人的宗教完全是《圣经》的宗教"。④ 这部被称为《希伯来圣经》犹太教经典，主要包括三大部分共计24卷：《托拉》（Torah）5卷，又称为"律法书"或"摩西五经"（Pentateuch）；《先知书》（Nevi'im）10卷，分前先知书6卷和后先知书4卷，主要记述政治历史进程和代神言说等；《圣文集》（Ketuvim）9卷，包括宗教诗歌、爱情诗歌、处世格言、传道言论、预言启示等。这部经典也被犹太人称为《塔纳赫》（Tanakh），是由三大部分的首字母组合而得名。⑤ 在犹太民族的早期历史中，《塔纳赫》从最早的口述到成文再到成为正

---

① 参见斯塔夫里阿诺斯《全球通史》上卷，第76—77页。
② 参见斯塔夫里阿诺斯《全球通史》上卷，第64页。
③ 参见斯塔夫里阿诺斯《全球通史》上卷，第26、50页；米尔恰·伊利亚德：《宗教思想史》第1卷《从石器时代到厄琉西斯秘仪》，吴晓群译，上海社会科学院出版社2011年版，第129—130页。
④ 参见米尔恰·伊利亚德《宗教思想史》第1卷，第140页。
⑤ 参见张倩红、艾仁贵《犹太史研究入门》，北京大学出版社2017年版，第44页。

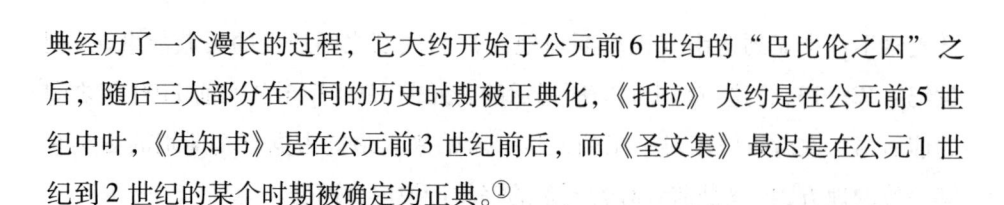

典经历了一个漫长的过程，它大约开始于公元前6世纪的"巴比伦之囚"之后，随后三大部分在不同的历史时期被正典化，《托拉》大约是在公元前5世纪中叶，《先知书》是在公元前3世纪前后，而《圣文集》最迟是在公元1世纪到2世纪的某个时期被确定为正典。①

《塔纳赫》的主要内容后来以"旧约全书"（*The Books of The Old Testament*）之名而成为基督宗教的经典《圣经》（*Holy Bible*）的一部分。在这部经典中，《旧约》包括律法书、历史书、智慧书和先知书四大类共计39卷②，记载了宇宙和人类的起源、以色列人在不同时期的重大事件和历史传说以及在这些事件和传说中所表现出的人与上帝（创造者）的关系等内容；其中以以色列人为主体表达创造者和被创造者关系的盟约（the covenant）主要有亚当之约、诺亚之约、亚伯拉罕之约、摩西之约、圣地之约和大卫之约。在这些被记载下来的重大历史事件、传说和盟约中，亚伯拉罕（Abraham）、摩西（Moses）和大卫（David）具有重要的历史地位和宗教地位，被称为先知宗教的最早的领袖。③ 其中的亚伯拉罕被认为源于小亚细亚—闪米特地区包括犹太教在内的三大宗教（其他两个是基督宗教和伊斯兰教）的祖先，系一神教最早的代表和"先知宗教的原型"；④ 摩西则被看作以色列民族最重要的象征人物，是带领以色列人民走出沙漠获得解放的领袖，"是继亚伯拉罕以后所有先知的原型和榜样"，而他受神的呼召在西奈山直接参与的"西奈盟约"——"你们要归我作祭祀的国度，为圣洁的国民"（《出埃及记》19：6），以及它所体现和肇始的神与以色列之间的特殊关系，成为"犹太教的核心和基础"；⑤ 而作为先知宗教第三位领袖的大卫，则是将以色列部族转化为国家的君王，将以色列建

---

① 参见张倩红、艾仁贵《犹太史研究入门》，第46—47页。在随后以色列民族的历史发展中，还有另一部堪称经典的文献——《塔木德》（*Talmud*），它是在公元1世纪后期至公元7世纪拉比犹太教时期所形成的拉比（教师）文献的合集。有学者认为，如果早期希伯来民族独有的特征是先知、独特的经典是《圣经》（即《希伯来圣经》）的话，那么随后的这个时期犹太民族的特征就是拉比，其不朽的经典乃是《塔木德》。参见塞尔·罗斯《简明犹太民族史》，第145页。

② 本书主要依据中文和合本《圣经》（中国基督教两会2008年版）概述其内容，其中有关犹太教经典的部分被称为《旧约》（*The Old Testament*）。

③ 参见汉斯·昆《世界宗教寻踪》，杨煕生、李雪涛等译，生活·读书·新知三联书店2007年版，第235页。

④ 参见汉斯·昆《世界宗教寻踪》，第235页。

⑤ 参见汉斯·昆《世界宗教寻踪》，第239—240页。

立成为统一国家的领袖,正是通过他的努力"耶和华才在耶路撒冷成为国家的神",从而"耶路撒冷才成为以色列和犹太的宗教敬拜中心"和"特殊的'圣城'"。①

虽然以色列人在巴勒斯坦地区长期的颠沛流离中最终形成了独特的一神教信仰,并在大卫王时期(约前1009—前973年在位)建立了以耶路撒冷为首都的统一的希伯来王国,但从公元前930年开始,统一的王国从内部分裂为南北两个不同的王国——北部的以撒玛利亚为首都的以色列国(从前930年至前722年)和南部的以耶路撒冷为首都的犹大国(从前930年至前586年)。更为不幸的是,在随后各自独立存在的二百年到四百年间,南北两个犹太民族国家相继被当时更为强大的两个不同帝国所毁灭:首先是前722年,北部以色列国为亚述帝国所攻陷,然后是一百多年后的前586年,南部的犹大国被亚述帝国衰落后而崛起的巴比伦王国所征服。特别是后者为犹太民族带来了更为巨大的影响——不仅犹大王国被攻陷,而且圣城耶路撒冷被毁灭,作为犹太人信仰核心象征的圣殿也被抢劫焚烧。随后,大批的犹太人离开家园、作为阶下囚而被掳往巴比伦,史称"巴比伦之囚"。②

从此以后,犹太民族长期生活在由其他民族为国家权力主宰的王国中,难以建立绝对自主的国家主权。虽然在被掳巴比伦之后大约五十年的前538年,攻陷并占领巴比伦王国的波斯帝国国王居鲁士大帝,允许犹太人回归故土并重建圣殿,从而形成了犹太民族历史上所谓的"第二圣殿时期";但在犹太民族长期生活并曾经建立了希伯来王国的巴勒斯坦地区,除了短暂的哈斯蒙尼王朝(前142—前63年)之外,一直为异族所统治——从第二圣殿开始时期的波斯帝国(前538—前332年),到希腊化时期的亚历山大帝国及其随后的托勒密王朝(前332—前63年),最后是罗马帝国(前63—135年),并在公元135年之后最终促使大批犹太人离开巴勒斯坦地区而流散到世界各地。③

正是犹太民族在其长期的迁徙和苦难历程中所形成、坚守并丰富起来的

---

① 参见汉斯·昆《世界宗教寻踪》,第242—243页。
② 参见张倩红、艾仁贵《犹太史研究入门》,第13—14页。
③ 参见张倩红、艾仁贵《犹太史研究入门》,第15—22页。

批判与阐释
——信念认知合理性意义的现代解读——

上帝观念和一神教信仰、救世主（弥赛亚，Messiah）期待以及其他众多的信仰因素和社会文化因素，为公元1世纪基督宗教的孕育而生提供了不可多得的宗教文化基础。从历史起点上看，基督宗教的诞生与耶稣基督的到来密不可分；而耶稣的世俗身份和早期活动则是植根于犹太民族和犹太教中的，不仅"耶稣的一生，直到他逝世，是一个生活在犹太人中的犹太人"，而且"他的思想和教训是在犹太人的世界观中形成的，他的门徒也是作为犹太人来接受这些思想"的。① 可以说，在其早期产生中，基督宗教与犹太教之间存在着极为密切的相关性，这种相关性不仅体现在信仰者的世俗身份及其在世界观中所形成的思想与教训方面，而且也体现在信仰对象（上帝）的一致性、旧约和新约的连续性以及基本的宗教原则与观念的共同持守等方面。② 这种关联性是如此密切，加之早期基督徒的活动时常在犹太会堂中进行，致使包括罗马政权组织在内的其他社会组织和社会人士往往会把这个新起的宗教运动视为犹太教的一个教派而非其他独特的宗教。③

这样不分彼此的混同确实与当时犹太人的处境及其宗教活动有着相当大的关系。在公元前63年罗马军队入侵耶路撒冷并占领巴勒斯坦地区之后，这块为犹太民族长期生活的土地又重新被置于罗马帝国的统治之下。虽然罗马帝国当局在民族问题上采取较为宽容的政策，允许犹太人按照自身的民族习惯和宗教传统生活并从事信仰活动，但他们无时无刻地为取得民族的解放和独立而进行反抗和抗争。当时生活在这个地区的众多犹太教派和团体为此采取了大量不同的方式和策略，其中的艾赛尼派（Essenes）的主张和观念在宗教信仰上产生了广泛而深刻的历史影响。他们既严守传统的"清规戒律"，又具有"鲜明的末世论倾向"，自认为是"新约之民"，主张"新约"和"旧约"本无区别，但"'新约'是'旧约'的顶点和完成"；他们的信念中拥有强烈的救世主期盼，相信"'以色列的弥赛亚'即将来临"，"不久将出现一个新的耶路撒冷"。④ 在他们对弥赛亚的期盼中，时常也会把得救的希望"寄

---

① 胡斯都·L.冈察雷斯：《基督教思想史》（第一卷），陆泽民、孙汉书、司徒桐、莫如喜、陆俊杰译，译林出版社2008年版，第20—21页。
② 参见麦格拉思《基督教概论》，马树林、孙毅译，北京大学出版社2003年版，第249页。
③ 参见麦格拉思《基督教概论》，第249页。
④ 参见胡斯都·L.冈察雷斯《基督教思想史》（第一卷），第27页。

托在一位被称为'人子'的神人身上"①。

可以说，艾赛尼派所体现的这些观念、倾向和希望，以及当时所有犹太教派都"严格信奉的犹太教的两个最根本的信念，即伦理一神论和对弥赛亚的末世论期盼"②，为耶稣基督（Jesus Christ）的到来和身份认同奠定了重要的思想基础和心理基础。Jesus 的希伯来原文是 Yeshua，包含着"上帝救赎"的意思。③ 耶稣出生在犹太人中，受洗和早期传道活动主要在犹太地区和犹太人中进行，其在基督宗教经典《圣经》中的《新约》（*The New Testament*）部分的身份诸如"弥赛亚""主""上帝的儿子""人子"和"上帝"等，既有着新的意义，也包含着《旧约》和犹太教传统的内容。④ 特别是在基督宗教产生的早期所构建的经典《圣经》的两个主要部分——《旧约》和《新约》，在昭示了两者区别的同时，也保持了它们之间的连续性。现代学者认为它们的连续性有两个方面特别值得关注：首先，上帝的"行为、目的和身份"在新旧约中是连续的；其次，旧约中三种主要职分——"先知、祭司和君王"——在新约中的耶稣身上也得到了充分的体现。⑤ 可以说，犹太民族在当时罗马帝国的政治的和社会文化的处境及其宗教传统与信仰实践，为耶稣的到来和早期活动提供了现实可能性。

当然，与当时已存的犹太教不同的是，新兴的基督宗教是以耶稣为中心并围绕着他的一系列活动（公元 1 世纪 30 年代前后）为基础而建构起来的。《新约》对此有着明确的记载，涉及耶稣的降生、传道、受难和复活等；而正是这些事件"促使人们做出回应，因而产生了基督教"⑥。这些事件包含了耶稣作为基督宗教创建者的基本信息和神学意义：诸如道成肉身——耶稣作为圣子对圣父上帝的显明而为人们所知所见；得救的根据——耶稣作为救世主通过十字架的受难与上帝和好进而使人类得救；生活特征——耶稣的榜样和典范

---

① 参见胡斯都·L. 冈察雷斯《基督教思想史》（第一卷），第 30 页。
② 参见胡斯都·L. 冈察雷斯《基督教思想史》（第一卷），第 29 页。在当时的巴勒斯坦地区生活的其他犹太人派别，除了艾赛尼人之外，还有撒玛利亚人、法利赛人、撒都该人和奋锐党人，也都从不同方面与耶稣的宗教活动存在着不同的关联。参见麦格拉思《基督教概论》，第 83—87 页。
③ 参见麦格拉思《基督教概论》，第 77 页。
④ 参见麦格拉思《基督教概论》，第 111—117 页。
⑤ 参见麦格拉思《基督教概论》，第 12 页。
⑥ 参见麦格拉思《基督教概论》，第 119 页。

铸造了基督徒生活的样式与特征。① 耶稣的这些事件、作为、信息和意义以及人们的回应与理解，最终促使基督宗教从犹太教中脱颖而出，演变成一种新的宗教运动。

从现实的可能性上看，基督宗教作为一种新的宗教运动的确立，不仅与耶稣的作为及其宣告的内容相关，也与耶稣之后使徒们持续不断的努力密不可分。如果说犹太教与基督宗教的连续性为后者的产生奠定了充分的信仰基础和思想基础，那么如何彰显两者的不同则是后者发展成为一种新的宗教的必要条件。当时跟随耶稣的门徒们在耶稣之后即面临了这样的问题，并在公元1世纪四五十年代的早期教会中展开了激烈的争论。其中的一个首要问题乃是"犹太律法在基督徒生活中占据和中地位的问题"，也就是说犹太教中的传统礼仪和习俗，特别是割礼，是否必须为基督徒们遵守并延续？由于它涉及基督徒的新的信仰身份问题，对非犹太人加入基督教尤为重要，从而引起了基督教会领导人的高度重视，导致了分歧与争论。② 在这场争论中，被称为外邦人使徒的保罗（Paul）在其中起到了至关重要的作用，他坚持得救的基础是对耶稣的信仰而不是严守摩西律法，割礼只是一种外在的记号，"称义"根据的关键在于"信"。保罗的立场最终获得了大多数人的赞同，割礼不再成为基督徒的标志，外邦基督徒和犹太基督徒在教会中拥有同样的身份和地位。保罗的这种看法首先是在耶路撒冷和加拉太地区被认同，随后扩展到了马其顿、雅典和罗马等帝国的诸多城市和地区之中，为基督宗教从犹太教中脱离并演变成为一个普世的宗教奠定了基础。③

如果说犹太教的信仰传统和保罗等人的努力为基督宗教成为一个新的具有普遍意义的宗教建构了内在条件的话，那么希腊罗马文化及其政治架构则在一定程度上为这种宗教的普世性提供了某种相应的外部文化背景。这一背景形成的早期基础乃是马其顿国王亚历山大大帝（Alexander the Great，前336—前323年在位）的东征所建立起来的以地中海为中心的跨越欧亚非三大洲的亚历山大帝国。虽然这一帝国在前323年亚历山大大帝死后并没有维系

---

① 参见麦格拉思《基督教概论》，第119—126页。
② 参见麦格拉思《基督教概论》，第250页。
③ 参见麦格拉思《基督教概论》，第250—252、256—260页。

多长时间而出现了分裂和战争,但它为巴勒斯坦等地中海沿岸地区带来了希腊文化的因素,开启了持续约三百年左右的"希腊化时期"。因此,当随后的罗马帝国在上述地区称王称霸并在公元前1世纪征服地中海沿岸诸多地区结束希腊化时代的时候,大约从公元前4世纪开始的希腊化进程已将希腊文化与希腊精神扩展到了这些地区的各个角落,使得包括巴勒斯坦地区在内的罗马帝国,已然成为一个在社会文化的诸多层面上深受希腊语言和希腊文化影响的世界——不仅希腊哲学和传统多神教崇拜长期以来成为罗马公民流行的精神生活和信仰生活的基本核心,而且这种以希腊文化为基础的精神生活和信仰生活是以强大的帝国权力为后盾并是它所竭力维护的。

因此可以说,受到罗马帝国权力支撑和维护的政治生活与精神生活,在广阔的帝国疆域内逐步形成了一种被当代学者称为"普世主义"的主导原则。① 在当时,罗马帝国的版图覆盖了整个地中海区域,包括现在的南欧、北非和西亚广大的地区。在这个由众多民族和文化构成的疆域内,罗马建立起了一种整体的和普世的意识,"要求帝国的权力普及于整个世界",并产生了某种"与个别的民族历史相对立"的"世界历史意识"②,导致了"'人类居住的世界'(*oikoumene*)的观念、'世界主义'(cosmopolitan)和'普世主义'(universalistic)的趋势逐渐成为主流"③。这种"意识"和主流不仅强化了罗马帝国的政治控制和文化控制,同时也为基督宗教超越民族信仰的传播——诸如使徒保罗的外邦传教立场以及基督宗教在早期逐步形成的所谓的"公教"(catholicity④)性质——提供了较为有利的环境。正是在这个意义上,罗马教会的普世性质被认为是"追随罗马帝国"并接受了它的"遗产"。⑤ 除此之外,罗马帝国"政治上的统一"和"交通的便利","优良的行政组织和制度",罗马法典以及"对实践、道德和人性的重视",等等,也被认为对基

---

① 参见保罗·蒂利希《基督教思想史》,尹大贻译,东方出版社2008年版,第10页。
② 保罗·蒂利希:《基督教思想史》,第10页。
③ 米尔恰·伊利亚德:《宗教思想史》第2卷《从乔达摩·悉达多到基督教的胜利》,晏可佳译,上海社会科学院出版社2011年版,第608页。
④ "catholicity"一词来自希腊文Katholikos,意为"普遍"和"大一统"意思;参见赵敦华《基督教哲学1500年》,人民出版社1994年版,第76页。
⑤ 保罗·蒂利希:《基督教思想史》,第10页。

督宗教的产生和传播提供了较为便利的条件。①

三 冲突与融合

依据于犹太民族的生存处境和信仰处境以及罗马帝国普世主义的推动下，围绕着耶稣的作为和宣告内容并在耶稣后使徒们的不懈努力下，作为一种新的宗教形态的基督宗教逐步凸显出来，到"公元1世纪结束前"，它以耶路撒冷为中心看来"已经在整个东地中海世界站稳了脚跟，甚至在罗马帝国的首都罗马取得了相当的发展"。② 然而，当基督宗教在这个时期以相对独立的信仰形式登上历史舞台的时候，并不意味着它已获得了可以顺利发展的契机。实际上，它依然面对着内外诸多重大的理论问题和现实问题需要解决。在其内部，诸如教会的信仰实践和教义的建构与解释等问题开始凸显；在其外部，诸如罗马帝国的政治压力和希腊哲学的质疑与批判亟待回应。特别是基督宗教与希腊哲学在罗马帝国的政治文化框架中遭遇所导致的信仰合理性问题，成为基督宗教神学家们在公共层面上需要长期应对的历史性难题。

当然，不可否认的是，在基督宗教孕育和形成的初期，希腊化进程在地中海沿岸所产生的社会文化影响，确实为它的建构开辟了较为积极的历史条件。这些历史条件除了上文提到的大一统帝国推行的普世主义原则之外，还包括在罗马帝国广泛流行开来的希腊哲学及其思想观念。例如柏拉图主义的两个世界论、灵魂不朽观、回忆说和善的理念等学说，斯多亚学派（或斯多葛主义）的逻各斯理论、道德至上主张和自然法学说等，都成为早期基督宗教理解和阐释其众多信仰内容与教义观念的思想资源；③ 或者说，柏拉图传统对超验实在的推崇、斯多亚学派对逻各斯观念的解释，以及希腊哲学长期以来对希腊罗马传统多神教信仰的批判性消解等，给予早期基督宗教以非常重要的影响，其中的一些内容甚至"成为许多基督教思想的直接来源"④。

虽然犹太教传统、罗马帝国的政治文化理念和希腊哲学的思想观念等，构成了基督宗教众多信念孕育与诞生的较为有利的思想文化环境；但当基督

---

① 参见胡斯都·L.冈察雷斯《基督教思想史》（第一卷），第51页。
② 麦格拉思：《基督教概论》，第260页。
③ 参见胡斯都·L.冈察雷斯《基督教思想史》（第一卷），第42—45页。
④ 保罗·蒂利希：《基督教思想史》，第11页。

宗教以一种新的宗教身份登上罗马帝国的历史舞台并开始传播的时候，它则在罗马社会的各个方面引发了广泛的震荡和冲击，形成了来自不同方面的压力。这些压力不仅体现在早期教会对其独特信仰身份的宣告与强调所由此引起的传统犹太教社团的排斥，如撒都该人和法利赛人等犹太主要派别的不满与嫉恨；① 还表现在来自更为广泛的帝国政治、文化和宗教背景中的敌视。这种状况从公元2世纪初前后开始，逐步成为早期教会面临的一个突出的社会问题。

在公共的政治层面上，由于早期基督宗教团体和教会因其自身的信仰对象而不再或拒绝向有着国教地位的罗马神庙献祭，从而被罗马当局视为对帝国的不敬；因其相对新颖和"封闭"的礼拜仪式与群体生活所表现出的与传统希腊罗马宗教文化观念的不同，而被怀疑具有反政府和不道德的倾向。这些看法和怀疑引起了罗马帝国当局和社会不同阶层人士的不满与敌视，最终导致了以罗马皇帝为首的各级官员对之实施了不同方式的政治压制与迫害。② 在思想文化层面上，对早期基督宗教的批判和责难主要集中在饱受希腊文化浸染的知识分子身上，其中最为典型地体现在塞尔修斯（Celsus，约2世纪中后期）的看法上，他把基督宗教看作狂热迷信和哲学片断的混合物，对之进行了影响广泛的嘲讽与批判。③ 因此，虽然希腊化时期的哲学为基督宗教提供了赖以理解的思想资源，然而当基督宗教以相对独立的信仰形式在罗马帝国疆域内传播的时候，它却遭遇了"一种双重的控告"，政治上的控告把它视为对帝国结构的破坏，哲学上的控告则把它看作荒诞的——既自相矛盾又缺乏意义。④ 也就是说，当基督宗教以相对独立的信仰形态登上历史舞台的时候，它也面临一系列的难题需要解决；这些难题既有宗教上的，也有政治上的和哲学上的。特别是哲学上的难题，具有更为长久的理论意义。如何应对这些责难、控告与迫害而为自身存在的合理性与合法性辩护，就成为摆在早期教会与众多神学家面前亟待解决的难题。

---

① 参见 J. 格雷山姆·梅琴《新约文献与历史导论》，杨华明译，上海人民出版社2008年版，第52—55页。
② 参见王秀美、段琦、文庸、乐峰等《基督教史》，第44—45页。
③ 参见保罗·蒂利希《基督教思想史》，第29页。
④ 参见保罗·蒂利希《基督教思想史》，第29—30页。

批判与阐释
——信念认知合理性意义的现代解读

在公元 1 世纪的使徒时代之后,最先对这些问题做出回应的是一批被称为"使徒后教父"(Apostolic Fathers)的神学家及其作品。① 这些作品有书信、教规手册、圣经注释、神学论著和异象与预言记录及护教文等,主要是对教会内部的信仰实践、信徒的行为与道德生活、律法主义、教会的正统性等有关基督徒正确信念和行为的问题,进行解释与说明。② 而真正涉及在公共层面上为基督宗教合法性与合理性辩护的,与他们生存的时代几乎同时但比他们的活动更为长久、意义也更为重大的是那些被称为"护教士"(Apologists)的神学家。③ 与"使徒后教父"相比,护教士神学家更为关注基督宗教所面临的政治与哲学上的敌对与歧视问题,关注其在公共话语层面上的合法性与合理性问题。尽管"使徒后教父"对有关问题解释与说明的神学性质和信仰地位在历史上引起了颇多的争议,而一些护教士则因过多地关注于基督宗教与罗马政治及其思想文化的关系而招致其他神学家的不满,**但他们都是在使徒时代之后最早对信仰实践乃至神学问题做出思考与探究的,因此可以说他们在某种意义上开创了基督宗教神学思想的先河**,为基督宗教神学思想如何应对和处理历史处境中的实践和理论问题,提供了极为宝贵的经验。④

护教士神学家主要是在应对外部的误解、批判和敌视中开始他们的神学思想历程的。"Apology"(辩护)一词来自希腊文 apologia,意思是面临控告时而对法庭上的审判所做出的正式的答辩或陈述。⑤ 在公元 2 世纪前后,基督

---

① 它们被认为是除了《新约》正典各卷之外现存基督宗教古籍中年代最早的作品;这些使徒后教父及其著作到底有多少,历史上有不同的看法,现在公认的有八种:罗马的克莱门特(Clement of Rome)、《十二使徒遗训》(*The Didache*)、安提阿的伊格内修斯(Ignatius of Antioch)、士每拿的波利卡普(Polycarp of Smyrna)、希拉波立的帕皮亚(Papias of Hierapolis)、《巴拿巴书信》(*Epistle of Barnabas*)、《赫马牧人书》(*Shepherd of Hermas*)和《致丢格拿都书》(*Epistle of Diognetus*)。参见胡斯都·L. 冈察雷斯《基督教思想史》(第一卷),第 52—53 页。

② 参见胡斯都·L. 冈察雷斯《基督教思想史》(第一卷),第 53 页;奥尔森:《基督教神学思想史》,吴瑞诚、徐成德译,北京大学出版社 2003 年版,第 30—32、43 页。

③ 奥尔森把紧接着使徒之后的第一代基督教作家和作品统称为"使徒后教父",把公元 2 世纪的基督教作家称为"护教者",对他们的思想特征和基本倾向做了区分。参见奥尔森《基督教神学思想史》,第 30—32、44—45 页。

④ 奥尔森认为当使徒还活着时并无神学的需要,基督宗教的神学故事开始于 2 世纪早期教父"开始思考耶稣与使徒的教导之时",参见奥尔森《基督教神学思想史》,第 12、15 页;蒂利希也认为"护教运动"是"发达的基督教神学的诞生地",参见蒂利希《基督教思想史》,第 29 页。

⑤ 参见保罗·蒂利希《基督教思想史》,第 25 页;Etienne Gilson, *History of Christian Philosophy in the Middle Ages*, Random House, 1955, p. 9。

宗教面临的控告与责难除了流传在街头巷尾的言论外，主要是来自其他的宗教信仰者（如犹太教徒和罗马传统多神教信仰者）、政治家（如罗马皇帝与地方官员）和哲学家（如塞尔修斯）等人的看法，他们谴责基督宗教信仰包含了诸多的荒诞性、不合理性以及对帝国安全与稳定的危害性。① 在相当大的程度上，来自政治和哲学的控告极易造成严重的后果。因为政治家的控告往往伴随着或演变为暴力式的镇压，而哲学家控告不仅涉及思想的合理性问题，而且也易于为"政治当权者接收过来"，从而产生"非常危险"的"政治后果"。②

为了消除这种"非常危险"的"政治后果"，早期教会不仅采取各种现实的和政治的手段来抗争被压制的命运，而且也运用众多书面的或其他说理的方式来为自身信仰的合理合法性辩护。从现实的效果上看，如果能够说服罗马当权者——特别是帝国皇帝，相信基督宗教信仰是合理的同时也不会对帝国的社会政治安全构成威胁，当是最为理想的。实际上，这也是大多护教者的辩护词所致力的目标，在他们写给罗马皇帝的书信中为其信仰的合理合法性辩护，试图最终从这些皇帝那里"为基督徒获得正式认可的公开从事其宗教信仰的权利"③。不过也有认为，这些书信或著作名义上是写给皇帝的，"实际上却希望在受过教育的人中间得到广泛流传"④。然而无论它们的实际目的是什么，在帝国的公共权力层面上，"致皇帝"的书信无论是在名义上还是在现实上，应该是最有影响力也是最易达之目的的方式。

一旦辩护词的主要写作对象——罗马皇帝、政府官员和知识分子等——确定之后，以什么样的手段或方式进行辩护就显得重要起来。当然，这些手段或方式是与它们所面临的控告或责难——诸如街头巷尾的流言以及荒诞性、不合理性与危害性——相关联的。对于那些出于"离奇的想法"所产生的流言与责难，在他们看来是易于解决的；但就那些"较有思想内容的攻击"，则是必须认真对待和回应的。⑤ 在这些"较有思想内容的攻击"中，来自哲学的攻击占据着非常重要的分量；因为在当时罗马帝国思想文化的公共层面上，

---

① 参见保罗·蒂利希《基督教思想史》，第 25 页；赵敦华：《基督教哲学 1500 年》，第 78 页。
② 保罗·蒂利希：《基督教思想史》，第 25 页。
③ Etienne Gilson, *History of Christian Philosophy in the Middle Ages*, pp. 9 – 10.
④ 参见胡斯都·L. 冈察雷斯《基督教思想史》（第一卷），第 89 页。
⑤ 参见胡斯都·L. 冈察雷斯《基督教思想史》（第一卷），第 91 页。

希腊文化和希腊哲学具有某种主导的地位，对于包括信仰在内的各种思想文化体系有着广泛的影响力。因此，面对哲学的怀疑和责难，采取什么样的方式为自身的合理性辩护，则是基督宗教的早期神学家们需要认真对待的问题。

就大多早期神学家的应对立场来看，他们主要采取的是积极应对的态度，既把希腊哲学看作不太友好的对手，也把它视为可以获得某种教益的对话伙伴。虽然就哲学与宗教作为两种截然不同的思想文化体系以及前者对后者所表现出的态度来看，极易使人产生"道不同不相为谋"的对立意识；这确实也是当时某些基督徒和神学家所采取的立场。然而现实的实际状况是，还有更多的神学家并非背离希腊哲学而远去，而是通过广泛的借鉴和利用希腊哲学的思想资源来为自身的合理性辩护。应该说，这种立场的采纳并不完全是面对主导和强势的对手时的"委曲求全"的表现，其中还包含着他们对罗马帝国晚期希腊哲学所呈现出的状态和基督宗教所表现出的某些特质的看法，以及在这种看法中对两者间存在着某种一致性的认同。

公元1世纪前后，在罗马帝国流行的希腊哲学主要是斯多亚学派、逍遥学派、新柏拉图主义、伊壁鸠鲁学派和新毕达哥拉斯主义等流派。与古典时期相比，希腊化时期之后的哲学流派具有了许多新的特征，其中的一些特征既为基督宗教的到来开辟了一定的历史条件，也使它在宗教性上感受到了某种"家族相似"。例如，从古典时期开始的对希腊多神论的哲学批判，在罗马帝国时期得到了更为充分的延续和发展，进而极大地"削弱了古代的神话与礼仪传统"，使得新的一神论宗教的出现有了可能性。① 再者，在希腊化时期众多哲学流派中弥漫的怀疑主义所表现出的对传统思想学说的不信任，使得它们试图通过一些新的不同途径来重建生活的信念与确定性：它们在延续传统哲学派别性质的同时，逐步演变成为具有崇拜倾向的群体，获得了"半礼仪半哲学"的特征；正是这些群体和流派的导师与创立者们因着为其追随者提供了生活的意义并把他们"从烦恼中解放出来"，而被称为有"灵感"的人或"救世主"。② 因此可以说，希腊化时期哲学流派所具有的怀疑主义批判精神及其所发展出来的新的特征（如灵感观念和"救世主"称谓），

---

① 保罗·蒂利希:《基督教思想史》，第11页。
② 保罗·蒂利希:《基督教思想史》，第12—13页。

在摧毁传统多神教信仰的同时，也为基督宗教进入"这个世界"提供了相应的"机会"。①

另外，作为一种新产生的宗教形态，早期神学家们在理解或解释其基本教义和信念观念时，除了依据于耶稣及其使徒们的教导和犹太教传统之外，也会自觉或不自觉地求助于他们生活其中的社会文化与希腊语概念。在这个经受长期希腊化浸染并以希腊语为主要官方语言的社会文化中，希腊哲学及其思想观念作为一种具有较高地位与价值的东西，起码是那些"有教养的"罗马人可以理解并乐于接受的。早期神学家们在这些希腊哲学中看到或发现了可资使用的观念，这些观念如上文所提到的诸如柏拉图哲学传统关于超越的观念、关于世界真正本质的"理念"世界的看法、关于"护佑"的观念，亚里士多德学派关于神是纯形式并自身完满的观念、关于每一事物因爱的推动而趋向高级形式的看法，斯多亚学派关于逻各斯的观念与学说，等等，在他们看来，对于基督宗教的上帝论和三位一体论、基督论与救赎论、基督徒的生活信念和人生理想诸方面，都提供了在希腊文化的处境中得以认识和理解的思想背景。② 因此，在相对宽泛的意义上说，罗马帝国后期在哲学折中主义倾向中所广泛流行的为了"最好的生活方式"所采纳的护佑观、上帝观、道德自由和责任观念、灵魂不朽等希腊思想与观念，都"以某种方式为基督教的传播做了准备"③。

因此，在选取什么样的思想资源为其信仰辩护的历史处境中，希腊哲学因其独特地位及其新的特征而进入早期神学家们的视野之中。这种进入不仅在于希腊哲学作为公共语言而为争辩的双方所同时使用，如基督宗教教父亚历山大的克莱门特（Clement of Alexandria，约153－217）和奥利金（Origen，约185－254）以及稍晚的柏拉图哲学家普罗提诺（Plotinus，205－270）及其门徒波菲利（Porphyry，约233－305），都在讲述"同样的哲学语言"——被认为"取自新柏拉图主义的单一概念水池"之中的哲学语言；而且"为斯多亚学派、柏拉图主义者和伊壁鸠鲁主义者"践行着的哲学所逐步体现出的"对

---

① 参见保罗·蒂利希《基督教思想史》，第11—13页。
② 参见保罗·蒂利希《基督教思想史》，第13—16页。
③ 保罗·蒂利希：《基督教思想史》，第17页。

批判与阐释
—— 信念认知合理性意义的现代解读 ——

上帝追寻"的倾向，也使得当时接受过希腊文化与哲学教育的基督徒，在它们两者之间看到了诸多的相似之处。① 虽然这些希腊哲学思想并不会为基督宗教的神学家们简单地接受过来，直接地用在对教义和神学的建构中；但它们所包含的神的观念及其宗教倾向与特征，却使早期的护教士（教父）们感受到了某种"家族相似"，某种可以在神学思想中借鉴、运用的文化资源以及可以用一种使"有教养的"罗马上层人士能够理解的方式向他们解释其信仰本质的意义。因此，一些早期接受了希腊哲学教育或对希腊哲学有着较为深入了解的教父，如查士丁（Justin Martyr，约 100 – 165）、克莱门特、奥利金和阿萨纳戈拉斯（Athenagoras，约 2 世纪中后期）等，在他们成人或转向基督宗教信仰之后，并没有完全弃绝这些所谓的"异教哲学"，而是把它们用在不同层面上，为其信仰的合理性辩护。

当然，在早期基督宗教与希腊哲学相遇而形成的批判与辩护的思想处境中，并非所有的神学家或护教士都会像克莱门特或奥利金那样，以哲学式的"理性辩护主义"方式来为信仰的合理性作论证。其中的一些人宁愿采取一些更为质朴或更为激进的方式，也不愿使用希腊哲学的概念和方法作为辩护的手段。他们并不认为希腊哲学能够为基督宗教带来完全积极的建构因素，可能会导致其内部产生一些引发更多争议的问题或是无法解决的困难，**甚至是异端思想的泛滥**。诸如此类的问题或担心使得一些神学家对希腊哲学采取了极不信任的态度，并以激进的言辞表达了对它的不满和排斥，从而在他们那里滋生出一种看待理性与信仰关系的虔信主义立场，其典型代表当为塔堤安（Tatian，约 110 – 172）和德尔图良（Tertullian，约 150 – 212）。

虽然在基督宗教与希腊哲学相遇的早期，面对后者的质疑和批判，神学家或护教士们采取了众多不同的手段与方式为其合理性辩护，在是否能够使用希腊哲学上也出现了截然不同的两种对立的态度；但从总体来看，把希腊哲学作为对话伙伴并选取其作为值得信赖的辩护资源，则是大多数神学家的选择。这种选择有其非常重要的原因与考虑。在当时的罗马帝国，到处充满着各种各样的神秘宗教、仪式、神话、巫术与哲学，因此当"2 世纪基督教

---

① 参见 *The Cambridge Companion to Medieval Philosophy*, edited by A. S. McGrade, Cambridge University Press, 2003, p. 12。

护教家放眼扫视罗马帝国，寻找思想模式，以帮助他们与类似罗马皇帝奥勒留等有思想、会思考的异教徒沟通之际"，他们之所以最终选择了希腊哲学"作为辩护基督教的基础"，乃是因为这是一种更为合理的方式从而在向"受过教育并有思考力的罗马人"说明或解释其信仰观念时能够获得更有说服力的效果。① 虽然这种选择是在面对帝国政治迫害和希腊哲学批判的外部压力下产生的，是对其生存合法性危机的抗争；然而如果将这种在压力和抗争中形成的不满情绪以类似于塔堤安和德尔图良的极端方式表达出来，那么它不仅弃绝了哲学，甚至有悖于人们的常识理性，包含在其中的立场既无益于公共层面上的对话与交流，而且也极有可能导致"一种恐怕教会也不能认可的宗教蒙昧主义"。②

因此可以说，采取与希腊哲学联手的方式进行辩护，无论其效果如何，起码表明了一种态度、一种愿意或能够在"有教养"的罗马人崇尚的理性框架内讨论信仰问题的态度。这种方式及其态度在当时是非常重要的，它试图显明这样一种信息，即基督宗教的信仰不是非理性的和荒诞的，在逻辑上也不是自相矛盾的。因此，当护教士们以这种方式向罗马皇帝及各级官员写信解释其信念与行为时，他们希望后者能够依据合情合理的判断来公正地对待其信仰，"使他们即使不信基督，也会正视基督教"③。或许，以合乎理性的方式获得一种公正的待遇，是护教士或早期教父们采纳希腊哲学的一个最为重要的外部原因。

第二节 早期认知传统

作为两种截然不同的思想文化体系，产生于希腊本土的哲学体系与来自两河流域并在巴勒斯坦地区孕育而生的基督宗教，最终在罗马帝国这样的社会舞台上相遇，上演了源远流长并持续至今的有关哲学与宗教、理性与信仰间冲突、对话和交流的历史长剧。虽然这一历史剧中的两位主角因源起地域、

---

① 参见奥尔森《基督教神学思想史》，第45—47页。
② 赵敦华：《基督教哲学1500年》，第107页。
③ 奥尔森：《基督教神学思想史》，第48页。

思想渊源、文化内涵和族群身份等的巨大差异可能背道而驰，也就是说，在不同地域和不同人群中产生的这两种迥异的思想文化体系极有可能在历史的长河中擦肩而过；然而罗马帝国的政治疆域以及基督宗教产生时所面临的思想文化处境，却为它们提供了一种陌路相逢的契机，一个虽相向而行却最终相遇的思想平台。在这一平台中，希腊哲学开始时是作为主动的一方而登上舞台的。由于在几百年的发展中，希腊哲学已经建构起了十分丰富且相对成熟的思想体系，其中有关认识对象、认识能力和认识方法以及普遍必然性知识等诸多认识论问题的探究与阐释，不仅开创了一个源远流长的理性主义传统，而且也形成了一个影响深远的知识评价体系，一个关于真理和谬误的合理性评价体系。这一传统经过希腊化时期的扩散与传播，经过斯多亚学派、伊壁鸠鲁主义、新毕达哥拉斯学派以及各种形态的柏拉图主义和亚里士多德主义等学派众多哲学家们的继承、综合与复兴，在罗马帝国的主流哲学思想中占据了重要的地位，成为罗马帝国各种思想文化体系中具有某种主导意义的思维原则和价值原则。因而，当基督宗教在渗透着浓厚希腊哲学精神的罗马帝国诞生的时候，前者作为宗教体系所具有的信仰特质势必与后者所崇尚的理性主义形成明显的张力，它的知识论意义和认知合理性问题不可避免地受到了后者的质疑和拷问。在社会的公共层面上，古希腊哲学的知识论遗产为基督宗教提供了一个它不得不置身其上的思想平台。

一 哲学的意义

在罗马帝国所搭建的思想文化平台上，希腊哲学与基督宗教之间所上演的冲突、对话和交流的历史剧之能够持续不断的上演，不仅得益于前者的首先登台，同时也依赖于后者的应声出场。一旦双方——无论出于什么样的原因和目的——站到了前台，则相互间的审视、对话和交流就会随之展开。由于哲学早已发声，提出了严厉的质疑和批判，后者的回应则大多会依据于这样的质疑和批判而展开。在这个多少受制于哲学批判的回应中，基督宗教的神学家或辩护士们对希腊哲学的地位和意义、哲学（理性）与宗教（信仰）的关系以及基督宗教的哲学可能性等问题做出了自己的思考与解读，从而开启了神学哲学化的思想历程。

在这个以辩护为目的的回应中，以积极的态度参与这场辩论的神学家们大多对希腊哲学采取了认可的态度,即相信希腊哲学与基督宗教并非像一些人所认为的那样,在表面上具有势不两立的矛盾与冲突,而是具有可以融合的某种内在的一致性。这可能是希腊哲学作为一种思想观念被早期神学家们接受并成为其建构基督宗教合理性的手段与方法的最为重要的初始信念。在那些主张希腊哲学与基督宗教具有内在一致性的教父神学家中,查士丁的看法可能是最早也是最具有代表性的。他认为在希腊哲学或基督宗教产生之前,上帝的圣道或逻各斯已赋予了所有的民族,在他们之中存在并能启迪他们,因此无论是希腊人还是犹太人,长久以来就已接受了圣道之光的启迪,具有内在的逻各斯(理性);由于耶稣基督就是这一圣道或逻各斯、是它的具体化身,因此不仅每个有理性的人对于耶稣基督的身份都是能够理解的,而且在某种意义上,"每一个以理性方式生活的人都是基督徒"①。查士丁的意思是,即使在基督宗教产生之前,希腊哲学由于受圣道之光的照耀也能够以不自觉的方式表达出一定的神圣真理,如斯多亚派哲学家所说的逻各斯(Logos)即基督,就是基督所表明的圣道(the Word),只不过是它们在用逻各斯的名称进行表达时对耶稣基督并没有明确的意识而已。

查士丁之所以对希腊哲学抱有积极的态度并相信它与基督宗教有着内在的关系,不仅与他自身的思想经历有关,而且也与他所生活的文化背景,特别是公元1世纪时期犹太哲学家斐洛(Philo,约前25—50)的示范性影响有着千丝万缕的联系。作为公元2世纪最早的希腊教父和最重要的护教者之一,查士丁可说是基督宗教产生以后在应对哲学挑战的长期过程中,第一位正式将希腊哲学运用在基督宗教信仰的阐释中并为之合理性进行辩护的神学家。查士丁大约出生在公元100年前后巴勒斯坦的撒玛利亚(Samaria)地区,早期接受过广泛的希腊哲学教育,先后师从于斯多亚学派、逍遥学派(亚里士多德主义)、毕达哥拉斯主义和柏拉图主义等哲学派别的老师,对这些派别的希腊哲学都做过或多或少的学习和探究。② 这种学习经历在查士丁成为基督徒后对他运用希腊哲学为基督宗教进行阐释和辩护提供了极为便捷的手段,也

---

① 参见 Justin, *The First Apology*, Chap. XLVI; *Ante-Nicene Fathers*, Volume Ⅰ, edited by Alexander Roberts, D. D. and James Donaldson, LL. D., Hendrickson Publishers, Inc., 1994 (Fourth printing 2004)。
② 参见 Justin, *Dialogue with Trypho*, chap. Ⅱ - chap. Ⅵ; *Ante-Nicene Fathers*, Volume Ⅰ。

是他始终保持对哲学好感的重要原因之一。他的早期求学之路以及对希腊哲学意义的认识和运用，在他现存的《辩护词》两篇（*The First Apology* 和 *The Second Apology*）以及《与蒂尔夫的对话》（*Dialogue with Trypho*）等著作中都有着充分的体现。

当然，查士丁之能够将希腊哲学用在对基督宗教的解释和辩护中，除了他自身的缘由和来自外部的压力之外，也与基督宗教内部的神学需要以及在满足这种需要时它所处的社会文化环境和可资使用的思想资源有关。虽然到了1世纪结束的时候，基督宗教的基本原则和核心观念已得到确立，但这些原则和观念依然是初步的和简单的，只是属于信仰的"第一序列"（first-order）语言——"神的话语与言说"或者说信仰语言，尚需作为"第二序列"（second-order）语言的神学语言对之做出说明和阐释。① 或者说，正是在使徒时代之后由于对为什么信仰和如何信仰之类众多理论问题和现实问题的思考与阐释，才开始了基督宗教神学体系的建构。② 在这种神学语言的建构中，作为罗马帝国公共语言的希腊语在其中起到了非常重要的参与作用（例如《新约圣经》即以这种语言写成的），从而内在于或包含于这种语言中的希腊文化及其哲学思想与观念，必定会以某种方式影响到对基督宗教信仰的言说和理解。当然，在开始时这只是一种相对宽泛的、不自觉的哲学语言的运用方式；而能够以明确的或自觉的方式把希腊哲学作为一种思想资源来使用，则源于希腊哲学的批判以及查士丁等人的回应。

实际上，有意识地把希腊哲学运用到对宗教思想和神学体系的解释与建构中，查士丁并不是第一人，在他之前，主要生活在公元1世纪上半叶的斐洛就已做过同样的事情，只不过他是将希腊哲学引进到犹太教的解释中而已。作为一名生活在罗马帝国内犹太社团中的一员，斐洛不仅秉承了犹太人的民族传统并保持着对犹太教信仰的忠诚，而且同时与帝国内的其他社会文化群体保持着诸多开放性的联系。特别是他所生活于其中的亚历山大（Alexandria），是一个开放性的多民族聚居的港口城市，长期的希腊化进程的影响以及罗马

---

① 参见 Tyron Inbody, *The Faith of the Christian Church: An Introduction to Theology*, William B. Eerdmans Publishing Company, 2005, p. 13.
② 参见奥尔森《基督教神学思想史》，第15页。

帝国的文化整合措施与控制，使得希腊语言和文化在这个城市不同族群的生活中占据了主导的地位。斐洛就是在为犹太群体普遍认可的希腊学校的语言和文化教育中成长起来的，他自己不仅认为这样的教育是有意义的，因而鼓励他的同胞接受这样的教育；而且也相信旧约圣经的希腊语译本具有神圣的地位。①

正是基于对希腊文化在总体上的认可，斐洛在犹太教信仰的解释中对希腊哲学采取了一种开放的态度，相信两者之间不仅具有同源性和一致性，而且后者完全能够对前者做出合理的理解与解释。例如，在斐洛看来，由于人类源于上帝，其思想或理性是上帝按照神圣的逻各斯创造的，因而希腊哲学与摩西律法都秉承了相同的根源，具有内在的一致性；希腊哲学所表达的关于超越世界或超越实在的真理，与犹太教一神论信仰所涉及的真理有着相同的意义。正是基于这样的看法，斐洛依据希腊哲学，特别是柏拉图主义、斯多亚学派和毕达哥拉斯主义等学派的思想与概念，对摩西五经中关于上帝的观念、宇宙的形成以及逻各斯在上帝与被造世界之间的地位与意义等，进行了相应的解释与说明。② 应该说，斐洛在犹太教信仰的解释中对希腊哲学的运用，不仅为两者间的融合关系建构了一种可能性，而且也为犹太教信仰的合理性提供了一种哲学意义。

斐洛在希腊哲学和犹太教之间的整合具有非常重要的历史意义，为生活在公元2、3世纪的早期基督宗教神学家产生了直接的示范作用；在某种意义上，他运用柏拉图主义和斯多亚学派的思想以及逻各斯观念对旧约圣经和上帝创世诸多问题所进行的理性化解释，激励了这些神学家们在希腊哲学和基督宗教之间进行整合的热情。③ 查士丁可说是受到这种示范性影响的最早的神学家之一，他在整合两者的过程中，肯定了希腊哲学的意义，对两者的关系做出了符合自身立场的说明。查士丁虽然相信神圣的逻各斯早已被灌注在希

---

① 参见 The Cambridge History of Later Greek and Early Medieval Philosophy, edited by A. H. Armstrong, Cambridge University Press, 1967, p. 137; Everett Ferguson, Backgrounds of Early Christianity, William B. Eerdmans Publishing Company, third edition, 2003, pp. 478 – 479。

② 参见 The Cambridge History of Later Greek and Early Medieval Philosophy, edited by A. H. Armstrong, pp. 139, 141 – 143; Everett Ferguson, Backgrounds of Early Christianity, pp. 481 – 482。

③ 参见 Etienne Gilson, History of Christian Philosophy in the Middle Ages, p. 29；赵敦华：《基督教哲学1500年》，第73—75页。

腊人之中，他们可以因此对它形成不自觉的和部分的认识，而且也能够从更早的犹太先知如摩西那里，学到关于灵魂不朽、死后惩罚等神圣学说并能够理解它们；① 但他认为这些希腊哲学家们的"发现和思考"，只是圣道的某些部分而不是全部，苏格拉底也只能部分地认识到"基督"的意义，而且这种认识往往包含着"自相矛盾"。② 而只有耶稣基督的到来，才将圣道完全地启示出来，他就是神圣的逻各斯，基督徒通过他能够对圣道形成更自觉和更全面的把握。也就是说，在查士丁看来，希腊哲学虽然承载了一定的神圣真理，但这种哲学没有最终完成，只有在基督宗教的信仰中，关于圣道的哲学才最终得以实现和完成。它们之间的关系即部分与全部、预演与完成的关系。

在有关希腊文化与摩西传统的关系上，塔堤安表达出了据说是与他的老师查士丁基本相同的看法。在他看来，直接继承犹太文化传统的基督宗教，在思想源流方面比希腊的哲学体系更为久远。他把摩西和荷马分别作为犹太与希腊两种文化体系原初的思想边界，通过所谓年代的、文献的以及其他古代民族中的传说之类进行"考证"，说明摩西所引领的传统比希腊的"远古英雄、战争和诸神更早"，而希腊人的文化则是把前者作为源泉，从中汲取了众多的因素。③ 正是鉴于对希腊每一项"文明创制"都源于这些所谓远古"野蛮人"的信念，塔堤安因此吁请希腊人"不要如此充满敌意地对待那些'野蛮人'"。④ 虽然这类"考证"具有诸多猜测和臆想的成分，但塔堤安从中所要表达的意图乃是表明基督宗教比希腊哲学更为久远也更为优越。在思想经历上塔堤安与他的老师查士丁类似，对希腊哲学都有着一定的研究和把握，然而他们有着不同的目的，查士丁以此作为辩护乃至建构基督宗教信仰的手段，塔堤安则把它演变成批判和嘲讽希腊哲学的利器。

在他们之后，以相同的方式阐释希腊哲学与基督宗教之间关系的教父神学家，是与斐洛同样来自亚历山大城的克莱门特（Clement of Alexandria，约153–217）与奥利金（Origen，约185–254）。当时的亚历山大城汇集了各种

---

① 参见 Justin, *The First Apology*, Chap. XLIV; *Ante-Nicene Fathers*, Volume I。
② 参见 Justin, *The Second Apology*, Chap. X; *Ante-Nicene Fathers*, Volume I。
③ 参见塔堤安《致希腊人书》第三十一章、第三十五章至第四十章；参见塔堤安等《致希腊人书》，滕琪、魏红亮译，中国社会科学出版社2009年版。
④ 塔堤安：《致希腊人书》第一章；参见塔堤安等《致希腊人书》，第134页。

思想流派和宗教团体，充满着较为宽松活跃的政治气氛和学术活动，其中在刚刚皈依基督宗教的信徒群体中，建立了一个以潘陀纽斯（Pantaenus）为核心的基督宗教教理问答学校（the catechetical school）。克莱门特和奥利金曾相继成为这个学校的学生和老师，并在不同时期担任过他的负责人。他们对希腊哲学的看法以及诸多的神学思想，主要是在这个时期形成起来的。① 克莱门特在成为基督徒以及来到亚历山大城之前，曾在罗马帝国的不同地区游历求学，接受过广泛的希腊文化的教育，对希腊文学和哲学有着较高的造诣。这种与查士丁相似的早期教育经历，也为克莱门特日后的辩护以及思考希腊哲学与基督宗教的关系，提供了非常便捷的手段。

克莱门特在辩护以及对基督宗教神学思想的阐释和建构中对希腊哲学的广泛使用，在他所写的诸多著作中都或多或少地有所体现，其中主要的有《规劝异教徒》（The Exhortation to the Heathen）、《训导者》（The Instructor）和《杂文集》（The Miscellanies），特别是在以希腊文"克莱门特关于真正哲学思辨笔记"为标题的《杂文集》中，克莱门特对理性思辨以及希腊哲学与基督宗教的关系所做的解读和阐释最为细致深入。他关于两者关系的阐释，采取了与查士丁和塔堤安相似的看法，即从所谓智慧的更古老的源头出发进行论述。在他看来，在远古时代，生存着被称为"野蛮人"的犹太人、巴比伦人、埃及人和印度人，他们比希腊人更为古老，也拥有着更为久远的哲学和知识；而这些所谓的"野蛮人哲学"乃是与摩西的经典一脉相承的、来自天启的东方智慧。② 他认为后来的希腊哲学只不过是对这些野蛮人哲学的继承，因为哲学首先是"在古代野蛮人中繁荣，发出它的光芒照耀众多民族"，然后到达了希腊人那里，柏拉图和毕达哥拉斯从中学到了他们学说中最卓越和最高贵的东西。③

在克莱门特看来，虽然在柏拉图等希腊哲学家那里表现为最卓越和最高贵的东西，只是对野蛮人哲学的继承或"窃取"而只具有"微弱的光芒"；

---

① 参见赵敦华《基督教哲学1500年》，第92—93、97页。
② 参见赵敦华《基督教哲学1500年》，第93—94页。
③ Clement, *The Miscellanies* (*The Stromata*), Book Ⅰ, chap. ⅩⅤ; 参见 *Ante-Nicene Fathers*, Volume Ⅱ, edited by Alexander Roberts, D. D. and James Donaldson, LL. D., Hendrickson Publishers, Inc., 1994 (Fourth printing 2004)。

然而由于"真理是唯一的",整个宇宙中所有的真理片断或部分,都是在神圣之光照耀下产生的,因此无论是野蛮人还是希腊人,都是从这一神圣之光或"永恒的圣道神学"那里获得了永恒真理的片段,保持着与这一唯一的真理的内在关联。而再次将这些分散的片段聚合在一起、使之成为整体的是耶稣基督,他"熟知所有类型的智慧,是卓越的诺斯",能够将永恒真理这一完美的圣道完全地展现出来。[①] 也就是说,神圣真理早已被赋予了所有的人类,不同的民族具有认识这一真理的不同方式——正如律法之于犹太人那样,哲学为希腊人预备了获得神圣真理的手段,虽然通过这种手段,希腊人认识到的只是真理的片段,它却为基督的到来做了准备。[②]

正是基于哲学与基督宗教的同源性立场,克莱门特相信哲学在本质上是善的,从而在两者之间建立起了承接性的关系。紧随克莱门特在相同的路向上对基督宗教进行阐释和辩护的是他的学生奥利金。奥利金于 185 年前后出生于埃及亚历山大城的一个基督徒家庭,青少年时期虽是亚历山大教理问答学校的学生,但也曾作为一些当地的希腊哲学家,如新柏拉图主义者阿曼纽斯(Ammonius Saccas,约 2 世纪末 - 3 世纪初)的学生而接受过一定的哲学教育。奥利金不仅是一位充满激情的信徒,也是一位才华横溢的神学家,一生写下了大量的著作,可说是尼西亚会议(325 年)之前最多产和最博学的基督徒作家之一。其中主要的著作为《第一原则》(*De Principiis*)和《驳塞尔修斯》(*Contra Celsum* 或 *Against Celsus*),以及一些涉及《圣经》注释及文字修订等方面内容的论著。

在如何看待希腊哲学的地位及其与基督宗教的关系方面,奥利金与查士丁和克莱门特等先辈们有着同样复杂的情感。他在面对哲学的批判和责难进行辩护时,既强调了信仰优于哲学的立场,又表达了希腊哲学具有一定积极意义的态度。像他的前辈们那样,奥利金认为希腊哲学既为基督宗教的产生做了铺垫,也为对它的认识和理解提供了有效的手段。他相信希腊哲学与基督宗教具有内在的一致性,任何一个具有一定认识能力的人,无论是野蛮人还是希腊人,都能够最终获得同样的真理;因此,如果一个希腊人从他的研

---

① 参见 Clement, *The Miscellanies* (*The Stromata*), Book Ⅰ, chap. ⅩⅢ; *Ante-Nicene Fathers*, Volume Ⅱ。
② 参见 Clement, *The Miscellanies* (*The Stromata*), Book Ⅵ, chap. ⅩⅦ; *Ante-Nicene Fathers*, Volume Ⅱ。

究中走向了"福音书"的话，都会"判定它的教导是真的"并"认可基督宗教的真理"。① 奥利金也对希腊哲学所推崇的自然理性有着深刻的印象，对之做出了高度的评价和认可，希望任何一个具有这种"优良自然品性"而"成为完美的罗马法官"或"至高声誉的希腊哲学家"的人们，能够把这些"优良自然品性的所有力量献给基督宗教"；为此，他恳请人们"从希腊哲学中吸取"有用的东西，以此"来推进基督宗教研究的进程"或为其做好准备，正如几何学、音乐、语法、修辞和天文学有助于哲学那样，哲学也能够以这种方式为基督宗教提供帮助。② 虽然奥利金用"优良自然品性"来赞赏希腊哲学的理性及其认知能力，但在有关基督宗教和希腊哲学的关系上，他的基本立场依然是认为前者优于后者。这也正是当他面对塞尔修斯把"真逻各斯"视为希腊哲学的最高成就并以此来谴责基督宗教是一种的落后宗教时所表现出的立场，即认为上帝之道就是真正的逻各斯，它拥有的智慧和真理比希腊哲学通过理性论证所获得的要更高更完善，"福音"通过"神圣的方法"所拥有的关于自身的证明，"比任何通过希腊辩证法建立的证明都更为神圣"。③

奥利金对希腊哲学的认可，把它所推崇的自然理性看作人类的一种优良的"自然品性"，能够对基督宗教产生辅助的和铺垫的作用，使他的思想具有了与查士丁和克莱门特等神学家相同的向希腊哲学开放的倾向。这种开放的倾向随着历史的演进而为更多的人所接受，逐步成为基督宗教神学思想史中的一股有着广泛影响力的思潮；因而，即使4世纪之后基督宗教在罗马帝国的社会、文化和意识形态层面逐步合法化并占据主导地位，有关其思想体系的合理性问题得到了缓解，但早期教父为解决合理合法性问题而试图在希腊哲学与基督宗教之间建立某种内在关系的尝试和努力，则并没有随之被放弃，它在不同时期的神学家中仍以不同的方式表现了出来。奥古斯丁（Aurelius Augustine，354–430）在这样的历史背景下所建构的"基督宗教学说"，可说是教父时期神学家们关于希腊哲学与基督宗教关系看法的结晶与顶点。

---

① Origen, *Against Celsus* (*Contra Celsum*), Book Ⅰ, chap. Ⅱ; 参见 *Ante-Nicene Fathers*, Volume Ⅳ, Chronologically Arranged with Brief Notes and Prefaces by A. Cleveland Coxe, D. D., Hendrickson Publishers, Inc., 1994 (Fourth printing 2004)。

② Origen, *A Letter From Origen To Gregory*, 1; 参见 *Ante-Nicene Fathers*, Volume Ⅳ。

③ Origen, *Against Celsus* (*Contra Celsum*), Book Ⅰ, chap. Ⅱ; 见 *Ante-Nicene Fathers*, Volume Ⅳ。

奥古斯丁于354年出生于北非努米底亚省（Numidia）的一个具有部分基督宗教背景的家庭。他的父亲是一位异教徒，而她的母亲则是位基督徒，对他的信仰取向产生了深刻的影响。奥古斯丁的早年虽经历了一段生活繁杂、精神迷茫的时期，但在成年并加入基督宗教（387年）后却成为一个非常勤奋和多产的作家，一生写下了难以计数的文字作品，内容广泛涉及基督宗教神学和哲学的各个方面，其著作被誉为神学百科全书。他的代表作主要有《忏悔录》（397年）、《上帝之城》（413—426年）和《论三位一体》（406—416年）等。

奥古斯丁生活的时代，一方面是基督宗教已成为占统治地位的宗教（罗马教会在西罗马皇帝狄奥多修一世379—395年在位期间取得了国教的地位），但尚未在整个罗马帝国达到精神上的统一，取得绝对的支配地位；另一方面罗马皇帝在政治上仍然拥有统治权，但帝国却分裂为东罗马帝国和西罗马帝国两个部分，并且西罗马帝国面临着北方蛮族的入侵，面临着即将被毁灭的命运。因此相对于不断走向衰落的罗马帝国来说，新兴统一的基督宗教组织似乎在承担并保存拉丁世界和希腊世界的文化遗产方面有着更为有利的地位。而作为基督宗教早期重要的神学家、古代教父思想的集大成者，奥古斯丁除了在同各种异端思想做斗争中建构全面正统的教义体系和神学体系之外，在客观上面临着如何在信仰的基础上整合不同的思想资源、如何在古代和随后到来的时代之间进行沟通的问题。在这样的背景下对基督宗教和希腊哲学关系的重新梳理与阐释，无疑属于这些问题中的一个突出的方面。

当然，在基督宗教与希腊哲学关系的阐释方面，早期的神学家们已经提出了大量的看法，通过哲学阐释方式的引进而进行合理性的辩护，并依据自己关于一致性的理解而尝试把基督宗教界定为一种"真正的哲学"。奥古斯丁秉承这种思想传统，在新的时代背景下对之做了进一步的阐发。在他看来，希腊哲学并不是某个民族或某些人类的发明，而是上帝赐给整个人类的精神财富，只不过是在古希腊时期被人们做了错误的使用，现在应该取回，使之归于正途，来作为与异端异教斗争以及建构神学体系的利器。[①] 更重要的是，他认为包括柏拉图学派、伊奥尼亚学派和意大利学派在内的诸多希腊哲学学

[①] 参见赵敦华《基督教哲学1500年》，第141页。

派以及其他地区和民族哲学派别中的一些哲学家，他们关于至上的和真正的有关"神的事情"的看法，与他所持有的基督宗教立场最为接近。① 应该说，这些看法构成了奥古斯丁认可希腊哲学的基础，特别是柏拉图派哲学家把宇宙的原因、人类之原则和善的根基、真理与幸福的源泉之类的东西与某一位神或上帝关联在一起的主张，使他在建构基督宗教神学体系的过程中，愿意使用来自希腊哲学家们——更多的是柏拉图主义者——的思想资源，并与他们探讨有关上帝的事情。②

依据于这些观点或看法，奥古斯丁相信他能够在基督宗教与希腊哲学之间建立起一种融洽的相似性关系；然而相似性关系并不是他试图达到的最终目的，他更希望把基督宗教确定为一种"真正的哲学"，从而在根本上超越或弥合两者之间的不同与对立。促使奥古斯丁在理性与信仰的关系上走得更远的另一个原因，应该说是与他所生存的思想处境有关。在奥古斯丁生活的时代，公共意义上的"哲学"已演变成为幸福生活的"指南"，众多的哲学家们已就幸福生活的含义、达到幸福生活的途径诸方面，提出了难以胜数的定义和看法；奥古斯丁据此认为，如果说真正的哲学是通向幸福生活的道路的话，那么基督宗教乃是达到幸福生活的唯一途径，因此基督宗教是真正的哲学，是一种关于真正哲学的学说，即"基督宗教学说"。③ 因此应当说，当奥古斯丁通过"基督宗教学说"建立起基督宗教和希腊哲学之间内在一致性的时候，其目的并不仅仅是要消解它们之间的不同和区别，更是要通过价值的比较在它们之间建立起高低不同的层次关系。

在他看来，基督宗教作为真正的哲学，它是一种要比通常意义上的哲学——如希腊哲学——更为高级的哲学形态；而希腊哲学，不论就其性质或是就其最终目的的实现来说，都要远远逊色于作为真正哲学的基督宗教的。尽管在当时，"哲学"已演变成为幸福生活的"指南"，一般的哲学已就幸福的含义、达到幸福的途径等方面提出了自己的看法，但它们最终得到的都不是"可靠的、真正的幸福"，而只有在基督宗教中才能获得。因为希腊哲学把人

---

① 参见奥古斯丁《上帝之城》第八卷第九章，王晓朝译，人民出版社2006年版，第319页。
② 参见奥古斯丁《上帝之城》第八卷第十章，第319—321页。
③ 如当时有一人写了一部哲学手册，涉及288种哲学，全部是对"如何取得幸福生活"这一问题的回答。参见赵敦华《基督教哲学1500年》，第141页。

类智慧和理性思辨作为最高的幸福与获得真理的手段，而这种智慧和手段既充满了争论和痛苦，也仅仅是少数人才享有的特权；相反，基督宗教提供的是一种神圣的智慧，是每个人都可以接受和践行的。而且希腊哲学只追求今生今世的幸福，基督宗教把永恒的幸福作为最终目的，体现出了"现世的哲学"和"真正的哲学"的不同。[①] 因此可以说，奥古斯丁不仅试图通过这种方式把"哲学"从希腊的意义上剥离出来，赋予它以更为一般的特性；而且也试图把实现真正的幸福作为两者共同的目的，使之不再具有本质的差别，如果它们有区别的话，这种区别也"不是宗教和哲学的区别"，而是两种哲学间的区别，即"'真正的哲学'与'现世的哲学'之间的区别"。[②] 在奥古斯丁那里，基督宗教已不是外在于哲学并与之对立的某种东西，而是内在于哲学之中的最高表现形式。

二　确定的知识

虽然在基督宗教为其合理合法性的早期辩护中，其内部出现了诸如塔堤安和德尔图良这样神学家，对希腊哲学提出了激烈的批评与抵制，早期教会也对在这个过程中所出现的以及可能出现的异端思想做出了严格的限制与纠正；然而在与哲学联姻中所形成的辩护策略，以及作为这种辩护基础的有关希腊哲学与基督宗教之内在一致性关系的看法，则在随后的神学思想史中催生出了一种源源不断的哲学建构潮流，不仅出现了克莱门特和奥利金等早期哲学建构的尝试，以及以奥古斯丁为集大成的教父哲学思想，而且也深刻地影响了中世纪哲学思想的进程，产生了以托马斯·阿奎那为代表的经院哲学思想。当然，早期教父在辩护以及神学建构中对希腊哲学概念和方法的运用，并不意味着他们是在有意地建构一种哲学体系或推进一场哲学运动；就其思想体系的整体的或基本的特征来看，它们更多的是一种神学而不是哲学。但是，某种体系只要持续不断地运用或借鉴哲学思想及其观念，那么哲学的思考方式及其问题意识就必然会以某种方式进入这一体系中，从而催生某种哲学性的或准哲学的东西。这种哲学性的或准哲学的东西只要以不间断的方式

---

① 参见赵敦华《基督教哲学1500年》，第142页。
② 赵敦华：《基督教哲学1500年》，第142页。

进入历史中，随着时间的推移，它必将形成一种相对连贯的思想体系或思想运动。

在这场以哲学为手段的早期神学体系建构运动中，查士丁在某种意义上可说是一个开创者。正是他在看待希腊哲学与基督宗教的关系时不仅认为前者承载了圣道的部分真理，而且把耶稣基督看作宇宙的"逻各斯"，基督宗教在本质上乃是一种真正的哲学，从而使他在成为基督徒后依然穿着哲学家的长袍，相信"只有这样的哲学才是可靠的和有益的"，并以此作为他"成为一个哲学家"的缘由。① 查士丁对哲学的肯定，使他能够积极地运用柏拉图主义和斯多亚学派等希腊哲学流派的思想概念，来对基督宗教信仰进行说明和辩护。这在他所留存下来的辩护词和与蒂尔夫的对话等著作中都有着充分的体现。当然，在有关希腊哲学与基督宗教关系以及如何将前者运用到后者的建构方面，查士丁的工作仅仅是一种开始，在他那里并没有形成一个将希腊哲学纳入基督宗教神学之中的内容广泛的思想体系。他只是提出了一种基本的看法，认为整个地只有一种智慧、一种哲学——基督宗教哲学，而希腊哲学中最好的成分，尤其是柏拉图哲学，则是它的准备和部分的体现。查士丁的这一立场，对后来的教父如何看待和运用希腊哲学产生了非常重要的影响。

在查士丁之后，最早秉承其"作为一个哲学家"的理想并将希腊哲学在神学体系中做出广泛应用的教父，是克莱门特。虽然克莱门特并没有像查士丁那样明确地把"哲学家"作为其公开的身份，但他高度认同了后者把基督宗教看作一种"真正的哲学"的看法，将希腊哲学纳入基督宗教的神学本体论的解释和建构之中，并在"知识"的层面上对两者的共同特征和承接性关系做出了深入的探究和说明。例如在《规劝异教徒》和《杂文集》等著作中，克莱门特在阐释无限、单一和完善之类的上帝本质及逻各斯（圣道）等信仰问题和神学问题时，往往会参照希腊哲学家们的相关表述来展开。虽然在这种解释中，克莱门特为希腊哲学的概念设定了严格的前提条件并有着诸多的保留，它却展现出了公共层面的意义，而且也为克莱门特进一步阐释神学问题提供了在更广泛的文化心理和思想条件下某种赖以理解的基础和出发点。

---

① Justin, *Dialogue with Trypho*, chapter Ⅷ；参见 *Ante-Nicene Fathers*, Volume Ⅰ。

将希腊哲学运用到基督宗教神学的解释和建构中，在克莱门特的知识论构想中最为显眼。在他看来，哲学是在"对真正存在的把握以及对由此导致的事物的研究"①中所形成的知识，为了获得他所说的真正知识（gnosis），哲学家需要致力于三件事情："思索探究""履行规则"并"构成德行"，它们是知识构成的不可或缺的要素，任何一个的缺失都会使知识出现缺陷。② 他进而把基督宗教看作具有这种真正知识的哲学，它来自耶稣的教导，包含着"最大的奥秘和真正的知识"，是"理性不可否认"的"智慧知识"。③ 虽然他认为这种知识是以信仰为基础建构起来的，但同时又需要"真正的哲学"给予"科学的证明"，这种证明表现为一种"理性探究的过程"——从"被认可的东西"出发，最终"达到对有争议问题的确信"。④ 证明所需要的"理性探究的过程"，使得克莱门特走进了希腊哲学之中。

我们知道，希腊哲学家在长期的探究过程中，在知识论上形成了丰富的理论，对真理和意见进行了大量的考察与严格的区分，并就真理性知识的获得提出了众多的思想方法。亚里士多德通过对以三段论为基础的逻辑方法的完善，把真理性知识确定为一种"证明的知识"，一种以非证明的和真实的前提为基础、按照一定的逻辑方法和论证程序而获得的客观必然性知识。克莱门特在阐述信仰的知识性质时，依据亚里士多德关于真理知识是一种证明知识的看法对之做了解读。克莱门特认为，每个人都会赞同亚里士多德的看法，即证明是一种符合理性推理的论证过程，"从被认可的观点出发，导致对被争论的观点的确信"⑤。由于在人们的认识活动中，既能形成"科学的和确定的信念"，也会产生仅仅是以愿望为基础的"意见"，因此我们必须通过证明来形成知识、消除意见。然而证明并非获得所有知识都必需的手段，因为如果每一个知识都需要证明的话，我们将在知识获得的路途上"走向无限"，其结果是证明本身就将会被取消；所以还存在着一些无需证明的知识，它们是"自明的"，被作为"证明的起点［和基础］"。克莱门特认为，这即"哲学家

---

① Clement, *The Miscellanies* (*The Stromata*), Book Ⅱ, chap. Ⅸ；参见 *Ante-Nicene Fathers*, Volume Ⅱ。
② Clement, *The Miscellanies* (*The Stromata*), Book Ⅱ, chap. Ⅹ；参见 *Ante-Nicene Fathers*, Volume Ⅱ。
③ Clement, *The Miscellanies* (*The Stromata*), Book Ⅱ, chap. Ⅹ；参见 *Ante-Nicene Fathers*, Volume Ⅱ。
④ Clement, *The Miscellanies* (*The Stromata*), Book Ⅱ, chap. Ⅺ；参见 *Ante-Nicene Fathers*, Volume Ⅱ。
⑤ Clement, *The Miscellanies* (*The Stromata*), Book Ⅷ, chap. Ⅲ；参见 *Ante-Nicene Fathers*, Volume Ⅱ。

们都承认的一切事物的第一原则",是"首要的和不可证明的"。①

克莱门特采纳亚里士多德的看法,把真理性知识区分为证明的知识和自明的知识,后者是前者的基础和出发点。由于"所有的证明都可上溯到不能证明的信仰"或前提,因此,作为论证前提的是"某种被预先认识到的东西",它们"是自明的,无需证明而被相信的"。② 他把真理性知识的这种区分运用到基督宗教的解释中,认为来自上帝的恩典或启示的信仰即无需证明而自明的。在他看来,如果"知识是通过推理过程而建立在证明的基础上"的话,那么人们应该明白的是,"第一原则"或"宇宙的第一因""是不能够被证明的",它们"只能通过信仰被认识"。③ 他认为在这个问题上,哲学家们并不是完全清楚的,真正的"宇宙第一因并不是希腊人预先认识到的",因为"知识是一种源自证明的思想状态,而信仰是一种恩典,来自不可论证的行为",它是上帝通过耶稣启迪给人类的。④ 由于作为自明知识的信仰是证明的基础和前提,在知识获得中具有至关重要的地位,因而他认为"信仰优越于知识,并是它的标准"。⑤

克莱门特通过把基督宗教界定为一种包含着"诺斯"(gnosis)的"真正的哲学",而在它与希腊哲学之间建立起了一定的同构关系。这种同构关系不仅在于后者为前者所起到的准备和预演的作用,更在于前者在使用希腊哲学时为他所说的"神圣真理"提供了"正当的帮助"。⑥ 也就是说,由于希腊哲学曾对"智慧"——"关于神圣事物和人类及其原因的知识"——做出过研究,因而其本身在神圣智慧的获得中能够起到"协同"的作用,具有联结知识与信仰之间纽带的功能,可以充当世俗知识与神学这一"智慧女王"的中介。⑦ 虽然在看待希腊哲学的地位和意义方面,克莱门特始终保持着一定的戒

---

① Clement, *The Miscellanies* (*The Stromata*), Book Ⅷ, chap. Ⅲ;参见 *Ante-Nicene Fathers*, Volume Ⅱ。
② Clement, *The Miscellanies* (*The Stromata*), Book Ⅷ, chap. Ⅲ;参见 *Ante-Nicene Fathers*, Volume Ⅱ。
③ Clement, *The Miscellanies* (*The Stromata*), Book Ⅱ, chap. Ⅳ;参见 *Ante-Nicene Fathers*, Volume Ⅱ。
④ Clement, *The Miscellanies* (*The Stromata*), Book Ⅱ, chap. Ⅳ;参见 *Ante-Nicene Fathers*, Volume Ⅱ。Clement, *The Miscellanies* (*The Stromata*), Book Ⅱ, chap. Ⅳ;参见 *Ante-Nicene Fathers*, Volume Ⅱ。
⑤ Clement, *The Miscellanies* (*The Stromata*), Book Ⅱ, chap. Ⅳ;参见 *Ante-Nicene Fathers*, Volume Ⅱ。
⑥ 参见 Clement, *The Miscellanies* (*The Stromata*), Book Ⅵ, chap. Ⅹ, chap. Ⅺ;参见 *Ante-Nicene Fathers*, Volume Ⅱ。
⑦ 参见 Clement, *The Miscellanies* (*The Stromata*), Book Ⅰ, chap. Ⅴ;参见 *Ante-Nicene Fathers*, Volume Ⅱ。

备，认为这种哲学只停留在现存世界的表面而对神圣智慧的把握是不完整的和次要的。但他在神学本体论和宗教认识论的建构中对希腊哲学的借鉴和运用，极大地推进了教父哲学的发展；他关于逻辑论证在真理性知识中的地位以及有关证明知识和自明知识的看法，也在经院哲学鼎盛时期的托马斯·阿奎那那里得到了积极的回应。

如果说克莱门特是在对"诺斯"（gnosis）的解读中回应并建构希腊哲学与基督宗教的关系的话，那么奥利金则是在逐条反驳塞尔修斯的挑战中走上同一个思想历程的。当然，与其前辈一样，奥利金也有着自己独特的现实问题、历史处境与思想偏好，然而对塞尔修斯观点的反驳则使他更深入、更全面地进入与希腊哲学的对话之中。作为一位大约生活在公元2世纪中后期的罗马哲学家，塞尔修斯（Celsus）运用他所熟知的苏格拉底、柏拉图和伊壁鸠鲁等哲学家们的观点，在他所写的名为《真逻各斯》（或《真道》，*A True Discourse*）的书中，对当时新产生的基督宗教进行了内容详细的批判。在奥利金看来，这本著作对基督宗教带来了极大的误解与伤害，他将"运用合理的医药来治疗塞尔修斯所造成的创伤"①。他的《驳塞尔修斯》就是为此目的而写成的。

在这本书中，虽然奥利金相信信仰或"上帝的作为"本身即可回答并消除这些责难，但他同时觉得如果能够"通过证明和论述"的方式来反驳这些责难，则更能"坚定人们的信仰"，使他们可以正确地区分什么是"真理之道"。② 为此，奥利金在其八卷本《驳塞尔修斯》的几乎每一章（共622章）中，都是先引述塞尔修斯的看法，然后以他认为的合乎理性的"论证"方式对之进行反驳。他所采取的论证或反驳的方式主要包括两个方面，一是引用《福音书》和使徒们的观点来作为反驳的根据和论证的最终结论；二是针对相关的具体问题或看法，将它们在希腊哲学和基督宗教之间进行比较，从而说明后者的真诚、高贵或优越。他的最终看法是，塞尔修斯把"真逻各斯"视为希腊哲学的最高成就并以此为标准来指责基督宗教的做法是完全错误的；相反，真正的逻各斯就是上帝之道，它拥有着比希腊哲学更高、更完善的智

---

① Origen, *Against Celsus* (*Contra Celsum*), Book V, chap. I; 参见 *Ante-Nicene Fathers*, Volume IV。
② Origen, *Against Celsus* (*Contra Celsum*), Book V, chap. I; 参见 *Ante-Nicene Fathers*, Volume IV。

慧和真理，"比任何通过希腊辩证法建立的证明都更为神圣"①。

奥利金在《驳塞尔修斯》中对希腊哲学概念"逻各斯"的含义所做的符合自身立场的解读，可说是反映了查士丁和克莱门特等人共同的思想倾向，即把希腊哲学作为一个对话伙伴来寻求某种即使是有限的却积极的阐释和建构意义。当然，《驳塞尔修斯》更多的是一个反驳性的护教文，而在奥利金的神学思想中，他的《第一原则》当更为系统也更重要。他在其中对上帝（圣父、圣子、圣灵等），世界（世界的被造和人的产生、上帝与世界的关系等），人（人的本性、自由意志、智慧等）和《圣经》（象征主义解释原则等）所做的全面阐述，被视为基督宗教神学思想史上第一个相对完整的神学体系。他的这一体系虽然主要是以《圣经》为基础和出发点并力图按照教会传统来建构的，但也有着他自身的理解与创造以及对希腊哲学的借鉴和使用，从而使它包含了诸多在历史上既产生深远影响也引发广泛争议的内容，如他的寓意解经法（allegorical interpretation）、三位一体论等。

奥利金在坚持教会传统的同时对希腊哲学所采取的开放立场和创造性转化，将早期以理性主义辩护方式整合希腊哲学与基督宗教的思想运动推进到一新的高度。他在反驳塞尔修斯中对后者观点的转化利用，被看作早期教父改造柏拉图哲学的成功范例；②他在神学体系建构中对希腊哲学思想资源的借鉴，为他带来声誉的同时也引发了争议；如因深受中期柏拉图主义或新柏拉图主义的影响，而使他的三一神学思想既富有创建也内蕴张力，而他在圣经解释中对希腊思想的运用所提出的寓意解经原则，则为后人留下了富有启发性的遗产，从而"成为中世纪阐释圣经的一个被认可的传统"③。正是他在建构基督宗教神学中对希腊思想，特别是新柏拉图主义的广泛运用，而使得当代学者把他和克莱门特（克雷芒）统称为"希腊哲学家"。④

虽然奥利金和克莱门特作为"希腊哲学家"的称号多少有些夸张，但它确实反映了他们对待希腊哲学的态度和立场，既希望同时也愿意把希腊哲学作为

---

① Origen, *Against Celsus* (*Contra Celsum*), BookⅠ, chap.Ⅱ; 参见 *Ante-Nicene Fathers*, VolumeⅣ。
② 参见赵敦华《基督教哲学1500年》，第103页。
③ *The Cambridge History of Later Greek and Early Medieval Philosophy*, edited by A. H. Armstrong, p.192.
④ 参见保罗·蒂利希《基督教思想史》，第56页。

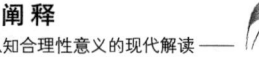

建构基督宗教神学体系的一个重要的思想资源。正是基于这样的立场，他们不仅借鉴希腊哲学关于本质、存在、超越神、逻各斯等观念，对上帝的唯一、不变、永恒、无形等神性以及当时引起广泛争议的三位一体论和耶稣的身份地位诸问题，也进行了思辨性的阐释和说明；而且运用希腊哲学这种成熟的理性资源，对基督宗教的神学思想进行了系统化的思考与建构。而这种思考与建构经过一段时间的积淀和演进之后，在奥古斯丁那里达到了历史的顶点。

奥古斯丁之所以能够在整合希腊哲学的过程站到历史的高点，除了其自身的学理背景和思想素养之外，还有一个重要的历史原因是不可忽视的，那就是基督宗教在成为罗马帝国的国教之后所给予神学家们的那种从容与平和，从而消除了因不满和对立所可能导致的掣肘与羁绊。可能正是基于这样的缘由，奥古斯丁才会自信地把希腊哲学家们关于宇宙的原因、人类的原则和善的根基、真理与幸福的源泉的东西与上帝关联在一起，才会在把"基督宗教学说"宣称为"真正的哲学"时认为它比所谓的希腊的"现世哲学"更优越。

这种立场使得奥古斯丁在处理基督宗教与希腊哲学的关系时比其前辈们走得更远，迈出的步子更大。因为如果说基督宗教是哲学的话，那么信仰在性质上就不可能是一种外在于哲学或与其相对立的东西；信仰就应该是哲学范围之内的事情，属于思想的范畴。奥古斯丁正是这样认为的，也是这样理解的。在他看来，由于一件事情之被相信，是在人们意识到或想到这件事情之后才会出现的，因而每一信仰都伴随着思想或是以思想为前提的；也就是说，"每一信仰着的人们却都是在思想中的——既是在信仰中思想也是在思想中信仰"①。当然，他并不认为每一思想都会导致信仰，起码还有许多不信的或者否定信仰的思想；但他把思想看作信仰的基本特征，认为在有关宗教之类的事情上，如果我们不能够"思考任何事情"，我们将肯定也不能"相信任何事情"；这种特征甚至具有根本的意义，因为"信仰如果不是一件思想的事情，那它将是毫无价值的"②。在这个问题上，奥古斯丁比查士丁和克莱门特

---

① Augustine：*A Treatise On the Predestination of the Saints*，Chap. 5；参见 *A Select Library of the Nicene and Post-Nicene Fathers of the Christian Church*，Volume Ⅴ，edited by Philip Schaff, D. D., LL. D., Christian Literature Publishing Co., 1886。

② Augustine：*A Treatise On the Predestination of the Saints*，Chap. Ⅴ；参见 *A Select Library of the Nicene and Post-Nicene Fathers of the Christian Church*，Volume Ⅴ。

等人表现得更为理直气壮；他们虽然也提出了基督宗教是一种哲学的看法，但要在思想的意义上、在理性和信仰之间建立起某种等同的关系，似乎还没有这么大的勇气。当然，奥古斯丁还不至于看不出两者的区别而把它们完全等同起来。在他看来，即使作为思想，信仰与哲学或其他思想仍然是不同的，那就是在它之中包含的是赞同和认可；所以奥古斯丁把信仰界定为"以赞同的态度思想"（To Believe Is to Think with Assent）。①

为了说明这两种的区别，奥古斯丁对它们相应的思想状态进行了解释。在他看来，无论是哲学还是信仰，都必然包含着一定的心理或思想过程；但前者更注重于某种单纯的心理活动或思想过程，而后者则要求的是确定的思想结果或明确的认知立场。他并不需要仅仅注重过程的单纯的思想，因为那也可能导致不信。正是在这个意义上，奥古斯丁把信仰定义为思想，而不是把思想定义为信仰，即他所说的"信仰就是以赞同的态度思想"。他并不觉得以这种方式思想是一种缺陷，反而认为那是值得和必须去做的，因为如果我们首先不去赞同地认可，我们就可能会失去对某些事情的理解或思考。特别在有关上帝的问题上，只有信仰然后才能理解，信仰有助于人们更好地理解，因为正是信仰使得人类的心灵走向了理解，并使其思想得以完满和充实。② 奥古斯丁以这种方式看待信仰，试图从合理性方面阐释它的思想意义。在他看来，虽然"并非一切思想都是信仰"，但所有"信仰都是思想"。因此，如果信仰就处在思想之中，属于思想范畴，那么，信仰就不是外在于思想（理性）而与思想（理性）相对立的。为了充分表达他的这种观点，奥古斯丁区分了信仰和理解的三种不同关系：一是只相信而不需要理解的历史事实；二是相信和理解同时起作用的数学公理和逻辑规则；三是先相信然后才能够理解的宗教真理。③ 奥古斯丁看重的是第三个方面，认为理性和信仰的关系不是彼此对立的，而是相互交叉和相互包含的，理性中有信仰的成分，信仰中包含有理性的因素，信仰先行有助于人们对宗教事务获得更好的理解。

---

① Augustine：*A Treatise On the Predestination of the Saints*, Chap. Ⅴ；参见 *A Select Library of the Nicene and Post-Nicene Fathers of the Christian Church*, Volume Ⅴ。

② Augustine：*A Treatise On the Predestination of the Saints*, Chap. Ⅴ；参见 *A Select Library of the Nicene and Post-Nicene Fathers of the Christian Church*, Volume Ⅴ。

③ 参见赵敦华《基督教哲学1500年》，第143—144页。

批判与阐释
—— 信念认知合理性意义的现代解读 ——

奥古斯丁以这种方式对理性和信仰关系的阐述以及对希腊哲学的运用，在其认识论和真理观中也有着突出的表现。在知识的可能性上，奥古斯丁表现出了一种乐观主义的立场，他相信我们不仅可以获得关于外部世界的可靠性知识，而且同样能够拥有关于上帝的确定性真理。他主要是通过对学园派怀疑主义的反驳来建立知识确定性的基础的。他说，任何怀疑主义者都有一个最终不能怀疑的东西，这就是他自身的存在。他可以怀疑感觉在欺骗我们，怀疑理性因误导而在走入歧途，也可以怀疑所有一切都在"欺骗"他，但是他"在怀疑"或他"被欺骗"这件事本身，就无疑地表明他"是存在的"。也就是说，如果"我被欺骗，则我存在"，因为"不存在则不会被欺骗；我被欺骗这件事本身表明我存在"。① 因此，奥古斯丁说，"我最确定的是我存在"，并清楚地"知道"这件事。② "怀疑者存在"或"被骗者存在"（si fallor sum）是一个不能怀疑的确定事实。所以，即使极端的怀疑主义者也会有一些不能怀疑的知识，如"怀疑者存在"或"被骗者存在"的知识。③

奥古斯丁以这种看法为起点，对确定性知识的范围进行了界定。首先，在存在领域，我们有着确定的知识；其次，我们可以通过对"我被骗故我存在"的思考模式进一步扩展和类推，通过"我希望""我思维""我感觉""我痛苦"等来获得对我们自身内在心理活动的了解，形成了有关我们精神状态的确定知识；最后，我们还有着对数学和逻辑原则的知识，它们是任何人都不得不承认的公理。除此之外，还有些其他感觉知识和理性知识，都被奥古斯丁纳入具有确定性的知识系统之中。④

---

① Augustine: *City of God*, Book Ⅺ, chap. 26; 参见 *A Select Library of the Nicene and Post-Nicene Fathers of the Christian Church*, Volume Ⅱ, edited by Philip Sch, D. D., LL. D., Christian Literature Publishing Co., 1890。

② Augustine: *City of God*, Book Ⅺ, chap. 26; 参见 *A Select Library of the Nicene and Post-Nicene Fathers of the Christian Church*, Volume Ⅱ。

③ 作为反驳怀疑主义的最为确定的原则或真理，奥古斯丁的"我被骗故我存在"可以说是比现代哲学之父笛卡尔的"我思故我在"的提法要早一千多年，因此一些学者认为奥古斯丁是一个具有"现代"特征的思想家。然而这种思维原则在两者那里有着不同的意义和地位。有些学者认为，在笛卡尔那里，这种表述是他的第一原则，是他所有思想的基础和哲学体系的出发点；而奥古斯丁仅仅把这种说法作为他思考认识论问题的起点，并不试图以此为基础来建构一个哲学体系，而是在追寻一种超越哲学的智慧，一种可以克服怀疑而达到这种智慧的无限可能性。参见 Armand A. Maurer, *Medieval Philosophy*, Random House, Inc., 1962, p. 7。

④ 参见 Armand A. Maurer, *Medieval Philosophy*, p. 7。

在奥古斯丁的知识等级系统中，最重要的是理性与信念真理的区分，把后者设定为比理性更高级的知识类型，从而在认识论的最高意义上确定基督宗教信念的地位，这也是奥古斯丁宗教认识论的基本目的之一。在这个问题上，奥古斯丁借鉴了柏拉图的认识论学说，并对它做了进一步的发挥。柏拉图也把人的认识能力分为两种：感觉能力和理性能力；它们的认识对象分别相应于感性世界和理念世界；在理念世界中，最高的理念是"善"，它是安排理念世界的最高原则，它就像太阳照耀万物那样，给予理念以光明、存在和本质，以及所有其他可以成为人类理性认识原则的东西。奥古斯丁以此为基础，对真理的性质、对象和来源进行了说明。他虽然把真理定义为"严格意义上的知识"，具有确定的和永恒不变的性质，但他认为这种真理仅凭理性本身是不可能获得的，它还有着更高的来源。① 正是这方面体现出了奥古斯丁不同于柏拉图的地方，体现出了他的认识论是一种宗教认识论的独特内涵。

奥古斯丁把"真理"做了广义、狭义的区分。从广义上来看，我们可以把真理定义为"确定性的知识"，它的对象相当于柏拉图所说的"理念"；但在严格的意义上，真理只能是对上帝的认识，或者说，真理是存在于上帝之中的，我们所拥有的真理是上帝以恩典的方式赋予我们的。上帝就像太阳照耀万物那样，照亮了我们所拥有的"理念真理"；理念真理只有在上帝真光的照耀下，才能显明。奥古斯丁在这里的意思是说，真理并不是来自我们的感觉经验，而是预先存在于人们的心中的，它是上帝在创造我们的时候就已镌刻在我们心中的，就像图章留在蜡块上的印迹那样。因此，每个人的心中都具有神圣的真理，都有神圣真理的印记，它们只有在上帝之光的照耀下才能显明，才能形成清晰完整的观念和认识。这就像眼睛和视觉只有在光亮之下才能看到，心灵和理性也只有在神圣之光的照耀下才能认识。②

奥古斯丁是一位在诸多方面有着重要建树的神学家和哲学家，他在建构其具有深远影响的神学体系的过程中，不仅遵循着"圣经"思想和信仰原则，也尝试用希腊哲学的概念和方法对这些思想和原则予以阐释。除了上述方面的内容之外，他在本体论、人论和历史观等方面也贯彻了这样的阐释方式。

---

① 参见赵敦华《基督教哲学1500年》，第147—148页。
② 参见赵敦华《基督教哲学1500年》，第148页。

如他通过普遍质型论、多型论和种质说对物质世界存在原因和起源的解释，大多都借用了希腊哲学家们的观点，把它们整合进整个基督宗教神学思想的框架之中，建立起了对后世产生广泛影响的神学世界观体系。作为教父时期的集大成者，奥古斯丁具有非常重要的历史意义，他不仅"是一个时代的结束，同时也是另一个新纪元的开始。他是古代基督教作家中的最后一个人，同时也是中世纪神学的开路先锋。古代的神学主流都汇聚在他的身上，奔腾成从他而出的滚滚江河，不仅包括了中世纪的经院哲学，连16世纪新教神学也是其中的一个支流"①。

第三节　信仰寻求理解

在基督宗教产生的初期，因内外压力所导致的现实困境和理论困境，为早期教父们的合理化辩护和神学思想建构提供了广泛的动力。其中由查士丁开始的运用希腊哲学作为辩护和建构手段的思想运动，经过克莱门特和奥利金的发展，在奥古斯丁那里达到了历史的高峰。然而在奥古斯丁之后，这一思想运动则因历史的巨变而出现了暂时的停歇，其主要原因是随着北方蛮族不断南下的入侵和征战所最终在公元5世纪中后期导致的罗马帝国的解体和西罗马帝国的毁灭，以及随之出现的希腊文化的消散，所带来的外部社会生活的动荡和内部学理条件的缺失与思想趣味的变化。然而在这场影响深远的社会动荡平静下来之后，希腊文化首先在6世纪初的西哥特王朝，随后在8世纪之后的法兰克帝国逐步得到了恢复，并与当时的社会历史条件结合而产生了新的文化运动与思想成果。这些运动与成果又经过几百年的沉淀与积蓄，最终在11世纪之后的拉丁西方形成了影响范围更广、持续时间更久的经院哲学运动。

一　理性方法的铺垫

教父时期所得以展开的运用希腊哲学资源建构神学体系的思想运动，不仅与外部的压力以及一些神学家辩护手段的选择有关，也与当时帝国内广泛

---

① 奥尔森：《基督教神学思想史》，第268页。

存在着的各种哲学流派与理论体系有着不可分割的关系。然而，罗马帝国的解体则使希腊文化出现了分崩离析，希腊哲学在现实性上也不再能够成为可资使用的便利的手段。也就是说，虽然在这个历史转变阶段，基督宗教不仅没有受到"殃及池鱼"的危害，反而逐步兴盛起来，哲学的缺失在根本意义上并不影响基督宗教作为信仰组织的发展，然而它却为那些希望继续使用希腊哲学资源的神学家们带来了相当大的不便。这种因哲学的真空所导致的学理上的不便，在这个由北方蛮族主导的新时代的开始阶段，即为生活在由东哥特人（Goth）在罗马所建王朝中的罗马贵族后裔波埃修（Boethius, 480 – 525）所意识到。他因此发下宏愿，力图将柏拉图和亚里士多德的所有著作翻译成拉丁文，以填补这一真空。虽说这一庞大的翻译计划最终未能全部实现，但他对亚里士多德逻辑学著作的翻译、注释，包括对其整个逻辑学著作《工具论》和波菲利（Porphyre）所做《绪论》的翻译，对《解释篇》《范畴篇》和《后分析篇》以及波菲利《绪论》等的评注①，则对中世纪哲学产生了重要的影响，是后者得以建立起来的最为重要的基本方法手段之一。

波埃修在逻辑学上的贡献不仅在于他对亚里士多德逻辑的翻译和注释，还在于他本人也写出了诸多的逻辑学著作，涉及"范畴演绎和假设演绎、分类和论证推理，以及对西塞罗《论题篇》（*Topics*）的注释"②等方面。这些著作和亚里士多德的逻辑学论著一道，成为当时以及随后的早期中世纪逻辑学课程教学的主要内容，对逻辑学的发展以及在神学思想体系中的运用，产生了深远的影响。除了逻辑学上的贡献之外，波埃修在神学和哲学上的造诣也为后世留下了宝贵的遗产。他的五篇神学短论使他获得了神学家的称号③，而他在狱中所写的《哲学的慰藉》（*De Consolatione Philosophiae*）更是为他赢得了广泛的声誉。在这部著作中，波埃修通过与哲学女神——作为智慧女性化身的传统可以追溯到苏格拉底和柏拉图——的对话，哀叹命运对自身的不公，探究一系列神学和哲学问题；他虽然是一个基督徒，在其中讨论了最高的善、上帝以及人的自由意志等神学问题，但他"力求以一个哲学家的身份

---

① 参见约翰·马仁邦主编《中世纪哲学》，孙毅、查常平、戴远方、杜丽燕、冯俊等译，中国人民大学出版社2008年版，第13页。

② 约翰·马仁邦主编：《中世纪哲学》，第15页。

③ 参见约翰·马仁邦主编《中世纪哲学》，第16页。

来写作","为至善的上帝对于宇宙的天意安排上做一个哲学上的论证"。① 在西罗马帝国毁灭以及希腊文化极为缺失的背景下,波埃修尝试将逻辑学与哲学运用在对神学等问题的思考和探究中,使其在古代向中世纪的转折中起到了非常重要的承前启后的作用。

可以说,在中世纪早期古代文明遭遇大规模蒙难的"黑暗时期"(公元6—10世纪),不仅波埃修的亚里士多德逻辑学译著和注释成为古代哲学进入中世纪的为数不多的通道之一②,而且他对哲学即"爱智慧"的肯定与彰显,对希腊哲学在神学中的运用,都为西方拉丁世界提供了基本的希腊哲学信息,使得基督宗教思想在那个哲学资源极为匮乏的时代获得了不可多得的理性思考方式与表达形式,获得了与哲学理性进行沟通的可能性。当然,这种思考方式或表达形式在中世纪早期更多的是通过逻辑表现出来的;但正是这种包含在其中的对方法论意义的认可与接纳,同时也为逻辑在中世纪获得了一种正当的理论意义,并最终为它的哲学地位奠定了思想基础。在整个中世纪,波埃修的逻辑学著作在图书馆中的保存以及在学校教育中的使用,使其作为知识或真理探究的工具始终在发挥着作用,它们不仅"在11世纪期间被更充分的吸收成为经院哲学方法兴起的一个因素",而且也为"12世纪期间整个亚里士多德的工具论被完全地理解与运用"提供了一条重要的途径。③

虽然从历史的实际进程来看,波埃修对亚里士多德逻辑著作的翻译注释以及对古代世俗学科(七艺)的推介,并不能彻底改变希腊哲学和希腊文化在当时面临的命运。但他毕竟为那个所谓的"黑暗时代"注入了一线理性的曙光。而且就古代哲学和文化的复兴来说,波埃修并不是始终在孤军奋战的。在与他同时以及随后的时代里,都有一些来自不同阶层的人在这方面做出了一定的贡献。例如6世纪出现的伪狄奥尼修斯(Dionysius the Pseudo-Areopagite)和7世纪的马克西姆(Maximus the Confessor,约580-662)等神学家,试图把新柏拉图主义的思想与基督宗教相结合;而公元8世纪至9世纪由法兰克国王查理曼

---

① 参见约翰·马仁邦主编《中世纪哲学》,第19、25页。
② 另一通道是狄奥尼修斯(Dionysius the Areopagite)对新柏拉图主义的介绍。参见柯普斯登《西洋哲学史》第二卷,庄雅棠译,黎明文化事业公司1988年版,第143页。
③ *The Cambridge History of Later Greek and Early Medieval Philosophy*, edited by A. H. Armstrong, p. 543.

大帝（Charlemagne，768—814年在位）所推动文化振兴计划，则为古希腊文化的复兴做出了较为突出的贡献。在这个被称为"卡洛琳文化复兴"运动的推动下，一批广有影响的学者应运而生。爱留根纳（Johanes Scotus Erigena，810 - 877）则是其中在哲学研究方面最有代表性的一位。

贯穿爱留根纳思想的一个基本原则是他对哲学理性的重视和对辩证法的运用。爱留根纳认为，辩证法既是自然运动的本性，也是人类认识的根本方法。可以说，在整个中世纪，他是一位较早自觉地运用辩证法探讨神学问题的基督宗教哲学家。他在为查士丁和克莱门特等人所推进的思想运动中的地位，不仅在于他从历史发展的角度探讨了理性与信仰的关系，而且还在于他以"自然"概念为核心建构起了一个涵盖"'存在"和"非存在"领域的思想体系。在爱留根纳看来，理性和信仰的关系不是固定的和一成不变的，在上帝的"自我显示"以及人类对神圣真理的认识中，展示了它们之间辩证关系的演变。人们可以根据上帝创造的世界间接地认识上帝。这种认识表现为三个不同的历史时期，也是上帝"自我显示"的三个阶段：从原罪到基督诞生之间，人们依据于理性通过对自然事物的认识来把握上帝存在的阶段；基督的诞生之后，信仰先于理性和高于理性的阶段；以及福观（beatific vision）时期，理性和信仰达到完全一致的阶段。[1]

爱留根纳虽然以神圣真理的名义使理性从属于信仰，从而弥合它们的对立；然而在他的思想体系中，理性并不是完全消融在信仰中而不具有任何独立意义的。相反，哲学理性体现为一种辩证的方法，而辩证的方法在爱留根纳以"自然"为基础所构造的涵盖一切领域（包括存在和非存在）的实在体系中，不仅是一切"自然"运动（从上帝、原型理念到物质世界）的本质特征，也是支配人类认识"自然"的基本方式。[2] 可以说，把哲学理性归结为辩证法并在认识论和神学思想中凸显它的意义，在爱留根纳及其随后的时代里，是一个相当普遍的现象。由于学校（神学的和世俗的）教育的发展、逻辑学本身的演进以及神学家们的倡导等原因，有关辩证法的研究和讨论成为

---

[1] 参见 Etienne Gilson，*History of Christian Philosophy in the Middle Ages*，p. 113；赵敦华：《基督教哲学1500年》，第218—221页。

[2] 参见赵敦华《基督教哲学1500年》，第213—214页。

黑暗时代晚期和经院哲学早期神学思想中的一个具有支配性的运动。当时几乎所有的神学家都认为，辩证法作为一种基本的理性方法，在智力训练、问题讨论和知识获得等方面具有十分重要的意义。① 其中一些神学家，如吉伯特（Gerbert，约 945 – 1003）、贝伦加尔（Berengar，1010 – 1088）等，把辩证法看作探究问题的至高法则和思想权威，从而把它运用到对神学问题的解决之中。

然而，还有一些神学家，虽然也认可辩证法作为一种理性方法具有一定的意义，但绝不认同它能够在根本意义上解决神学或信仰问题。达米安（Petrus Damiani，1007 – 1072）认为，辩证法是一种理性方法，它依赖于逻辑规则认识事物。根据这种逻辑规则，只有那些合乎逻辑的、不自相矛盾的事物，才是可能存在的事物，才是真的。然而，在自然或逻辑上看是不可能的东西，在上帝看来却是可能的。所以，用辩证法来认识或说明上帝是不合适的，它甚至会产生误导。② 兰弗朗克（Lanfranc，约 1010 – 1089）、奥托罗（Otloh，1010 – 1070）和柴纳的吉拉德（Gerard of Czanad，? – 1046）等，表达了与达米安相同的看法，认为理性和辩证法只能是辅助性的，它们从属于神学，如果说信仰教义与逻辑出现了不一致，那么错误的只能是逻辑，而不是信仰。③

尽管在对辩证法的使用程度上出现了不同的争论，然而中世纪早期神学家们整合哲学理性与宗教信仰之间关系的尝试和努力以及在这个过程中对辩证法的热情，则在 11 世纪之后，演变成了一场波澜壮阔的思想运动。这是一场被称为"经院哲学"（Scholasticism）的思想运动，是在长期的历史过程中由众多的因素所促成的。除了从教父时代以来神学家们所建构起来的理性主义阐释（辩护）传统之外，神学教育方式的广泛采用也起到了重要的推动作用。从"scholastic"的本意来看，它所指的就是"学校的"或"学者的"意思。长期以来，包括辩证法在内的推理逻辑和论辩逻辑，一直是中世纪早期教会学校众多教师和神学家们广泛采纳的主要教学方法和解答与探究神学问题的主要手段。这些方法与手段所蕴含的哲学理性，正是在这种教学以及问

---

① 参见赵敦华《基督教哲学 1500 年》，第 223—224 页。
② 参见赵敦华《基督教哲学 1500 年》，第 231—232 页。
③ 参见赵敦华《基督教哲学 1500 年》，第 229—230 页；柯普斯登（Frederick Copleston）：《西洋哲学史》第二卷，第 208—210 页。

题的解答与探究中获得了普遍的认可,并形成了一种似乎不可遏制的思想倾向。虽然在 10—11 世纪,神学家们关于辩证法在认识信仰或神学问题中是否具有积极的意义方面产生了激烈的争论,但这些争论并不能改变哲学理性在学院派神学家那里所具有的思想建构地位。

在经院哲学的早期,安瑟尔谟(也译为安瑟伦,Anselmus,1033 – 1109)和阿伯拉尔(Pierre Abelard,1079 – 1142)可说是把这种具有积极意义的理性在更为深广的维度上推展出来的具有代表性的两位经院神学家和哲学家。在他们的思想中,信仰的首要性是一种思维原则和基本前提,理性的理解和证明则是一种能够提供具有独特理论价值的认识手段,宗教信念完全可以做出合乎理性的认识与表达。如果说正是对这种手段的认可使得安瑟尔谟重申了"信仰寻求理解"的原则并提出一种本体论证明的话,那么阿伯拉尔则是通过对亚里士多德辩证逻辑的提倡和运用来表明他的这种态度的。在对待辩证法的问题上,他甚至比安瑟尔谟有着更为明确的意识,因为他相信,辩证法在探究神学问题以及表达这些问题的语词方面具有非常重要的意义,这乃是由于我们"只有通过理解语词才能接受信仰",从而提出了"若不首先理解,没有任何东西能被相信"的"理解导致信仰"的立场。[①]

虽然阿伯拉尔并没有像安瑟尔谟那样提出有关上帝存在的某种理性证明,但他坚定地相信,理性在认识信仰的问题上具有非常积极的意义,哲学真理和宗教真理是和谐一致的。他的思想中有一种明显的倾向,相信"即使理性不能解决所有的神学问题",但基督宗教的"基本真理隐藏在人类的理智里,因此借着理性思想的帮助,可以取得并认识"。[②] 在阿伯拉尔心目中,这种能够提供帮助的"理性思想",主要是辩证法。他对理性的高度赞赏就充分体现在他对辩证法的推崇之中。从思想的历史进程上看,阿伯拉尔对辩证法的推崇,反映了中世纪早期辩证法作为一种工具和方法在解决神学问题中的地位以及关于这种地位在神学家之间所展开的争论。

在中世纪早期的神学问题探究中,辩证逻辑之所以能够作为理性认知工具或方法起到一定积极的作用,不仅与当时的基督宗教信仰背景相关,也与

[①] 参见赵敦华《基督教哲学 1500 年》,第 258—259 页。
[②] 奥尔森:《基督教神学思想史》,第 350 页。

波埃修的立场相关。波埃修虽然表达了逻辑作为独立的哲学学科的看法，但他更多的是把逻辑作为工具来解决一些基本的哲学和神学问题的，如共相的性质问题。这种工具性的立场与倾向在基督宗教占主导地位的中世纪获得了广泛的回应，成为众多神学家们思考神学问题和哲学问题的一个基本的理性工具。毕竟神学或信仰问题在中世纪具有核心的地位，对逻辑的工具性诉求要远远多于对它的独立意义的研究。因而，如果中世纪早期神学家们试图用哲学的方式探究神学问题，那么在现实可能性上，逻辑往往就是他们更为乐意使用的工具。例如在8—9世纪的卡洛琳文化复兴时期，一些主要的代表人物不仅撰写了逻辑学教科书①，也自觉地运用辩证逻辑讨论具体的神学问题。爱留根纳更是把辩证法视为基本的思想方法和自然运动的本性，认为"辩证法是一门把种分析为属以及把属融合于种的艺术"，适合于包括神学在内的一切学问。②

因此，逻辑在中世纪早期的充分发展及其在哲学和神学问题讨论中的广泛运用，不仅得益于众多学者对逻辑学本身的研究，也得益于他们在神学和哲学问题讨论中对逻辑的倡导和使用。波埃修的逻辑学译著和注释出版后，其中一部分成为中世纪早期被普遍使用的逻辑学教材。随后，不同时期的一些学者们也写下了众多的逻辑学教材和著作，推动了逻辑学的发展。另一方面，逻辑作为古代"七艺"之一，曾在一些时期——如卡洛琳文化复兴时期——不同层次的学校教育中得到了传播。以这种教学和研究为基础，中世纪的神学家们把它用在了对神学与哲学问题的探究中。这种探究最引人瞩目同时也引发不同神学家之间激烈争论的，是以论辩为基础的"辩证方法"。波埃修虽然把逻辑区分为证明推理和论辩推理两部分，但引起试图把逻辑运用到神学问题讨论中的神学家们更多兴趣的是论辩逻辑。它体现的是一种辩证的风格，一种论辩的张力，为中世纪神学问题的讨论注入了一丝理性的活力。

正是这种教育和运用，推动了逻辑学在中世纪的深入研究和广泛发展。到了11世纪之后，在逻辑学成为学校教育的主要课程的同时，辩证风格也建构起了经院哲学的基本特征。这种状况的发生，在相当大程度上是与当时的

---

① 如阿尔琴（Alcuin, 730-804）的《论辩证法》。参见赵敦华《基督教哲学1500年》，第207页。
② 参见赵敦华《基督教哲学1500年》，第211页。

神学教育（教学）的现状相关。为了满足教学的需要，教师和学生往往依据问题进行讨论并展开辩论，提出解决问题的途径和答案。在其中，逻辑起到了非常重要的作用，"神学教育和研究需要恰当地提出问题、严谨地辨析词义、正确地进行推理的能力。它越来越多地依赖逻辑手段"①。在这个过程中，"神学与逻辑的结合不但强化、深化了神学的内容"，更重要的是，它在深化对教父哲学及其思维方式认识的同时"产生出新的哲学风格和思想，使教父哲学过渡到经院哲学"。②

虽然在这个进程中，把逻辑运用到神学时曾遭遇了一些神学家的坚决抵制，在支持和反对辩证法的人们之间产生了激烈的争论；③但到12世纪时，逻辑，尤其是论辩逻辑（辩证法）已得到大多神学家的认可，并被广泛地运用到神学的教学和研究之中。这在贝伦加尔、安瑟尔谟和阿伯拉尔等人的思想中得到了最为充分的体现。他们把辩证法视为理性的杰作，可以运用到包括神学在内的一切地方（贝伦加尔）；不仅认为信仰能够而且应该在理性中建构，提出了"信仰寻求理解"的原则（安瑟尔谟）；甚至相信辩证法完全可以走向信仰——"理解导致信仰"（阿伯拉尔）。在他们的共同努力和影响下，中世纪的神学研究出现了一种新的形式，一种以辩证法为主要操作原则的辩证神学形式。

作为一名神学教师，阿伯拉尔更多的是活跃于12世纪新兴的城市学校，而不是更为传统和保守的修道院学校。这些新兴的学校虽然也隶属于教堂或修会，但它与后者相比有着更为独立和自由的空气以及更多的好奇心。阿伯拉尔将这些精神充分地运用在了他对神学问题的探究之中。④ 在教学以及写作过程中，阿伯拉尔对辩证法的特征、运用在神学中的必要性以及如何运用等诸多问题都做了具体的阐述。如果辩证法能够作为一种方法运用在神学问题的探究中，那么它是以一种什么方式进行的呢？或者说，阿伯拉尔是如何看

---

① 赵敦华：《基督教哲学1500年》，第223页.
② 赵敦华：《基督教哲学1500年》，第223—224页。
③ 如在10—11世纪，在吉尔伯特（Gerbert, 945 - 1003）、贝伦加尔（Berengar, 1010 - 1088）等支持辩证法和兰弗朗克（Lanfranc, 1010 - 1080）、达米安（Damiani, 1007 - 1072）等反对辩证法的神学家之间，就形成了不同思想倾向上的对峙。参见赵敦华《基督教哲学1500年》，第226—233页。
④ 参见 Armand A. Maurer, *Medieval Philosophy*, p. 60.

待这种运用在神学问题中的辩证法的特征或性质的？他对这个问题的认识与确定，是以亚里士多德的思想为出发点的。在他看来，亚里士多德的逻辑包含两个部分，"即发现论据的科学和判别论据，或认可与证明被发现的论据的科学"①，也就是辩证推理和证明推理两部分②。证明推理是以一个公认的观点为前提，然后推出一个必然的结论的过程。而辩证推理则与此相反，它是一个寻找或确定作为证明推理前提的论点的过程，是一个探究的过程，这就是辩证法。也就是说，辩证法是发现论据的科学，它的"首要任务不是证明、解释，而是探索、批判"。③ 辩证法在整个思维过程中要先于证明推理，后者是以前者为基础的。如果说证明推理是一种确定性思维的话，那么辩证法则是获得这种确定性思维起点的基本手段。在阿伯拉尔的思想中，他更为看重的是后者，是那个能够起到探索和批判作用的辩证思想形式。

如果辩证法更多的不是一种证明的方法而是一种探究的方法，那么这种方法是如何能够运用在神学问题之中呢？既然神学是以启示和信仰为基础建立起来的，它似乎应该是作为确定性思维的起点或证明推理的前提，而不应作为结论尚不明确的探索科学的对象。但是如果神学思想能够作为辩证法的对象，那么就表明这种思想有它不确定的地方。阿伯拉尔就是这样认为的。他在其《是与否》（*Sic et Non*）一书中列举了156个神学论题，诸如"是否只有一个上帝"，"上帝能否做一切事情"，"亚当是否能够得救"，等等，这些问题在基督教的传统上往往有两种答案，一种是肯定的（是）；另一种是否定的（否）。④ 这就表明我们还不能在众多的神学问题上获得一致的意见，神学真理在某种意义上还不是确定的。因而它还需要运用辩证法对之进行探究，发现真理，消除其不确定的因素。当然，他运用辩证法对神学问题的探索，并不是取消神学，而是要消除信仰中的不确定因素，最终达到对信仰权威性的维护。他说，亚里士多德就经常引导人们进行疑问性的探索工作，因为"通

---

① 转引自赵敦华《基督教哲学1500年》，第255页。
② 在阿伯拉尔之前，波埃修也提出了类似的看法，阿伯拉尔是通过波埃修等神学家和哲学家而间接地了解到亚里士多德的这些逻辑学思想的。
③ 转引自赵敦华《基督教哲学1500年》，第256页。
④ 参见赵敦华《基督教哲学1500年》，第256页。

过怀疑,我们开始探讨,通过探讨,我们按照主自身的真理来知悉真理"①。

阿伯拉尔认为,传统神学中之所以会出现正反两方面不同的答案,其中一个主要原因乃是人们理解的不同和所用语言上的歧义。由于处在不同的时代,人们会有不同的语言习惯和思维偏好,即使对于《圣经》这样的权威著作,人们也会有不同的解释,这种种原因都会导致对同一个神学问题的不同看法。因此为了消除这些歧义,辩证方法是不可或缺的。诸如对著作真伪的考证、对语言概念的分析、对不同词义的比较、对对立观点的鉴别考证,等等,都是运用辩证法解决神学问题的手段。②

由于阿伯拉尔是基督教神学史上少有的天才,而且是一位很少掩饰其才华的人,悖逆传统又咄咄逼人,因此他的过分大胆以及多少有些激进的辩证方法与思想观点,在当时不仅引起了神学家的愤慨,也招致教会的不满。针对人们指责他过分沉湎于逻辑而可能导致的对信仰的危害,他在写给海洛伊丝(Heloise)的信中为此辩解道:"我并不愿成为一个哲学家,如果那必须排斥保罗的话;我并不愿成为亚里士多德,如果那必须背离基督的话。"③ 由此可见,阿伯拉尔虽然对理性,特别是辩证法有着极高的推崇,但他始终是把信仰放在第一位的。

二 神圣学说

在中世纪早期神学家对逻辑和辩证法的推崇和广泛使用的背后,隐藏着一个重要的神学目的,就是如何把哲学理性作为表述其信仰体系与神学观念的基本手段。这一目的一直延续到经院哲学时期,正如当代学者普莱斯(B. B. Price)所指出的,"经院哲学基本上是一种运动,想要用方法论和哲学,证明基督教神学固有的理性和一致性"④。这可说是这个时期经院哲学家们对待哲学的基本立场与态度,不仅在阿伯拉尔的辩证神学中得到了体现,而且也成为安瑟尔谟"信仰寻求理解"和本体论证明的基本动机,甚至更重要的是托马斯·阿奎那(Thomas Aquinas, 1225 – 1274)凭借着12世纪亚里

---

① 转引自赵敦华《基督教哲学1500年》,第257页。
② 参见赵敦华《基督教哲学1500年》,第257—258页。
③ Peter Abelard, Epistola 17;参见 Armand A. Maurer, *Medieval Philosophy*, pp. 59 – 60。
④ B. B. Price, *Medieval Thought*;参见奥尔森《基督教神学思想史》,第333页。

士多德思想在拉丁西方大规模传播的契机，把它作为全面建构理性神学及其经院哲学的思想基础。

中世纪经院哲学在隶属于教堂和修道院的中世纪各类学校中的神学家、教师和学生的不断推动下，于11世纪之后逐步登上欧洲的思想舞台，成为其中最为重要的哲学运动。作为这场运动的早期代表人物之一，安瑟尔谟的生活与经历为他阐释经院哲学的原则提供了非常有利的基础和条件。安瑟尔谟于1033年出身于意大利北部奥斯塔（Aosta）的一个阿尔卑斯山小镇的贵族家庭，其一生与教会和修道院有着密切的关系，不仅青少年时期接受了来自修道士的有关宗教知识或神学知识方面的教育，而且在成人之后也长期地生活在不同的修道院中，担任过法国贝克（Bec）修道院的院长以及英国坎特伯雷大主教的职位。这些生活经历与身份角色既使他对宗教信仰和神学思想始终保持着浓厚的兴趣，也使他能够熟悉并把握当时为神学家与教师们所关注的神学问题及其探究和讨论这些问题的理性方法。因此当安瑟尔谟开始自己的思想历程时，他的生活经历和身份角色为他提供了较为有利的条件。

安瑟尔谟对理性和信仰的关系的阐释，集中体现在两个方面，即信仰寻求理解（credo ut intelligam）以及理性能够独立地证明上帝存在等信仰问题。就第一方面来说，安瑟尔谟同时提出了信仰的必要性和理解的必要性。他的基本主张是，信仰是第一位的，信仰是理解和认知的出发点与前提——人们应该在信仰中寻求理解，而不是在理解中寻找信仰；但同时，理解对于信仰来说也有着十分必要的意义：虽然启示以无条件的方式使得人们接纳了信仰的奥秘；但理性则为人们提供了理解和证明这一奥秘的方法，从而避免持守信仰时的消极与盲目。也就是说，安瑟尔谟虽然在有关上帝的问题上坚持了信仰的首要性，但他同时也赋予了理性以相当大的自主性，认为理性在理解和认识上有其非常重要的独立意义，我们"理应捍卫"那些"单单通过独立的研究得出的结论"，因为它不仅是"理性的必然性简明地肯定了它"，而且"真理之光也充分地显明了它"。[①]

理性一旦被看作一种不依赖权威的认识过程和认识途径，那么就会在安

[①] 安瑟伦：《独白》载《信仰寻求理解——安瑟伦著作选集》，溥林译，中国人民大学出版社2005年版，"序"，第4页。

瑟尔谟的思想中获得一种重要的地位。他的关于上帝存在的证明，就是基于这样的认识而提出的。这些证明主要出现在他的《独白》（*Monologium*）和《宣讲》（*Proslogium*）两本论著中，他在其中尝试通过人的自然理性（沉思），对上帝的存在从经验和逻辑上系统地予以论证。在《独白》中，安瑟尔谟试图通过事物中存在着的不同的善，来为最终的善的存在进行论证。他认为，正是最高的至善者的存在，为我们提供了区分万物之所以具有不同的善或善—恶的最终根据和标准。①

而奠定安瑟尔谟在自然（理性）神学中广泛声誉的本体论证明，乃是在他的《宣讲》一书中提出的。他认为他在这本论著中的目的就是要提出"一个单一的论证，除了它本身之外，不再需要其他的证明，它自己就足以证明上帝确实存在着"②。这一证明主要是从语言的逻辑分析出发，从"上帝"概念本身所包含的意义中推导出结论。他首先指出，每一个人的心中都有一个"上帝"的观念，他作为一个"无与伦比的"或"无法设想有比之更大的存在者"，是每个人都可想象的，也是可理解的。他说，即使"愚顽之人"，当他听说这样的存在者时，"他也能理解他所听到的对象，理解他所理解的对象存在于他的理性中"③。因而，这种为所有人广泛认可的"上帝"观念，构成了安瑟尔谟本体论证明的出发点。他求助的是观念的普遍性和某种可理解性。

然后他说，如果这一观念作为"无与伦比"的含义为每个人所认可与理解，那么它是否仅仅呈现或存在于人们的心中呢？在他看来，在心中的可理解性仅仅是这种"无与伦比"观念的一部分，这个观念在全部的意义上比可以在心中的想象包含着更多的内容。因为作为一种伟大的、无法设想的或无与伦比的东西，是不能仅仅在心中存在的，它的无与伦比性意味着它是一个最大的、最完美的观念，没有其他观念会比它更大、更完美，或者说，我们不能设想另一个比它更大、更完美的观念。因此，如果我们认为这个观念表达的对象仅仅在思想中存在，那么我们还会想象另一个观念——它所指称的对象不仅在思想上存在，也在实际上存在，那么后一个观念就会比前一个观

---

① 参见安瑟伦《独白》，载《信仰寻求理解——安瑟伦著作选集》，第 13—15 页。
② 安瑟伦：《宣讲》载《信仰寻求理解——安瑟伦著作选集》，"序"，第 197 页。
③ 安瑟伦：《宣讲》载《信仰寻求理解——安瑟伦著作选集》，第 2 章，第 205 页。

念更大、更完美，从而就会与我们所说的"无法设想有比之更大"的意义相矛盾。也就是说，如果"上帝"意味着是一个无与伦比的观念的话，那么它不仅包含着在心中被理解的含义，也必然包含着在现实中存在的含义。因此，他的结论是，"无法设想有比之更大的存在者无疑既存在于理性中，也存在于现实中"①，这样的观念所代表的东西是不能被想象为不存在的。

安瑟尔谟认为，就上帝是一个无与伦比的存在者来说，凡是这样设想并确切认识到这个概念含义的人们，是绝不可能想象这个概念所指称的对象是不存在的，它是"如此真实，以至于它不能被设想为不存在"②。把上帝确定为"无法设想有比之更大的存在者"，在安瑟尔谟的本体论证明中是最为重要的一步。正是通过对这种"比任何想象更伟大"的概念的分析，安瑟尔谟得出了上帝存在的结论。在安瑟尔谟看来，上帝的这一方面虽超出了人们的想象，但它是上帝真正的本性，因为"上帝"这一概念中应该包含有"比任何想象都更伟大"的含义。这正如一个画家，他构想一幅画和他把这种构想变为现实是不同的，真实存在的画比仅仅停留在观念中的画要更伟大，包含的东西更多。他认为上帝即这种包含着更多东西的至高存在者，他是如此的至高存在，致使安瑟尔谟感到，除了上帝之外，任何其他"存在着的存在者都能被设想为不存在"③。

既然"上帝"概念意味着"无与伦比"，包含着至高的"存在性"，那么为什么会有一些人，如安瑟尔谟所说的"愚人"，会在"心里说没有上帝"呢？安瑟尔谟认为这些人主要是混淆了设想一个概念意义的两种方式，即语词意义和实际意义。也就是说，当我们理解一个概念及其所意味的内容时，我们可以从这个概念所表达的东西的语词意义层面来理解，也可以从它所指称的实际存在层面来理解。在前一种意义上，我们一般思考的是这个概念包含了什么含义、有什么性质；而在后一种意义上，我们会考虑这个概念所指称的对象是否存在以及在什么意义上存在。在他看来，"愚人"之所以认为上帝不存在，乃是他没有清楚地区分概念的这两种含义，对这个"上帝"概念

---

① 安瑟伦：《宣讲》载《信仰寻求理解——安瑟伦著作选集》，第2章，第206页。
② 安瑟伦：《宣讲》载《信仰寻求理解——安瑟伦著作选集》，第3章，第207页。
③ 安瑟伦：《宣讲》载《信仰寻求理解——安瑟伦著作选集》，第3章，第207—208页。

没有充分的理解。①

安瑟尔谟的本体论证明提出之后，引起了广泛的反应。虽然获得了不少支持者，但也不乏反对者。如与他同时代的一位法国修道士高尼罗（Gaunilo），在这种证明刚刚提出的时候就对它表达了不同的意见，专门写了一篇名为"为愚人辩"的反驳文章，指出真实存在的东西和对它的理解是完全不同的两件事情。安瑟尔谟针对高尼罗的反驳，专门写了一篇文章对之进行回应。他在这篇回应文章中重申了他的立场和论证逻辑，认为如果我们按照"无与伦比"这种观念来思考对象，那么就会发现它所指称的对象是存在的，"存在"是这种概念的必然含义。②

安瑟尔谟的本体论证明虽然试图从概念本身的含义出发，以完全合乎理性的方式论证上帝的存在，但其中并非没有神学前提的。这个证明最关键的问题之一是"无法设想有比之更大的存在者"这一概念。如果你承认这个概念，承认上帝是（安瑟尔谟意义上的）无与伦比的，那么你就暗含着认可它是存在的；如果你不承认这个概念，实际上你也就暗含着并不认可上帝是存在的说法。论证为前提所决定，前提包含了论证的结果。然而安瑟尔谟希望以"一种单一的"合乎逻辑的方式所推展的论证，则为在他之后的众多经院神学家和哲学家们所推崇，不仅他的本体论证明本身激发了一系列从理性上系统证明上帝存在的其他众多理论，而且他的"信仰寻求理解"也成为此后经院哲学的一面旗帜。

包含在安瑟尔谟"信仰寻求理解"原则及其"单一"论证中的理性主义内容，随着亚里士多德思想在 12 世纪中后期逐步在拉丁西方的全面复兴，演变为一场硕果累累的思想运动，最终促成了中世纪经院哲学最为全面的思想体系——托马斯主义的建立。如果说在此之前，亚里士多德主要是作为一个逻辑学家为西方所认识的话，那么从这个时期开始，在他几乎所有重要的著作都被译为拉丁文的过程中，他的思想的各个方面被拉丁西方的学者所认识并产生了广泛的影响。托马斯·阿奎那正是在这一背景下，借鉴并运用亚里

---

① 参见安瑟伦：《宣讲》载《信仰寻求理解——安瑟伦著作选集》，第 4 章，第 209—210 页。
② 安瑟伦：《申辩：驳高尼罗的〈为愚人辩〉》载《信仰寻求理解——安瑟伦著作选集》，第 3 章《宣讲》"附（二）"，第 255 页。

士多德的哲学思想，对基督宗教信仰做出了全面的理性化阐释。

对于这场从12世纪开始一直持续到13世纪的亚里士多德思想复兴运动，阿拉伯地区的伊斯兰哲学家起到了极为关键的作用。大约从五六世纪希腊文化遗产随着罗马帝国的解体而在西方遗失的同时，它们则逐步进入阿拉伯世界，在叙利亚、伊朗和其他阿拉伯地区得以保存和流传。希腊文化的大规模保存和传播主要得益于在七八世纪伊斯兰教兴起后对原罗马人控制的地区，如西亚、北非等地的征服以及他们对古希腊文化所采取的宽容和支持态度。特别是巴格达地区阿拔斯王朝（750—1258年）的哈里发们所推行的开明政策，为希腊文化的保存和传播提供了制度性支持。如786—809年在位的哈里发阿尔–拉西德（al-Rashid），制定了一个将众多的希腊哲学和科学著作译为阿拉伯文的庞大翻译规划。这种文化的推进工作，标志着希腊文化在阿拉伯世界的全面复兴，并一直持续到11世纪。[①]

在这个长期的翻译过程中，亚里士多德的著作成为最大的受益者——首先被译为叙利亚文，然后从8世纪开始，又被译为阿拉伯文，到11世纪中期，除了极个别的著作之外，亚里士多德几乎所有的作品都被翻译成阿拉伯文。阿拉伯学者在翻译亚里士多德著作的过程中，对他的思想进行了广泛深入的注释和研究，从而使这一希腊思想最终成为伊斯兰传统的一部分。[②] 在对亚里士多德著作解释和传播的阿拉伯哲学家中，阿维森纳和阿维罗伊占据了十分突出的地位。作为阿拉伯世界"东部亚里士多德主义"主要代表人物的阿维森纳（Avicenna，原名伊本·西纳，Ibn Sina，980–1037），不仅对亚里士多德的著作做了全面的注释，而且也提出了许多具有影响的哲学和神学观点，特别是他对"存在"概念的界定、对"存在自身"和"存在事物"之间所做的区分、对理智性质的探讨，等等，对阿奎那和其他经院哲学家们产生了相当大的影响。[③] 与阿维森纳相比，作为阿拉伯世界"西部亚里士多德主义"主要代表的阿维罗伊（Averroe，原名伊本·鲁西德，Ibn Rushd，1126–1198），在对亚里士多德的解释方面更为著名。他被在12世纪之后的拉丁西

[①] 参见赵敦华《基督教哲学1500年》，第290页；
[②] 参见赵敦华《基督教哲学1500年》，第290—291页。
[③] 参见赵敦华《基督教哲学1500年》，第295—297页；约翰·英格里斯：《阿奎那》，刘中民译，中华书局2002年版，第30—31页。

方直接称为"注释家"(the Commentator),表明了他在研究亚里士多德方面的权威地位和深远影响。与阿维森纳试图保留柏拉图主义的因素不同,阿维罗伊清除了以前对亚里士多德解释中的柏拉图主义,力图恢复亚里士多德思想的原貌。他虽然认识到了理性和哲学的重要性,但他试图通过"双重真理论"来对理性和信仰进行区分,强调的是哲学与神学相分离的思想路线。[①]

由于到 13 世纪后期亚里士多德著作所全部完成的拉丁译本,除了个别是依照希腊原文译出外,大多是根据阿拉伯译本翻译的[②],因而可以说,以阿维森纳和阿维罗伊为代表的阿拉伯哲学家对亚里士多德的认识和解释,随着亚里士多德著作拉丁文的翻译而同时进入了西方社会,对于亚里士多德思想在西方社会的复兴和传播,产生了非常积极的推动作用。当然,这些传播和作用之能够快速广泛地实施与产生,还有一个现实的条件,那就是传统神学学校向世俗性大学的演变。在中世纪,西方的教育体制从学校归属、教学内容和学生来源等一直在发生着变化,到 13 世纪,包含了广泛的神学和世俗学科内容的大学已基本成熟,并拥有了自身相对的独立性。虽说这些大学是从教堂和修道院学校中演变出来的,但它们在有了自身的管理方式和开课自由——如 1215 年巴黎大学较为独立的管理条例的制定——之后,世俗学科就有了自身的地盘。亚里士多德的学说在进入拉丁西方之后,就是在这样的大学中获取了快速发展的基础。[③] 由于亚里士多德的思想并不是被当时的教会和神学界所完全接纳的,一些神学家和教会对亚里士多德的思想采取了一系列抵制与发布禁令的手段与方式;因而,如果说没有这些相对自由的大学教育的话,亚里士多德思想的传播就会面临更多的压力和困境。

正是亚里士多德著作的翻译和大学的兴起,为亚里士多德思想在西方的复兴和传播创造了有利的条件。亚里士多德使当时的人们认识到了自然和理性的意义,而新兴的大学则为这种意义提供了充分展示和阐发的舞台。当时众多的神学家和哲学家都直接参与到这场思想变革的运动之中。而作为当时新兴大学和学术中心的巴黎、牛津和科隆等地,则成为亚里士多德思想研究

---

① 参见柯普斯登《西洋哲学史》第二卷,第 282—286 页;赵敦华:《基督教哲学 1500 年》,第 298—300 页。
② 参见赵敦华《基督教哲学 1500 年》,第 305—306 页。
③ 参见赵敦华《基督教哲学 1500 年》,第 310—312 页。

和传播的重镇。在这些众多因素的促成下，13世纪从而被人们称为"一个哲学变革的时代""一个自然理性的价值被发现和认可的时代"。①

在这个"哲学革命"的时期，托马斯·阿奎那因其自身的机缘、爱好、热情与努力而登上了历史的前台，成为推进这场学术"革命"深入展开的最为重要代表。在他1239年刚刚进入那不勒斯大学学习期间，即对亚里士多德产生了浓厚的兴趣，广泛地阅读了这位古希腊哲学家的众多拉丁版著作。随后，他作为一名多明我会成员有机会离开意大利，来到了当时欧洲的文化中心——巴黎等地继续深造，并于1248年来到科隆，师从在当时的学术界享有盛誉、有着"全能博士"称号的大阿尔伯特（Albert the Great，1200－1280）研究哲学和神学。② 后者对亚里士多德哲学思想的全面了解和精通，对阿奎那产生了巨大的帮助和影响。③ 正是在大阿尔伯特的指导和鼓舞下，阿奎那深入领会了亚里士多德的意义，进入了他的思想殿堂之中。

因而，当阿奎那结束学习并在13世纪50年代开始其神学教学和研究生涯的时候，亚里士多德的哲学已经成为他的思想中一个不可分离的组成部分，成为他认识神学问题的基本方法之一。虽然在阿奎那的学术生涯中，柏拉图等其他希腊哲学家的哲学思想也曾引起了他的关注，例如，柏拉图的分有（participation）概念在其形而上学中被作为阐述上帝与受造物关系的一个基本原则，柏拉图主义者的观点在其《论原因》（*The Book on Causes*）一书的评论中也得到了广泛的运用。④ 然而在其一生中，对之保持着经久不衰兴趣的依然是亚里士多德的思想：他不仅评注了亚里士多德的大量著作，提出并发展了自己对亚里士多德思想的理解和看法；而且在他自己的哲学和神学著作中，经常引用亚里士多德的看法，作为对其观点的阐释与支持，特别是在他的著作中，"the Philosopher"（大哲学家）一词专指亚里士多德。在阿奎那看来，亚里士多德的许多观点都可以成为他进一步论述神学问题的资源。例如，亚

---

① 现代英国历史学家戴维·诺尔斯（David Knowles）用"哲学革命"来称呼这一时期。参见 *The Cambridge Companion to Aquinas*, edited by N. Kretzmann and E. Stump, Cambridge University Press, 1993, p. 20。
② 参见 Eleonore Stump, *Aquinas*, Routledge, 2003, p. 3。
③ 参见赵敦华《基督教哲学1500年》，第347—349页。
④ 参见 *The Cambridge Companion to Aquinas*, edited by N. Kretzmann and E. Stump, p. 22。

里士多德的逻辑方法成为阿奎那阐述上帝问题的基本神学方法，亚里士多德关于"作为存在的存在"的形而上学被阿奎那转变成为形而上学有神论，他的"人类在本性上具有认知的愿望"的看法被阿奎那改造成人类自然理性具有独立意义的合法性基础，他的四因说（质料因、形式因、动力因和目的因）也被阿奎那运用在上帝存在的五种证明中。为了更好地获得认知神学问题的哲学基础和理性方法，阿奎那倾注了大量的时间和精力对亚里士多德的思想进行了全面的研究，详细地注释了他的众多著作，对他的许多哲学观念和原则进行了卓有成效的改造和转化，在提出并发展自己对亚里士多德思想的理解和看法的基础上，对基督宗教神学思想做出了全面的阐释与整合，建构起了自身独具特色的神哲学体系。①

当然，作为一个神学家，阿奎那有着自身符合教会传统和神学传统的问题意识与阐释方式；也就是说，即使他对亚里士多德有着非常大的好感，他也不可能偏离正统的教会路线而赋予亚里士多德思想以完全独立的意义；他只是在可能的时候，在不会与教会传统产生伤害和过多冲击的前提下，力争以一种哲学的方式来思考和表述神学问题。但不可否认的是，正是在对亚里士多德思想的全面把握中，阿奎那实现了他对作为一个单纯的神学家的超越，而拥有了某种哲学家的身份意识。阿奎那自己对这种不同于神学家的身份有着非常明确的认识，他说他正是在亚里士多德关于哲学的基本原则和哲学家首要工作的界定中，来确定他自己的首要职责和基本任务的——思考并阐释"宇宙的最终目的"、世界的"最高原因"以及所有"真理的第一原则"。② 虽然"宇宙最终目的""最高原因"和"第一原则"在亚里士多德和阿奎那那里有着不同的含义与指向，但阿奎那则从中看到了两者的一致性，从而在其自身中为两种身份的整合提供了思想基础。

在神学体系建构中所拥有的哲学家意识，为阿奎那提供了一种思考哲学与基督宗教关系的双向的方式，从而使他能够"破除传统的形式，把他的思想投入到一种新的模式，根据他认为是主题所要求的东西去建构一个系统化

---

① 参见 Eleonore Stump, *Aquinas*, pp. 8 – 9。

② 参见 ST. Thomas Aquinas, *Summa Contra Gentiles*, Book Ⅰ, ch. 1, translated with an Introduction and Notes by James F. Anderson, University of Notre Dame Press, 1975。

的"理论体系。① 这种依据"主题所要求的东西"所建构的系统化体系,在阿奎那的不同论著中以不同的方式所展开,而在他最重要的著作《神学大全》(Summa Theologica)中,他把这一体系称为"神圣学说"(Sacra doctrina),对它的性质、范围和学科意义等问题进行了全面的阐述。阿奎那依据亚里士多德《形而上学》中关于知识类型与学科分类的看法,解释了"神圣学说"为什么既是一种思辨的理论学科又是一种必要的知识类型的含义。② 其目的除了试图运用哲学家的权威及其自然理性来为神学做出一种"外在的和可能的论证"之外③,更重要的是希望把它建构成为一个系统化的理论体系,使之在包括哲学在内的所有知识门类中既具有独立的意义,又拥有统摄其他一切的地位。

为了使这一体系能够满足一个理论学科的需要,阿奎那对上帝、世界、人类等诸多神学问题,从哲学上进行了全面深入的探究。其中最为重要也是最先需要解决的问题,是围绕着"神圣学说"基本的研究对象所展开的。阿奎那依据于神学传统,把"上帝"确定为这一学说的研究对象,认为"上帝"是这一学说的核心,所有的内容都与其相关——或者是上帝自身,或者是把他作为起点与目标。④ 而在阿奎那的思想体系中,把"上帝"确定为基本研究对象之后首先面临的问题是如何理解"上帝存在"这一命题。他认为这一命题虽然在信仰上或就其自身来说具有高度的确定性和清晰性,但在自然理性上可能并非自明的⑤,因而需要做出进一步的解释与论证。在阿奎那看来,由于人类理性最先感受到的是经验事实,而上帝作为绝对超验的存在,即使他是世界所有存在的原因,他仍然是不可能完全在经验的基础上被认识或被理解的;因而像安瑟尔谟那样"从绝对先在的东西出发"所做的本体论式的"先天论证",是缺乏经验的现实性的。然而,如果我们从现实存在——它是作为某种原因而产生的结果——出发,我们即"可以推论出它的原因的

---

① John I. Jenkins, *Knowledge and Faith in Thomas Aquinas*. Cambridge University Press, 1997, p. 78.
② 参见 ST. Thomas Aquinas, *Summa Theologica*, la, Q. 1, a. 1 – a. 6, translated by Fathers of the English Dominican Province, Encyclopedia Britannica, INC., 1952。
③ 参见 ST. Thomas Aquinas, *Summa Theologica*, la, Q. 1, a. 8, Reply Obj. 2。
④ 参见 ST. Thomas Aquinas, *Summa Theologica*, la, Q. 1, a. 7。
⑤ 参见 ST. Thomas Aquinas, *Summa Theologica*, la, Q. 2, a. 1。

知识";因为作为某种原因之结果的现实存在是我们认识到了的,因而,"由于每个结果都依赖于它的原因,如果结果存在,那么原因必定是先于它而存在的"。①

这种方式即阿奎那所说的建立在经验基础上的由果溯因的后天演绎论证。阿奎那相信,这种方法不仅是后天的(从感性事物出发),而且是必然的(演绎论证),通过这种方法,我们不仅可以明了"上帝"一词的基本含义,而且能够证明"上帝存在"是一个可靠的命题。他在其《神学大全》(第一集问题2)中,分别从事物的运动(motion)、动力因的性质(the nature of the efficient cause)、可能性与必然性(possibility and necessity)、事物的等级(the gradation)和世界的管理(the governance of the world)诸方面出发,对上帝的存在进行了论证。这些论证后来被称为五路证明,即不动的推动者的证明、动力因证明、可能性与必然性关系的证明、事物不同完善性等级的证明和目的论证明。② 阿奎那这些论证的思路是在经验的基础上追溯世界和宇宙的根源与原因。他从我们熟知的基本经验出发,通过对某一个或某一些基本特征进行考察,从而证明某种最终实在的存在。在他看来,从感性经验出发的认识,是"最为适宜的"理性认识方式,因为它既符合宇宙的因果关系原则,也符合人类认识的自然本性。

阿奎那在建构"上帝存在"五路证明的同时,也充分认识到了"存在"本身的重要性,对其形而上学意义展开了深入的思考与探究。虽然这种思考与探究并不一定出自五种证明的需要或仅仅是与这些证明相关,但本原意义上的存在论则成为内在于阿奎那五种证明中的一个基本主题;而且更重要的是,除了《神学大全》和《反异教大全》之外,阿奎那在《论存在者与本质》(On Being and Essence)、《亚里士多德〈形而上学〉评注》(Commentary on Aristotle's Metaphysics)、《波埃修〈七公理论〉评注》(Commentary On Boethius's De hebdomadibus)及《论自然的原则》(On the Principles of Nature)中等著作中对其意义所做出的广泛阐释与思考,使得形而上学存在论成为阿奎那整个思

---

① ST. Thomas Aquinas, *Summa Theologica*, la, Q. 2, a. 2.
② 阿奎那在其另一部重要的著作《反异教大全》(*Summa Contra Gentiles*)中,也提出了内容上大致相同的若干种证明(第一卷第13章),主要从运动观、动力因、真实性等级和事务管理四个方面展开。

想体系中影响最广也最富于创建性的内容之一。

当然，从巴门尼德开始，"存在"就一直是古希腊哲学家们思考的形而上学问题；到了中世纪之后，波埃修、阿维森纳等众多的基督宗教哲学家和阿拉伯哲学家等对它从不同方面进行了大量的阐释与说明。这些来自不同方面的思想传统成为阿奎那建构其存在论学说的基础，特别是当阿奎那评注亚里士多德《形而上学》等论著时，他在其中所看到的后者**把**研究作为"存在的存在"的形而上学称为"第一哲学"，也为他留下了深刻的印象。因此，当他在五种证明中意识到世界万物的存在必有一个终极的或第一的原因，它是世界的第一实在原则，所有其他事物的存在都是从它那里分有而来时，世界本原问题特别是"存在"问题本身就引起了阿奎那的进一步关注和思考，使他建构起了一种新的存在论形而上学学说。在这一学说中，阿奎那对"存在"概念及其含义做出了新的界定，把存在与本质在实在的意义上进行了区分，提出了"存在优先于本质"的看法。

阿奎那形而上学存在论学说的建构，是在秉承以往哲学家丰富的思想资源的基础上而展开的，特别是他们关于"本质"（essentia）与"存在"（esse）的不同及其各自含义的说明与界定，为阿奎那留下了宝贵的可资借鉴的理论遗产。因此，当阿奎那首先要对"存在"的含义做出明确说明的时候，阿维森纳等人有关"存在"的首要认知地位的看法为他所认同并采纳，进一步强调了"存在"作为理智的原初概念，是在所有被理解的事物中最先为理智所把握到的。[①] 存在作为理智原初自然概念的先在性，使之在对不同存在者或实体的认识中具有首先的和基础性的地位，体现了阿奎那在形而上学存在论研究中所特有的理论指向。

确定了"存在"在理智认知中的优先性，接下来就需要对其真正的含义予以说明。在这个问题上，阿奎那主要是依据传统惯例，在把存在者（ens）区分为存在和本质两个构成因素的基础上来界定存在的含义的。在他看来，存在者是那种具有存在的东西，而构成存在者基本因素之一的存在，显明的或体现的是一种现实性，一种纯粹的现实状态——存在现实（the act of being）；

[①] 参见 Thomas Aquinas, *On Truth*, Volume I, a. I., trans. by Robert W. Mulligan, Henry Regnery Company, 1952.

"存在"的意义源自动词"是"(est),而"是"动词首先表示的是"被感知的现实性的绝对状态,因为'是'的纯粹意义是'在行动',因而才表现出动词形态"。① "存在活动"是存在者首先呈现出来的状态,也是它最纯粹的状态。虽然存在是一种现实活动,存在者只有在这种存在活动中才成为现实;但这种存在活动是与存在者的本质不可分离的,本质是指构成存在者"其所是"的东西,是存在活动的基础,"存在者只有藉着它并且在它之中才具有存在"。②

然而,在存在活动中,存在者虽是借着本质而成为现实的;但存在并不是存在者的外在特征或表现,它不仅是存在者最内在的构成因素,"是每一事物最内在的东西,在根本的意义上处在所有事物的最深层";③ 而且也是所有东西中最完善的,所有事物正是通过它"才被创造成为现实","因为除非它是存在的,没有任何事物具有现实性。因此,存在是那种使所有事物——甚至它们的形式——现实化的东西"。④ 这种现实化所呈现的,正是事物最完满的实在性。认识到存在和本质的不同——"存在是某种并非本质或实质的东西",而"每一种本质或实质却都是能够在对有关它的存在的任何事物缺乏理解的情况下得到理解的"⑤,使得阿奎那得以把它们作为两个真实的构成原则,来分析不同存在者的类型与性质。在《论存在者与本质》中,阿奎那将存在者(实体)分为三种基本类型,它们分别是复合实体(substantiae compositae)、理智实体(substantia intelligens)和第一存在者(primum ens)。

通过这种区分与分类,阿奎那进一步把"存在"视为一个存在者的最基本的卓越品性,认为存在者的每一个其他的卓越性都是就它是存在而言的,"事物中的每一卓越性和完满性取决于这个事物的存在(is),而事物中的每一缺失则取决于这个事物在某种程度上的不存在(is not)"。⑥ 存在以现实的方式展现了它最卓越和最完满的方面,"存在意味着最高的完满性,其证据是

---

① Thomas Aquinas, *On Spiritual Creatures*, trans. by M. G. Fitzpatrick and J. J. Wellmuth, Milwaukee, 1949, pp. 52 – 53;参见赵敦华《基督教哲学 1500 年》,第 375 页。
② 托马斯·阿奎那:《论存在者与本质》,段德智译,商务印书馆 2013 年版,第 1 章。
③ ST. Thomas Aquinas, *Summa Theologica*, Ia, Q. 8, a. 1.
④ ST. Thomas Aquinas, *Summa Theologica*, Ia, Q. 4, a. 1.
⑤ 托马斯·阿奎那:《论存在者与本质》,第 4 章。
⑥ ST. Thomas Aquinas, *Summa Contra Gentiles*, Book II, ch. 28.

现实（act）始终比潜在更完满。……因而清楚的是，我们在这里所理解的存在是所有现实的现实性，从而是所有完满的完满性"①。阿奎那以存在的现实性为基础，确定了它在存在者中比本质更为优先和更为卓越的地位。存在的卓越性和完满性在第一存在者（上帝）那里得到了最为明确的体现。由于第一存在者是存在与本质相同一的，它的本质既是它的存在；因而第一存在体现了纯粹的现实性，是存在本身，从而是最为完满和最为卓越的存在。而所有其他具体存在者的存在，都来自第一存在者，从而也分有了后者的卓越性和完满性。在阿奎那的形而上学语境中，存在的优先性地位不可避免地有着非常深厚的神学目的与神学指向。

依据哲学的方式和思路对"神圣学说"体系的建构，在提出解决其基本对象（上帝）存在的后天演绎论证及其相关的存在论学说之后，接下来需要思考与探究的是这一对象的本质问题，即他是"如何存在"和"怎样存在"的问题。这也是阿奎那所说的，"当一个事物的存在被弄清楚之后，接下来的问题就是它的存在方式，以便于我们可以认识它的本质"②。然而由于上帝是一个超验的对象，是人类的感性经验和理性所不能直接把握到的；因而通过什么样的理性或哲学的方式认识其本质，是"神圣学说"能否沿着亚里士多德的方案继续建构下去所需要解决的瓶颈。阿奎那为此提供的解决方案是，通过否定方法和类比方法，从自然事物出发以某种间接的方式认识作为这些事物原则或原因的上帝。当然，否定方法和类比方法能否有效地运用，在根本的层面上涉及人类与上帝之间是否具有合理的认识论关系。阿奎那的看法是，一方面，由于所有现实的事物都是可认知的，而上帝是不包含任何潜能的纯现实，因而具有绝对的可认知性；③另一方面，人类不仅具有感性知觉能力和理性抽象能力这两种认识能力，而且试图认识所有事物的最终原因或第一原则，是其内在的自然愿望与自然本性，是其最高完善性的最终达成与实现。④ 正是人类的认知能力和自然愿望以及上帝的绝对可认知性，为否定方法

---

① ST. Thomas Aquinas, *On the Power of God*, Q. Ⅶ, a. 2, trans., by the English Dominican Fathers, Burns Oates & Washbourne LTD., 1934.
② ST. Thomas Aquinas, *Summa Theologica*, Ia, Q. 3.
③ 参见 ST. Thomas Aquinas, *Summa Theologica*, Ia, Q. 12, a. 1。
④ 参见 ST. Thomas Aquinas, *Summa Theologica*, Ia, Q. 12, a. 1, a. 4。

和类比方法的有效使用提供了可靠的保证。

虽然人类具有认识普遍对象的抽象能力以及认识宇宙第一原因的自然愿望，作为宇宙第一原因的上帝自身也具有无限的认知可能性，然而，上帝是一种超验的对象，其存在状态超越了人类的存在状态，任何试图以自然的肯定方式认识上帝本质的尝试，对人类的认识能力来说都是不可能的，"我们不能通过知道它是什么来理解它"①。也就是说，我们不能通过断定它是什么从而对它形成肯定判断；然而我们可以知道它"不是什么"，从而它形成否定判断。② 这种"考察它不是什么"的手段，即犹太教哲学家迈蒙尼德（Moses Maimonides，1135－1204）所说的否定方法。阿奎那认同考察神圣本质"如何不是"的否定方法，认为它的结论并不仅仅是消极的，还可以从中获得某种肯定的东西。在他看来，当我们运用这种方法时，虽然它所能直接给予我们的是"不是什么"的看法，但正是这种不是什么的考察，消除的是所有对它认识的不完善和不准确的方面以及人为添加在它之上的有限特征。因而否定方法同时也是一种排除方法（method of remotion）或"去障之路"，在对其否定特征的越来越多的考察中，我们会逐步形成他"不是什么"的某种确定的认识，最终这种否定性的确定认识会转化成某种积极的结论。③ 这也正是吉尔松所说的，"从上帝的观念中去除所有可设想的不完善性，就是把所有可设想的完善性归于他"④。

因而，在阿奎那看来，在对神圣本质的认识中，由于我们的自然理性是在对受造世界的考察中来揭示上帝的"存在方式"的，由此所形成的肯定命题并不能达到一种积极的结论，反而会遮蔽我们对上帝的真正认识。我们必须通过去障之路的否定方法，来消除我们自然理性所加诸在上帝之上的受造特征，诸如"有形实体"、偶性特征等。因此，通过对所有与上帝的观念不相符合的东西——诸如形式与质料的复合体、有限性、变化等特性的否定，最终会形成上帝是一个纯粹的现实存在、他的本质即他的存在这样的结论，肯定他具有单纯性（simplicity）、完善性（perfection）、无限性（infinity）、不变

---

① ST. Thomas Aquinas, *Summa Contra Gentiles* Book Ⅰ, ch. 14.
② ST. Thomas Aquinas, *Summa Theologica*, la, Q. 3.
③ 参见 ST. Thomas Aquinas, *Summa Contra Gentiles* Book Ⅰ, ch. 14。
④ Etienne Gilson, *The Christian Philosophy of ST. Thomas Aquinas*, p. 97.

性（immutability）和单一性（unity）等本质。① 从认知可能性上来说，否定方法构成了有限特征否定后的"本质剩余"，具有积极的方法论意义。

如果说否定方法更多的是一种限定性的或指向性的方法的话，那么类比方法则是在对指称神圣对象的名称（或概念）之含义的分析与类比中来认识其本质与属性的方法。阿奎那把这种方法称为"卓越之路和去障之路"（by way of excellence and remotion），即通过对从受造物那里获得的、同时可以用来指称上帝的名称或概念——诸如理智、智慧、真理、生命、意志、爱、正义等——的分析，从而对其本质属性形成真正的认识。② 从自然事物出发为上帝命名并考察其含义的方法，是一种在类比的意义上使用的方法。这种方法得以成立的最基本的前提是上帝与被造的自然物之间的关联——原因和它的结果之间的一种相似关系。因此我们可以依据对自然事物的认识，来赋予上帝不同的名称，论说上帝的善、智慧、意志、生命等完善性属性。

在使用这些名称和概念时，阿奎那认为相对于人们通常的用法，"我们必须坚持一个不同的学说"，即在明了"它们缺乏对他完全地表征"的前提下，认可"这些名称表明了神圣的本体，并是在本质上断定了上帝的属性"。③ 阿奎那的意思是说，当我们用"善""智慧""生命"等名称来谈论上帝时，它们不仅仅是"获得"了某种相似，更重要的是，"当我们说'上帝是善的'时，其意思不是'上帝是善的原因'或'上帝不是恶的'，而是'无论我们归于受造物的善的东西是什么，它都先存于上帝中'，并以一种更卓越的和更高的方式存在。因而结论不是，上帝是善的，因为他产生了善；而是相反，他产生了事物中的善，因为他是善的"。④ 上帝的善具有先在的或本质的意义。我们不是通过事物中所存在的善，从而得出上帝仅仅是善的原因的结论；而是从事物中的善走向上帝，走向善的卓越存在方式——善的先在和善的本质。因而名称就不只是具有因果关系的意义，而是更直接地涉及名称所指称对象的原初意义——超越了名称在自然事物那里所具有的局限性。

---

① 阿奎那对神圣本质的讨论，主要集中在《神学大全》第一集的"问题3"到"问题11"和《反异教大全》第一卷的第14章到第28章以及第37章到第43章。
② 参见 ST. Thomas Aquinas, *Summa Theologica*, la, Q. 13, a. 1。
③ ST. Thomas Aquinas, *Summa Theologica*, la, Q. 13, a. 2.
④ ST. Thomas Aquinas, *Summa Theologica*, la, Q. 13, a. 2.

虽然阿奎那在受造物的名称和上帝的名称之间建立起了一种肯定性联系，但他认为这种联系并不是一种简单的肯定。从受造物到上帝，名称的运用还涉及意义的转换问题。他从名称单义性（univocity）含义和多义性（equivocity）含义对之做了分析，认为"这些名称是以一种类似的意义，即依据于比例关系，来说明上帝和受造物"①。阿奎那认为这就是一种类比的方法，"以这种方式，某些东西是被类比地、而不是以一种纯粹的多义、也不是以一种纯粹的单义的意义来谈论上帝和受造物"②。正是通过这种具有肯定意义的类比方法，阿奎那把"善""智慧""正义""生命""意志"等名称用于上帝，形成了对上帝本质和属性的某种认识。当然，并不是所有指称上帝的名称都具有相同的意义，只有那些"完全地和没有任何缺失地表明完善性的词项"，如善、智慧等，是"可以同时称谓上帝和其它事物"的。③而缺乏这种完善性的词汇，如"石头""狮子"等，只可在隐喻的意义上用于上帝。吉尔松认为阿奎那这样做的目的是，他在使用类比观念时"允许形而上学家或神学家运用形而上学去谈论上帝，而没有一再地陷入纯粹的歧义、甚至谬论中"④。

类比方法作为考察神圣本质的卓越之路，与作为去障之路的否定方法有着相同的认知指向，体现了阿奎那试图以合乎自然理性的方式解释神圣本质的意图。它们和上帝存在的五种证明一道，共同构成了阿奎那依照亚里士多德的学科原则建构"神圣学说"的基础。包含在"神圣学说"中的其他问题，诸如世界与人类的存在和本质等，随之也为阿奎那做了大量充分的探究。⑤ 阿奎那所建构的"神圣学说"及其所运用的理性方法与原则，为他在历史上赢得了至高的声誉，他的自然神学被誉为迄今最"完全的"和"最有希望"的自然神学⑥，他的学术努力也被认为在理性的维度上实现了"整个

---

① ST. Thomas Aquinas, *Summa Theologica*, la, Q. 13, a. 5.
② ST. Thomas Aquinas, *Summa Theologica*, la, Q. 13, a. 5.
③ ST. Thomas Aquinas, *Summa Contra Gentiles* Book I, ch. 30.
④ Etienne Gilson, *The Christian Philosophy of ST. Thomas Aquinas*, University of Notre Dame Press, 1994, p. 106.
⑤ 阿奎那对这些问题的论述，在《神学大全》中主要是在第一集的问题44至问题119中论述的，在《反异教大全》中是在第二卷和第三卷中展开的。
⑥ Norman Kretzmann, *The Metaphysics of Theism. Aquinas's Natural Theology in Summa contra gentiles I*, Clarendon Press, 1997, p. 2.

神学的解放性转换"。①

阿奎那在理性维度上对基督宗教信念的大规模重构,虽说也有着神学体系本身的需要,但在总体上则是源于对希腊哲学的回应,源于他所说的"反异教"论战的需要。也就是说,在与希腊哲学的长期对话中,阿奎那深深地感到了一种理性的压力与挑战,这种压力与挑战随着亚里士多德思想的复兴而愈加突出。为应对这些挑战,他把哲学理性作为基本的思想原则和表述原则,希望使之在对众多信仰问题的阐释中为之提供一定的逻辑严密性和理论的合理性。

三 逻辑学转向

以哲学为基础对基督宗教神学所做的系统化建构,可说是阿奎那长期致力的目标。他不仅在亚里士多德的著作中获得了一种哲学式的认知手段和建构方式,同时也希望以哲学家的身份来从事这样的工作。然而,无论他对哲学家的身份有着怎样的期待,那首先是在他是一个具有虔诚信仰的神学家的基础上生发出来的。因此,建构在《圣经》基础上的信仰传统,既是他毫不犹豫致力维护的权威,同时也是他判定如何以及在多大程度上运用亚里士多德思想的准则。阿奎那作为神学家对信仰传统和神学传统的恪守,以及他希望以哲学家的方式对其认知责任的履行,使其思想体系中不可避免地出现了两种不同的思维原则和认识路线。阿奎那本人对此也有着较为清楚的认识,他承认在他所阐发的认识活动中,有着两种知识——自然的知识和超自然的知识,以及两种认识上帝的方式——上升(理性)的方式和下降(启示)的方式。② 他相信这两种认识方式既是相互区分的又是相互支持的,并希望能够以哲学家的身份来完成他的这种双重职责与任务。③

阿奎那虽然相信,人们仅仅通过自然理性,可以对上帝的存在、本质及其相关的信念做出论证,从而形成合乎理性的认识;但是他同时也承认,还有一些非常重要的基督宗教信念,诸如三位一体和道成肉身等,仅仅诉

---

① Hans Kung, *Great Christian Thinkers*, The Continuum Publishing Company, 1994, p. 109.
② 参见 ST. Thomas Aquinas, *Summa Contra Gentiles*, BookⅠ, ch. 3。
③ 参见 ST. Thomas Aquinas, *Summa Contra Gentiles*, BookⅠ, ch. 1, ch. 2。

诸人们的自然理性是不能够给予解释和说明的。他把它们视为超越人类有限理性的无限的奥秘，必须依赖超自然启示方可获得。① 阿奎那认为，信仰和理性虽然在诸多方面是不同的，但它们在本质上是不可能相互矛盾和相互冲突的，他相信"以自然方式进入人类理性中的东西"不可能与"基督宗教信仰真理"相对立。② 阿奎那的这种自信来自他的信仰立场：上帝不仅是启示的根源，而且也是理性的创造者。因而他依据神学传统的立场——恩典并不摧毁自然而是成全自然，认为信仰和理性是相互协调、相互补充的。

虽然在阿奎那觉得他可以很好地同时履行其双重身份的职责，而且也能够把启示的方式和理性的方式都看作人们认识神学问题的合理的方式，从而使阿奎那在坚持信仰立场的同时，能够以理性的方式建构神学；然而在他的体系中，始终有一些神学命题是不能够在理性层面上被理解和被论证的。因而如果从一种思想的圆融和逻辑一致性来看，这些理性难题在阿奎那的体系中却保持着某种内在的张力，某种其自身永远不可化解的二元对立。毕竟源于两种截然不同思想体系的认识方式，如果能够在阿奎那的同一个理论学说中始终保持和谐的共存关系，必须依赖于一定的内外条件，依赖于被坚持的某种认识论假定和思想传统，依赖于整体的社会氛围以及阿奎那本人的学术素养、教育背景特别是他的乐观自信。然而，一旦这些条件、假定和自信出现变化或者被打破，存在于它们之中的张力就会以矛盾冲突的方式被公开释放出来，启示和理性间的内在不一致就会以不同的方式被表达。实际上，这种张力所导致的矛盾，在阿奎那自己所生活的时代，就已经以不同形式在社会层面上有了明显的表现。

从总体的和积极的意义上看，亚里士多德主义在西方社会的复兴与传播中，在中世纪经院哲学的理性主义进程中确实起到了非常重大的推动作用，成为形塑经院哲学鼎盛时期理性化思想的主要因素。在这场关注亚里士多德哲学的思想运动中，既有全面阐释其纯粹哲学意义的哲学研究者，如来自巴黎大学艺学（arts）院系的教师；也有将其哲学与基督宗教神学整合起来的学者，如大阿尔伯特和托马斯·阿奎那；同时也包括了一些试图在有限的范围内

---

① 参见 ST. Thomas Aquinas, *Summa Contra Gentiles*, Book I, ch. 3。
② 参见 ST. Thomas Aquinas, *Summa Contra Gentiles*, Book I, ch. 7。

批判与阐释
——信念认知合理性意义的现代解读——

认识其思想意义的神学家，如哈勒斯的亚历山大（Alexander Halensis，1185 – 1245）和波拿文都（Bonaventure，1221 – 1274）等。他们在当时的条件下为探究它具有什么样的认知意义尝试了各种可能性。然而，来自法国、英国等地大学艺学院系的教师，特别是以布拉邦的西格尔（Siger of Brabant，1240 – 1284）为代表的一批巴黎大学的年轻教师，在他们尝试利用大学所提供的条件对这种新兴的哲学做出广泛的阐释和解说时，则引起了一批保守的正统神学家们的忧虑和不满，并最终导致了教会的公开干预，促使了经院哲学晚期的思想转向。

以布拉邦的西格尔为代表的这批被大阿尔伯特称为身处"哲学家之城"的年轻教师，试图在进行独立于神学的哲学研究中保持哲学和理性的自主性。[①] 他们因主张对亚里士多德的研究，应该像阿维罗伊那样忠实于原著，保持亚里士多德思想的完整性，而被称为"世俗的亚里士多德主义者"或"完整的亚里士多德主义者"；他们相信必然的哲学结论会与基督的启示相冲突，从而倾向于在哲学与神学、理性与启示之间画出一条相对分明的界限。[②] 由于他们试图在神学之外为哲学理性寻得独立和合理的地位与权力的立场与态度所暗含的"双重真理论"，则使得来自教会的一批正统神学家们感到了极大的威胁，其中的波拿文都也由早期对亚里士多德哲学的有限接纳，转向了对这种阿维罗伊主义观点的直接谴责和公开批判。[③] 他的谴责和批判随后引发了罗马教会的干预，1270 年巴黎主教唐比埃（Tempier）发布了谴责拉丁阿维罗伊主义（Latin Averroism）[④] 的禁令。在这个禁令中，这位主教列举了 13 条与亚里士多德哲学有关的观点予以谴责。当时的宗教裁判所和巴黎大学当局也采取具体行动，参与了这场对拉丁阿维罗伊主义的干预和迫害活动。随后，在 1277 年，教皇约翰二十一世（Pope John XXI）写信指示巴黎主教调查巴黎大学所出现的这种哲学上的异端。唐比埃主教在这次调查之后，于同年发布了

[①] 参见 *The Cambridge Companion to Aquinas*，edited by N. Kretzmann and E. Stump，p. 24。

[②] 参见 Etienne Gilson，*History of Christian Philosophy in the Middle Ages*，p. 388。

[③] 具体的看法可参见赵敦华《基督教哲学 1500 年》，第 412—418 页；柯普斯登：《西洋哲学史》第二卷，第 345—356 页。

[④] 拉丁阿维罗伊主义是指 13 世纪首先在巴黎大学一些教师中流行起来的一股思潮。他们坚持 12 世纪阿拉伯哲学家阿维罗伊的立场，主张忠实于亚里士多德的思想，对其著作做出纯粹哲学的理解和阐释。

被称为"77禁令"的公开信，对219条当时流行的哲学观点进行谴责。在"77禁令"颁布之后不到半个月的时间，英国坎特伯雷大主教也来到牛津大学，发布了对30条哲学命题的谴责。①

"77禁令"涉及的内容是多方面的，但其中表达出的最强烈的信息之一就是主张上帝的意志是绝对自由的，禁止理性对之做出随意的解释。虽然这个禁令并没有彻底中断经院哲学对亚里士多德哲学的研究以及在这种研究中所凸显出来的阿维罗伊主义方式，然而它却决定性地改变了经院哲学的进程，成为标志中世纪哲学和神学史之"黄金时代"结束的"划时代事件"。② 从此以后，那种以乐观精神研究亚里士多德哲学之意义以及以此为基础整合希腊哲学与基督宗教神学的信心受到了沉重的打击，以哲学方式"建构学术性神学的雄心在1277年之后不再存在，起码不再以相同的程度和相同的精神存在"③。这种变化在神学的认知方式和阐释方式上也有着明显的体现。13世纪开始以来在神学家思想中占据一席之地的"对哲学友好的和充满信心的合作精神"，开始为"对哲学家们的怀疑所取代"；④ 在这个过程中，支配神学研究的方式和主题发生了巨大的变化，那些试图通过希腊哲学的理性必然性来展开的对上帝问题进行认知与论证的尝试，逐步让位于对其自由意志问题的讨论。此后一直到14世纪，哲学与神学之间出现了巨大的裂隙与不同的走向——神学在张扬意志主义的同时，哲学则表现出了对逻辑的浓厚兴趣。

直接体现这种不同的理论走向与兴趣的最为典型的代表，是司各脱主义（Scotism）和奥康主义（Ockhamism）。邓·司各脱（Duns Scotus, 1265 – 1308）虽然也因秉承了众多经院哲学传统而使他的思想也打上了那个时代的烙印，如他的思维方式对经院哲学风格淋漓尽致的发挥而使得他本人被称为"精细博士"，⑤ 但他的思想是在紧接着"77禁令"之后的时代背景中孕育形成的，从而在有关理性与信仰关系的看法上有着与他之前的经院哲学家们明显不同

---

① 参见赵敦华《基督教哲学1500年》，第九章第三节"大谴责"；Etienne Gilson, *History of Christian Philosophy in the Middle Ages*, pp. 404 – 406。
② Etienne Gilson, *History of Christian Philosophy in the Middle Ages*, p. 408.
③ Etienne Gilson, *History of Christian Philosophy in the Middle Ages*, p. 408.
④ Etienne Gilson, *History of Christian Philosophy in the Middle Ages*, p. 408.
⑤ 参见赵敦华《基督教哲学1500年》，第458页。

的理论旨趣。例如他在自然理性的维度上也提出了"上帝存在"的证明,但作为这种证明出发点的既不是安瑟尔谟式的概念,也不是阿奎那式的经验事实,而是一种关于存在的形而上学原则;① 再如他从"存在"的单义概念(univocal concept)理论出发,认可了我们能够从有限存在者的"存在"中获得对上帝的"存在"的某种肯定性的认识;② 但他认为我们不能从存在方面理解上帝的本质,把上帝的本质等同于存在,而应从无限性上、从意志方面看待上帝的本质,把上帝的意志看作"是他的真实的、完满的、自在的本质"③,从而凸显了上帝的意志在其本质中的首要地位。

从基本倾向上,司各脱之所以在有关无限存在者的认识中强调哲学理性的有限性以及意志的卓越品性与首要地位,不可否认"77禁令"之后的思想氛围对他所可能产生的影响。"77禁令"虽然并没有完全禁绝哲学的研究,但它所彰显的上帝的意志是绝对自由的,从而限制理性对之做出随意解释的禁令,却无疑改变了此前在经院哲学中流行的理性主义的主导地位,为意志主义解释方式在神学家中的倡行,提供了重要的历史条件。司各脱在明确强调哲学家和神学家在认识方式上区别的前提下,按照这种思想转变所引导的倾向,提倡意志高于理性的思想立场。因此,在有关上帝存在和本质的解释方面,司各脱更为青睐于"无限性"观念,认为哲学家能够知道有一个无限存在者存在,但就这个存在者真正的无限本质是什么,唯有启示才能够提供思考的出发点,从而也只有神学家才能对它说些什么。也就是说,没有任何依赖于无限的、绝对自由的上帝的自由意志(决定)是可以从哲学上推论出来的,哲学的理性也许能够表明那是可能的,却不能证明那是一种必然的结论。④

从司各脱整体的理论倾向来看,在神学问题上他所强调的是意志主义而不是理性主义,彰显的是理性和信仰之间的差异性。但在对自然世界的认识方面,司各脱看中的是自然理性与逻辑方法,对人类认识的类型及其形成条

---

① 参见 Armand A. Maurer, *Medieval Philosophy*, p. 223。
② 参见 Armand A. Maurer, *Medieval Philosophy*, pp. 227 - 228。
③ 司各脱:《巴黎记录》1卷45部2题27条;参见赵敦华《基督教哲学1500年》,第481页。
④ 参见 Etienne Gilson, *History of Christian Philosophy in the Middle Ages*, p. 464。

件和过程进行了细致的分析，提出了具有现代意义的知识理论。① 在司各脱的思想中，已经体现出了这样一种倾向，即有关上帝等信仰问题，是受超理性的意志主义支配的；而有关人类对有限世界的认识，则服从于理性或逻辑的制约。他的这种思想所包含的哲学与信仰之间的分离，不仅在他的追随者安德里斯（Andreas，? –1320）那里有着明确的体现②，而且在奥康（William of Ockham，约1285–1349）的思想中更是得到了充分的表达。奥康在对人类认识能力以及词项逻辑的分析与考察的基础上，建构起了与主导传统经院哲学之实在论分庭抗礼的唯名论思想。奥康认为，真实存在的只有个体，在此基础上我们可以形成具有实际指称意义的单独概念；共相则是在心灵和自然对象共同作用下形成的普遍概念，它不具有实际的指称功能，只具有逻辑的指代作用，在命题中具有意义。奥康在对概念分类和词义分析中考察了人类的认识能力，认为我们可以形成两类确定性的知识类型，一类是自明性知识，是由概念或语词之间的关系所提供的知识；另一类是证据性知识，是由语词所对应的外部事物所确定的知识。神学既不是证据知识，也不是自明知识；包括"上帝"在内的大多神学概念只有名称的指代功能，而无实际的指称意义。奥康试图通过知识标准把信仰从哲学（知识）中分离出来：神学命题以信仰为依据，知识（哲学）命题以经验证据和自明证据为依据。③

奥康在理性和信仰之间画出一条明确的界限，并不意味着他试图消解它们相互间的思想意义。相反，他只是希望为两者找到他认为它们各自应该遵循的原则和道路。一方面，奥康认为，把神学建构成为亚里士多德式的科学，是没有多少意义的；他并不在意或担心"有什么样的自然理性能够证明或不能够证明"信仰问题。④ 他不关注信仰的理性意义，他相信信仰是自足的。另一方面，在分离理性与信仰关系的前提下，奥康也为哲学确立了一种独立的研究领域。这就是奥康所实施的以逻辑学为基础、以唯名论为标志的"现代路线"，即在对词项和概念的意义及其逻辑功能的充分考察与分析中所推展的

---

① 有关司各脱的认识论观点，可参见赵敦华《基督教哲学1500年》，第475—480页。
② 参见赵敦华《基督教哲学1500年》，第485—486页。
③ 参见 Etienne Gilson, *History of Christian Philosophy in the Middle Ages*, pp. 494–497；赵敦华：《基督教哲学1500年》，第518—519页。
④ 参见 Etienne Gilson, *History of Christian Philosophy in the Middle Ages*, p. 498。

批判与阐释
——信念认知合理性意义的现代解读

一种新的哲学思想和哲学运动,一种不同于传统中世纪哲学研究内容和思想倾向的朝向逻辑学的理论转向。

虽然经院哲学后期逻辑学转向中的哲学研究并不刻意寻求神学(信仰)的理性阐释与建构,然而这一转向在某种意义上乃是中世纪哲学与神学长期探求信仰与理性关系的一个必然结果。因为从波埃修开始,在中世纪理性与信仰关系建构的长期过程中,逻辑一直被作为一种主要的手段,作为神学建构的重要工具被神学家们所推崇与认可。也就是说,波埃修对亚里士多德逻辑的翻译、注释及其在对存在、共相等问题研究中的示范作用,为逻辑学在神学研究中奠定了某种合理的认知意义。随后,逻辑作为基本的认知方式与手段,在爱留根纳等人关于哲学与神学的早期建构中发挥了重要的作用。到10—11世纪,这一神学—哲学建构方式又以辩证逻辑的方式呈现出来,并随着亚里士多德著作在12世纪的全面翻译而得到了进一步的深化,不仅形塑了经院哲学的论辩风格,而且也推进了逻辑学研究的深入,"由于亚氏逻辑著作之翻译,各学校重视逻辑学,以致传统逻辑在这个时代达到最高峰的发展"[①]。

可以说,中世纪早期神学—哲学建构中对逻辑的长期运用,逐步产生了一个相对重要的理论后果,这既是对逻辑认知合理性(起码是工具合理性)的认可,以及由此而展开的对逻辑学本身的研究和探求。因此,当"77禁令"导致理性和信仰相互分离的时候,逻辑学在中世纪早期所具有的认知合理性及其相对完善的发展,为其独立于神学的研究,提供了得以进一步展开的基础和内容。这也是为司各脱和奥康所坚守的方向。就奥康来说,这种独立于神学的研究为逻辑提供了一种解放的意义,一种没有神学目的或信仰约束的单纯的逻辑学研究。因此,即使奥康在神学中宣扬上帝意志的绝对超越性,他在哲学中仍然可以高举"奥康剃刀"来消除或减少共相的实在性。这种在相对独立意义上对逻辑的研究,使得奥康写下了《逻辑大全》《逻辑要义》以及对传统逻辑的评注和其他一系列逻辑论文;其中有关词项逻辑的阐

[①] 吉尔松:《中世纪哲学精神》,沈清松译,上海人民出版社2008年版,"译序",第10页。例如西班牙的彼得(Petrus Hispanus,1210–1277)在其当时广泛流行一部逻辑学教材《逻辑大全》中,不仅较为全面地概括了亚里士多德的逻辑体系,而且也对当时新形成起来的词项逻辑做了阐述。参见赵敦华《基督教哲学1500年》,第328页。正是这一词项逻辑后来成为奥康建构其唯名论思想的基础。

发，构成了他的广泛影响的唯名论思想的理论基础。奥康的这些逻辑学著作和思想，对逻辑学的发展产生了相当大的推动作用，致使他本人被14世纪的学者沃德哈姆（Adam Wodham，1298－1358）称为"继亚里士多德之后无与伦比的逻辑学家"①。

然而，14世纪逻辑学转向的理论成果不仅仅是逻辑的。它所引发的既是一场逻辑学运动，也是一场哲学运动。实际上，在整个中世纪，逻辑与哲学始终是交织在一起的，它只是在14世纪才得到了更为明确的表现。哲学—逻辑学的这种内在相关性可以在波埃修关于逻辑性质的说明中找到其根源。当波埃修声称逻辑是服务于哲学和神学的工具的时候，他也明确表示逻辑是哲学的一部分，从而具有独立研究的意义。波埃修关于逻辑性质的双重立场主要是受到了亚里士多德的影响，他按照亚里士多德的学科划分思想，认为逻辑既是作为工具服务于哲学，也是哲学的一部分而有着独立的意义，"逻辑学科也是哲学的一部分，因为哲学才是它的主人；然而，逻辑也是工具，因为它研究如何要求真理"②。逻辑的双重性质被波埃修以调和的方式呈现了出来。因此，当波埃修按照波菲利（Porphyry）的思路考察种相和属相之类共相的性质时，他认为他和波菲利之所以会倾向于按照亚里士多德而不是柏拉图的看法来提供可能的答案，乃是因为他们解决这个问题的出发点正好是亚里士多德的逻辑，即依据于亚里士多德的《范畴篇》来思考和阐释共相性质的。③这种从逻辑学进路考察共相性质的倾向在经院哲学时期也有着突出的表现。这个时期所发生的关于共相性质的旷日持久的争论，虽然有其内在的神学诉求，然而逻辑在其中始终扮演着一个重要的角色——它不仅是引发这场讨论的重要诱因之一④，而且也是这种讨论中被不断使用的基本手段与方法。可以说，中世纪的逻辑问题，始终是与神学问题和哲学问题、与共相这样的形而上学问题密切相关的。

无论逻辑扮演着什么样的角色，但如果把逻辑作为基本的方式之一来

---

① 参见赵敦华《基督教哲学1500年》，第525页。
② 波埃修：《波菲利导论注释之二》，1卷1章；参见赵敦华《基督教哲学1500年》，第183页。
③ 参见 Etienne Gilson, *History Of Christian Phylosophy In The Middle Ages*, pp. 99－100。
④ 赵敦华认为，波埃修的逻辑学思想和11世纪辩证法在神学问题讨论中的深入展开，使得共相的性质成为12世纪神学家们关注的焦点。参见赵敦华《基督教哲学1500年》，第264页。

讨论共相的性质，则必然会引导讨论走向词项本身的意义及如何进行对之认识之类的问题上，走向对词项和概念的不同逻辑功能的考察，最终的唯名论之类的结论就有可能是不可避免的。但是在12世纪和13世纪，有关共相问题的讨论在基本的倾向上受着神学（信仰）的支配与制约，逻辑只是作为认知工具而发挥作用。因此在这个时期逻辑自身的必然性尚不能被贯彻到底，共相实在论居于支配地位。只是到了奥康那里，随着神学与哲学的分离，逻辑才在自身的必然性上有了得以展示的可能，唯名论的结论也才被凸显出来。

在奥康那里，唯名论的基础是逻辑，它的被普遍认可的合理的认识论基础是在对词项和概念的意义及其逻辑功能充分考察与分析中获得的。这是在14世纪哲学研究全面转向逻辑学以后才得以真正实现的。但是唯名论真正涉及的内容是共相的性质，而共相的性质本身不是一个逻辑学问题，而是一个涉及存在本性的形而上学问题。而在中世纪的背景中把两者的意义结合起来思考的哲学家是波埃修，他在思考共相的性质问题时实际上是把逻辑和形而上学的问题交织在一起，并进而阐释了逻辑的哲学意义。

然而，波埃修所阐释的有关逻辑之哲学意义的看法在中世纪早期尚未被充分地揭示出来，还受着神学实在论的影响和制约；只有到了逻辑研究以纯粹的方式展开的中世纪后期，逻辑哲学论才产生一种相对彻底的理论后果。也正是在这个时期，亚里士多德逻辑才能够为那些"在唯名论论证中渴求把逻辑转化成为形而上学的每一个人提供一个完备的工具"[①]。奥康是充分运用这一工具从而对逻辑的形而上学意义做了彻底阐释的典型代表。吉尔松认为，为了在哲学中证明唯名论的正当性，一个逻辑学家必须断定逻辑本身是哲学；然而，当他这样做时，他所产生的不是一种逻辑学运动，而是一种哲学运动。[②] 奥康在唯名论思想中所实现的正是这样一种理论意义，他的逻辑学转向所引发的是一种新的哲学思想和哲学运动，一种不同于传统中世纪经院哲学的思想变革。

但是这种哲学变革和哲学运动却因种种原因而未能充分地建构起来。奥

---

① Etienne Gilson, *History Of Christian Phylosophy In The Middle Ages*, p. 487, Note 2.
② 参见 Etienne Gilson, *History Of Christian Phylosophy In The Middle Ages*, p. 487。

康所倡导的以逻辑学转向为基础的唯名论思潮，虽然在 14 世纪形成了与传统的托马斯主义和司各脱主义分庭抗礼的"现代路线"；然而这种思潮在当时却受到了一些学术机构和政府当局的压制。直到 15 世纪中期以后，它才在众多的学术机构中流行起来。然而这种流行却因为一些宗教的原因而重新与神学有了关联，从而推动同时也限定了唯名论思想的发展。① 与神学的关联也许是唯名论思潮中可能具有的逻辑哲学论未能得以充分发展的原因之一。

虽说在奥康的思想倾向中，显明信仰与理性或神学与哲学的分野，并不必然昭示着它们之间的根本对立或冲突；然而由他所推展的这场思想运动，客观上却导致了中世纪经院哲学之神学与哲学关系史的转折，在相当大的程度上消解了传统经院哲学试图通过哲学解决信仰问题的努力。这种努力是一个长期的历史过程，而且起码从安瑟尔谟开始，大多经院哲学家把"信仰寻求理性的理解"作为他们基本的思想原则，开创了经院哲学繁荣的局面。但是奥康却打破了这种原则，并不把"理性的理解"作为认知信仰和神学问题的具有重要理论意义的方法和途径。奥康的立场在当时引起了众多神学家和哲学家们的响应，其结果是在他之后，"为波拿文都、大阿尔伯特、托马斯·阿奎那及其同时代人们所尝试的信仰的理性理解，如果有什么留下来的话，也是少之又少"，这也正是人们"之所以把奥康主义描述为标志了经院哲学黄金时代结束的原因之所在"。②

奥康主义在经院哲学后期所引发的理论转向，确实具有非常重要的历史意义。通过逻辑手段确定共相的性质和意义，在 14 世纪中期前后并不是一个单独的思想事件。除奥康之外，还有不少的神学家和大学教师，如沃德哈姆（A. Wodham, 1298 - 1358）、荷尔考特（R. Holkot, 1290 - 1349）、奥特里考的尼古拉（Nicholas of Autrecourt, 1300 - 1350）等人，都持有与其相同的唯名论倾向。他们相信，唯有个体事物是真实存在的，共相（普遍概念）只具有命题意义；逻辑在建构知识命题中具有基础性地位，强调对逻辑的研究；以信仰为依据的神学命题超出了理性的范围，不能用逻辑标准来衡量。以奥

---

① 参见赵敦华《基督教哲学 1500 年》，第 597—598 页。
② Etienne Gilson, *History of Christian Philosophy in the Middle Ages*, p. 498.

康为代表的唯名论思潮，在当时形成了一场影响广泛的思想路线①，在中世纪哲学的后期促成了从理性神学研究向逻辑学研究的理论转向。②

然而把奥康关于理性与信仰关系的看法，视为从此以后所有人都认同的解决它们两者关系的唯一方案，则是不适当的。这不仅在于在奥康主义流行的时期，托马斯主义和司各脱主义仍以不同的方式存在着；而且更重要的是，寻求信仰的理性理解，在西方思想文化的背景中是不可能被舍弃的。因此，当我们以更广阔的眼光回顾奥康以前中世纪哲学家和神学家们关于理性与信仰关系的看法时，它们就会获得一种更为长久的历史意义。毕竟，中世纪哲学在其长期的历史过程中，经过众多神学家和哲学家的努力，在有关信仰与理性关系的阐释方面，产生了非常丰富的理论成果。一方面，古希腊哲学在不同时期的引入、译介和传播，为中世纪哲学的演进提供了强有力的理性资源和方法论手段；另一方面，基督宗教神学体系的完善和不断发展，也为希腊哲学在中世纪的研究与运用提供了一种新的思想背景和问题指向。两者富有张力的结合，在中世纪一千多年的历史发展中，孕育出了大量富有创造性的神学和哲学思想，形成了克莱门特、奥利金、奥古斯丁、安瑟尔谟、阿奎那、司各脱和奥康等众多不同的基督宗教理论体系。这些在理性与信仰密切关联基础上建构起来的体系，不仅丰富了中世纪哲学的思想内容并成为它的基本构成部分，而且也为近现代西方哲学和神学在新的时代背景下探究理性与信仰或哲学与神学的关系，提供了最富启发性也是最有价值的一种理论资源。

---

① 相对于阿奎那等人的传统路线（via antiqua），这种思潮被称为现代路线（via moderna）。
② 有关以奥康为代表的唯名论思潮在 14 世纪的影响，参见赵敦华《基督教哲学 1500 年》，第 523—532 页。

第二章 认知基础与证据理性

长期以来，哲学家们在建构自身思想学说的同时，也尝试从中引申或提炼出某种合理可靠的标准，以此作为评判或规范其他思想理论的依据。正如当代美国哲学家罗蒂（Richard Rorty）在其《哲学与自然之镜》一书中所指出的，哲学家们不仅通常会把他们的学说看作对存在以及知识合法性等恒久问题的探究，而且也会在讨论知识问题时通过一种独特的方式对心灵和知识本性进行考察与理解，为人类知识的可靠性或真理性提供一种合理性认知的基础：这种基础或者成为认可科学、道德、艺术和宗教等领域之知识主张合理性的保障，或者成为揭露和批判它们虚假性的根据。① 应该说，哲学在知识合理性建构中所表达的这些支持功能、规范功能和批判功能，并非现当代才有的现象，它们自古希腊哲学的理性阐释传统，特别是柏拉图真正完美的知识和亚里士多德普遍必然性知识的主张提出以来，就一直在西方社会有关知识合理性的考察和评价中发挥着主导的作用。作为一种具有广泛影响力的知识论原则，它不仅对中世纪思想的进程产生了一定的规制作用，成为中世纪经院哲学，特别是自然神学建构起来的一种基本的原则和方法；而且在现代早期的哲学家那里得到了进一步的回应与重申，在笛卡尔（Rene Descartes, 1596 – 1650）、洛克（John Locke, 1632 – 1704）、斯宾诺莎（Baruch Spinoza, 1632 – 1677）、莱布尼茨（Leibniz, 1646 – 1716）、休谟（David Hume, 1711 – 1776）和康德（Immanuel Kant, 1724 – 1804）等人那里找到了坚定的支持者，并通过他们在随后的时代持续发挥着影响。

---

① Richard Rorty, *Philosophy and the Mirror of Nature*, Princeton University Press, 1979, p. 3.

第一节　寻求可靠性

中世纪之后，西方社会在历经文艺复兴、宗教改革以及自然科学的重大突破和理论成就等诸多因素的影响和震荡之下，政治、经济、文化和思想等层面也发生了深刻变化与变革，出现了不同于以往任何时代的新的历史特征。这些特征对哲学和宗教间的关系及其各自的走向产生了广泛的影响，特别是在中世纪晚期"77禁令"之后，司各脱与奥康对意志主义和信仰主义更多强调所彰显出来的理性与信仰间的张力，在文艺复兴和宗教改革期间则以更为尖锐的形式表现出来。虽然这种尖锐化了的张力是彻底终结了中世纪期间信仰与理性综合的尝试，还是在中世纪经院哲学家与这些新时代的思想家之间仍然存在着某种连贯性，在现当代的学者间还存在着争论；但是文艺复兴和宗教改革期间的社会思想运动，却最终改变了思考和看待理性与信仰间关系的方式，使之表现出了多样化的特征。[①] 这种特征在17世纪和18世纪的启蒙运动时期也有着明显表现，只不过是在文艺复兴和宗教改革时期，人们更多的是围绕着宗教权威的性质而在教会、圣经、传统和理性之间何者具有至上地位而相互争论，而在启蒙运动时期，这些争论则是有关哲学性质而展开的，从中"激发起了对确定性的寻求，既要从竞争着的宗教主张中发现一种方法，又要抗击怀疑主义"[②]。作为这个时期"寻求确定性"的哲学家中最早的代表，笛卡尔和洛克等人在思考哲学传统内容的同时，对人类知识的基础、范围、类型和可靠性根据等认识论问题给予了特别的关注，建立起了认识论在新的历史时代的尤为突出的重要地位。在这个以认识论转向为主要标志的哲学新时代，中世纪时期以希腊哲学为基本手段而建构起来的自然神学，以及以此为基础所形成的基督宗教信念认知合理性的辩护理论，也遭遇了笛卡尔和洛克等哲学家们的更为严格的审视、质疑和批判，从而将理性与信仰、哲学与宗教之间的关系，推进到一个新的历史层面和新的思想基础上予以思考与探究。

---

① 参见 *Faith and Reason*, edited by Paul Helm, Oxford University Press, 1999, p. 134。
② 参见 *Faith and Reason*, edited by Paul Helm, p. 173。

一 思想起点

17世纪欧洲在社会文化层面上所呈现出的多样化特征，为生活于其中的笛卡尔和洛克重新"沉思"哲学的内容、问题和特性提供了众多的思想资源。就知识的"确定性寻求"来说，在当时取得重大进展的自然科学，特别是数学的精确性，给予他们以深刻的印象，成为他们建构哲学认识论的典范。当然，数学的精确性之能够成为这个时期哲学家们的知识论理想的主要构成因素，不仅得益于他们所处时代多元化的学术环境和数学的理论成就，而且也与他们自身的思想兴趣和科学素养相关。笛卡尔在探究和发表他的哲学著作①之前，曾有十几年的时间对数学和物理学产生了浓厚的兴趣并对它们做出了深入的研究。这种研究大约是在他大学毕业之后进入军队并游历欧洲的1618年至1629年期间，内容涉及力学、光学以及几何与算术等方面；特别是在此期间与荷兰人艾萨克·比克曼（Isaac Beeckman）的相识，使他进一步认识到数学的意义，一种可以在其中发现的、被值得真正称为"科学（scientia）的那类精确的和确定性的东西"，一种可以作为"毋庸置疑的第一原则"而建构"可信赖的和系统化的知识"的基础。②

长期浸染于数学和物理学的研究，使得笛卡尔获得了重新建构哲学大厦的诸多启发。这些启发不仅在于笛卡尔相信，通过数学的训练，人类的"大脑变得有能力从事哲学思考"——正是数学知识的确定性以及不依赖于感觉而理解问题的能力，为哲学真理的建构提供了值得为之努力的典范与方式；而且更在于他在其中发现并积极倡导数学作为包括所有分支科学在内的"一体化科学"建构的基础性意义和地位，因此被认为是伽利略"自然之书是用数学语言写成的"看法的最早拥护者。③笛卡尔认为他从中最终清楚地意识到，数学所唯一关注的不是"数字、形状、星辰、声音"之类，而是与"秩

---

① 笛卡尔公开出版的第一部著作《谈谈方法》（*Discours De La Methode*）是在1637年，他最重要的哲学著作《第一哲学沉思集》（*Meditationes de prima philosophia*，*Meditations on First Philosophy*）发表于1641年。

② *The Cambridge Companion to Descartes*, edited by John Cottingham, Cambridge University Press, 1992, p. 4.

③ 参见"Introduction to Rene Descartes", in *Classics of Western Philosophy*, edited by Steven M. Cahn, Hackett Publishing Company, Inc., 1995 (Fourth Edition), p. 427。

序或方法"相关的东西,"这使我认识到必有一个一般的科学,它解释了关于秩序和标准而不考虑主观事物的、能够被提出的所有的观点"。① 当代学者认为,这一概念直接导致了笛卡尔的科学观,一种作为抽象的数学关系而展开的科学观,是一直到今天我们仍然"认为是科学事业的核心的东西"。②

以数学为基础建构起广泛的知识体系或统一科学的想法,在很大程度上源于他试图为取代分离的各自独立的学科而提供一个统一的认识论框架的理想。这是一种以数学的严格性和精确性为楷模而建构起来的内容广泛、思想一致的宇宙论图景。在他看来,数学知识不仅具有非常牢固、非常坚实的基础,而且也有着"确切明了"的推理,在它之上建立起广泛可靠的人类知识的"崇楼杰阁"应该是顺理成章并切实可行的,而人们以往似乎并没有以此为基础来实现他们思想上的宏图大业则使他感到诧异。③ 因此,他说他很早的时候就开始了这样的努力,即把逻辑、几何和代数这三门学问整合起来,取其优长去其劣短,从中找寻一种能够充分"运用我的理性"并"把我的能力发挥到了最大限度"的方法,④ 以此作为他实现其人类知识"崇楼杰阁"建构的理想途径。在他看来,这是一条达到真理的可靠方法,其整个的目的或打算就是要获得"确信的根据",在挖掉不可靠的"沙子和浮土"之后,找出知识建构其上的"磐石和硬土"。⑤

当然,这种方法在开始的时候呈现出来的更多的是一种怀疑的特征,因为为了能够获得足够可靠的"磐石和硬土",就必须对所有的信念首先采取怀疑的态度,使之接受系统的审查和检验。在这个问题上,笛卡尔的态度是极为坚定和彻底的,即对于"任何一种看法,只要我能够想象到有一点可疑之处,就应该把它当成绝对虚假的抛掉";这乃是他的"无证明即不信"的立场——在"没有得到非常可靠的证明"之前"总不予置信"。⑥ 应该说,笛卡尔所采纳的"怀疑的方法",与他所生活时代的知识状况对他的启发不无关系。例如

---

① 转引自 *The Cambridge Companion to Descartes*, p. 5。
② *The Cambridge Companion to Descartes*, p. 5.
③ 笛卡尔:《谈谈方法》,王太庆译,商务印书馆2000年版,第7页。
④ 笛卡尔:《谈谈方法》,第15、18页。
⑤ 笛卡尔:《谈谈方法》,第23页。
⑥ 笛卡尔:《谈谈方法》,第26、48页。

在天文学上,"不动的地球是宇宙的中心"这一长期被认为是正确的看法为伽利略的发现所证伪,使得笛卡尔在何谓科学持久进步的条件及其可信赖的基础方面感到了疑惑;在神学和哲学上,托马斯主义观点和亚里士多德学说的长期广泛的流行和不加批判的认可,也使笛卡尔感到了采取怀疑主义方法的必要性。他说他从年幼时起就信以为真的无数观念实际上是错误的,因为这些从过去一直流传下来的看法和信念是在不可靠的原则上建立起来的,他说他要拿这些"虚假的观念"开刀,在他有生之年把这所有的"一切夷为平地",重新"从那些原初的根基开始",为科学建立起"坚实和持久"的基础。①

如果要从怀疑主义出发来建立"坚实和持久"的基础或找到"磐石与硬土",就必须合理地运用这种方法,从真正的"原初根基"开始。笛卡尔把这个问题表述为:"假设我们有一整篮子的苹果,担心它们中的一些是坏的。我们会如何去做呢?……"② 在《第一哲学沉思集》中,他对这个问题的考察首先是从感觉开始的。虽然他承认一些以感觉为基础的信念是真实的,如"我"坐在火炉旁、穿着长袍、拿着纸张的感觉是真的,怀疑它则是愚蠢的;然而他认为有些事物即使它"仅仅欺骗过我们一次",也绝不能给予它以"完全的信任",而感官则有时会欺骗我们,特别是在那些"不明显和离得很远的事情上欺骗我们"。③ 笛卡尔运用这类感觉假象——如棍子在水中的弯曲以及远观方塔是圆的幻觉——对感官不可靠的论证,在当时就引起了一些评论者们的批评。④ 虽然这种对感官不可靠所做的被后人称为"幻觉论证"(the argument from illusion)的证明方式在许多人看来有其不严谨的地方,但一些现代学者认为笛卡尔本人把这种幻觉证明仅仅看作"软化过程"(a softening up process)的第一步,这个过程将"引导思维离开感觉"。⑤ 这种对不依赖感觉而具有的理解能力的信任,在笛卡尔有关数学知识典范意义的推崇中就有着

---

① Descartes, *Meditations on First Philosophy*;参见 *Classics of Western Philosophy*, p. 437。
② 参见 *A Companion to Epistemology*, edited by Jonathan Dancy and Ernest Sosa, Basil Blackwell Ltd., 1992, p. 94。
③ Descartes, *Meditations on First Philosophy*;参见 *Classics of Western Philosophy*, p. 437。
④ 参见 *A Companion to Epistemology*, edited by Jonathan Dancy and Ernest Sosa, p. 94。
⑤ *A Companion to Epistemology*, edited by Jonathan Dancy and Ernest Sosa, p. 94.

明显的体现。

当然，依据幻觉论证而对"我"所感知的东西的不信任，在笛卡尔那里并不局限在"我"的感官所感知的对象上，他还对之做了进一步的扩展，将其怀疑方法运用到包括"我"自身和外部世界在内的所有物理对象的考察上。在笛卡尔看来，如果我们检验我对"我"自己的身体以及其他具有性质和广延之类的外部物理对象的感知，我们就会发现其中也包含了众多不真实的东西，特别是"我"如何区分这种感知是在清醒时还是在睡梦中获得的？笛卡尔在此所引入的怀疑理由即他的著名的"睡梦论证"（dreaming argument）——"在夜晚的睡眠中，我常常会相信这样的事情，即我在这里穿着我的长袍、坐在火炉边，而事实上我却是没穿长袍地躺在床上"。① 他认为正是清醒和睡梦的混杂不分，或者说我们"非常明显感觉到的没有任何决定性的标记可以把清醒和睡梦区分开来"，使得我们对这些物理对象的感知掺杂了众多"假象"和"幻觉"的东西，我们不能决定性确定这些物理对象是否能够真实独立地存在；因此，基于睡梦论证所形成的有关外部物质世界认识中所包含或可能包含的"虚幻"和"拼凑"的成分，使得笛卡尔相信，那些所有以物理对象为基础或者说"建立在对复合事物考察基础上的科学"，包括"物理学、天文学和医学"在内，"都是可疑的"。②

如果说感官给予我们的东西是不可靠的，而我们"建立在对复合事物考察基础上的科学"又是可疑的，那么是否意味着算术、几何之类的科学知识，由于它们只涉及"最为单纯和最为普遍的事物"而不包含它们在现实性上是否存在，因此就拥有"确定的和不可怀疑的"知识呢？③ 笛卡尔觉得这似乎是可能的，因为人们无论清醒或是梦中，他们总是相信二加三等于五，正方形只会有四个边而不会有更多，因此对这种"明确的真理"持怀疑的态度看来在任何时候都是困难的。④ 然而，笛卡尔的怀疑主义并不是就此止步而完成了其使命的。笛卡尔随后又提出了一个新的假设，为这种看来是最值得我们信赖的知识类型引进了一种怀疑的可能性。在他看来，我们完全有理由假定

---

① Descartes, *Meditations on First Philosophy*；参见 *Classics of Western Philosophy*, p. 438。
② Descartes, *Meditations on First Philosophy*；参见 *Classics of Western Philosophy*, p. 438。
③ Descartes, *Meditations on First Philosophy*；参见 *Classics of Western Philosophy*, p. 438。
④ Descartes, *Meditations on First Philosophy*；参见 *Classics of Western Philosophy*, p. 438。

存在着这样一个全能的上帝，他在创造如此这般的"我"的同时使我在计算二加三或计数正方形的边时出错；毕竟我们不能完全肯定，创造我们的上帝会不会有意让我们在我们认为是"最确定的事情"上犯错误呢？当然还存在另一种可能，也就是说根本不存在一个这样的上帝，那么我们的存在就有可能是以其他的方式产生的，例如是出于某种命运的安排，或者说是由于某种偶然性或某种连续与组合之类，导致了人类的出现，那么在这种情况下，要想在认识上避免"失误和出错"则更加困难、更无保证。笛卡尔对此的想法是，如果一个真正的上帝并不存在的话——他认为是有可能的，那么我们要想避免一个"狡诈和欺骗的魔鬼"对我们产生作用就是不可能的，从而我们就非常有可能对我们的身体和外部世界形成虚假错误的感觉和认知。①

　　笛卡尔怀疑方法所涉及的对象可以说是非常普遍的，不仅包括了作为物理学、天文学和医学等科学之基础的物理对象，而且也涵盖了众多哲学学说所建构其上或所关注的外部世界，甚至是那些与实在复合物无关的数学知识也可以指出。这可能正是他所说的他的怀疑主义从"原初根基"开始所包含的彻底普遍的意义之所在。如果说笛卡尔为了找到人类知识的"磐石与硬土"，而从感觉、物理对象等的怀疑开始其思想进程的话，晚于他三十年出生的洛克则把其批判的矛头聚焦于那个时代所流行的天赋原则和原初观念，作为其建构人类知识大厦之可靠基础的出发点。洛克早期的教育背景和思想经历在自然科学的素养和兴趣方面虽然在一定程度上与笛卡尔有着某些相似，例如他对医学的迷恋以及渴望成为医学博士的诉求以及他自己对医学、医疗和疾病等的长期研究，但他接受的教育更直接的是语言、文学、哲学和神学等方面的内容，而且在社会生活上更多地受到了当时英国的政治、宗教和战争等社会文化问题的影响与困扰，特别是他与被称为"改变了他整个生命进程"的当时英国最重要的辉格党人 A. 阿什利·库伯（Anthony Ashley Cooper, 1621 – 1683）在 1666 年的相遇相识，使他对英国现实政治问题和宗教问题有了更直接的接触和研究的兴趣②，这些教育背景和思想兴趣与经历使得洛克在

---

① 参见 Descartes, *Meditations on First Philosophy*; *Classics of Western Philosophy*, p. 439。
② 参见爱德华·乔纳森·洛《洛克》，管月飞译，华夏出版社 2013 年版，第 3—5 页；*The Cambridge Companion to Locke*, edited by Vere Chappell, Cambridge University Press, 1994, pp. 6 – 9。

学术研究的方法上表现出了与笛卡尔不同的趣味。

当然，促使洛克在研究方法和学术趣味上表现出与笛卡尔不同的另一个缘由是他所生活其中的英国经验论传统。一般来说，"经验"作为一个专门在技能或广义的认识与知识意义上使用的语词，在希腊时就开始使用（empeiria），其形容词 empeiros 意味着"熟练的"；到16世纪时，它主要是作为与"科学"相对应的概念而被使用的。① 而作为一种哲学上的思想运动，经验主义（empiricism）主要探究人类的知识如何起源于感性的经验世界，以及它是如何作为感性对象被我们的认知活动所处理或反思的。它认为，我们关于周围世界所有真实的东西，只能够来自外部世界的感性经验或主观状态的反省，是从它们那里所直接获得的信息中显现或推导出来或者回忆起来的；而我们关于这个世界的看法上的差异，如果它们是真正的、可理解的差异，则只能是表达了在经验中的可认知的差异。② 在古代传统中，亚里士多德被认为是最重要的经验主义者，托马斯·阿奎那因继承并采用了亚里士多德的思想路线也被认为是具有经验主义特征的思想家；在17世纪初由于弗朗西斯·培根（Francis Bacon，1561－1626）对观察、试验和归纳等科学方法的推崇和倡导，以及他在《新工具》（1620）中对这些知识方法的梳理、分析和使用，被视为开创现代英国经验论的先河。③ 随后，在17世纪和18世纪，英国经验主义出现了那个时期最主要的代表人物洛克、贝克莱（George Berkeley，1685－1753）和休谟，形成了一种持续不断的思想运动，一直延续到了20世纪的逻辑经验主义运动之中。

作为现代早期最重要的英国哲学家，洛克以不同于笛卡尔的方式，对人类认识的起源和根据以及知识的范围与标准做出了深入的探究，他的代表作《人类理解论》（*An Essay Concerning Human Understanding*，1690）为他赢得了作为哲学家的广泛的学术声誉；除此之外，他因对政治和宗教等问题的兴趣和研究而所产生的思想成果，如《政府论两篇》（*Two Treatises of Government*，1690）、《基督教的合理性》（*The Reasonableness of Christianity*，1695）以及

---

① 参见科林·布朗《基督教与西方思想》（卷一），查常平译，北京大学出版社2005年版，第183页。

② 参见 *A Companion to Epistemology*, edited by Jonathan Dancy and Ernest Sosa, p. 110。

③ 参见科林·布朗《基督教与西方思想》（卷一），第184页。

《关于教育的一些思想》（*Some Thoughts Concerning Education*，1693）等，也使他在这些领域的学术思想史中占据了重要的一席之地。在哲学认识论的起点上，相对于笛卡尔为建立知识坚实的基础而以怀疑方法所进行的清扫"沙子和浮土"的工作，洛克则把他的思想起点聚焦于"观念"（ideas），把"观念"作为其认识论的核心，对它们的起源以及它们是如何形成的进行了细致深入的分析与考察。

应该说，从古希腊以来，观念的意义、特征和地位等问题就是哲学家们一直关注的基本问题，虽然哲学家们就观念的产生和来源有着不同的甚至是相反的解释，但到洛克的时代，在社会上较为普遍流行的说法是"天赋观念论"，认为在人们的心灵中有一些天赋的原则和原初的观念，是在灵魂刚刚存在时就已经拥有并把它们"带到这个世界上"。在洛克看来，这种看法乃是当时人们之所以接受并相信观念天赋的理由，甚至把这些"自然的印记和天赋的记号"作为判定和接纳知识真理的根据；因为在这种天赋论看来，不仅一些"思辨的和实践的原则"是灵魂刚刚产生时就有的"恒常印记"而与灵魂"一道被带到这个世界上来的"，而且它们还是被作为"必然的和真实的东西"而为"所有人类所普遍认同"的。[①] 这种既"普遍认同"又是原初"印记"的看法，被洛克称为当时人们支持天赋观念真实性的"重大论证"。

由于天赋观念论是与洛克作为经验主义哲学家的基本理念相违背，因此他把这种天赋论看作一种"虚妄"的假设，对之进行了深入的批判。在他看来，就"普遍认同"本身来说，仅仅依据于它并不能够"为某种东西是天赋的"观点提供可靠充分的证据，因为即使所有的人类都相信某种东西是真的，那也不足以说明它是天赋的，对它的普遍相信也可能是出于其他缘由。[②] 为了反驳观念天赋论，洛克分别从天赋的思辨原则和实践原则出发进行批判。就思辨原则来说，洛克认为，如果有所谓的普遍承认的天赋原则，那么"存在者存在"和"同一事物不可能既存在又不存在"就应该是"最有权力拥有天

---

① Locke, *An Essay Concerning Human Understanding*, 1.1.2，参见 *Great Books of the Western World*, Volume 35: *Locke, Berkeley, Hume*, edited (in chief) by Robert Maynard Hutchins, ENCYCLOPÆDIA BRITANNICA, INC., 1952, (thirty-second printing 1990)。

② Locke, *An Essay Concerning Human Understanding*, 1.1.3；参见 *Great Books of the Western World*, Volume 35。

赋观念称号"的原则或公理了。① 但是洛克认为它们怎么说也不可能是普遍天赋的，因为儿童、痴呆以及许多其他人对它们并无任何的理解和认识；即使我们舍弃这种理由而认为这些天赋观念是人们开始运用理性时就知道的，而理性的合理运用必然依赖于从感官得来的观念、依赖于抽象能力和推理能力等，这些观念和能力都是心灵依据于经验后得并形成的，绝不可能是天生的。② 洛克进而指出，如果这些所谓的第一原则不是天赋的，那么任何"别的思辨公理亦没有较大的权力，配称为天赋的"。③

如果说不存在任何被普遍认可的天赋的思辨原则的话，那么更不可能存在任何被普遍认可的天赋的实践（道德）原则，因为在洛克看来，任何的道德规则都不可能像上述两个思辨公理那样是清楚明显的，也不可能像它们那样为人们所普遍认可。④ 洛克为了说明实践（道德）原则不可能是天赋的，与说明思辨原则不是天赋的一样，也用了较长的篇幅对之进行了论证。洛克认为，不仅不同的民族有着不同的道德规则，一些民族会认同某些道德规则而反对或破坏另一些道德规则，其他的民族则可能与之不同甚至相反；甚至每个人的实践原则也会是相异的，每个人会遵守不同的行为规则并以不同的方式行事。例如作为"伟大而不能否认的道德规则"的"遵守契约"，在一个基督徒和一个霍布斯信徒那里会有着不同的遵守方式和规则内容；甚至是"信义和公道"这类作为"维系社会公共纽带"的道德法则，在一些特殊群体如"以欺骗和抢劫来度日的人们"那里，则会有着不同的解释，不会把它视为必须遵守、不可更改的"天赋法则"。此外，大多道德规则提出之后，人们会"合理地"问询这一规则的理由是什么，在洛克看来，一个道德规则需要证明，则充分说明这一规则不可能是天赋的。洛克的看法是，人们之所以赞同道德规则，不在于它的天赋，而在于它的有用。⑤ 他基本结论是，由于人们的实践原则有着如此大的差异，因此"要以普遍同意的标记，来证实天赋

---

① Locke, *An Essay Concerning Human Understanding*, 1.1.4；参见 *Great Books of the Western World*, Volume 35。
② 参见洛克《人类理解论》（上册），关文运译，商务印书馆2012年版，第8—27页。
③ 洛克：《人类理解论》（上册），第27页。
④ 参见洛克《人类理解论》（上册），第28页。
⑤ 参见洛克《人类理解论》（上册），第29—39页。

的道德原则，那是不可能的"①。

洛克在以相当长的篇幅反驳人心中存在着普遍的天赋思辨原则和天赋实践原则之后，对这些反驳的结论做了进一步的思考和推展。他认为人心中不仅不存在天赋的原则，更不存在天赋的观念，我们没有"同一性"的天赋观念，没有"全体和部分"的天赋观念，没有"礼拜"的和"上帝"的天赋观念，没有"实体"之类以及"各种命题"的天赋观念。②洛克认为，所有人类具有的原则和观念，都不可能是天赋的，我们不能依据天赋的原则来为人类的知识建立稳固的基础；如果要"建立一个体系完整的建筑物"，就不能依赖任何其他的"支柱和倚墙"，不能"凭借任何借得的、丐得的基础"，必须"凭自己经验和观察的帮助"，来决定观念和原则的真假。③

二 知识与证据

笛卡尔对数学的推崇、对传统信念和哲学的怀疑性清理，其目的是在寻求人类知识确定性的过程中，筹划并建构新的哲学蓝图。他认为数学知识的确定性及其依赖于理解（理性）而非感觉的思想特征，应该而且必须成为包括哲学在内的一切学问或科学的基础。因此应该说，普遍怀疑是其思想的出发点，而获得确定无疑的认识基础和知识体系则是其最终的目的。然而，如果说人类以往所赖以建构知识的根基以及在此基础上所形成的所有的科学知识和哲学知识都是可疑的，那么什么才是人类知识真正可以建构其上的"磐石和硬土"呢？或者如笛卡尔本人所说，怎样才能找到如同阿基米德撬动地球的支点那样的可靠的和不可撼动的基点呢？④笛卡尔相信，如果我们通过怀疑的方法把所有不可靠的"沙子和浮土"清除之后，这样的基础或基点就必定会呈现出来。

按照笛卡尔的思路，在把包含在感觉中的、记忆中的和关于物质世界的科学中的乃至数学中的不可靠的"沙子和浮土"清除之后，即使我们不相信存在着天、地、精神和物质，不相信世界上还存在着任何的东西，但起码还

---

① 洛克：《人类理解论》（上册），第40页。
② 参见洛克《人类理解论》（上册），第50—64页。
③ 洛克：《人类理解论》（上册），第72页。
④ 参见 Descartes, *Meditations on First Philosophy*; *Classics of Western Philosophy*, p. 440。

有一种东西是存在着的、是绝对不能怀疑的，那就是"我"的存在，因为任何怀疑的发生和实施，"我"始终是在场的，"我"是怀疑得以开始和终结的最基本的条件和基础。然而即使在这个问题上，笛卡尔也继续使用了他在论证数学知识的可疑性方面所使用的"狡诈和欺骗"假说，即假设我们想到了一个"非常强大、非常狡猾的骗子"运用"各种伎俩"来欺骗我，使我感到我的存在是虚假或是不可能的。即使如此，笛卡尔认为它仍然不能改变"我存在"这一事实。因为一方面，如果"我"是值得被欺骗的或者"我"在被他欺骗这件事情本身，就无可置疑地表明"我是存在的"；另一方面，在被欺骗中"我"会想到是"我"在被他欺骗，"我"是在被他欺骗中的"某种东西"，一旦有这种想法，那么"我"就会在那里，他要使"我"什么都不是，就是绝不可能的。否则的话，"欺骗"这件事情本身就不可能发生，那可能使"骗子"也失去了存在的意义。① 因此，在笛卡尔那里，"我存在"是他认为唯一可以值得和有理由相信的真理，"每当我说出或在我的心中想到'我是我存在'时，它就必然是真的"。②

然而，如果"我存在"是真实的，是所有可以怀疑的东西中唯一不可怀疑的真理，那么"我存在"中的"我"指的是什么呢？在传统哲学中，"我"一般会被认为是一个个体或实体，或者是一个物质性的存在，或者是一个精神性的存在，也可能是两者的联合。在笛卡尔的思想中，"我"是有着非常明确的指向的，他认为这里所说的"我"绝不是一种物质性的存在，不是由不同"肢体拼凑起来的身体"，而是"一个在思维的东西"，一个处在"怀疑、理解、肯定、否定、意愿、拒绝"以及"想象和感觉"中的存在。③ 在笛卡尔看来，以"思维"方式呈现出的"我"，就是一个"精神""理智"或"理解""理性"，就是"一个真正的事物和真实的存在"。④ 这即后来以"我思故我在"（cogito, ergo sum 或 I think, therefore I am）而闻名于世的命题。

实际上，以这种方式确定"我"存在的不可怀疑性，在笛卡尔之前的哲学史中也有一些哲学家做过类似的尝试。例如生活在公元4世纪末至5世纪

---

① Descartes, *Meditations on First Philosophy*; 参见 *Classics of Western Philosophy*, p. 440。
② Descartes, *Meditations on First Philosophy*; 参见 *Classics of Western Philosophy*, p. 441。
③ Descartes, *Meditations on First Philosophy*; 参见 *Classics of Western Philosophy*, p. 442。
④ Descartes, *Meditations on First Philosophy*; 参见 *Classics of Western Philosophy*, pp. 441–442。

初的奥古斯丁，也曾依据于"不存在则不会被欺骗"也不会产生怀疑这样的观点，提出了"怀疑者存在"或"被骗者存在"（si fallor sum）是一个不能怀疑的确定事实的看法。而主要生活在 11 世纪早期的阿拉伯哲学家阿维森纳，通过一个"空中人论证"的思想实验来确定一个思维者的存在，即一个突然被创造出来的成年人，双眼被蒙蔽、肢体被分离地生活在空中，他虽然不可能具有外部世界和他自身身体的知识，但他必定会知道他的存在，具有"存在"的知识。① 当然，与奥古斯丁主要是通过"被骗者存在"来反驳怀疑主义、提出确定性的知识，以及阿维森纳主要是通过"空中人论证"来表达存在作为形而上学对象的优先性的目的稍有不同的是，笛卡尔通过怀疑方法清楚一切不可靠的见解和观念之后所建构起的不可怀疑的"我"的存在，其主要目的以这个不可撼动的基石为基础，来建造范围更为广泛的坚实的知识大厦。

因此，笛卡尔的"我思故我在"还包含着更多的知识论诉求。在他看来，这一命题不仅意味着"我存在"是一个不可怀疑的存在真理，而且更意味着我们从中发现了判别知识真假的最为基本的标准或根据。他认为，之所以会在"我思"中发现"我存在"，是因为在这一"思"中"我"是被"非常清楚""非常明白"地领会或意识到的，那是绝对不可能有丝毫的怀疑的。也就是说，那个真正呈现在我心中的"我"的"观念或思想"才是会被清楚明白领会到的东西，而所谓"天、地、星辰以及所有其他通过感觉感知的东西"是根本不可能有这么清晰的意识的。正是从这种"清楚明白"的观念出发，笛卡尔建立起了一个判别真假的基本的认识论规则，那就是凡是能够被我"清楚明白领会到的所有一切，都是真的"。②

在确定"清楚明白"这一基本的认识论规则之后，笛卡尔对"上帝"这一观念的确定性进行了说明。笛卡尔的这种说明是从对人心中的所有观念进行检验开始的。由于在人的心中存在着众多的观念，除了"我"的观念之外，还包括诸如"上帝、有形的和无生命的事物、天使、动物"以及其他人类等众多的观念。在这些观念中，除了"我自己"的观念之外，笛卡尔认为还有

---

① 参见赵敦华《基督教哲学 1500 年》，第 295 页。
② Descartes, *Meditations on First Philosophy*；参见 *Classics of Western Philosophy*, p. 445。

一个观念是应该首先被关注的，那就是"上帝"这一观念。在他看来，在我们的心中，"上帝"这一观念表明的是"一个确定的实体"，是"无限的、独立的、全知全能的"，创造了包括"我"在内的所有"存在着的事物"。① 笛卡尔认为，"上帝"这一观念在"我"的心中是"最为清楚、最为明白的"，而正是它的这种如此至高的清楚明白性，致使它比任何其他观念都更为真实，或者说"包含了更多的客观实在性"。在这里，我们可以看到安瑟尔谟本体论证明在笛卡尔那里以近乎相同的方式的使用，只不过在前者是"无与伦比"的观念，在后者则成为"清楚明白"的观念。笛卡尔认为，由于这一观念是如此的"清楚明白"，因此无论我在"实在的和真实的"中领会到的意义是什么，以及在由此涉及的"完善性"中理解到的意义是什么，它们都会被"完全地包含在这个观念中"；也就是说，无论"实在的""真实的"和"完善的"指的是什么，它们都必然是完全处在这一观念之中的。因此，笛卡尔的结论是，"上帝"是一个"绝对清楚和明白的观念"，是一个"具有至上完善性和无限性的存在者观念，拥有最高程度的真实性"。②

笛卡尔以我能够最清楚领会到的方式对其心中的观念进行考察，首先确定了"我的存在"，然后是"上帝的存在"，"我的存在"是第一步，正是存在着的"我"以及"我心中的最完善的存在者上帝的观念"，"最为明显地证明上帝也是存在的"。③姑且不论"最清楚明白的观念"是否能够证明这一观念所表达的对象存在，但如果"我心中"确实有这一观念，那么这一观念是从何而来的，则确实是需要进一步搞清楚。笛卡尔的看法是，这一观念既不可能是通过感官接受而来的——毕竟这样的对象是不能够被感觉感知的，也不可能是被我凭空构想出来的，那么剩下的可能就是"先天具有的"。应该说西方宗教文化传统给予笛卡尔看待这个问题的基本立场，那就是上帝是世界万物的创造者，他在创造"我"时即把"上帝"的观念植入在我的心中，当"我"以现在的方式存在时既拥有了"上帝"的观念，也显明了他的存在。④

---

① Descartes, *Meditations on First Philosophy*; 参见 *Classics of Western Philosophy*, p. 450。
② 参见 Descartes, *Meditations on First Philosophy*; *Classics of Western Philosophy*, pp. 449–451。
③ Descartes, *Meditations on First Philosophy*; 参见 *Classics of Western Philosophy*, p. 453。
④ Descartes, *Meditations on First Philosophy*; 参见 *Classics of Western Philosophy*, p. 453。

通过怀疑方法所最终确定的不可怀疑的"我"的存在,特别是"上帝"的存在,是笛卡尔所寻求的获得所有其他可靠性知识的基石与保证。笛卡尔相信,不仅善的和完满的上帝不会欺骗我们,而且"我"从他那里获得的判断能力能够形成正确的认识,如果我们正当使用的话。这种自信使得笛卡尔认为他从中找到了一条通向真正知识的道路,一条从"上帝"而走向认识所有其他事物并获得真理知识的正确之路。如果我们严格遵守这一正确的认识之路,就会知道"避免什么不致出错","做什么才能获得真理"。① 这即笛卡尔所提出的为获得真理知识应遵守的"避免什么和应做什么"的原则。

为了更好地履行这一原则,笛卡尔认为从观念是否"清楚明白"出发对所有观念进行重新考察,是我们获得可靠知识的基本方法。在实施这一方法的过程中,笛卡尔不仅对"上帝"观念做了重新的检验和论证,认为只要我们具有清楚明白的"上帝"观念,认可上帝观念的完满性以及"存在是这些完满性之一",那么我们就必定承认"上帝的存在";而且以这种观念及其所包含的存在必然性为基础,对我们所具有的数学对象的观念和所有具有物质性的事物的观念进行了考察,认为由于"上帝存在"是真的,他也不可能"是一个骗子",那么我在所有其他观念中"所清楚明白地领会到的一切都必然是真的"。因为我们关于真实的上帝的认识是"每一科学的确定性与真理"所唯一依赖的基础,因此这些观念作为知识的真实性由此获得了可靠的保证,或者说,获得"关于上帝和其他理智体以及关于作为纯粹数学对象的物质本性的全部事物"的"整全的和确定的知识,就是可能的"。②

因此,在笛卡尔那里,上帝的存在是我的思维(精神实体)、我的身体(物质实体)以及外部世界存在的保证和基础。当然,在笛卡尔之前,这些对象都会以不同的方式或在不同方面为不同的哲学家所认可。笛卡尔在普遍怀疑方法之后对它们的重新肯定,是他在通过观念的"清楚明白"作为基本手段检验之后做出的。他认为,如果我们能够获得关于我们的感觉、我们的身体以及外部世界有形事物的清楚明白的观念,我们就会对它们形成真实可靠

---

① Descartes, *Meditations on First Philosophy*;参见 *Classics of Western Philosophy*, pp. 454 – 458。
② Descartes, *Meditations on First Philosophy*;参见 *Classics of Western Philosophy*, pp. 460 – 462。

批判与阐释
——信念认知合理性意义的现代解读——

的知识;清楚明白是它们之具有真理性的唯一条件。①

笛卡尔通过怀疑主义方法在对人类知识大厦的基础及其可靠性体系建构的过程中,虽然运用了一些易于引发争议的观点与看法,例如因过分依赖"我思"而彰显出的主观主义和个体主义倾向,"上帝"观念获得的天赋观念论、上帝存在的本体论证明及其作为知识保证的"笛卡尔循环"问题,等等;然而作为在现代思想文化背景中对知识的根据(或证据)最早予以特别关注的哲学家之一,笛卡尔在数学启发下对严谨准确的哲学认识论体系的建构,通过"我思"而对整个人类思想大厦之形而上学存在论基础的探寻,都在随后哲学史的发展中产生了深远的影响。特别是他为真理性命题所架设的"清楚明白"的思维准则与知识标准,为人类知识所发现的"可靠的基础"、为科学和伦理学所发现的"可信赖的根基",激励并启迪了在他之后哲学家们为之努力的方向。② 因此,追随着笛卡尔为发现人类知识确定无疑之"磐石和硬土"的探寻,洛克也从中找到了他值得为之献身的事业,这即是他所要致力于探究的有关"人类知识的起源、确定性和范围,以及信念、意见和赞同的根据与程度"③。

当这两位现代早期的哲学家把知识的确定性作为共同致力的目标时,他们对当时流行的关于知识的看法是持批判的态度的。在他们看来,这些看法要么是"从儿时以来就被当作真理接受"的"虚妄的意见"(笛卡尔),要么是被人们"普遍认同"的"天赋观念"(洛克)。当笛卡尔通过怀疑主义的方法像去除虚妄的沙子和浮土那样将这些不可靠的意见"统统清理出去"的时候,洛克则把他的注意力集中于探究真正知识的"确定性和范围",并仅为考察信念与意见是否具有可靠的"根据"。虽然在有关"天赋观念"的问题上,洛克和笛卡尔有着不同的看法,笛卡尔的认同遭到了洛克的批判,但他们都相信人类可以拥有真正可靠的观念或者说知识,能够获得它们并为它们提供确实可靠的根据。只是他们为之努力的方法或出发点不同,即当笛卡尔把在对心灵的关注(沉思)中所领会到的清楚明白的"我思故我在"(Cogito ergo sum)作

---

① 参见 Descartes, *Meditations on First Philosophy*; *Classics of Western Philosophy*, pp. 465 – 467。
② *The Cambridge Companion to Descartes*, edited by John Cottingham, p. 1.
③ Locke, *An Essay Concerning Human Understanding*, Introduction 2; 参见 *Great Books of the Western World*, Volume 35。

为知识大厦确定无疑的基石时，洛克则更多的是从心灵的感知经验——对外部对象的感觉以及对我们心灵内部活动的感知——中，寻找知识大厦赖以建构的根基。当然，对于洛克来说，他之所以要从心灵与外部对象或内部活动的关系中寻找知识的起点，可能更多在于他的知识取向中对天赋观念的批判。

当洛克把所有的观念在天赋的意义上从心灵中清除出去的时候，心灵在原初的状态或"刚刚产生时"乃是空无一物的，洛克因此把它称为一张"白纸"，在其中"没有任何符号，没有任何观念"；① 那么，心灵中（后来）所拥有的众多观念②是如何获得的呢？洛克认为它们都"来自经验"、来自心灵对外部对象的感知和对自身心理活动的反省，前者为"思想提供了可感性质的观念"；后者为思想提供了"它自身活动的观念"，它们是所有观念形成或产生的基础，"我们具有的或能够自然具有的所有观念，都导源于它们"。③ 而人类的知识则与这些观念有着必然的关系，它们构成了知识的源泉，"我们所有的知识都建立在它之上，并最终源于它"。④

虽然在洛克看来，知识与观念相关，而观念与感知经验和反省经验相连，经验构成了知识的源泉和基础；然而知识并非就是感知观念或反省观念的简单的或直接的再现，它还有着更为复杂的心理机制。洛克认为，知识的形成与心灵对观念的进一步认知活动相关，与心灵对观念间关系的知觉相关，知识就是心灵在对观念间的一致或不一致的知觉中产生，"在存在这种知觉的地方，存在着知识"；在没有这种知觉的地方，则不可能有知识，只会有"想象、猜测或信念"。⑤

---

① Locke, *An Essay Concerning Human Understanding*, 2.1.2；参见 *Great Books of the Western World*, Volume 35。

② 洛克用"观念"（idea）一词来表达"心灵在思考时用心像（phantasm）、意念（notion）和种相（species）或无论什么所意谓的任何东西"，它"代表了人们在思考时作为理解对象"的东西，诸如"白""硬""思想""运动""人""军队"等。Locke, *An Essay Concerning Human Understanding*, Introduction 8, 2.1.1；参见 *Great Books of the Western World*, Volume 35。

③ Locke, *An Essay Concerning Human Understanding*, 2.1.2 - 5；参见 *Great Books of the Western World*, Volume 35。

④ Locke, *An Essay Concerning Human Understanding*, 2.1.2；参见 *Great Books of the Western World*, Volume 35。洛克在本节中将观念区分为简单观念和复合观念，并对它们的来源与关系做了说明。

⑤ Locke, *An Essay Concerning Human Understanding*, 4.1.2；参见 *Great Books of the Western World*, Volume 35。洛克在本节中把观念的一致或不一致归结为四个方面，对其不同内容进行了阐释。

既然知识来自心灵对观念间关系的知觉,那么当心灵明确地意识或知觉到观念间具有一致或不一致的关系时,知识则会随之产生;当心灵不具有这种明确意识或缺乏对观念间关系确定性知觉的时候,知识则不可能产生。因此,知识当与心灵对观念间一致或不一致关系的确定性知觉相关,或者说,知识就是对这类关系的明确的心理知觉或意识。只是洛克认为,在心灵以确定的方式对观念间一致或不一致的知觉所形成的知识中,因其清晰性程度的不同而有着不同的认识论地位。也就是说,心灵以确定的知觉方式所获得的所有知识并不具有同等的认知价值,一些因其具有极为明确的清晰性而有着至高的可靠性,一些则因其清晰性程度不高而具有相对较低的可靠性。洛克虽然相信观念最终是来自感知经验或反省经验,但他主要是依据于心灵知觉观念的清晰性程度,而对知识的可靠性地位进行区分。

洛克认为,在我们有关观念间一致或不一致的知觉中,有一些是以最清晰的方式获得的,心灵不依赖于其他观念或事物为中介,直接知觉到观念间一致或不一致的关系,如圆不同于三角形、三大于二,等等。就像人们睁开眼睛必看到光明,心灵知觉到两个观念间的必然性关系也是直接的和不可抗拒的,其真假无须额外的证明或验证。洛克把由此方式获得的知识称为"直觉的知识",认为是人类知识中"最清楚和最确定的"知识。[①] 除此之外,心灵还可以以另外的方式获得关于观念间的确定性关系,即通过论证的方式,认识到两个观念间的必然性联系,如三角形的三内角之和等于两直角。这是一种推论的方式,通过其他观念为中介而形成对两个观念间必然性关系的知觉,由此形成的是一种"论证的知识"。论证的知识依赖的是推理,是通过可靠的论证获得的,因而也具有真理的必然性。但由于这种知识不是心灵直接获得的,因此在知识的可靠性上要逊于"直觉的知识"。[②]

当洛克在把知识归结为心灵对观念间关系的知觉的同时,他也对观念的来源以及心灵对之感知所可能具有的认识论地位与知识论性质进行了说明。洛克认为,我们心灵中的所有观念都来自心灵对外部对象的感知和对自身心

---

① Locke, *An Essay Concerning Human Understanding*, 4.2.1;参见 *Great Books of the Western World*, Volume 35。

② Locke, *An Essay Concerning Human Understanding*, 4.2.2;参见 *Great Books of the Western World*, Volume 35。

理活动的反省,如果说观念是真实的,那么必然是这些"观念和实在的事物之间存在着符合"。① 正是由外部实在事物对人心的作用和影响,使我们在心灵中形成了关于外部事物的真实的观念。因此,洛克在对观念间关系的认识论地位的阐释中,认为它们作为确定的必然性知识,不仅在于心灵的"清楚明白的"知觉,也在于观念与外部事物真正的符合。当然这种真正的符合,既是观念真实可靠的基础,也为我们形成关于外部事物自身存在的认识提供了可能。

洛克在关于知识的构想中,对我们能够拥有外部对象存在的知识同样充满了信心,他相信在我们心中确实具有一种从外部对象接受而来的"明确的观念",由此形成"关于具体的外部对象存在的知识"。② 除此之外,我们还可以通过反省直觉到自身的存在,通过论证认识到上帝的存在。也就是说,我们可以通过不同的认识方式,获得对我们自身、外部事物和上帝三种不同存在的认识。③ 洛克相信我们对三种存在的认识是能够形成为确定性的知识,只是它们的确定性程度各有不同:最为确定的是有关我们自身存在的知识,其次是有关对上帝存在的认识,最后一种来自我们对外部对象的感知而形成的对有限外部对象"存在"的认识。④

洛克在心灵知觉观念间关系与感知外部对象存在的基础上对知识可能性的阐释,既界定了知识的范围、类型和产生的途径,也分辨了知识确定性的不同程度。在他看来,最为确定和最为清楚的知识是"直觉的知识",它既包含在我们对观念间关系一致或不一致的直接知觉中,也包含在我们对自身存在的直接感知中;其次是"论证的知识",涉及我们对观念间关系一致或不一致的推论式认知和上帝存在的间接论证;在清晰性上最为不确定的知识类型是"感觉的知识",特别是我们对外部对象感知所形成的关于"有限存在者存在"的知识。洛克认为,虽然构成我们知识的不同类型在清晰性和确定性上

---

① Locke, *An Essay Concerning Human Understanding*, 4.4.3;参见 *Great Books of the Western World*, Volume 35。

② Locke, *An Essay Concerning Human Understanding*, 4.2.14;参见 *Great Books of the Western World*, Volume 35。

③ Locke, *An Essay Concerning Human Understanding*, 4.9.2;参见 *Great Books of the Western World*, Volume 35。

④ 洛克关于这三种存在知识的说明,可分别参见 Locke, *An Essay Concerning Human Understanding*, 4.9.3, 4.10.1-7, 4.11.1-9; *Great Books of the Western World*, Volume 35。

具有不同的程度，其中一些有着出错的可能性，但它们无疑是我们能够称之为"知识"的东西的基本内容；除此之外，则只能是想象、猜测或信念，而不能是知识。

然而洛克认为，在现实生活中，人们往往会受到粗俗、做作和晦涩不明语词的影响，而把含糊、无意义的表达和随意滥用的语言作为科学奥秘的代表，从而使这些很少或毫无意义的生涩的和被误用的语词拥有了博学深思的名号或权力；而它们在洛克看来，实际上只不过是"无知的掩饰和真知的阻碍"。洛克说他要打破"自负与无知的神龛"，使这些"累积的祸根"和"流行的风尚"不再"拥有任何的借口"。① 应该说，洛克关于知识范围、类型和确定性程度的说明，即他在消除这种无意义的语词和语言滥用的思想进程中所做出的最为重要的努力。特别是他关于知识确定程度的界定，包含着他对真正知识的根据及其合理性意义的认可与期许，对流行的"自负与无知"的拒斥与克服。

在知识的不同等级中，正是直觉知识所具有的"清楚明白"（clear and distinct）的性质与"确定的"特征而被洛克赋予最高的地位，认为它是所有知识的基础，"我们所有知识的确定与明白都依赖于"这种直觉知识；② 也就是说，其他的观念或命题要获得知识的性质及其确定性，必须通过一定的认识论手段，如论证的方式，从直觉知识那里获得证明或确证。洛克的这种看法与笛卡尔关于真理性知识之基础的"磐石和硬土"的建构一道，被后世学者们称为知识可靠性与合理性的经典证据主义与基础主义立场。这种立场认为，一个观念或命题如果是可靠的知识，它要么是被心灵直接清楚明白知觉为真的——构成了所谓的基础命题，要么是从基础命题中推导出来或以这些命题为基础被证明为真的命题。观念和命题的知识可靠性与认知合理性，就是以此为基础或为根据而得以建构与评价的。

---

① Locke, "The Epistle to the Reader", *An Essay Concerning Human Understanding*；参见 *Great Books of the Western World*, Volume 35。这些问题表现出的更深刻的背景是洛克时代面临的传统思想资源统一性的解体和整体的文化危机，参见 Nicholas Wolterstorff, "Locke's Philosophy of Religion", *The Cambridge Companion to Locke*, pp. 173–174。

② Locke, *An Essay Concerning Human Understanding*, 4.2.1；参见 *Great Books of the Western World*, Volume 35。

三 规范的理性

如果知识的可靠性与合理性在于心灵对观念或观念间关系清楚明白的认识，而观念来自经验并在心灵中具有确定的所指对象，那么人们的日常信念①，特别是宗教信念是否具有或能否获得这种可靠的证据呢？在这个问题上，应该说笛卡尔比洛克有着更为积极的态度。笛卡尔虽然没有专门在宗教问题上花费更多的时间和篇幅予以论述，但他在人类知识大厦的基础问题上赋予了"上帝存在"以至高的地位，而这种地位是他通过"清楚明白"的标准在对天赋观念的检验中获得的。实际上，在这里他认可并重申了中世纪经院哲学时期本体论证明之论证方式的意义。洛克在建构人类知识大厦的合理性和可靠性基础时，在宗教命题的知识论问题上要比笛卡尔稍微严格一些，也做了更多的探究。他在《人类理解论》（An Essay Concerning Human Understanding）一书的开篇就曾指出，他的目的不仅要"探究人类知识的起源、确定性和范围"是什么，而且还要说明"信念（belief）、意见（opinion）和赞同（assent）"能否具有可靠的"根据与程度"。应该说，这两个问题在洛克那里是紧密相关的，只有明确了第一个问题，第二个问题才能得到相应的解决；或者说，为了对第二个问题有着充分的了解，必须首先对第一个问题形成明确的认识。洛克在解决这些问题的过程中，确实对传统的天赋观念和流行的无意义语词的滥用有着较多的批判，认为如果把它们作为知识不仅乏善可陈，而且是阻碍真知的"祸根"；但他在确定可靠知识的范围和根据之后，并非对所有的"信念和意见"完全弃如敝屣，而是尝试揭示它们在什么样的根据和程度上具有知识的可能性。

洛克对信念之认识论意义的探讨，是从区分命题的"可能性"与"确定性"的不同性质开始的。在洛克看来，命题的确定性来自"证明"，而"证明"则是通过观念间恒常的、不变的和明显的联系作为证据，所显现出的观念间的一致或不一致；反之，"可能性"虽然也以证据为媒介，但观念间

---

① 本书所涉及的"信念"一词是在一个比（宗教）"信仰"更为宽泛的意义上使用的概念，一般是指那些没有取得确定或明确证据而为人们所接受的概念或命题。洛克在 An Essay Concerning Human Understanding 随后行文中基本上即在这种意义上使用的。

的联系并不是恒常的和不变的，从而在它们之间"似乎"有着一致或不一致的关系。① 因而，获得"证明"的命题其真假是必然的，而"可能性"则缺乏这种必然性，它为命题提供的是可能真也可能假的或然性。洛克认为，如果人们接纳这种"可能为真"——具有一定证据，但不具有完全的确定性——的命题，就会形成"信念、赞同或意见"；它们是在缺乏确定知识的前提下，而为人们在某种不充分的论证或证明的基础上认可或接纳某个命题为真。在他看来，这种"可能性"与"确定性"间的不同就是"信念"与"知识"间的差异。②

如果信念仅仅以这种为真的"可能性"为基础来让人们认可与接纳，那么它是否包含着合理的因素呢？或者说，它是否还需要其他的证据来使这样的认可与接纳具有更为可靠的根据？在洛克看来，一些信念，如基督教信念（信仰），遵从的是"确定不变的赞同与确信原则"，容不得丝毫的怀疑与犹豫。这种信仰把"神圣启示的单纯证据"作为"最高的确定性"，相信它来自上帝，只有确信与证明，没有怀疑和异议，"对它的赞同即是信仰"。③ 洛克认为，如果神圣的启示确实来自上帝，并使我们的心灵完全确信、没有丝毫的犹豫，那么它必定和我们的知识那样具有最高的确定性。然而，这里存在着一个至关重要的问题，那就是"我们必须确定它是神圣的启示，并对它有着正确的理解"，否则我们将陷入"无节制的狂热"之中，受到"错误原则"的支配。而判定是否为"神圣启示"的证据，不能只来自它"多半为真"的"可能性"，而必须是建立在完全可靠的"确定性"证据之上，以"最高理性的认同为基础"。④

为了使信仰的持有具有可靠的或确定的根据，洛克区分了理性（reason）⑤

---

① Locke, *An Essay Concerning Human Understanding*, 4.15.1；参见 *Great Books of the Western World*, Volume 35。

② Locke, *An Essay Concerning Human Understanding*, 4.15.3；参见 *Great Books of the Western World*, Volume 35。

③ Locke, *An Essay Concerning Human Understanding*, 4.16.14；参见 *Great Books of the Western World*, Volume 35。

④ Locke, *An Essay Concerning Human Understanding*, 4.16.14；参见 *Great Books of the Western World*, Volume 35。

⑤ 洛克认为 reason 一词在英文中有以下几种含义：1. 清楚正确的原则；2. 从这些原则做出的清楚公正的推论；3. 原因，特别是最终的原因。但他在这里主要通过这一概念表明的是人的能力、理性能力或特有的自然能力，参见 Locke, *An Essay Concerning Human Understanding*, 4.17.1, 4.17.24。

与"信仰"（faith）的不同，并把理性作为信仰合理性的最高调节原则和论证原则。传统习惯上，人们往往会把信仰和理性看作相互对立的①，洛克也依据这样的思维习惯，对"理性"和"信仰"各自的认知特性做了说明。在洛克看来，从不同或对立的意义上看，"理性"就是对某个命题（或真理）的"确定性或可能性的发现，它是心灵通过对运用自然官能——感觉和反省——所获得的观念进行推理而实现的"；反之，"信仰"则是"对任一命题的赞同"，这种赞同不是来自"理性的推理"，而是"建基于对提出者——作为以某种非凡的传达方式来自上帝——的信任"，这种发现真理的方式即人们所称的"启示"。②

依据于传统的思维习惯，如果信仰具有不同于理性的发现"真理"的方式，那么通过这种方式（启示）所发现的"真理"包含着什么样的知识可能性呢？洛克解决这个问题的途径是从界定知识确定性的基础开始的。他认为，观念是知识的基础，证明是知识合理性的基础，清晰明确的观念是知识确定性的基础，以及我们自身的知识与我们理性建基其上的他人的证据是促成我们赞同的基础；如果我们缺乏这些方面，则我们必定不可能拥有知识，不可能拥有合理的知识和确实可靠的知识，同时也会失去能够引导我们赞同的可能性。③ 洛克的看法是，仅仅依赖于传统启示是不能传递给人们以任何新的简单观念的，因为作为我们所有观念和知识之基础与材料的简单观念是完全依赖于我们的理性、我们的自然官能，如果不借助于感觉和反省，而只是依赖于以语言文字为传递手段的传统启示，则不能为我们引进"任何全新的"活生生的"简单观念"；④ 与此相关的，洛克也相信传统启示不能给予任何命题以理性所能给予的确定性。在洛克看来，虽然启示可以同样发现人类自然理

---

① 洛克对这种看法并不以为然。在他看来，如果信仰作为人心坚定的赞同，只有在它受到调节并具有好的理由时才能发生，因此它在这种情况下是不能与理性相对立的。参见 Locke, *An Essay Concerning Human Understanding*, 4.17.24。

② Locke, *An Essay Concerning Human Understanding*, 4.18.2；参见 *Great Books of the Western World*, Volume 35。

③ 洛克在这里主要是以否定的方式从四个方面对知识及其确定性根据进行了解说，具体内容可参见 Locke, *An Essay Concerning Human Understanding*, 4.18.1。

④ 洛克把"传统启示"（traditional revelation）与"原始启示"（original revelation）做了区分，他认为后者是上帝直接植入人心中的印记，前者则是由文字传达给他人的印记。参见 Locke, *An Essay Concerning Human Understanding*, 4.18.3。

性所能够发现的"真理",但它始终缺乏自然理性所能够赋予这些"真理"的那种明晰性和确定性,缺乏心灵知觉观念间一致或不一致的清楚明白以及感觉直接感知事物的那种实在性。①

由于信仰和理性认知方式的不同以及传统启示在形成全新观念与赋予自身命题以知识确定性方面的缺陷,洛克对信仰(命题)如何获得知识的合理性提出了相应的看法与要求。他认为,如果启示命题有违于清楚明白的知识,其可靠性则是相当可疑的。洛克的意思是,任何真正的启示都能够或应该与我们确定的知识相一致,如果它违背了知识的确定性原则,则它既不是可靠的知识,也不会是真正的"神圣启示"。②洛克把理性原则看作知识可靠性与确定性的根本原则,启示命题的认知合理性应该在理性原则的基础上得以衡量与建构。

当洛克认为传统启示不能提供全新的观念并缺乏理性所能赋予命题的确定性的时候,他实际上是对单纯以启示为基础所建构起来的信仰的知识合理性表达了一种怀疑。为了消除这种怀疑,洛克引进了理性,把理性作为信仰认知合理性的证据原则和调节原则。如何运用理性规制和调节信仰,在洛克以理性为基础对三种不同命题——"合乎理性"(according to reason)的命题、"超理性"(above reason)的命题和"反理性"(contrary to reason)的命题——的划分中得到了较为充分的体现。洛克认为,"合乎理性"的命题是那些通过检验和追溯我们来自感觉和反省的观念即可发现其真理的命题,是借助自然的推演即能获知其真假与可能性的命题;"超理性"的命题是其真假与可能性不可能通过理性从这些原则中推知的命题;"反理性"的命题是与我们清楚明白的观念不一致相矛盾的命题。③

在以理性为视角对信仰命题不同类型的划分中,应该说洛克真正赞赏的是合乎理性的命题,它们遵循理性的原则,具有真正知识的优点和认知

---

① Locke, *An Essay Concerning Human Understanding*, 4.18.4;参见 *Great Books of the Western World*, Volume 35。

② Locke, *An Essay Concerning Human Understanding*, 4.18.5;参见 *Great Books of the Western World*, Volume 35。

③ Locke, *An Essay Concerning Human Understanding*, 4.17.23;参见 *Great Books of the Western World*, Volume 35。

合理性的根据；这类命题虽来自启示，但能够为人类的自然能力所认识并在理性的维度上获得论证。① 洛克坚决反对的是那些反理性的命题，它们直接与理性的认识原则相冲突，有悖于理性及其合理性的根据。对于这些命题，洛克认为我们既不能相信它们是真的，也不应该把它们视作"神圣的启示"，如果我们无视理性的原则而一味地相信它们，则无疑会颠覆"所有知识、证据和赞同的原则与基础"，用"可疑"代替"自明"，用"错误"取代"确定"，其结果将会取消"真理与虚妄"的不同、"可信与不可信"的界限。②

至于超理性的命题，在洛克看来，这是一些完全超越我们的自然能力的命题，我们的自然官能既不能发现它们，也不能判断它们的真假，如果它们来自启示，则纯粹是信仰的事情，与理性没有任何的直接关系。③ 在这方面，洛克虽然认为这些纯粹以启示为基础的命题，其真假可能性超出了人类的自然能力，并倾向于在理性和启示之间划分出严格的界限④，但他并不相信这些命题应该或能够违反理性的基本原则。他说，即使信仰以启示为基础，或者说，当人们以启示为基础建构信仰的时候，他们依然需要依据某种根据来表明它是真正的启示——必须依据理性来检验它是否来自上帝。虽然洛克并不认为，如果来自上帝的启示得不到自然原则的证明就必须被拒斥；但他始终相信，能够得到理性的检验和规范，对于我们合理地持有信仰从而消除无根据的狂热是完全必要的。在这个问题上，洛克的立场是，"理性必须是我们最终的判决和指引"⑤。

洛克在对理性和信仰各自特征的分析中，虽然主张应该在它们之间划分出一条明确的界限，但他并不认为这条界限能够成为阻碍它们相互作用的鸿

---

① Locke, *An Essay Concerning Human Understanding*, 4.17.23；参见 *Great Books of the Western World*, Volume 35。
② Locke, *An Essay Concerning Human Understanding*, 4.18.5；参见 *Great Books of the Western World*, Volume 35。
③ Locke, *An Essay Concerning Human Understanding*, 4.17.23, 4.18.7, 4.18.9；参见 *Great Books of the Western World*, Volume 35。
④ Locke, *An Essay Concerning Human Understanding*, 4.18.9, 4.18.11；参见 *Great Books of the Western World*, Volume 35。
⑤ Locke, *An Essay Concerning Human Understanding*, 4.19.14；参见 *Great Books of the Western World*, Volume 35。

沟；相反，在洛克看来，正是这条界限的存在，才使得我们反驳宗教中的狂热和妄诞有了可能，从而也使理性调控信仰有了根据与空间。① 洛克实际上是希望通过明确理性与信仰的各自特征及其相互间的界限，来为人们合理地持有信仰（信念）寻找某种根据或可能性。这也是洛克在说明信仰命题的真假可能性时力图表明的立场，他认为我们只有两种途径能够认识信仰命题的真理性，或者是它在自然理性中显示出了自明性，或者是它被理性证据证明为真。②

为了消除无意义的话语以及语词滥用而导致的混乱，洛克在探究知识的起源、确定性和范围的过程中强调了理性原则的重要性，相信理性是上帝赋予人类的天然的自然能力，它不仅是人类获得确定性知识的基本途径，也是人们衡量信念之根据与可靠程度的主要手段。因此，在检验不同类型信仰命题的合理性中，洛克认可的是那些能够为理性认知并满足知识要求的命题，反对的是违背理性原则和知识根据的命题；即使那些超越理性能力的信仰命题，也不能明显地违背理性原则，它所建基其上的启示也应具有某种合理的根据。在这里，洛克希望引进的是一种广义的证据原则，一种合理地持有信念的证据原则。一个信念无论是否能够得到可靠的证据来证明，它起码应该具有一定的根据，成为人们合理地持有它的保证。

洛克关于知识、信念及其证据合理性的思考对现代认识论思想产生了广泛的影响，他以此为基础建构的宗教哲学被当代学者誉为西方宗教哲学史上最富有创造性的成就之一。③ 特别是他在知识与信念之间所做出的区分，反映了西方历史上不同时代的哲学家们对这个问题的长期的关注。④ 虽然在知识的结构和根据以及意见或信念的认知可能性的看法上，洛克与亚里士多德和20世纪逻辑实证主义者等哲学家之间有着相似的思想旨趣，但洛克对信念则赋

---

① Locke, *An Essay Concerning Human Understanding*, 4.18.11；参见 *Great Books of the Western World*, Volume 35。

② Locke, *An Essay Concerning Human Understanding*, 4.19.11；参见 *Great Books of the Western World*, Volume 35。

③ 参见 Nicholas Wolterstorff, "Locke's Philosophy of Religion", *The Cambridge Companion to Locke*, p. 172。

④ 参见 Roger Woolhouse, "Locke's Theory of Knowledge", *The Cambridge Companion to Locke*, pp. 163–165。

予了更多的积极意义，认为它们是值得系统化地探究和拥有的。① 当然，这些值得肯定的信念必须是具有某种合理根据的信念，如满足知识要求的合乎理性的信念（命题），以及必须是建立在真正启示基础的信念（信仰）。这种看法体现的倾向是，如果"把一个非理性的信仰作为宗教信仰将是有缺陷的或不完善的；相反，适当的、成熟的信仰以理性为特征"②。洛克的信念必须满足某种证据的主张，体现了他有关信念合理性的要求，有关"理性必须是我们最终的判决和指引"的立场，也可说是洛克时代以及随后时代众多哲学家们力图持守的要求与立场。

第二节　证明与解释

德国哲学家莱布尼茨（Gottfried Wilhelm Leibniz, 1646–1716）是一位才华横溢、知识渊博的思想家，在当时人类的诸多知识领域如数学、物理学、地质学、哲学、逻辑学和语言学等方面，都有着重要的建树。他在哲学上的成就是其众多思想才华的一个重要体现，不仅在以单子论为核心的本体论体系上引人注目，而且在知识的基础、过程和真理观等有关认识论思想的诸多方面也令人印象深刻。虽然单就莱布尼茨的认识论来看，他可能并不像笛卡尔、洛克那样，把认识论以及知识的绝对可靠性作为他的思想起点和最为重要的内容；③ 他确实花费了较多的时间和精力研究本体论、研究实体理论，把形而上学单子论作为其思想体系的核心来建构。但我们不能因此就认为他的哲学并非处在当时西方认识论转向的风口浪尖上，而只具有边缘或外围的地位；实际上，他的认识论思想是其整个哲学体系的一个重要构成部分，他对洛克《人类理智论》的逐条反驳可说是欧洲经验论与唯理论之间论战的基本环节，是西方现代早

---

① 参见 Roger Woolhouse, "Locke's Theory of Knowledge", *The Cambridge Companion to Locke*, p. 165。

② 查尔斯·塔列弗罗：《证据与信仰——17世纪以来的西方哲学与宗教》，傅永军、铁省林译，山东人民出版社2011年版，第109页。

③ 笛卡尔相信"确定性必然是哲学真理的基石"，力图通过怀疑一切的方法来为真理性知识建构起绝对不可怀疑的"磐石和硬土"；参见笛卡尔《谈谈方法》，王太庆译，第23页。洛克更是把"人类知识的起源、确定性和范围"以及"知识可靠性的标准"作为他一生致力的目标；参见 Locke, *An Essay Concerning Human Understanding*, Introduction 2; *Classics of Western Philosophy*, edited by Steven M. Cahn。

期认识论思想演进的一个重要阶段。① 当然，在莱布尼茨的哲学体系中，以实体理论或单子论为核心建构的形而上学，为其知识理论提供了深厚的思想基础，成为人们更好理解其认识论的一个重要前提。

一 信仰与理性的一致

在莱布尼茨的思想体系中，哲学和宗教具有重要的地位。他有关"信仰与理性一致性"学说的提出，即这种重要性的一个集中体现，其中既包含宗教的因素，也关涉哲学的考虑。作为一个理性主义者，理性原则不仅是莱布尼茨建构本体论和认识论的基本思维原则，也是其考察宗教问题的一个规范性原则。他在理性真理逻辑必然性的维度上考察了信仰与理性的关系，并尝试通过矛盾原则、充足理由原则等基本思想原则来重构和完善传统自然神学的存在论证明，体现了他与笛卡尔、洛克等人相同的试图将人类的合理性知识建立在可靠证据之上的基础主义立场。然而莱布尼茨在运用理性原则阐释启示命题时，更多地把它看作解释规则而不是理解规则和论证规则，他关于"信仰与理性一致"的设定也包含着相应的传统宗教因素。在有关认知合理性的问题上他试图保持信仰和理性间的解释平衡，使他的宗教认识论体现出了一种弱理性主义的特点。

莱布尼茨在其生前出版的唯一一部大部头著作《神正论》中，提出了"信仰与理性一致性"学说；② 这一学说与他在《人类理智新论》③ 等其他论著中提出的理论学说一道，成为其认识论的基本内容。莱布尼茨作为现代早期欧洲重要的哲学家之一，和当时其他哲学家一样，对认识论问题也保持了长久的兴趣，在知识的起源与基础、人类的认识过程以及真理观等方面提出了独到的见解和看法；但与当时一些哲学家如笛卡尔和洛克等人对传统哲学

---

① 参见段德智《莱布尼茨哲学研究》，人民出版社2011年版，第228—233页。段德智认为认识论和本体论是莱布尼茨哲学的两项基本内容，在其思想体系中密切相关而难以区分。参见《莱布尼茨哲学研究》，第209页。

② 段德智把这一学说与"道德必然性"学说一道，视为《神正论》中最为基本的理论。参见莱布尼茨《神正论》，段德智译，商务印书馆2016年版，"汉译者序"。

③ 《人类理智新论》是一部对话体著作，是莱布尼茨在对洛克《人类理智论》（*An Essay Concerning Human Understanding*，国内学者也有译为《人类理解论》）逐条解读和批判的基础上写成的。但这部著作在莱布尼茨生前没有出版，而是在他去世后五十年左右的1765年由他人编辑出版。参见段德智《莱布尼茨哲学研究》，第24—28页。

思想颇有微词不同，莱布尼茨对经院哲学思想传统的历史意义表现出了一定的尊重。他有关理性与信仰关系的看法以及"信仰与理性一致性"学说的提出，不仅表现出了他对认识论问题的重视，也体现出了他对包括经院哲学在内的欧洲早期思想传统中的一些重大问题的重新思考。

就莱布尼茨的思想倾向来看，他所提出的"信仰与理性一致性"学说，不仅涉及信仰与理性的各自特征、知识地位、真理的界定及其认知合理性等认识论内容，而且也包含着属于哲学与宗教间关系的重大的和形而上学的问题。本书（限于篇幅）只是对莱布尼茨"一致性"学说的认识论方面感兴趣，主要阐释的是他在这个学说中对信念（信仰）合理性所展开的论述。

众所周知，自古希腊哲学特别是基督宗教在罗马帝国产生以来，哲学家和神学家们围绕着信仰的知识地位和认知合理性问题进行了长期的争论。包含在这种争论中的一个基本问题，乃是哲学是否能够在宗教神学的阐释中使用以及来自启示的信仰是否具有合理的认识地位。莱布尼茨充分地认识到了这个问题的重要性，在《神正论》有关"理性与信仰的关系"的部分，通过回顾这种关系的历史而表达了他的立场和看法。在莱布尼茨看来，理性与信仰的关系涉及"哲学在神学中的应用"以及理性真理和神学真理各自形成方式的不同。他首先对这两种真理进行了界定，认为信仰"乃上帝以超常的方式启示出来的真理"，理性则与信仰不同，它是"人的心灵无需借助于信仰之光而能够自然获得的真理之间的联结"；[①] 虽然它们在形成途径上是截然不同的，但莱布尼茨并不相信它们之间就一定会发生矛盾和冲突。相反，他对它们之间的关系抱有更为积极乐观的看法。

莱布尼茨认为这种乐观积极的看法并非他独有的主张。他说，在基督宗教刚刚产生的时候（原始教会时期），就有一些有才智的基督宗教作家把希腊哲学的观念运用到神学的阐释中。开始的时候，他们使用的是柏拉图派的观念，从奥古斯丁一直到安瑟尔谟，努力使神学具有科学的形式；然后是经院哲学家，借助于从阿拉伯文翻译而来的亚里士多德哲学，建构了神学与哲学的复合体。虽然莱布尼茨也承认，在历史上，如经院哲学早期认可阿威罗伊主义双重真理的哲学家，以及宗教改革时期和与他同时代的一些神学家，并

[①] 莱布尼茨：《神正论》，段德智译，商务印书馆2016年版，第94页。

不认同甚至反对哲学在神学中的运用，而且试图在哲学和神学之间建立复合体的经院哲学家们可能并不成功；但他始终相信坚持信仰与理性间的一致具有重要意义，即使在它们之间进行整合并不尽如人意，那也不是哲学和神学本身的问题，而是用来建构这种复合体的具体理论形态有缺陷，要么是被建构的神学腐朽不堪，要么是被使用的哲学自身有重大错误。① 也就是说，如果我们正确地和恰当地使用神学与哲学，消除其中的错误与偏见，那么它们之间的一致就能够被人们充分地意识到。

然而，信仰与理性一致性学说除了历史的重要性以及反驳的需要②之外，莱布尼茨是否还提到了这一学说得以成立的其他理由？在莱布尼茨的表述中，他倾向于设定而非论证，即他说他"设定"了信仰真理和理性真理之间"不可能相互矛盾"。③ 虽然在莱布尼茨的思想倾向中，他更多的是把这一学说当作无须论证的东西来接受的，但也并非意味着他完全无视这一学说得以建立的理论基础。作为莱布尼茨思考信仰与理性一致性关系的理论背景，应该说既有宗教方面的也有哲学方面的。

当莱布尼茨说他要"设定"信仰与理性间的一致的时候，处在他心中的是西方文化传统中的宗教因素以及他对这一传统因素的基本认同。例如他认为理性和启示都来自上帝（同为上帝的创造或赠品），以及上帝自由选择所形成的道德必然性是物理必然性的基础。④ 信仰和理性间的同源性以及前者的基础性地位使他相信两者具有某种内在的一致性。当然，这种思考问题的方式使他的思想体系中具有了较明显的历史即成因素。而相对于宗教的设定，哲学方面的理由要稍微复杂一些。它来自莱布尼茨对必然性真理的划分以及以此为视角对宗教命题的考察。

莱布尼茨认为，理性真理可以分为两类，一类是"永恒真理"，包括逻辑的、形而上学的或几何学的必然性真理。它们是绝对必然的，其反面蕴含着

---

① 参见莱布尼茨《神正论》，第 99—118 页。
② 莱布尼茨提出"信仰与理性的一致"以及写作整个《神正论》的主要目的之一，乃是为了反驳当时法国怀疑论哲学家比埃尔·培尔（Pierre Bayle, 1647–1706）的相关看法。参见莱布尼茨《神正论》，第 94 页，以及段德智《莱布尼茨哲学研究》，第 28—29 页。
③ 参见莱布尼茨《神正论》，第 94 页。
④ 参见莱布尼茨《神正论》，第 126、96 页。

矛盾，从而如果人们否定它们便势必导致荒谬；另一类是实证真理或事实真理，它们是既能够通过后验的方式也可以通过先验的方式所认识到的关于自然界事物的真理。① 那么，哲学关于理性真理的这些看法是否可以用来解释宗教命题或者能否在神学和教义的考察分析中使用？莱布尼茨的看法是肯定的，只是在解释或考察分析时应该有所区分。他通过引述当时一些神学家的看法，在逻辑的或形而上学的必然性和物理的必然性之间做出了区分，认为启示或奥秘可以违反物理的必然性（建立在上帝的意志基础上），但不可违反逻辑的或形而上学的必然性，"即使在奥秘的情况下也不允许有任何例外"；他认为这是所有派别的神学家都至少会同意的看法，即"凡信仰的条文都绝对不允许蕴含有矛盾"②。

在对真理的逻辑必然性和物理必然性做出区分之后，莱布尼茨对超乎理性命题和反乎理性命题之间的不同也进行了说明。在他看来，反乎理性的命题"是与绝对确定的和不可避免的真理相反的东西"，它们呈现出与理性真理的绝对必然性相对立或相矛盾的特性。而超乎理性的命题只具有认知的表面性，它们"仅仅是那些同人们惯常经验或理解的东西相对立的东西"；也就是说，它们更多的是与人类理解能力的有限性相关，"一条真理当我们的心灵理解不了的时候，便是超乎理性的"。③ 因此，在莱布尼茨看来，基督宗教的一些命题如三位一体等，虽然可能是超乎理性的，但绝不会是反乎理性的。他认为历史上的神学家们大多总是会将超乎理性的东西与反乎理性的东西区分开来，相信奥秘超乎理性但绝不反乎理性。虽然他在人们能否认识到奥秘与理性一致的问题上并不抱有多少乐观的看法，但他相信"至少我们认识不到奥秘与理性之间的任何不一致或任何对立"；他的立场是，既然我们总是能够排除奥秘与理性之间的对立，那么我们就应该承认它们之间具有"这样一种一致和这样一种和谐"。④

---

① 参见莱布尼茨《神正论》，第95页。
② 莱布尼茨：《神正论》，第119—120页。
③ 莱布尼茨：《神正论》，第121页。
④ 参见莱布尼茨《神正论》，第152—153、156页。

二　理性原则的意义

莱布尼茨在真理的形而上学必然性以及奥秘的超理性意义上对信仰与理性之间一致性的设定，其基本目的之一乃是希望在理性的基础上建构起有关神学命题的认知规则或解释规则。如果说信仰并不能也不会违背哲学真理的逻辑的或形而上学的必然性，超理性的奥秘与理性之间具有某种内在的一致性，那么在理性的维度上对信仰命题进行认知或解释总是可能的，也是合理的。在他看来，教父时期的神学家，如奥利金等人，并不简单地拒绝理性，反而在回应哲学家的批判时把理性作为基督宗教阐释与建构的基础。① 虽然莱布尼茨认为哲学在运用时可能存在这样那样的问题②，理性也有"正确"与"堕落"之分③，但他相信哲学理性在评判和考察信仰命题时是有其不可替代的地位和作用的。例如他在说明奥秘或启示如何不能违反哲学真理的形而上学必然性时，认为这种真理为奥秘提供了一种解释规则，使人们能够确定在什么情况下可以"放弃圣经的字面意义"；而且他相信上帝所给予的启示是基于理性的，理性为人们提供了一种认识真理的手段。④

当然，作为一个始终一贯的理性主义者，理性规则在莱布尼茨的心目中具有至关重要的地位。它不仅是一种解释规则，也是一种证明规则、一种最终判定一个事物或命题为真的基本规则。他说，为了在正确的理性和堕落的理性之间做出区分，"人们只需遵照良好的秩序行事，拒绝承认任何缺乏证据的论点，也不承认任何证明，除非它遵照最普通的逻辑规则以适当的形式运行。在任何理性问题上，人们既不需要任何别的标准，也无需任何别的仲裁者"⑤。应该说，在哲学认识论的问题上，莱布尼茨和笛卡尔与洛克一样，强

---

① 参见莱布尼茨《神正论》，第144—145页。
② 例如莱布尼茨在考察哲学理性的历史批判与阐释作用时，认为它有时会受到热捧，有时则会遭遇贬损。参见莱布尼茨《神正论》，第127页。
③ 莱布尼茨认为，"正确的理性乃真理的联结，堕落的理性则是与偏见和情感混杂在一起"。参见莱布尼茨《神正论》，第154页。
④ 参见莱布尼茨《神正论》，第119页；莱布尼茨：《人类理智新论》，陈修斋译，商务印书馆1982年版，第599页。在《人类理智新论》中，莱布尼茨说道："上帝除了他使人相信的是基于理性，是决不会给人信仰的；否则他就会毁灭了认识真理的手段，并为狂信打开了大门。"
⑤ 莱布尼茨：《神正论》，第154页。

调了证据主义的核心地位，把证据和逻辑规则视为判定我们能否合理地接受一种观点或看法的主要标准。

然而，当莱布尼茨把理性规则作为一种主要的解释规则和论证规则的时候，是否意味着他也把它看作我们接受启示命题或看待它们是否是合理的、唯一的规则或标准呢？莱布尼茨似乎并没有走那么远，他在这个问题上采取的是一种多少有点折中的立场。在《人类理智新论》中，莱布尼茨以相对隐晦的方式把这个问题提了出来。他说，当我们发现一段圣经经文的字面意义，同时又发现这种意义似乎具有一种逻辑的不可能性或明显的物理的不可能性，"试问是否认字面的意义还是否认哲学的原则较为合理呢？"他的答案是，如果遵循哲学原则来否定字面意义的同时并不造成圣经解释上的困难，那么哲学的解释规则就是首要的；然而，如果经文的解释"没有提供什么驳倒字面意义以有利于哲学原则的东西"，而且也没有导致信仰上的危险或不圆满，那么依照字面的解释就是可靠合理的。① 虽然莱布尼茨在这里试图维系哲学原则和圣经解释之间的平衡，但理性规则作为某种仲裁者的地位还是有其一定的积极意义。

当莱布尼茨在逻辑的或形而上学的必然性以及超理性的奥秘并不反乎理性的基础上宣称信仰与理性一致的时候，他更多的是希望在启示命题或宗教神学中引进一种理性的解释规则，一种合乎哲学原理的证明规则和认识论规则。在这个问题上，莱布尼茨体现出了与他同时代的哲学家如笛卡尔等人的不同，对从教父时代早期的奥利金，到经院哲学时期的阿奎那的理性阐释传统，表现出了多多少少的尊重，并希冀以其自身的努力将这一传统向前推进，最终"促成了自然神学的近代化"。② 而将理性的阐释方式和论证方式运用到信仰命题合理性的解释之中，除了《人类理智新论》和《神正论》正文的相关内容之外，莱布尼茨在作为《神正论》附录之一的"被压缩成形式证明的争论摘要"中也做了较多的表述。③

---

① 参见莱布尼茨《人类理智新论》，第603页。
② 参见莱布尼茨《神正论》，"汉译者序"。
③ 在这一"摘要"中，莱布尼茨首先是通过三段论的形式列举了对基督宗教信仰提出异议的论点（这些论点主要是作为三段论的结论表述出来的），然后再对每一个表述这些异议论点的三段论的前提（或大前提，或小前提，或两个前提）给予驳斥，来逐个说明它们的结论不正确或不合理，从而阐述他的神正论思想。

批判与阐释
—— 信念认知合理性意义的现代解读 ——

当然，体现莱布尼茨对传统自然神学的好感以及他试图使理性规则在宗教认识论中产生出较为积极的思想成果的一个典型的方面，是他对上帝存在论证明的重新阐释与表达。应该说，早在教父哲学时期，一些神学家如奥古斯丁等人就已开始尝试以理性的方式论证上帝的存在；到经院哲学的早期，安瑟尔谟以"一种单一的"合乎逻辑的方式所进行的本体论证明，在某种程度上开创了自然神学系统证明上帝存在的先河。从此以后，关于上帝存在的多种证明方式，诸如托马斯·阿奎那的宇宙论证明和目的论证明，以及随后的设计论证明和道德论证明等诸多证明形式被不同时期的哲学家和神学家们提了出来。在现代早期，笛卡尔、莱布尼茨和斯宾诺莎等人，对安瑟尔谟提出的本体论证明表现出了浓厚的兴趣，并给予这种证明以新的表述。当然，就莱布尼茨来说，他并不仅仅是对本体论证明感兴趣，在他看来，所有以往用来证明上帝存在的方式都是可靠的，如果加以完善，则能够实现这一目的。[①]

莱布尼茨本人提出并完善传统的上帝存在的证明形式包括了四个方面，它们是本体论证明、宇宙论证明、永恒真理的证明和设计论证明。当代研究莱布尼茨的学者 David Blumenfeld 认为，他所试图完善化了的这四种证明都具有重要性，但其中的本体论证明和宇宙论证明则体现了他对自然神学最长久的贡献。[②] 在 Blumenfeld 看来，莱布尼茨关于上帝存在的本体论证明包含了一个复杂的论证结构，涉及上帝作为绝对完善存在者的定义、必然存在与绝对完善的关系、可能存在与必然存在的区分及其逻辑关系、"完善的 X"和"必然的 X"的唯一指向性以及单纯性论证和模态论证等若干次级论证。[③] 虽然莱布尼茨的论证结构中也有着一系列值得商榷的问题，但他运用基本的哲学原则，把形而上学的和逻辑学的若干思想方法与论证方法整合进自然神学之中，将本体论证明推进到一个新的层面和水平。

在莱布尼茨以前的自然神学传统中，13 世纪的托马斯·阿奎那对宇宙论

[①] 参见莱布尼茨《人类理智新论》下册，第 515 页。

[②] 参见 *The Cambridge Companion to Leibniz*，edited by Nicholas Jolley, Cambridge University Press, 1995, pp. 353 – 354。

[③] 参见 *The Cambridge Companion to Leibniz*，pp. 354 – 364。在这里，Blumenfeld 对莱布尼茨本体论证明的结构和问题进行了较为详尽的阐述与分析。本书限于篇幅，不做更多的展开。

证明做出了最为典型的表达。阿奎那主要是从有限世界的基本特征，如运动、动力因和必然性与可能性的关系以及对有限世界无限系列可能性的否定出发，提出他的证明；与其不同，莱布尼茨则把他的论证建构在他所提出的充足理由原则基础之上。莱布尼茨认为，如果没有为什么是如此而不是其他的充足理由，那么就没有任何事实能够是真实的或存在的，也不会有任何命题是真的；或者说，就任一事物的存在、任一事件的发生和任一真理的获得，必然存在着一个充足的理由。① 充足理由原则作为莱布尼茨关于"存在的大原则"，构成了他建构宇宙论证明的形而上学基础。Blumenfeld 把莱布尼茨的宇宙论证明简要表述为：如果没有必然存在者，就不可能回答这个世界为什么能够存在；必然存在者是这个世界存在的充足理由。虽然 Blumenfeld 指出莱布尼茨在不同论著中以不同方式讲到了这一证明，但他认为所有这些表述宇宙论证明的文本都包含着一种单一的思路。在他看来，体现这种思路的最为典型的文本分别出现在两个地方，一个见于《论事物的最后根源》（1697），另一个见于《单子论》。② 这些证明的核心思想是，现存的可能世界必须有一个在其之外的必然存在者，作为充足理由解释它之所以存在，以此证明必然存在者的存在。

三 规范与弱理性主义

莱布尼茨在充足理由原则基础上所展开的宇宙论证明，不仅体现了他希望完善传统自然神学存在论证明的目的，而且也体现了他作为一个理性主义者尝试以哲学原则规范宗教认识论以及神学命题合理性的意图。在后一个问题上，莱布尼茨确实比洛克等现代早期的其他哲学家们花费了更多

---

① 参见 *The Cambridge Companion to Leibniz*, p. 364。莱布尼茨在他的《形而上学论》（1686）、《单子论》（1714）和《以理性为基础的自然的与神恩的原则》（1714）等论著以及与他人的通信（1715）中，表述了他的充足理由原则。有关这些表述以及对它们的解释，也可参见段德智《莱布尼茨哲学研究》，第 100、104—105 页。

② 参见 *The Cambridge Companion to Leibniz*, pp. 365 - 367。在《论事物的最后根源》中，莱布尼茨认为，在我们这个世界及其有限事物的聚合和连续状态中，并不能发现它们之所以存在的充足理由；这样的充足理由只存在于它们之外，它是绝对的或形而上学的必然，是确定的太一（a certain One），有别于事物的多样性或这个世界，并且是它们存在的终极原因。在《单子论》中，莱布尼茨把这一原则表述为，现存的可能世界必有其存在的充足理由，这个理由不可能在可能世界的序列之中，而只能在它之外找到，这个存在于可能世界之外的最终原因是一个必然实体，被人们称为上帝。

的时间和精力,来建构他的哲学体系中的形而上学原则;当然不能说这种建构纯粹或完全是为了实现其规范宗教认识论的目的。对于莱布尼茨本人来说,他有着更大的哲学问题和使命需要应对与解决,这即是他所说的常常使"理性误入歧途"的两大"迷宫":一个是自由与必然的问题;另一个是连续性与不可分的点之间的矛盾。在他看来,第一个迷宫涉及的首要问题是恶的产生与起源,"困惑着整个人类";第二个迷宫包含着无限性问题,使所有的"哲学家们费心"。①

为了解决困扰哲学家们的无限性问题,莱布尼茨写出了大量的哲学论著对之进行阐释和思考。而体现这些思考与阐释的最为重要的理论成就,是莱布尼茨以单子论为核心的哲学体系的建构,以及他有关矛盾原则或同一原则(关于本质和必然真理的原则)、充足理由原则(关于存在和偶然真理的原则)和圆满性或完善性原则(关于自由选择和创造性活动的原则)三大思维原则的提出。② 就莱布尼茨的整个哲学体系来看,他所提出的单子论学说和三大形而上学思维原则,不仅具有本体论意义,同时也具有认识论意义,是其建构诸多认识论思想的一个重要的基础和出发点。因此,当他面对宗教命题和传统自然神学的诸多问题时,这些哲学本体论和认识论思想与原则就为他提供了一个基本的规范性理论,一个评判和阐释其认知合理性的重要维度与标准。

应该说,在新的时代背景下建构科学的认识论学说并为人类知识提供严格可靠的基础,进而规范宗教神学命题及其合理性意义,是现代早期众多哲学家的一种理论选择。例如笛卡尔把"确定性"作为真理性知识的基石,通过怀疑一切的方法来为真理性知识建构起绝对不可怀疑的"磐石和硬土";③ 并依据他所确立的观念的"清楚明白"标准,对"上帝"观念及其存在可能性进行了阐释和界定。④ 洛克也把"意见和知识的界限"以及"可靠性知识"的标准作为其认识论目标,致力于探究"观念的起源"、获得它们的方式、知识的"可靠性、证据和范围",以及"信念和意见的本质与根据"

---

① 参见莱布尼茨《神正论》,"前言",第 61 页。
② 参见段德智《莱布尼茨哲学研究》,第 86—87、90—93 页。
③ 笛卡尔:《谈谈方法》,第 23 页。
④ Descartes, *Meditations on First Philosophy*;参见 *Classics of Western Philosophy*, pp. 450–451。

及其"赞同的理由与程度"。① 在这个问题上,莱布尼茨秉承了与笛卡尔和洛克等人基本相同的理论诉求,不仅把可靠的"知识基础"作为最为重要的学术问题,而且也对"数学的严格性"给予厚望,尝试以数学改造哲学和神学,试图最终建立起涵盖人类所有知识的"普遍代数学"之理性主义体系。②

虽然在寻求可靠知识基础的过程中,这些哲学家们把目光聚焦在了人心中的诸多观念中,并对它们的起源和获得方式等问题进行思考与探究形成了诸多不尽相同的看法③,而且在如何看待知识可靠性基础的条件和标准方面也存在着较大的分歧;④ 然而以确定的、无可怀疑的观念或命题为出发点,把它们作为获得所有可靠性知识的最终根据和基础,体现了他们建构合理的人类知识体系的共同设想。这种在坚实可靠的基础上建构合理知识大厦的设想与要求,在这些哲学家之后的思想进程中逐步发展出了一种"基础主义"(foundationalism)的认识论立场。这种立场强调知识或信念如果是合理的,就必须具有正当的根据;认为任何一个合理的知识体系或信仰体系应该包括或能够被分为"基础"和"上层结构"两个部分,后者的正当根据必须建立在前者的基础之上。⑤

在莱布尼茨思考认识论问题的过程中,他明确地意识到了通过区分"基础"和"上层结构"两个部分来建构合理知识体系的意义和价值。在他看来,不仅认识赖以展开的观念具有"原初观念"(不可推证的观念)和"可推证的观念"之分,而且体现认识最高成就的真理体系也包含着"原初真理"和

---

① Locke, *An Essay Concerning Human Understanding*, Introduction 3; 参见 *Classics of Western Philosophy*。

② 参见段德智《莱布尼茨哲学研究》,第14、25、308—309页。

③ 如洛克把来自外部可感对象的"感觉"观念和来自人们自身心理活动的"反省"观念视为原初的观念而反对"天赋观念"说(参见 Locke, *An Essay Concerning Human Understanding*, 2.1.3 – 4),莱布尼茨则把心灵比作一块"有纹路的大理石",认为"观念和真理就作为倾向、禀赋、习性或自然的潜能而天赋在我们的心中"。参见莱布尼茨《人类理智新论》上册,第6—7页。

④ 笛卡尔认为"凡是我十分清楚、极其分明地理解的,都是真的"(笛卡尔:《谈谈方法》,第28页)。洛克把观念间一致(agreement)或不一致(disagreement)的知觉作为知识产生的基础,认为最清楚明白的知觉则会产生最为确定可靠的知识。参见 Locke, *An Essay Concerning Human Understanding*, 4.2.1。莱布尼茨在《关于知识、真理和观念的默思》和《人类理解新论》等论著中认可了清楚明白观念的认识论价值,但对笛卡尔和洛克等人的解释提出了批评并做出了新的界定;进而又认为,但凡具有可能的观念都是真的,而蕴含着矛盾的观念则是假的,那些既是充分的又是直觉的知识则是最完满的知识。参见段德智《莱布尼茨哲学研究》,第297—300页。

⑤ 参见 *A Companion to Epistemology*, p.144。

"派生真理"之别。"原初真理"（或"原始真理"）是直觉所认识，具有认识的直接性，它们或者具有"观念的直接性"而属于理性真理，或者具有"感受的直接性"而属于事实真理。所有的原初真理不仅是清楚明白的，而且是直接确定的，"它们是不能用某种更确实可靠的东西来证明的"。① 而其他的"派生真理"则是在这些原初真理的基础上通过论证或推理获得的。莱布尼茨把这种获得知识的论证或推理的方式归结为两类，一类是先天的理性演绎推证；另一类是后天的盖然性推证：先天推证遵循着矛盾原则，通过这一原则我们形成了关于本质和可能世界的认识；后天推证依据于充足理由原则，这一原则是我们获得关于存在、关于经验事实可靠性知识的保证。②

如果按照莱布尼茨关于知识结构或真理类型的划分来看，那么一个可靠的和合理的认识就应该要么属于直接确定的原初真理，要么属于遵循基本思想原则（矛盾原则和充足理由原则）通过严格的推证（先天推证和后天推证）而获得的派生真理。虽然莱布尼茨在评价洛克的思想体系时，认为洛克的体系比较接近亚里士多德，而他自己的则比较接近柏拉图；③ 但在他有关合理的知识结构的理解上，则具有与洛克和笛卡尔等人同样明确的基础主义和证据主义立场。他希望在真理性知识结构的区分中，不仅力图使其中的各个部分具有坚实的基础并在它们之间建立起严格的逻辑关系，而且也尝试由此形成一些论证规则和解释规则，来重构和规范宗教信念的认识论地位。这是一种以理性主义为核心的重构和规范，体现了莱布尼茨与洛克在认识指向上基本相同的基础主义和还原主义思想路线。④

也就是说，作为一名理性主义者，莱布尼茨在思考和建构哲学认识论的过程中，尝试运用其中的理性规则对宗教信念在认识论上进行规范和解释，例如他对信仰和理性一致性学说的说明，对传统自然神学存在论证明的完善性整合，以及对若干具体神正论问题的辩护性论证。然而，这并不意味着莱布尼茨希望或试图按照理性的基础主义原则对宗教信念进行全面彻底的认识论整合与建构，或者说，他会像洛克那样把理性看作一切事物最终的"法官

---

① 参见莱布尼茨《人类理智新论》下册，第411—418页。
② 参见段德智《莱布尼茨哲学研究》，第287—288页。
③ 参见莱布尼茨《人类理智新论》上册，第2页。
④ 参见段德智《莱布尼茨哲学研究》，第25页。

和向导"。① 他对宗教信念的可能性还有着其他的考虑，例如启示、情感体验和圣经传统等。② 可能正是这些其他的考虑，使得莱布尼茨在运用理性规则整合宗教信念时表现出了些许的犹豫，或者说使他采取了多样化的立场。例如，虽然他对那些设定信仰和理性不一致的人们进行了批评，而且也相信奥秘可以获得理性的"解释"，但他并不认为理性能够"理解"并"证明"奥秘。③ 正是基于这样的看法，即使莱布尼茨认为在遵循逻辑必然性时可以形成一种解释规则，使得圣经文字表面含义如果违反这一规则时应"允许放弃圣经的字面意义"；④ 但他认为当启示之光照亮心灵时，它将超越理智，理性应为之让步，理性理由的考虑应该暂缓。⑤

那么，当莱布尼茨以这种方式认为信仰有两个品格胜过理性——一是它的不可理解性，即超理性的奥秘；二是它的必然性，即不具有事实真理的盖然性⑥——时，是否意味着莱布尼茨在看待信仰与理性的关系方面把信仰放在了更高的地位上？应该说，莱布尼茨在它们之间试图保持的是一种相对平衡的立场，既肯定理性的规范价值，又认可启示的独立意义。这反映了他多少有些复杂的情感。当他以理性主义的方式建构他的形而上学思想和哲学认识论并提出基本的思维原则和真理观时，他是一个强理性主义者；当他用哲学原则和逻辑规则分析并论证信仰和理性的一致以及传统自然神学的命题时，他坚持了理性主义规范宗教认识论的意义；然而当他用理性规则解释超理性命题和宗教奥秘的认识论含义时，他只是把这种规则看作解释规则而不是理解规则和论证规则，体现了一种弱理性主义立场。即使在这个问题上

---

① Locke, *An Essay Concerning Human Understanding*, 4. 19. 14.
② 莱布尼茨在比较理性与感性经验的关系时，提到了信仰可能有的经验基础，诸如依据启示的体验、源远流长的圣经传统等，能够赋予信仰以正当性的动机。参见莱布尼茨《神正论》，第95页。
③ 莱布尼茨在这里对"解释"（expliquer）、"理解"（comprendre）、"证明"（prouver）和"支持"（soutenir）这些词做了区分，认为设定信仰和理性不一致的人们混淆了它们的含义。在他看来，"解释"在认知的深度上要弱于"理解"。他说，人们可以对一些对象形成解释，能够认识到它们的一些可能性和感性性质；但这并不意味着人们因此可以认识到这些对象的内在本质以及它们是如何发生的，从而证明并理解它们，因为"凡是能被先验证明的或者被纯粹理性证明的，便都是能够被理解的"。参见莱布尼茨《神正论》，第98—99页。
④ 莱布尼茨：《神正论》，第119页。
⑤ 参见莱布尼茨《神正论》，第126—127页。
⑥ 参见莱布尼茨《神正论》，第136页。

他抱怨的是哲学家的错误以及一些学者对理性不适当的滥用，而不是哲学本身，但他在看待奥秘的认识不可能性时更多的是把问题归在了理性的有限性方面。

因此，在莱布尼茨的哲学中虽然有着明显的基础主义思想，但他在运用这种思想阐释超理性奥秘的认知合理性时弱化了其规范的意义，并试图在非哲学的层面上彰显启示自身的认知价值而给人们留下了较强的护教印象，从而使后世学者在看待他在现代基础主义和证据主义历史演进中的地位时，并不像洛克与笛卡尔那样显著和典型。正如一些当代学者在评价莱布尼茨自称其神正论是"一个准科学体系"（a quasi kind of science）的看法时所指出的，莱布尼茨在阐释这类宗教问题时，既运用了学理的方式（the *doctrinal* wing），也使用着辩护的手段（the *refutative* and *defensive* wing），前者提供了理性推理和论证，而后者则缺乏真正的论证价值。[①] 无论莱布尼茨出于什么目的，他在其神正论的阐释中对护教手段的运用，则使其思想中包含了双重的结构或两翼，从而引起了后世学者的广泛争论乃至诟病。然而莱布尼茨所阐释的信仰与理性的关系问题，自基督宗教产生以来就一直是西方哲学家和神学家争论不休的问题；即使莱布尼茨的神正论被视为中世纪自然神学在现代早期的最后一部挽歌，但他试图在这两种思想体系中维持平衡的努力以及对双方各自认知价值的肯定，在当代宗教哲学家中都有其积极的回应和支持者。

第三节 证明理论批判

在现代早期，笛卡尔通过怀疑主义的方法对传统观念作为不可靠的浮沉和沙土的清理，涉及一个范围巨大的领域，包括了从感觉到科学的几乎所有的传统认知对象；洛克则是在全面考察人类心灵结构的基础上，对长期以来为大多数人所持守的天赋观念论给予了彻底的批判，为人类的心灵清理出了一个巨大的空间。他们希望为人类的知识找到一个最为坚实可靠的基础，从

[①] 参见 Paul Rateau, *The Theoretical Foundations of the Leibnizian Theodicy and its Apologetic Aim*; *New Essays on Leibniz's Theodicy*, edited by Larry M. Jorgensen and Samuel Newlands, Oxford University Press, 2014, pp. 100 – 101.

中建构起一个严格合理的思想体系或真理性的知识大厦。虽然在这一知识体系的建构过程中,两人表现出了相当不同的思想旨趣——例如笛卡尔在认可天赋观念论的同时,对人类理性不依赖于感觉的理解能力给予了厚望;而洛克则把后天经验作为人类所有知识的唯一来源,彰显了从培根到霍布斯以来的英国经验主义传统。然而他们都同时强调了坚实的基础和可靠的证据在知识获得与评价中的重要意义与地位,把对观念的领会与理解(笛卡尔)或对观念间一致或不一致的知觉(洛克)是否"清楚明白",作为判定真假最为基本的根据与标准。这些思想中所表现出来的知识论上的基础主义和证据主义立场,对莱布尼茨、休谟和康德等后世的现代哲学家们产生了广泛的影响与启迪,他们都对这两位哲学家所提出的知识论问题以不同方式做出了回应。莱布尼茨的《人类理智新论》虽然是在对洛克《人类理解论》(也译为《人类理智论》)逐条解读的基础上写成的,但他对洛克的观点多是持一种批判的态度,更倾向于笛卡尔的理性主义,把理性原则作为研究哲学和神学的最为基本的思想原则和论证原则。与莱布尼茨不同,休谟则把洛克的经验主义发挥到极致,导向了一种更为激进的怀疑主义。正是洛克在批判天赋观念论中对人类心灵结构的研究,以及在经验论的基础上对人类知识来源、范围和等级的考察,对休谟并通过休谟对康德产生了深远的影响,因此有学者认为,洛克的杰作《人类理解论》为休谟的《人性论》和康德的《纯粹理性批判》树立了典范与先例,否则,后两者中的方案就是"不可思议的"。[①]

一 合理性指向

在现代哲学的早期思想进程中,笛卡尔和洛克等人有关人类知识的基础、对象、范围及其确定性标准的探究和界定,蕴含了一种后来被称为基础主义和证据主义的思维原则或认识论原则。这种原则认为,任何一种观念或信念,只有在坚实的基础上建构并拥有可靠的根据,才是正当的和合理的,才能获得正当理由的辩护与保证;否则,这种观念或信念就是可疑的、缺乏根据的和不合理的。应该说,这是一种非常严格的思维原则,体现出了一种希望在绝对可靠的基础上为所有的人类观念和信念寻求确定性根据与保证的初衷和

---

① 参见爱德华·乔纳森·洛《洛克》,第18页。

要求，任何一种思想观念或信念都应该在这样的原则中接受检验。依据这一原则，传统的以及在当时社会上流行的宗教信念也应该在基础合理性或证据合理性的层面上予以重新考察与审视。而这种考察与审视，在现代早期哲学家那里，主要是通过对从中世纪以来深受神学家们青睐的自然神学的批判性质疑中体现出来的。

在笛卡尔哲学新蓝图的建构中，对传统自然神学的批判性质疑就已经以较为明显的方式呈现了出来。例如他在对所有旧观念的怀疑主义清理中，就包括了诸多中世纪经院哲学的内容，认为这种哲学关于宇宙的看法，要么是难以理解的，要么是缺乏根基的，必须以更为可靠的知识取而代之。① 虽然他在这种清理之后的人类知识之坚实基础的建构中，对中世纪时期神学家们曾经使用的本体论证明进行了重新的整合与认可，但他在其中所贯彻的"清楚明白的"思维原则则是他始终坚持的立场，那就是任何一种观念或信念只有在坚实的基础上建构并拥有可靠的根据，才是正当的和合理的；宗教信念的合理性也必须在这样的基础上得到辩护。这也正是当代学者把他称为一位"基础主义者"的主要缘由。② 笛卡尔在其推崇的基础主义原则中对传统神学命题所表现出的疑惑，在洛克那里得到了更为明确的体现。洛克始终坚信任何观念或命题的确定性必须来自"证明"，只有获得"证明"的命题，其真假才是必然的。他在区分理性与信仰含义的不同之后，把理性作为信仰合理性的最高调节原则和论证原则，认为如果在人们选择"意见或宗教时"不遵守合理的证据和理性而放纵"幻想和自然的迷信"，则势必是一种"非常坏的规则"。③

然而在运用基础主义原则和证据主义原则对传统自然神学的考察与质疑中，莱布尼茨表现出了与笛卡尔和洛克稍微不同的思想旨趣，对这种神学的论证方式有着比后两者更多的偏爱。当然，作为现代早期的一位重要的理性主义哲学家，莱布尼茨维护并坚守了理性原则在认识哲学和神学等诸多问题中的基础性地位。这也是自笛卡尔以来众多哲学家们所普遍遵循的立场，即

---

① 参见查尔斯·塔列弗罗《证据与信仰——17世纪以来的西方哲学与宗教》，第53页。
② 查尔斯·塔列弗罗：《证据与信仰——17世纪以来的西方哲学与宗教》，第50页。
③ 参见 Locke, *An Essay Concerning Human Understanding*, 4.18.11。

把证据规则和逻辑规则视为判定我们能否合理地接受一种观点或一个命题为真的基本标准。与这种思维传统相一致，莱布尼茨认为，为了维系良好的思想秩序，对于那些既缺乏正当的证据，又不遵守普遍逻辑规则的每一个论点或命题，都要拒绝承认；因为这种证据或规则是我们在理性问题上所应遵守的唯一根据，除此之外，"人们既不需要任何别的标准，也无需任何别的仲裁者"①。

因此，虽然莱布尼茨对自然神学有着颇多的偏爱，但他对包含在其中的问题的梳理与重构，则是其基本的认识论原则和理性主义立场在宗教认识论问题上的一以贯之的运用，最为鲜明地体现了莱布尼茨本人独特的理论特征与思想旨趣。由于自然神学是一种尝试以人类的自然理性为基础来阐释或论证宗教命题合理性意义而建构起来的一种思想体系，并随着罗马帝国后期基督宗教与希腊哲学的碰撞与融合而逐步演化出了诸多的理论学说，进而成为中世纪经院哲学时期安瑟尔谟和托马斯·阿奎那等哲学家比较偏爱的一种论证上帝存在的哲学方式；因而，当莱布尼茨在新的历史时期重新思考理性与信仰关系时，他不仅更为细致地阐发与界定了理性的基本原则，而且更是以此为基础考察了中世纪诸多自然神学学说的论证意义与思想价值，为传统自然神学的现代转型提供了一种可能性。

以理性为基础，莱布尼茨把符合理性的真理（或者说理性真理）分为两大类，一类是"永恒真理"，包括逻辑的、形而上学的或几何学的必然真理；另一类是实证真理或事实真理，它们是既能够通过后验的方式，也可以通过先验的方式所认识到的关于自然界事物的真理。② 必然真理通过逻辑规则以先验的方式确定，其真假是绝对的和必然的；事实真理除了能够以先验的方式确定之外，还包括或者说更主要的是通过经验事实为根据进行验证，其真假并非绝对必然的。按照莱布尼茨的说法，以经验事实为根据的事实真理如果具有必然性的话，这种必然性更多的是物理的必然性而非逻辑的必然性。

应该说，这样的理性原则及其真理分类乃是莱布尼茨阐释神学问题，特别是理性与信仰关系时的一个基本的思想原则。这种思想原则既体现在他以理性为基础对包括神学命题在内的诸多命题类型的区分中，也体现在他对关

---

① 参见莱布尼茨《神正论》，第154页。
② 参见莱布尼茨《神正论》，第95页。

于理性与信仰一致性学说的设定中。根据莱布尼茨的看法，以理性为基础对各种命题进行划分，可以区分出合乎理性的命题、超乎理性的命题和反乎理性的命题三种类型。除了符合理性原则的合理性命题以及与理性真理的绝对必然性相对立或相矛盾，从而不具有任何认识论意义的反理性命题之外，莱布尼茨主要是对超理性命题在宗教神学中的表现做出了专门的解释。在他看来，超理性命题虽然常常表现出与"人们惯常经验或理解的东西相对立"的特征，但这种特征更多的是一种表面性，是与人类理解能力的有限性相关，即"当我们的心灵理解不了"或不能理解的时候便呈现为一种超理性特征；也就是说，这类命题在人们的认知特性上可能是超理性的，但在其自身的本性上绝不会是反理性的。通过对三种命题的区分，莱布尼茨相信在宗教神学中存在着合乎理性的命题，即使其中一些命题有可能违反物理的必然性，但它们绝不可能违背逻辑的或形而上学的必然性。① 莱布尼茨把理性原则运用到对神学问题认知合理性的解释中，认为任何的宗教奥秘如果具有合理性，这种合理性应该是符合理性真理的必然性，起码是符合理性真理的逻辑必然性。

在现代早期的哲学家中，早于莱布尼茨的英国哲学家洛克也在理性基础上对不同的命题划分出了与莱布尼茨相同的三种类型。② 但与洛克把理性作为信仰的规范和调节原则，从而消除无根据的狂热并坚持"理性必须是我们最终的判决和指引"③ 的立场稍有不同的是，莱布尼茨试图在信仰的合理性特征的基础上建构起理性与信仰的"一致性学说"。在他看来，既然在宗教信仰中存在着符合理性真理的逻辑必然性的命题（合理性命题）以及在本质上绝不可能违反理性的命题（超理性命题），或者说，既然我们在宗教"奥秘与理性之间"看不到任何的不一致或对立，那么我们就应该相信或承认它们之间存在着"一致"或"和谐"。④ 当然，在莱布尼茨所建立或设定的理性与信仰的"一致性学说"中，理性不仅是信仰的即成特征，即信仰是合乎理性的；而且也是信仰的规范特征，即信仰应该是合乎理性的。

---

① 参见莱布尼茨《神正论》，第 95—121 页。
② 参见 Locke, *An Essay Concerning Human Understanding*, 4.17.23; *Great Books of the Western World*。
③ 参见 Locke, *An Essay Concerning Human Understanding*, 4.19.14。
④ 参见莱布尼茨《神正论》，第 152—153、156 页。

应该说莱布尼茨有关理性与信仰一致的设定体现了他对信仰命题合乎理性特征的自信。这种自信并不意味着莱布尼茨无视或不愿提供理性与信仰一致的逻辑的或事实的根据与保证,而是说,即使在确定性地获得这些根据或保证之前,他也可能会更愿意或更倾向于相信两者的一致而不是不一致。正是在这种一致性设定中所体现出的乐观倾向,使得他对传统自然神学采取了较为积极的态度。他相信,所有以往用来证明上帝存在的自然神学方式都是可靠的,如果加以完善,包含在本体论证明和宇宙论证明等论证方式中的基本目的是可以实现的。① 当代学者认为莱布尼茨通过其努力所完善化了的本体论证明、宇宙论证明、永恒真理的证明和设计论证明,特别是前两种证明,体现出了他对自然神学最为持久的贡献。②

二 批判原则与解释原则

然而差不多半个世纪之后,莱布尼茨在一致性学说设定和自然神学重构中所表现出的对理性与信仰间关系的乐观自信,却遭遇到了英国哲学家大卫·休谟(David Hume,1711 – 1776)强有力的质疑。作为英国经验主义传统的继承者和主要代表,休谟采取了较其前辈更为彻底的经验主义原则以及强证据主义立场,对上帝存在的宇宙论证明、本体论证明与设计论证明等提出了较为激进的批判,从而在某种程度上为以理性为基础论证宗教信念可能性的思想进程,带来了有别于莱布尼茨但又是不可忽视的转变。西方宗教思想史专家詹姆斯·C. 利文斯顿认为休谟以及康德的相关思想与论述可以说是哲理(自然)神学历史发展的"分水岭":"以后所有的哲理神学,只要敢自称为哲理神学,都不得不考虑休谟的研究。"③

休谟生活在 18 世纪,此时的启蒙运动正如火如荼并波及欧洲大陆,可以说整个 18 世纪的欧洲思想界弥漫着理性主义的气息。受此影响,启蒙时期的哲学家们普遍采取理性主义的立场来考察、审视多少仍然占据着某种主流地位的宗教信仰及其神学思想。一方面,他们以理性之名批判超自然、神迹、

---

① 参见莱布尼茨《人类理智新论》下册,第 515 页。
② 参见 The Cambridge Companion to Leibniz, pp. 353 – 354。
③ 詹姆斯·C. 利文斯顿:《现代基督教思想》上卷,何光沪译,四川人民出版社 1999 年版,第 103 页。

批判与阐释
——信念认知合理性意义的现代解读——

庸俗的宗教教条和烦琐的礼仪；另一方面，在严格界定理性和证据之意义与价值的基础上，对于传统自然神学有关上帝存在的证明，提出了新的阐释、修正、完善乃至批判。虽然这些现代早期的哲学家们，如笛卡尔和莱布尼茨等人，希望以新时代之理性精神来完善对上帝存在的证明；但他们所坚守的理性原则与同样进行这种论证的中世纪前辈们已有着截然不同的独立意义，而且其中的一些哲学家如休谟以及随后的康德，在运用新的认识论原则思考自然神学的意义时，对它们的论证价值表现出的是更多的怀疑和不信任，而不是赞同。

休谟出生于苏格兰的爱丁堡，很早的时候（大约12岁）就进入爱丁堡大学接受正规教育，虽然毕业后因身体患病、职业变换等原因而居无定所，但他对哲学保持着持久的兴趣，即使几次申请大学哲学教职均未获通过，仍未能改变他"做一个哲学家"的热情，写出了诸多至今依然影响深远的哲学和宗教研究著作，包括《人性论》（*The Treatise of Human Nature*，三卷，出版于1739—1740年）、《人类理解研究》（*The Enquiry concerning Human Understanding*，1748年）、《四篇论文》（1757年，其中包含了"宗教的自然史"一文）和《自然宗教对话录》（*The Dialogues concerning Natural Religion*，写于18世纪50年代，于他死后的1779年出版）以及《英国史》（*History of England*，1754—1762年）等。[①] 其中所包含的哲学认识论、伦理学和宗教哲学等思想影响深远。就休谟的宗教哲学研究来说，他对传统自然神学的考察和批判无疑是以其哲学思想为根基的，而且在其中更为强调的是他的证据主义和彻底经验主义的认识论原则。和其他早期现代哲学家一样，休谟坚持认识论的优先性原则，认为把握和认知人类的认识能力及其观念的性质与来源在哲学、科学乃至宗教问题研究中具有优先的和基础性的地位，在他看来，"如果人们彻底认识了人类知性的范围和能力，能够说明我们所运用的观念的性质，以及我们在作推理时的心理作用的性质"，那么我们在科学中将会做出非常巨大的"变化和改进"将是无法估量的。[②] 而这一切的获得则是完全依赖于我们对人的自然本性（人性）的全面细致的理解，"当我们在说明人性的原理的时

---

① 参见伊丽莎白·S. 拉德克里夫《休谟》，胡自信译，中华书局2014年版，第4—11页。
② 休谟：《人性论》，关文运译，商务印书馆1980年版，第6页。

候,其实就是在提出一个建立在几乎是全新的基础上的完整的科学体系,而这个基础也正是一切科学唯一稳固的基础"①。

这种思想明显沿袭了自笛卡尔和洛克以来现代早期哲学家们在认识论问题上所持守的基础主义和证据主义研究进路。休谟不仅采用了这种认知基础主义的思想,同时也把经验主义原则作为自己的思维原则和评价原则。在休谟所生活于其中的社会历史演进中,他看到了牛顿运用实验观察的方法在自然科学里所取得的伟大成就,而这种方法曾被洛克以某种经验主义的方式运用在哲学领域中,他因而决心用同样的方法在精神科学领域里取得一番成就。② 而洛克所实施的经验主义方法的本质就是证据主义,即依靠我们所获取的证据的不同程度而对信念、知识做出相应程度的认可。相较于洛克对经验主义的不同程度地贯彻,休谟则坚持彻底的经验主义原则,论证了物质、自我、上帝三类实体的存在以及因果必然性并没有经验根据,进而揭示了经验主义的逻辑结局——怀疑主义或不可知论,表现了一种比其经验主义先辈们更激进的证据主义认知原则。在对宗教信念及其自然神学进行批判时,休谟在《自然宗教对话录》中展示了一个基本的三段论式:"我们的观念超不出我们的经验;我们没有关于神圣的属性与作为的经验;我用不着为我这个三段论式下结论:你自己能得出推论来的。"③ 正是以严格的经验为基础所表现出的对超越经验之外的推论如神圣属性的怀疑,使之获得了证据主义者的称号:"鉴于休谟主张仅当证据充分支持信仰才是合理的,他经常(我认为是正确的)被称为'证据主义者'。"④

以人的自然本性及其基本认知能力的全面分析为基础,休谟依据其经验主义为基本评价原则,对当时流行的有关宗教信念的各种理性证明体系进行了考察与批判,尤其是对上帝存在的本体论证明和设计论证明的分析批判影

---

① 休谟:《人性论》,第8页。
② 他把牛顿当作效法的榜样,他说:"长期以来,天文学家一直满足于从现象出发证明天体的真正运动、秩序和体积,直到后来,终于出现了一位哲学家,他根据最巧妙的推论,似乎也确定出了各行星的运动所依靠的那些规律和力量。关于自然的其他方面,也有同样的情况。我们在研究心理的能力和结构时,如果运用同样的才力和同样的细心,也可以获得同样的成功,对此没有任何失望的理由。"见休谟《人类理解研究》,第17页。
③ 休谟:《自然宗教对话录》,陈修斋、曹棉之译,商务印书馆2009年版,第18页。
④ [美]查尔斯·塔列弗罗:《证据与信仰:17世纪以来的哲学与宗教》,第146页。

响深远。休谟对这些内容的讨论主要集中在其著作《自然宗教对话录》中，本书主要通过休谟对设计论证明的分析，来认识其经验主义为基础的证据原则的自然神学批判意义。他首先以克里安提斯的口吻表达了设计论证明的论证思路，即根据由果溯因的类比推理，从人工制品由具有理智的人设计制造而来推出自然作品是由具有更大智慧的存在者设计制造，从而得出这一更大智慧的设计者即上帝的论证结论。① 休谟认为自然神学设计论证明的核心问题，是在它运用类比推理和归纳推理时并没有严格遵循经验主义的原则，从而使这种证明包含了诸多不严格和不合理的内容。

休谟认为类比推理有其合理的意义，如果严格遵循其中的推理规则，那么其结论定会包含合理的价值。然而设计论证明所使用的类比推理方法却违反了类比推理应有的相似性原则。在休谟看来，"事件的精确的相似，使我们对于一个相似的事件有完全的保证。但只要你稍微远离这些情况的相似性，你就成比例地削弱了这个论证；最后并且可以使这证明成为一个非常不可靠的类比，这种类比显然容易陷入错误和不定"②。设计论证明从自然作品与人工制品的相似性出发进行类比推理，然而休谟认为相对于二者相似来说，它们的差别却是本质上的和巨大的，从而这种类比的结论只能是一种猜测。所以从二者相似角度来讲，无论如何都不能达到有效的类比推理。再者，设计论证明也违反了因果推理中原因与结果相适应的原则。设计论证明是一种后天证明，它尝试从结果推出原因：如从房屋推出房屋的制造者，从宇宙推出宇宙的设计制造者。但休谟认为，在进行类比时，部分的性质并不一定能代表整体的性质，尤其是在部分与整体差异很大的情况下。③ 因而关于宇宙的秩序或原因，休谟的疑问是，"我们称之为思想的，脑内的小小跳动有什么特别的权利，让我们使它成为全宇宙的规范呢？"④

---

① 参见休谟《自然宗教对话录》，第18—19页。
② 休谟：《自然宗教对话录》，第19页。
③ 休谟认为，宇宙的动因和原则有很多种，人类的思想或设计，以及自然界中的热或冷、吸引或排斥等。部分和整体之间悬殊极大，并不能把从部分得出的结论合适地推广到整体。参见休谟《自然宗教对话录》，第23—24页。
④ 休谟：《自然宗教对话录》，第24页。

在从经验出发所展开的所有不同类型的论证中，归纳推理是人们经常使用的一种有用的也是较为合理的方法。设计论证明中也包含着对归纳推理的使用，然而在休谟看来，这种使用违反了归纳推理应有的原则。设计论证明把房屋和钟表等人工物品归为由人制造而成，这其中就运用到了归纳推理的原则。但是归纳推理有一个前提，即两种现象必须是恒常会合依次发生的，也就是说，这两类现象必须是我们在日常生活中能够经常见到的。但从贝壳和树木等物品推断出它们是上帝所造的这一结论，并不是我们在日常生活中所见的，更不用说恒常发生的，因此这一归纳推理并不有效。而且从另一种意义上看，将只有精神性的上帝当作世界的创造者并不是最好的选择。休谟论证了宇宙与动物体及植物，比起与人类技巧的作品来有更大的相似，根据相似的结果有相似的原因，所以宇宙的起因更应归为具有生殖或生长属性的东西而不是理性。① 休谟的这些批判给康德留下了非常深刻的印象，高度评价了休谟的历史意义，认为休谟对有神论的批判是非常有力的，"至上存在体这个概念是人们做成的，从这一点来说，这种攻击甚至在某种情况下（实际上在一切通常情况下）是驳不倒的"②。

从这些批判中，我们可以看出休谟始终贯彻经验主义原则，将推理严格限制在我们日常的经验中，将经验作为唯一的证据，根据经验的程度来衡量证据的强度，进而得出相应程度的信念或知识。他认为人的认识来源于经验，并在经验的基础上得到验证。在他看来，如果脱离了经验，人们无法根据自己的观念来确定宇宙一定是什么样子的，从而也不能指出宇宙的真正原因是什么，因为"唯有经验能为他指出任何现象的真正原因"③。休谟对待自然神学的批判，应该说是与他看待当时所流行的各种宗教的基本态度不无关系，他认为，如果"纵览一下多数的民族和时代，审视一下实际在世上通行的宗教信条，你很难不把它们当作病人的幻想"④。休谟把这种对待宗教的态度，更为典型地运用在了对传统神学的不满和批判上，他说，如果我们拿起任何

---

① 参见休谟《自然宗教对话录》，第 53—56 页。
② 康德：《任何一种能够作为科学出现的未来形而上学导论》，庞景仁译，商务印书馆 2009 年版，第 146 页。
③ 休谟：《自然宗教对话录》，第 21—22 页。
④ 休谟：《宗教的自然史》，徐晓宏译，上海人民出版社 2003 年版，第 120 页。

一本例如有关神学性或学院派形而上学的书,就会发现在它之中根本不可能包含任何关于"数和量方面的抽象推论",也根本不可能包含任何关于"事实和存在事物的经验推论",我们只有"把它投入烈火中,因为它不可能包含任何其他东西,只有诡辩和幻想"①。休谟以经验主义为基础所展开的对知识的可靠性以及自然神学论证的合理性的分析、批判评价,将笛卡尔和洛克等人所倡导的证据主义和基础主义思想推进到一个极致的层面,在后世宗教哲学的研究中引发了广泛而激烈的争论。然而无论这些争论中所包含的支持或反对的倾向各自占据着什么样的分量,休谟对宗教和宗教信仰的批判在总体上则被认为是"精妙的、深远的和有破坏力的",在他之前的哲学没有,在他之后也很少。②

三 认知边界

从思想史的进程上看,中世纪之后西方社会所发生的诸多重大变化,不仅为哲学的认识论转向带来了深刻的历史机缘,同时也给尝试以哲学为基础来建构宗教命题合理性的自然神学诉求形成了巨大的挑战。当笛卡尔和洛克等现代早期的哲学家们试图通过寻求一种坚实的"磐石和硬土"来为知识建构起可靠的基础和严格的范围与界限的时候,这个时期自然科学的进展和成就为他们提供了极大的启发和思想资源。他们不仅认为人类所生活于其中的经验世界是一个受数学规则支配的物质世界,而且也相信数学知识的清晰性和确定性是所有知识的典范——从而在他们看来,如果一个知识体系是一个"可信赖的和系统化的知识"的话,它则必须建构在无可置疑的基础之上并拥有坚实可靠的根据或证据。这种有关可靠的知识必须具有确定的基础和证据的思想,就成为现代早期以来众多哲学家们为之努力的认识论目标。

可以说,当莱布尼茨建构其哲学体系并思考神学命题的认识论意义时,

---

① Hume, "An Enquiry Concerning Human Understanding", *Great Books of the Western World*, Volume 35, *Locke, Berkeley, Hume*, edited (in chief) by Robert Maynard Hutchins, ENCYCLOPÆDIA BRITANNICA, INC., 1952, (thirty-second printing 1990), p. 917.

② J. C. A. Gaskin, "Hume on religion", *The Cambridge Companion to Hume*, edited by David Fate Norton, Cambridge University Press, 1993, p. 313.

自然科学进展所带来的广泛的思想影响以及由笛卡尔和洛克所开创的知识合理性的基础主义和证据主义诉求，也在相当大的程度上进入他的理论视野之中。作为一位具有深厚自然科学造诣的哲学家，数学知识的清晰性与可靠性必定会给他留下深刻的印象；而且他在对理性真理两种类型划分中所昭示的逻辑规则和事实根据的知识论意义，也使得他与现代早期以来逐步流行开来的认知基础主义和证据主义路线保持着某种高度的契合。这种契合在他以理性为基础对三种神学命题的划分及其是否以及在多大程度上具有合理性意义的考察中，也得到了较为充分的体现。只是与洛克他们稍有不同的是，莱布尼茨在以理性原则考察古典自然神学的认识论价值时，更多看到的是这些论证的积极意义。

也就是说，虽然作为一个秉承了现代早期哲学之时代精神的理性主义哲学家，莱布尼茨把以理性为基础的证据原则作为判定一个观念或命题是否合理的基本原则，例如他不仅主张我们既要拒绝任何"缺乏证据的论点"，也不能承认任何并不遵行"逻辑规则"的论证，① 而且对"原初真理"及其在它基础上形成的"派生真理"之间的逻辑关系和认识论关系做出了清楚的划分与界定；② 然而当他运用在现代早期逐步明确起来的基础主义原则和证据主义原则来评估宗教信念的合理性意义，特别是传统自然神学的论证价值时，依然希望在它们之间寻找某种平衡——既对理性与信仰间的一致性关系充满乐观自信，同时也尝试在完善和重构本体论证明和宇宙论证明等论证方式中来实现其可靠的认识论价值。

相对于莱布尼茨对自然神学所依存的希望来说，休谟的批判可谓是激进彻底的，这也为后世学者留下了不同的印象。如果说人们在莱布尼茨的神正论及其自然神学重构中看到的是学理的方式（the *doctrinal* wing）和辩护的手段（the *refutative* and *defensive* wing）的双重使用并认识到后者（即辩护手段）缺乏真正的论证价值的话，③ 那么在休谟的彻底经验主义思想中，人们所感受到的则是一种怀疑主义，一种对上帝存在的各种理性证明所进行的可谓是前

---

① 参见莱布尼茨《神正论》，第154页。
② 参见莱布尼茨《人类理智新论》下册，第411—418页。
③ 参见 Paul Rateau, *The Theoretical Foundations of the Leibnizian Theodicy and its Apologetic Aim*; *New Essays on Leibniz's Theodicy*, pp. 100 – 101。

批判与阐释
—— 信念认知合理性意义的现代解读 ——

无古人后无来者的激烈批判。① 正是基于这样的思想原则及其研究问题的方式，人们对休谟的影响在新的学术层面上给予了高度的评价，认为他的宗教哲学及其"两部相辅相成的著作，即《宗教的自然史》和《自然宗教对话录》，标志着今天人们一般所笼统指称的宗教哲学的开端。宗教和宗教信仰固然有更早先的研究者，但是作为一项系统性、批判性的研究，作为哲学的一个特殊分支，它在休谟之前几乎没有什么可观的历史"②。

那么，我们应该如何在现代哲学早期演进的历史背景中看待莱布尼茨和休谟以不同方式解读自然神学论证价值的历史意义呢？应该说，哲学的认识论转向、理性的更加独立意义的释放以及自然科学最新成就的示范，笛卡尔和洛克等哲学家们在知识的合理性以及真理性命题的评价中所提出并倡导的基础主义和证据主义原则逐步地获得了更多的坚定支持者。在这样的背景下，中世纪哲学家通过自然神学的方式，以哲学为基础所展开的有关上帝存在的诸多证明，是否以及在什么意义上具有理性的或逻辑的合理性与知识的可靠性，无疑会引起这个时期哲学家们的关注和兴趣。莱布尼茨当然也持守着这样的基础主义原则，把证据和逻辑规则视为能否合理地接受一种观点或看法的主要标准。他在其基本哲学原则的基础上所完善化了的本体论证明、宇宙论证明、永恒真理的证明和设计论证明，特别是前两者③，就体现了他希望使自然神学的论证具有严格合理的论证意义的意图。

因此可以说，在完善自然神学诸种证明方式的逻辑严格性中，莱布尼茨对这些方式的论证可能性以及神学命题的理性合理性，所持有的基本上是一种积极乐观的态度。然而，虽然在这种态度中莱布尼茨提出了理性与信仰的一致性学说，但这并不意味着他会相信所有的神学命题都可以在理性基础上获得完全可靠的证明，进而形成具有逻辑必然性和事实必然性的理性真理。在他的思想中，还有一些神学命题，即使它们有着内在的合理性，但依然是不可能获得理性的完全理解和证明的。这些神学命题诸如超理性命题，可以在理性基础上形成某种认识并获得一定的合理"解释"（expliquer），但我们

---

① 参见 J. C. A. Gaskin, *Hume on religion*, *The Cambridge Companion to Hume*, edited by David Fate Norton and Jacqueline Anne Taylor, Cambridge University Press, 2009, p. 480。

② 转引自休谟《宗教的自然史》，徐晓宏译，"编者（H. E. 鲁特）导言"，第1页。

③ 参见 *The Cambridge Companion to Leibniz*, pp. 353 – 364。

的理性不能深入了解它们的内在本质并知晓它们是如何发生的，从而对它们产生全面的"理解"（comprendre），进而得到可靠的"证明"（prouver）；因为在他看来，凡是能够被"理解"的都是可以被纯粹理性所证明的，而这些命题的"奥秘"却并不向人类的"理解"开放，从而也不能为人类的理性所证明。① 也就是说，在莱布尼茨的心目中，理性原则在神学命题的使用上似乎是能够分为不同层次的，它可以在不同意义上说明和论证后者的合理性与可靠性——作为强的证明原则来论证合乎理性的命题和反乎理性的命题的真假意义，以及作为弱的解释原则来说明超乎理性的命题的意义。

然而，当休谟运用其严格的经验主义立场考察理性在自然神学中的意义时，他并不认为前者能够为后者的合理性或可靠性带来多少有积极价值的东西——无论是作为证明原则还是作为解释原则都不能。休谟坚信，经验是我们所有观念的基础和所有"现象的真正原因"之所在②，我们关于一切事实的合理性思考与推论必须遵守经验的相称性原则和相似性原则，任何超出这些原则所允许范围的推论都是不可靠的，自然神学试图从有限的自然现象出发来论证或建构起有关上帝这一"如此无限的原因的观念"，则无疑是更加不合理的。③ 休谟对任何超越经验原则之上的理性推论或观念——诸如因果关系、自我、世界以及上帝存在等——所采取的极端怀疑主义态度，对后世学者产生了深刻的影响，使得人们感叹休谟似乎太执着于这种看法"而不能对任何'遥远和玄妙的对象'有任何积极的宣称"。④

因而，在有关理性原则的思想意义上，如果说莱布尼茨相信它能够在上帝存在这类形而上学命题方面产生可靠性结论的话，那么休谟则对这些结论的可靠性保持极大的怀疑；他只接受在经验基础上得到充分证明的东西，并不认可上帝存在这类"遥远和玄妙的对象"能够在这样的基础上得到可靠的证明。可以说，休谟较为警醒于理性原则的有限性，对其思想边界极为敏感，

---

① 参见莱布尼茨《神正论》，第98—99页。在这个问题上，莱布尼茨认为"理解"在认知的深度和可靠性上要强于"解释"。
② 参见休谟《自然宗教对话录》，第21—22页。
③ 参见休谟《自然宗教对话录》，第23、42页。
④ 参见 J. C. A. Gaskin, "Hume on religion", *The Cambridge Companion to Hume*, edited by David Fate Norton and Jacqueline Anne Taylor, Cambridge University Press, 2009, pp. 488–489。

并不认同它在所有问题上都能够产生积极的论证价值。这种看法后来启发了康德为理性划界，进一步系统地规定了理性的范围。然而，在他们之前，当莱布尼茨提出理性与信仰的一致性学说并完善自然神学论证方式的时候，并不仅仅意味着他对理性原则的论证价值充满自信而对其思想边界缺乏意识。实际上，在莱布尼茨说明启示对心灵的独立意义以及信仰超越理性的品性时，他也表达出了对理性有限性的担忧，认为在这些问题上理性应该止步，理性的理由可以暂缓。①

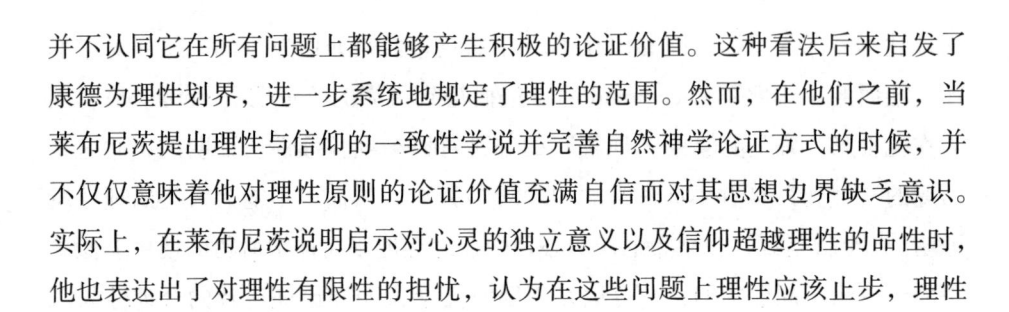

可以说，在阐释自然神学的论证价值时，莱布尼茨和休谟都在某种程度上表现出了对理性的担心和怀疑；或者说，他们都多多少少认为宗教信仰的合理意义是不能够在理性的基础上得到完全充分的揭示，只是休谟在这种看法上要更为严格，走得更远而已。可能正是基于这样的看法，或者说基于对理性有限性的某种认知——例如莱布尼茨所说的理性缺乏信仰的两种品性以及休谟提到的"自然理性的缺陷"②，使得他们在某些时候会从理性原则之外思考宗教信念的可能性——在莱布尼茨那里，这种可能性包括启示、情感体验和圣经传统等；③ 在休谟那里，这种考虑有时会是基于人性的希望、恐惧、担忧等情感。④ 然而，无论这种非理性的可能性是什么，仅仅从基础主义和证据主义的立场上看，如果宗教信念不能在理性原则的基础上得到彻底的和最为充分的解释与证明，那么其原因除了莱布尼茨或休谟所说的理性的有限性之外，是否也有着另外一种可能性，即是否意味着这种信念本身在理性的合理性范围内也存在着不可克服的内在缺陷或问题？这正是20世纪早期逻辑经验主义者们关注的问题，也是引发现当代宗教哲学家们深刻思考的问题。

四 有限的理性

在18世纪启蒙运动的精神氛围中，康德（Immanuel Kant，1724 – 1804）也是一位充分体现其思想特质的哲学家，而且应该说是那个时代最重要的哲学家。他对启蒙运动本身有着其深刻的理解，称"启蒙运动就是人类脱离自

---

① 参见莱布尼茨《神正论》，第126—127、136页。
② 参见莱布尼茨《神正论》，第136页；休谟：《自然宗教对话录》，第109页。
③ 参见莱布尼茨《神正论》，第95页。
④ 参见休谟《宗教的自然史》，曾晓平译，商务印书馆2017年版，第11—12、18页。

己所加之于自己的不成熟状态",认为人类理智自身的不成熟状态是自我添加或者说是由自身造成的,必须经由他人的引导方能摆脱。① 康德这种对启蒙运动的理解,在现代社会思想史上有着广泛的影响。就他对传统自然神学的态度而言,他主要是延续了休谟的证据主义批判,在对人类的认识能力的深入考察中将这种批判推向了一个新的高度。

康德是一位单纯的德国学者、一位严谨的哥尼斯堡大学教授。他出身于德国哥尼斯堡一个具有虔诚信仰的家庭,其本人终身对这种品性保持敬意。康德长期生活于他所出生和任教的哥尼斯堡,过着有规律的、几乎是刻板的生活,很少离开他所生活的这座城市。正是在这种看似平静的大学生涯中,康德开始了他对世界产生深刻影响的哲学研究与创作。康德最重要的哲学著作是三大批判:《纯粹理性批判》(1781/1787)、《实践理性批判》(1788)和《判断力批判》(1790);除此之外,康德还写出了众多其他的著作,包括《普遍的自然史和天体理论》(1755)、《论优美感和崇高感》(1764)、《任何一种能够作为科学出现的未来形而上学导论》(1783)、《自然科学形而上学基础》(1786)、《单纯理性限度内的宗教》(1793)、《道德形而上学》(1797)和《逻辑学讲义》(1800)等,内容涉及哲学、道德、美学、政治、法学、科学、宗教和历史等领域。

康德的学术生涯开始较早,而他的哲学成就和声望是在经过一个较长的探究时间之后获得的。一般来说,康德早在1740—1750年代就开始思考理论问题,同时发表了有关自然科学和形而上学方面的著作,并在随后的一些年里接受了当时流行的哲学思想如莱布尼茨—沃尔夫体系中的观点;但主要是在1770—1780年,康德开始酝酿、思考并最终形成了自己的哲学观点和立场,其主要标志就是《纯粹理性批判》在1781年的出版。该书奠定了康德作为著名哲学家以及在现代哲学史中的重要地位,被视为"康德在哲学和神学中'哥白尼革命'"的开始。在随后直到其逝世的近25年的时间里,康德围绕着这本著作所奠立的哲学基调写下了十余部进一步阐释其广泛内容的著作。②

---

① 参见康德《历史理性批判文集》,何兆武译,商务印书馆1990年版,第22页。
② 参见查尔斯·塔列弗罗《证据与信仰:17世纪以来的哲学与宗教》,第197—198页;詹姆斯·C. 利文斯顿:《现代基督教思想》(上卷),第130页。

在《纯粹理性批判》的开始，康德承认我们所有的"知识都从经验开始"，即由于感性对象刺激"我们的感官"，在产生"表象"的同时激发了我们"知性活动"的运作，将"感性印象的原始素材加工成称之为经验的对象知识"；因此他说，从时间上看，"我们没有任何知识是先行于经验的"；然而他认为，我们即使承认一切知识是从经验开始的，但并不意味着一切知识因此"都是从经验中发源的"。① 实际上，在他看来，人类中还存在着一些知识是独立于经验、独立于"一切感官印象的"，它们被称为"先天的（a priori）知识"，与来自经验或被称为经验性的"后天的（a posteriori）知识"是截然不同的；他认为先天知识与经验性的和偶然的后天知识不同，是在它之中包含着一些"必然的和在严格意义上普遍的、因而纯粹的先天判断"或命题，例如科学中的数学命题以及知性中的"原因"概念与"一切变化都必有一个原因"之类的命题。②

康德在以经验为基础区分先天知识和后天知识之后，还有一个更大或更重要的目的，就是要对我们有关经验世界之外的对象是否具有知识的可能性予以分析和说明。在他看来，如果经验世界的知识是由感觉和知性获得的话，那么在"超出感官世界之外"的"经验完全不能提供任何线索、更不能给予校正的地方"，则只能是由"理性所从事的研究"，而这种研究的重要性要比"知性在现象领域里可能学到的一切要优越得多，其目的也更崇高的多"；他把这种理性所从事的研究领域归结为"上帝、自由和不朽"，研究它们的学科称为"形而上学"。③ 当然，康德对这种形而上学的知识可能性提出了质疑。他认为，知性所形成的知识是关于现象界的，包含着能够确定其"范围、有效性和价值"的分析判断（先天判断）和综合判断（后天判断）。如果以命题的形式来表达，分析判断则是"谓词 B 属于主词 A，是（蕴含地）包含在 A 这个概念中的东西"，而综合判断是"B 完全外在于概念 A，虽然它与概念 A 有连结"，康德也把前者称为"说明性的判断"，后者称为"扩展性的判断"。④ 这两种判断的真理性是可以获得并能够得到检验的。但是如果思辨理

---

① 康德：《纯粹理性批判》，邓晓芒译，杨祖陶校，人民出版社 2004 年版，第 1 页。
② 参见康德《纯粹理性批判》，第 1—3 页。
③ 参见康德《纯粹理性批判》，第 5—6 页。
④ 康德：《纯粹理性批判》，第 8 页。

性试图将这两种知识类型综合在一起，形成一些以综合性为基础的先天知识，那就面临了巨大的挑战。因此，他把"先天综合判断是如何可能的"称为思辨理性的最重要的基本课题。在他看来，在纯粹理性运用典立并从中发展出来的关于对象的先天知识而形成的所有科学中，"纯粹数学"和"纯粹自然科学"的可能性已因它们的现实存在而得到了解决，而"形而上学"的可能性至今还没有得到完满的回答，我们必须对它"作为自然的倾向是如何可能的"以及"作为科学是如何可能的"做出进一步的思考与探究。①

在回答先天综合判断（必然性知识）的可能性或不可能性的问题中，康德对人类的认识能力及其相应的知识类型进行了划分与分析。他是从最基本的感性能力开始这种分析的。在《纯粹理性批判》的"先验感性论"中，康德认为知识往往会与对象发生关联，而无论它"以何种方式""通过什么手段"与对象发生直接关系的，乃是"直观"；直观只有在对象被给予或刺激我们时才发生，我们在这种刺激中获得"表象"的能力（接受能力）叫作"感性"，在"表象能力上所产生的结果就是感觉"，通过这种感觉能力而形成的关于对象的直观叫作"经验性的直观"，"一个经验性的直观的未被规定的对象叫做现象"。② 在这样关于现象的认识活动中，与感觉相应的东西是"现象的质料"，整理这些现象的杂多使之处于某种关系中的东西则是"现象的形式"。康德认为一切现象的质料是后天的，而整理它们的形式则是先天的；他把那些"在其中找不到任何属于感觉的东西的表象称为纯粹的（在先验的理解中）"，因此感性中有纯形式，也称为"纯直观"，它们是先天的知识原则。康德认为在感性直观中有两种纯形式，即"空间和时间"，它们构成了感性知识的先天原则。③

如果说在感性能力中，康德通过把纯直观的两种形式——空间和时间——归结为感性知识的先天原则，从而保证了感性在对"现象材料"认识中的必然性；那么在对知性能力考察的"先验分析论"中，康德则把这种先天认识形式归结为"纯粹概念"，是它们赋予了知性认识以必然性。在他看来，这些

---

① 参见康德《纯粹理性批判》，第14—17页。
② 康德:《纯粹理性批判》，第25页。
③ 参见康德《纯粹理性批判》，第25—27页。

纯粹的概念"不是经验性的概念",从而"不属于直观和感性",而是属于"思维和知性",具有单纯性和完备性。① 他把这些纯粹的知性概念又在亚里士多德的意义上称为"范畴",建立了四类共十二个的"范畴表",包括：1. 量的范畴——单一性、多数性和全体性；2. 质的范畴——实在性、否定性和限制性；3. 关系的范畴——依存性与自存性（实体与偶性）、原因性与从属性（原因和结果）和协同性（主动与受动之间的交互作用）；4. 模态的范畴——可能性—不可能性、存有—非有和必然性—偶然性。②

康德把这些知性范畴看作知性能力认识现象的先天形式，从而也是给予现象以及"作为一切现象的总和的自然界（natura materialiter spectata）颁布先天法则的概念"；③ 如果把这些纯粹知性范畴运用到"可能的经验"上，则会产生或者是数学上的或者是力学上的综合性的知识，因为它们之中既包含着"现象的直观"，也包含着"现象的存有"；由于这种运用包含着直观的先天条件，因而内在于其中的原理是具有必然性的：或者是无条件的必然，如数学性的运用；或者是某种程度的先天必然性，如力学性的运用。康德把这些"纯粹知性原理"称为"范畴客观运用的规则"，它们包括"直观的公理""知觉的预测""经验的类比"和"一般经验性思维的公设"四种原理。④ 在康德看来，所有这些纯粹知性的原理只能是"经验可能性的先天原则"，在这些原理基础上形成的"一切先天综合命题"，"也都只与经验的可能性相关，甚至这些命题的可能性本身都完全是建立在这种关系上的"。⑤ 也就是说，"纯粹知性概念"在"任何时候都只能有经验性的运用"，"纯粹知性原理只能和某种可能经验的普遍条件、与感官对象发生关系"，它们"永远也不能有先验的运用"，永远不能与所谓"超验"的"一般物"发生关系，不能以取得知识的方式与这些"一般物"发生综合性的关系。⑥

在《纯粹理性批判》的"先验感性论"和"先验分析论"中，康德对人

---

① 参见康德《纯粹理性批判》，第60页。
② 参见康德《纯粹理性批判》，第71—72页。
③ 参见康德《纯粹理性批判》，第108页。
④ 参见康德《纯粹理性批判》，第152—153页。
⑤ 康德：《纯粹理性批判》，第215页。
⑥ 参见康德《纯粹理性批判》，第223页。

类的感性和知性两种认识能力进行了细致的考察与分析，归结出了这两种认识能力所具有的先验认识形式——时间空间和各种知性范畴及其原理，认为正是这些认识形式保证了这两种认识能力所获得的知识的普遍必然性。也就是说，当我们用这些认识形式去认识它的经验性对象——现象世界时，我们必然能够获得像数学和力学（物理学）那样的确定性的知识。在康德看来，人类的"一切知识都开始于感官，由此前进到知性，而终止于理性"，在它们之上人类"再没有更高的能力来加工直观材料并将之纳入思维的最高统一性之下了"。但是当他对人类认识能力的最后一个或最高的"理性"做出解释时，他说他感到了"某种尴尬"。① 他在其《纯粹理性批判》的"先验辩证论"中对他所遇到的这种"尴尬"进行了分析和说明。

康德认为，他在"先验辩证论"中涉及的是一种"幻想的逻辑"，其任务讨论的不是那些"视觉的幻相"之类的"经验性幻相"，而是仅仅为理性或纯粹理性所导致的"先验的幻相"。② 他说，我们在这里所遇到的基本问题是："理性本身、也就是纯粹理性，是否先天地包含有综合原理和规则，以及这些原则有可能存在于何处？"③ 当然，如果我们抽掉了"理性"中的一切知识内容时，它确实也"有一种单纯的形式的运用、亦即逻辑的运用"；但是问题是，它的原理的运用"根本不是着眼于经验"，从而"由这种纯粹理性最高原则中产生出来的原理将对于一切现象都是超验的"，永远不可能有与这种原则相适应的经验性的运用。④ 因此，当理性试图用这些原则超越经验去认识"一般"之物，并把知识建构成为一个统一的体系时，则不可避免地会陷入"先验的幻相"之中，形成无法解决的自相矛盾。也就是说，先验幻相"不顾批判的一切警告，把我们引向完全超出范畴的经验性运用之外，并用对纯粹知性的某种扩展的错觉来搪塞我们"⑤。由于逻辑是在概念（范畴）基础上形成判断和推理，而当理性把这种逻辑形式运用到超经验的对象上时，给我们带来的只能是"错觉"或"幻相"。

---

① 参见康德《纯粹理性批判》，第261页。
② 参见康德《纯粹理性批判》，第258—259页。
③ 康德：《纯粹理性批判》，第266页。
④ 参见康德《纯粹理性批判》，第261、269页。
⑤ 康德：《纯粹理性批判》，第259—260页。

康德在对理性认识能力考察的基础上，对传统自然神学有关上帝存在的证明进行了分析和批判。他把从思辨理性上对上帝存在的证明分为三种，自然神学证明（从人类的经验和事物的性状与秩序出发的证明）、宇宙论证明和本体论证明。这三种证明虽然分别使用了"经验的途径"和"先验的途径"，但康德认为它们都"不会有什么建树"。① 康德的分析批判是从先验的途径，即本体论证明开始的。由于本体论证明是以"上帝"这一概念为基础或前提而展开的，康德也就首先对这个概念进行了分析。在他看来，人们一般都会认为"上帝"是一个关于绝对必然的存在者的概念，认为这个概念指称的是一个绝对必然的存在者。在概念的意义上大家都是会认同的。但在这个概念是怎么形成的问题上，却产生了争论。康德的看法是，这个概念是"一个纯粹理性概念""一个单纯的理念"②，是人们为了解决认识问题而在思想中构建起来的，即用它来统一人类认识的某一些对象，使我们的认识具有某种完整性。也就是说，它是在人们的思想中为了某种认识或理论的需要而被建构起来的，它并不是人们在实际的经验中感受到有这个对象从而根据这样的对象而形成相应的概念。然而，理论的或理性的需要并不是这个概念具有客观实在性的标志或标准。

康德说，这就是问题的所在。长期以来，人们都在谈论"绝对必然的存在者"的这一概念，却忘掉了这一概念是如何被思考的，从而是如何被形成的。他说，当然，我们可以在字面上或在概念的定义上赋予这一概念以绝对必然性，但是构成这种绝对必然性的现实条件是什么，也是完全不能被忽视的。然而实际情况是，人们往往被这种概念上的绝对必然性所迷惑，认为我们已经对这个概念的所有方面都清楚了，它的绝对必然性就意味着它在现实中存在的合法性，它已传达了我们所需要的东西，从而就不需要作进一步的探询。如几何学命题"三角形有三个角"，人们认为它是绝对必然的，从而觉得"有三个角的三角形"在思想（康德所说的知性）之外的存在合法性也是没有问题的，把它的存在视为理所当然的。③ 康德认为这是思想混乱的表现，

---

① 参见康德《纯粹理性批判》，第 471 页。
② 康德：《纯粹理性批判》，第 472 页。
③ 参见康德《纯粹理性批判》，第 472—473 页。

它是由把概念的必然性与事实的必然性作为意义相同的错误理解所导致的。本体论证明就犯了这样的混同错误。为了澄清这种误解，康德对这两种必然性的不同含义做了进一步的分析。

一般来说，我们关于事物的知识都是以命题的形式（主谓语形式，S 是 P）表达出来的，而命题具有判断的性质，它是对对象是什么和不是什么的断定。从主谓词的关系来看，命题可以分为两大类，一类是分析命题；另一类是综合命题。分析命题是断定主词具有某种性质或特征（谓词）的命题，这种性质或特征是必然属于或包含在这个主词的概念之中的东西，因此提到或肯定这个主词，就必定会承认这个性质或特征，如"三角形有三个角"和"和尚都是僧人"等。三角形与三个角、和尚与僧人之间具有必然的关系，后者是必然包含在前者之中的，如果承认前者，就必承认后者，它们之间是一种绝对必然性的关系。综合命题也是断定主词具有某种性质或特征的命题，但这种性质或特征并不是必然属于主词概念一部分的东西，它可能有这种性质或特征，也可能没有，有没有是靠实际的考察或经验来检验的，而不是通过对主词概念本身的分析就能确定的，如"三角形是红色的""和尚是亚洲人"等。综合命题顾名思义就是为这个主词综合了一种新的特征。综合命题也可以是必然的，但它的必然性与分析命题是不同的，分析命题仅仅通过检验概念本身就可以确定它的必然性，而综合命题是否是必然真的则依赖于经验观察，因此前者也被称为先天命题，后者被称为后天命题或经验命题。

分析命题和综合命题有着不同的必然性性质。一个分析判断，如"一个三角形有三个角"，我们可以否定整个判断（同时否定主词和谓词）而不会产生矛盾（没有三角形，这在逻辑上是可能的、是不矛盾的）；但如果我们肯定主词"三角形"而否定宾词"三个角"，说"一个三角形没有三个角"，那么则出现了逻辑矛盾的。而就一个综合判断来说，如"三角形是红色的"，则主词和宾词之间没有这种必然性关系，我们完全可以说"一个三角形不是红色的"或说"有一个和尚不是亚洲人"，这样说没有任何违反逻辑矛盾的地方，它的正确与否是由事实来决定的。因此康德说，一个概念的逻辑（判断）绝对必然性与它的事实绝对必然性不是同一的，我们可以否定三角形存在，可以认为不存在这样的实际对象；但是如果我们承认有三角形，认可这一概念，那么你就必须承认它有三个角，不能否定这种逻辑上的绝对必然性，这即康德所说的，在这样的命题中，如果我们"取消谓词而保留主词时，就产生出一个矛盾，……但如果我连同谓词一起把主词也取消掉，那就不会产生任何矛盾；因为不再有什么东西能够与之相矛盾的了"①。他认为像"上帝是全能的"这样的命题就属于这种必然判断，如果我们假设有上帝，那么我们就必定会认为他是全能的、无限的、是世界的创造者等等，因为全能等性质都是必然包含在对"上帝"这个概念的设定之中的。我们不能说有上帝而他不是全能的、无限的等等，这是有矛盾的，除非我们说"不存在上帝"或"上帝不存在"，"那就既没有全能，也没有它的任何一个别的谓词被给予；因为它们已连同主词一起全都被取消了，而这就表明在这个观念中并没有丝毫的矛盾"。②

康德认为，在上帝存在的证明中，要避免这种多少使人感到难堪的结论的唯一办法，就是一直或始终断定这个主词存在，论证它是在任何情况下都不能排除的主词。也就是认为它的存在不仅具有逻辑的必然性，也具有事实的必然性。但这无疑是具有困难的，而且本体论论证本身就是要证明它在事实上的存在，如果我们一直设定它的存在，那岂不等于说我们把有待证明的结论当作证明的前提，那么证明还有什么意义呢？那么，本体论证明是如何避免这种尴尬的局面呢？它从一个绝对的概念出发，把它作为"事实证据"提出来进行论证。也就是说，这种证明认为有一个最真实的存在者概念，它拥有全部实在性，否定这个概念及其实在性，就犯了逻辑矛盾的错误。康德把这个论证的推理过程做了这样的叙述，"在一切实在性下面也包括了存有，那么在一个可能之物的概念中就包含了存有。如果该物被取消，那么该物的内部可能性也就被取消，而这是矛盾的"③。因此这个事物（上帝）是存在的。

康德说，我们应该如何看待这种证明呢？是把这种证明看作在分析命题基础上展开的证明呢，还是把它看作在综合命题基础上展开的证明？如果把它看作在分析命题基础上展开的，那么这种证明不会给我们增加什么，我们不会在这个证明中获得更多的东西。因为这种命题或者把概念设定为事物本

---

① 康德：《纯粹理性批判》，第 473 页。
② 康德：《纯粹理性批判》，第 474 页。
③ 康德：《纯粹理性批判》，第 474—475 页。

身，或者把存在设定为这个概念的内在属性，证明也就是通过谓词重复概念的意义，这是一种言之无物的同语反复。如果说它是在综合命题基础上进行的，我们就可以形成"上帝不存在"的判断，或者说"我们有一个上帝的概念，但它并不存在"，因为根据综合判断的性质，"存在"并不是"上帝"这一概念的必然属性，它是一个可以在经验上检验的实在特征，我们可能证明它存在，也可能证明它不存在。它的存在与否是与上帝这一概念不矛盾的。① 但是按照本体论证明的基本看法，"上帝"是一个具有最高实在性的概念，否定它的存在就是矛盾的或者说是不可能的。因此，按照本体论证明的思路，我们只能把这种证明看作在分析命题基础上展开的，"上帝存在"也只能是一个分析命题。

澄清了这样的问题，把"上帝存在"划定在分析命题的范围中，康德就真正开始了他对本体论证明的批判。他说，首先，本体论证明所说的"上帝存在"中的"存在"一词，并不是一个真正意义上的谓词。康德指出，一个真正的谓词是一个能够增加我们对一个概念理解的东西，它是我们在用这个谓词之前、我们对这个概念的认识还不知道的东西，通过这个谓词，我们对这个概念有了进一步的或更多的认识。这样的谓词才是一个真正意义上的谓词。但是"上帝存在"中的"存在"，就不是这个意义上的谓词。因为它是规定的含义，我们在设定"上帝"这一概念时，就同时规定了"他是存在"的含义。因此我们说"上帝"时，自然意味着它是存在的。只要设定上帝，就必然设定他的存在和全能；你可以否定有上帝，但你不可能否定有一个"上帝"却没有"存在"，就像你不能说有一个三角形而没有三个角那样。按照康德的说法，当我们设定"上帝"这一概念，说"上帝是全能的"，在这个时候，我们实际上已经规定了上帝是存在的。因为这个命题中的"是"（is）是一个连接词，把主词和谓词联结在一起。同时它也是"有"的意思，当我们承认主词（上帝）及其所具有的谓词性质（如全能），说"上帝是全能的"，我们无非说，"有一个上帝"或"存在一个上帝"，"他是全能的"。这种说法只是把我们规定的概念及其属性用一个命题表达出来，它并没有给我们增加新的谓词（属性含义）。康德虽然认同"存在"是必然包含在"上

---

① 参见康德《纯粹理性批判》，第 475 页。

帝"这一概念中的,但他说"存在"不是一个真正的谓词,也就是说,"存在"并不为主词附加任何新的属性,"'上帝存在',或者'有一个上帝',……对于上帝的概念并没有设定什么新的谓词,而只是把主词本身连同它的一切谓词、也就是把对象设定在与我的概念的关系中"①。因为在这种表达形式中,设定的对象的内容必定是和表达它的概念的内容是一致的或相同的,不论我们用什么或多少谓词来表达主词的意义,只要它是处在思想或概念中,都不可能使它在实际上存在。因此康德说,如果这样看待存在,把这种存在当作实在,这种"实在"不可能比概念(可能的东西)包含更多的东西,这样的所谓实在的一百个塔勒(德国钱币)不会多于想象中的一百个塔勒,因为后者是概念,而前者则是对这个概念的设定,它们在对概念(对象)的理解中应该是一致的。当然,康德认为,实实在在的一百个塔勒肯定与想象的一百个塔勒的实际效果不同。但是,实际存在的对象不是通过概念分析(分析命题)获得的,而是通过综合的方式(经验等)得到的。因此他说本体论证明中的"存在"不是真正的或现实意义上的"存在"。② 即使你证明了"上帝存在",而"存在"概念仍不会为"上帝"本身增加什么实在的东西,概念的东西和实在的东西是两个不同的系列,即使你为前者增加了无数多的东西,仍然不会改变后者的实际状况,"一个人想要从单纯理念中丰富自己的见解,这正如一个商人为了改善他的境况而想给他的库存的现金添上几个零以增加他的财产一样不可能"③。康德的意思是说,"上帝存在"是不可能在经验上验证的,即使你在本体论上证明"存在"必然属于"上帝"这一概念,但它仍与经验事实无关,并不意味着"上帝"在实际上存在。也就是说,这种证明不具有存在论的意义,并没有解决是否实际存在(实在)的问题。充其量使我们对"存在"概念有了较深入的理解。

其次,康德认为,在判别什么是概念的东西和什么是实在的东西上,我们有着不同的标准,这些标准是能够使我们把思想和实在区分开来的。但本体论证明混淆了这两种标准或忘掉了实在的标准,从而把概念上存在的东西

---

① 康德:《纯粹理性批判》,第476页。
② 参见康德《纯粹理性批判》,第476页。
③ 康德:《纯粹理性批判》,第478页。

当作了现实存在的东西。康德说，不论我们如何在概念上设想对象，想象它是如何的完美、如何没有现实之物可能具有的缺陷，但它仍然与实在之物不同，仍然缺乏我们感受实在之物的那种经验性的东西。也就是说，我们具有设想什么是观念性的东西的方式，也有判定什么是实在性的东西的标准。观念是与我们的想象有关，而实在则是与我们的经验相关。前者在实在上只是一种可能性，后者则是一种现实性。康德说，"如果我们想单靠纯粹范畴来思考实存，那就毫不奇怪，我们无法提出任何标志来把实存和单纯的可能性区别开来"①。在现实上，我们判定感觉对象，是通过"经验法则"和某种感官知觉来进行的；而关于思想对象，我们只是通过先验的方式来认识，缺乏实际的认定手段，我们要想确定它是否存在，就必须"走到概念之外"。因此康德说，关于在经验之外的存在（如上帝、世界的本质之类的东西），在经验上断定，即使不是完全不可能的，起码也是一种其真实性"我们没有任何办法能为之辩护的假设"。②康德在这里区分分析命题和综合命题，就是要揭示本体论证明在逻辑基础上可能出现的问题。他认为这种论证的基本错误在于把逻辑的必然性混淆为存在的必然性，进而受到逻辑绝对必然性的迷惑，把逻辑上必然的东西当作事实上必然存在的东西。

康德在批判"既没有给自然的健全知性，也没有给严格系统的检验"带来满足的本体论证明之后，接着对宇宙论证明进行了分析。他把宇宙论证明归结为从经验出发推论出一个必然存在者存在的证明："如果有某物实存，那么也必定有一个绝对必然的存在者实存。现在至少我自己实存着，所以一个绝对必然的存在者实存。"③ 这种证明声称，由于世界上有某种东西存在，因而必有一种绝对必然的存在者存在。这是一种从有限结果推论出无限原因的论证，希望能够保留"绝对必然性与最高实存性的连结"。康德认为，这种证明试图立足于经验，把"感官世界的特殊性状"作为"证明的根据"；但是当它从经验出发"跨出唯一的一步，即达到一个一般必然存在者的存有"之后，这个"必然存在者具有怎样的属性"，经验性的证据并不能提供并"告

---

① 康德：《纯粹理性批判》，第477页。
② 康德：《纯粹理性批判》，第478页。
③ 康德：《纯粹理性批判》，第480页。康德在这里所批判的宇宙论证明，类似于阿奎那五种证明中的第三种"来自可能性与必然性关系"的证明。

诉我们"。这时，理性就撇开经验证据而到"纯然概念后面去探究"，发现"一个最实在的存在者"概念能够满足"绝对必然存在者"概念的需要。在康德看来，在宇宙论证明中把"最实在的存在者"概念看作符合"绝对必然存在者"概念，并从前者推出后者，这完全是一个"本体论论证所主张的命题"，因此实际上，宇宙论证明"采用了本体论的论证并以此为基础"，而经验论证除了"把我们引向绝对必然性的概念"之外，则"完全是多余的"。①

在康德看来，宇宙论证明虽然是从经验出发的，但它所得到的结论——"绝对必然存在者同时又是最实在的存在者"，则是不具有任何经验基础的。因为这类存在者的特征和性质是不可能在经验中获得的，理性为了认识这类存在者的属性，只能放弃经验，从纯粹的概念出发去设想。经验仅仅是一种桥梁，最终对这种存在者的认识要依赖于本体论的方式。因此康德认为，"思辨理性为了证明最高存在者的存有而采取的第二条道路"，即经验的道路，不仅"与第一条道路"——本体论的先验道路——"同样是欺骗性的"，而且本身还"犯了一种 ignoratio elenchi（文不对题）的错误"。②也就是说，宇宙论证明本来要给我们提供一种新的经验证明之路，但最终回到了本体论的先验老路上。这样，宇宙论证明本应包含着在经验世界之中才有意义的原则和结论，如偶然之物和无限系列的推论原理与最初原因等，却被指向并扩展到了超感官的和超经验的世界。③

宇宙论证明在从经验世界走向超经验的原因的推论过程中，之所以依赖于对必然性概念和最高实在性概念的设定，在康德看来，乃是满足"理性借以完成一切综合的统一"的需要。或者说，这种关于"最高存在者的理想无非是理性的一个调节性的原则"，其目的是要建立起一个"必然的统一性的规则"，以便于说明"世界上的一切联结都……是从某种最充分的必然原因中产生出来的"，进而以"某种系统的和按照普遍法则"的方式解释这些联结。然而在对这一原则的运用中，包含在其中的理念却被理性设想成为一个"现实的对象"和"必然的"存在者，从而在证明中这个"调节性的原则就被转变

---

① 参见康德《纯粹理性批判》，第481—482页。
② 参见康德《纯粹理性批判》，第483页。
③ 参见康德《纯粹理性批判》，第483—484页。

成为了一条构成性的原则"，使得经验性论证走上了先验的道路。①

康德所批判的自然神学的证明，是一种从经验出发，通过对世界的某一形状，如"多样性、秩序、合目的性和美的舞台"等的考察，来为一个"最高存在者的存有"提供根据的证明。它首先要在这个世界上寻找到一些"清晰的迹象"，表明它们是"按照一定意图以伟大智慧"所"实现出来的某种安排"，而这种"合目的性的安排完全是外来的"；进而说明安排这种秩序的"崇高的和智慧的原因存在着"，它或它们是世界各部分统一的最终原因。② 康德认为这种从经验道路向"绝对总体性"的迈进，单单依靠经验本身是不可能的，思辨理性在其中做出了一系列思想上的跨越。它从世界的偶然性现象出发，通过先验的概念进入一个"绝对必然者的存有"，又从"这个最初原因的绝对必然性概念"进入"绝对必然者的存有"，即"无所不包的实在性的概念"。而自然神学证明的这种跨越，既用到了宇宙论证明，又用到了本体论证明，因此它实际上是"思辨理性"本身对"自己意图"的实现。③ 因此康德认为，自然神学证明实际上是"建立在宇宙论的证明的基础上，而宇宙论的证明却建立在本体论证明的基础上"④。自然神学的证明由于过多地依赖"先验的概念"，而在证明的经验可靠性方面并没有比前两种证明提供更多的东西。

康德认为"从思辨理性证明上帝存在"的三种方式虽然也坚持了经验的途径（如宇宙论证明和自然神学证明），试图在经验的基础上寻求上帝存在的证据，但最终都会走向并依赖于先验的途径（本体论证明）。因此，在这三种证明中，本体论证明具有基础性地位。但是根据康德的分析，思辨理性对本体论证明的运用并没有提供任何可靠的结论，也就是说，"理性在神学上的单纯思辨运用的一切尝试都是完全无结果的，并且按其内部性状来说毫无意义的"⑤。康德对此的结论是："这个最高存在者对于理性的单纯思辨的运用来说仍然是一个单纯的、但毕竟是完美无缺的理想，是一个终止整个人类知识

---

① 参见康德《纯粹理性批判》，第 490 页。
② 参见康德《纯粹理性批判》，第 493—494 页。
③ 参见康德《纯粹理性批判》，第 496 页。
④ 康德：《纯粹理性批判》，第 497 页。
⑤ 康德：《纯粹理性批判》，第 501 页。

并使之圆满完成的概念，它的客观实在性虽然不能以这种思辨的方式来证明，但也不能以这种方式被反驳。"① 康德的意思是说，"上帝"作为一个单纯思辨的理想和先验的概念，其存在是不能从经验中得到说明的，它与人们的知识无关——既不能为纯粹理性所证明，也不能为纯粹理性所否证。应该说，这种看法对现代自然神学的发展产生了十分重大的冲击，即使它没有彻底阻止思辨理性的认识论冲动，却改变了传统形而上学和认识论的思考方式。

休谟的批判主要针对的是阿奎那信念理性化的基础——经验世界的因果关系问题。他认为这种推论是不相称的和不必然的，从而也是不合理的。康德则是对人类的整个理性认识能力发起了挑战，这种挑战说明我们根本不可能在理性知识的意义上拥有关于上帝的任何观念。这也许是有限理性的悲剧。基于康德的观点，阿奎那关于上帝存在的形而上学知识，关于上帝本质和属性的类比知识，都是没有根据或合理性的认识论幻想。这种批判的后果，是更加严格的证据主义的建立。任何知识理论必须在某种合理的基础主义上建构，并具有被认同的证据。

---

① 康德：《纯粹理性批判》，第505页。

第三章 伦理责任与社会文化意义

现代早期笛卡尔和洛克等人孜孜以求在坚实基础与可靠根据之上建构人类知识大厦之理想,不仅推进了哲学认识论的发展,而且也对宗教信念的认知合理性提出了更多的质疑和更为激进的批判。受这种理想的鼓舞,在他们之后不仅产生了试图在理性原则基础上重构和完善传统自然神学论证方式的莱布尼茨,而且也出现了在彻底的经验论原则和全面的认识能力分析中对这种论证方式给予更加严格之理论批判的休谟和康德。正是在现代早期有关真正的知识和必然性真理的诉求中所逐步涌现出的基础主义和证据主义原则,特别是洛克所强调的理性在建构信念合理性意义中的地位与作用,以及他认为宗教信念(命题)如果不能满足可靠的知识要求和确定的证据原则,就必须受到理性的规范和引导,使之成为在思想上是负责任的以及在道义上是值得尊重的之类的看法,启发并推动了19世纪之后克利福德(W. K. Clifford, 1845 – 1879)、罗素(Bertrand A. W. Russell, 1872 – 1970)、维特根斯坦(Ludwig Wittgenstein, 1898 – 1951),以及石里克(Moritz Schlick, 1882 – 1936)、卡尔纳普(Rudolf Carnap, 1891 – 1970)和艾耶尔(Alfred Jules Ayer, 1910 – 1989)等人,在更为严格、更为细致的知识证据与语言分析的层面上深化了知识论意义上的宗教神学批判;特别是以石里克和卡尔纳普等人为代表的逻辑实证主义运动,以内含意义原则为主旨的可证实性原则为旗帜,将这种批判推进到了20世纪的思想舞台上。与此同时,在启蒙运动的影响以及进一步助推下,费尔巴哈(Ludwig Feuerbach, 1804 – 1872)、马克思(Karl Marx, 1818 – 1883)、杜尔凯姆(Emile Durkheim, 1858 – 1917)和弗洛伊德(Sigmund Freud, 1856 – 1939)等众多的哲学家、社会学家、心理学家和宗教学家等学者,在更为宽广的维度上对宗教信念问题进行了思考与探究,不仅在认知合理性维度上深化了证据主义的批判与阐释,而且在社会、文化与心理等领域扩展了这种批判与阐释的广度。

第一节 信仰的伦理学

一般来说,在社会文化的公共层面上,宗教信念的持有是否具有合理的根据以及道义上值得尊重的理由这一问题的提出,源于哲学和宗教之间围绕着一系列重大的理论问题和现实问题而展开的长期激烈的争论。在认识论的问题上,哲学首先对一般意义上的真正的知识和必然性真理进行了思考与探究,并随之在探究和界定这种知识的过程中,对包括宗教信念在内的所有它认为是不确定和不可靠的观念与意见的认知合理性,提出了全面的质疑。在现代思想的氛围中,洛克不仅在更加严格的证据主义基础上重申了这种质疑,而且在伦理责任的意义上进一步规范了内在其中的要求,从而为19世纪克利福德提出"信仰的伦理学"的概念与立场建构了较为明确的思想基础。

一 知识与信念

在洛克的思想进程中,通过理性的规范与引导从而践行宗教信念在认知上的伦理责任,源于他对知识的起源和范围以及信念的根据与可靠程度的思考。作为一位生活在现代早期的哲学家,洛克的思想体现了时代的需要,知识论成为他探究最多的哲学问题之一。这种探究不仅成就了洛克的一般哲学认识论理论,而且也展现出了他对宗教信念之认识论地位的独特看法,从而构成了当代学者称为洛克认识论问题的两个密切相关的核心内容:什么是人类知识的范围以及当缺乏知识时如何管控我们的信念(赞同)。[①] 这些内容揭示了洛克哲学认识论思想的两个相互递进的层面,首先说明的是何谓知识的确定性及其范围,进而以此为标准,对宗教信念的合理性根据与知识可能性程度进行考察与评估。

正如我们在第二章中所表述过的,洛克认为真正的知识来自人们对观念间关系的认识,来自心灵对观念间一致(agreement)或不一致(disagree-

---

[①] 参见 Nicholas Wolterstorff,"Locke's Philosophy of Religion",*The Cambridge Companion to Locke*, edited by Vere Chappell, p. 172。

ment）关系的知觉；正是这种明确的心灵知觉，构成了可靠性知识形成的认识论基础。① 由于洛克反对"天赋观念"说，认为心灵原初是一张白纸（white paper），它后来所拥有的所有观念（ideas）——简单观念以及在简单观念基础上构成的复合观念——都来自经验，来自心灵对外部对象的感知以及心灵对自身心理活动的反省。② 因此，在洛克关于知识起源的考察中，真正的知识不仅有着明确的心理认知基础，也有着相应的感知经验论根源。

虽然洛克相信知识的来源与心灵在感知和反省经验基础上产生的观念密不可分，但并非所有在这样的基础上形成的观念都能够被称为知识；知识还有着更多的构成机制与评判原则。洛克把这样的机制与原则归结为心灵对观念间关系的知觉，即当心灵或者以直接的方式直觉到两个观念间的联系，或者以论证的方式认识到两个观念间的联系，或者以感觉的方式感知到某一对象的存在，只有当在这些认知过程中某种明确清楚的知觉发生时，知识才随之产生。③ 由这些机制所形成的认识虽然在认知的清晰性上各不相同，但都是一些可以被称为"知识"的东西，具有真正的知识性质。也就是说，洛克把真正可靠的知识界定为"直觉的知识""论证的知识"和"感觉的知识"，它们是心灵以不同的清晰程度对观念间一致或不一致关系的知觉。当然，心灵也会对观念间关系产生更多的看法，只是这些看法如果缺乏清晰明确的把握和知觉，则会被洛克排除在知识的范围之外，成为不具有可靠根据的"猜测或想象"。

那么，宗教信念是处在知识的范围之内呢，还是仅仅是一种"猜测与想象"？洛克认为，宗教信念（信仰）在思想特征上表现出的是一种"赞同"（assent），而赞同形成的基础则是出自"信任"，对命题或观念间关系之提出者的信任；在基督宗教中，通过信仰所表达出的赞同，乃是基于对启示者上帝的绝对信任。在他看来，这种通过信任而表达出的对命题的无条件赞同，与"理性"通过对运用自然官能——感觉和反省——所获得的观念进行推理

---

① 参见 Locke, *An Essay Concerning Human Understanding*, 4.1.2, in *Great Books of the Western World*, Volume 35。
② 参见 Locke, *An Essay Concerning Human Understanding*, 2.1.1-2。
③ 参见 Locke, *An Essay Concerning Human Understanding*, 4.2.1, 4.2.2, 4.2.14。

批判与阐释
—— 信念认知合理性意义的现代解读 ——

而实现的对命题或真理的确定性的认可，在认知特性上是完全不同的。① 如果说在理性的推理和论证中，通过观念间恒常的、不变的和明显的联系作为证据所证明的观念间的一致或不一致关系，具有确定的真假必然性；那么仅仅出于信任而表达的赞同，对于观念间关系的看法所具有的只是一种可能性。② 也就是说，当人们通过理性的证明而获得观念间关系的必然性认识的时候，而以信任的方式所形成的赞同，对观念间关系的认识只具有或然性——可能为真，也可能为假。

在严格的意义上，只具有或然性的命题，在真假的取舍上是不能够为我们提供必然性认识的；它还尚不能成为真正的知识，因为缺乏作为知识所应有的确定性。这也正是洛克在上文分析中所表达出的对信念和知识的不同看法：知识关于观念间关系的看法是明显的和确定的，而信念则缺乏观念间联系的明显的和确定的证据。然而人们之所以会在信念中仍然表达出一种坚定的赞同，在洛克看来，究其根本，无非是人们在尚不具有充分证据的状态下即认可或接纳某个命题为真。当代美国学者沃尔特斯托夫（Nicholas Wolterstorff）把这种看法称为洛克区分知识与信念（赞同）不同的正式方式（official way）或正式学说（official doctrine），在这种区分中，知识和信念（赞同）被看作两种根本不同的认识现象：后者是"采纳"（taking）某个命题为真，前者则是"明了"（seeing）某个命题为真。③ "明了"命题为真始终伴随着事实的存在，以事实被心灵直接感知或直接在心灵中的呈现为根据；"采纳"命题为真则包含着更多的假设或想象的成分，缺乏事实被心灵直接知觉到的确定性。两者虽然都是心灵主动采取的看待观念间关系的方式，但"明了"包含了可靠的客观基础，而"采纳"却有着更多的主观臆断成分。

然而这并不是沃尔特斯托夫对洛克知识和信念关系的唯一看法。他认为在正式学说之外，洛克还提出了一种非正式的学说（unofficial doctrine）并对它表现出了明显的兴趣。在这种非正式学说中，洛克表达了信念或赞同作为知识可能性的看法：它们或多或少具有成为知识的确定性特征。也就是说，

---

① 参见 Locke, *An Essay Concerning Human Understanding*, 4.18.2。
② 参见 Locke, *An Essay Concerning Human Understanding*, 4.15.1, 4.15.3。
③ 参见 Nicholas Wolterstorff, "Locke's Philosophy of Religion", *The Cambridge Companion to Locke*, p.176; Nicholas Wolterstorff, *John Locke and the Ethics of Belief*, Cambridge University Press, 1996, p.12。

在这里，洛克并不把信念或赞同完全看作无根据的想象，把它们彻底排除在知识的范围之外；而是倾向于把它们容纳进由整个确定性所构成的连续统（continuum）之内。① 如果说在正式学说中，知识和信念之间有着严格的区分；那么在非正式学说中，它们的区分则是相对的。在沃尔特斯托夫看来，洛克的非正式学说虽然是对他的正式学说的重大修正，然而正是这种试图建构起一个有关信念的有知识的和有保证的理论，一直对洛克产生着持久的吸引力。② 无论沃尔特斯托夫关于洛克正式学说和非正式学说的划分是否合适，在这些划分中所表达出的有关知识与信念的不同以及信念是否包含着可靠的认知根据，则确实是洛克宗教哲学所致力探究的核心内容。

洛克有关宗教信念认识论根据的讨论，如上文所说，是在其哲学认识论关于知识的起源、范围和确定性看法的基础上展开的。作为这一讨论的最为主要的结论之一，洛克在哲学理性和宗教信念之间——在这个问题上洛克坦诚依循着西方传统的思想路向——划分出了较为明确的界限。依照这样的区分，如果说确定性知识是在心灵直接知觉和理性论证的基础上获得的，具有可靠的和必然的性质；那么，宗教信念的持有则不具有或缺乏这些成为确定性知识的充分根据，充其量只是具有知识的可能性。然而，如果人们依然以毫不怀疑的赞同态度持有这样的信念，在哲学家们看来乃是不负责任的，无疑会招致批判和质疑。洛克在分析宗教信念的认知根据与可能性时就表达了这样的疑问，但同时，洛克并不仅仅提出了质疑，他还进一步探究了信念是否以及在多大程度上具有知识的可能性，希望能够从中找到一些相对积极的答案。这也可能正是沃尔特斯托夫在区分洛克的正式学说和非正式学说时所试图表达的问题。

当然，就洛克哲学认识论的一般原则来说，任何不具有可靠的或充分证据的命题都不具有合理的知识特征，不能被当作真理来接受。然而，在日常生活中，宗教信念的践行似乎有着另外的目的，持有信念命题的人们在没有

---

① 沃尔特斯托夫认为，在洛克的非正式学说中，知识具有确定性，而确定性是由内容连贯的东西构成的一个连续体，处在这个连续体末端的是"可能性"。参见 Nicholas Wolterstorff, "Locke's Philosophy of Religion", *The Cambridge Companion to Locke*, p. 177。

② 参见 Nicholas Wolterstorff, "Locke's Philosophy of Religion", *The Cambridge Companion to Locke*, pp. 175–177。

通过知识证据确定它们是真的时候却以坚定的赞同态度认可它们。洛克的看法是，无论宗教信念有着什么样的目的，它都应该受到理性的管控和指引；因为只有在理性的管控和指引的作用下，才能够在信念的持有中真正捍卫真理知识的"原则与基础"，从而也才能够真正明确"真理与谬误"之间的界限。① 这体现了洛克所强调的我们作为理性动物所应尽的伦理责任。

洛克在这里的看法是，任何宗教信念，只有在理性的调节下并以好的理由相信它，才能体现出人之为人的基本职责；因为作为被赋予理性能力的人类存在，只有竭尽全力、尽其所能（try one's best）地运用这种能力，才能够更好地避免错误、获得真理；即使在这种努力中并不能得到他所期望的真理，但起码能够获得好的报偿，因为他已尽到了理性受造者应尽的基本责任——洛克相信，凡是尽其所能履行理性责任的人们，尽管可能会错失真理，但绝不可能会错失对他的奖赏。② 沃尔特斯托夫虽然抱怨洛克在这里并没有清楚地说明人们在赞同和信念中应该"尽其所能"所要实现的目的是什么，但他认为洛克明确指出了"如果听任赞同和信念的构成能力不受管控，则就不可能使尽其所能"做得最好；而在赞同和信念的管控中"尽其所能"地发挥理性能力，乃是人们实现其作为理性动物之伦理责任的最好体现。这正是沃尔特斯托夫所说的、洛克在其《人类理解论》（An Essay Concerning Human Understanding）第四卷第二部分——从第14章到结尾——所阐释的规范认识论的思想主题。③

因此，为了更好地履行人类作为理性动物的基本职责，洛克主张，一方面我们应该相信那些在证据基础上被证明为真的信念；另一方面要通过理性来管控和引导那些真假尚不确定的或然性信念，考察并评估这些信念的真假可能性及其可信程度。沃尔特斯托夫认为洛克的这些主张包含了若干种认识论原则，通过这些原则以确保它所要求的"真理责任"（alethic obligations）能够得以履行。他把洛克的这些原则概括为四个方面，依次对它们进行了评述。④ 第一

---

① 参见 Locke, *An Essay Concerning Human Understanding*, 4.18.5。
② 参见 Locke, *An Essay Concerning Human Understanding*, 4.17.24。
③ 参见 Nicholas Wolterstorff, "Locke's Philosophy of Religion", *The Cambridge Companion to Locke*, pp.178 – 179。
④ 沃尔特斯托夫有关洛克四种原则的表述和评价，参见 Nicholas Wolterstorff, "Locke's Philosophy of Religion", *The Cambridge Companion to Locke*, pp.182 – 184；更详细的评述，也可参见 Nicholas Wolterstorff, *John Locke and the Ethics of Belief*, 第一章第一节第四部分（d）："Belief and its governance"。

个原则是"直接信念原则"(Principle of Immediate Belief):仅当某种东西对一个人来说是确定的,即当它被人们清楚地认识到或知觉到时,它才是可以被直接相信的。第二个原则是"证据原则"(Principle of Evidence):人们不应间接地相信某物,除非人们获得这样的证据,这种证据的每一项是人们所熟知的并且证据在整体上是令人满意的。第三个是"评价原则"(Principle of Appraisal):检验人们搜集的证据以便于确定它的论证力量,直到在这个证据基础上"知觉"或"明确"命题所具有的可能性。第四个是"比例原则"(Principle of Proportionality):人们应相对于在满意证据的基础上形成的不同可能性,识别命题可信度的不同等级。

应该说,沃尔特斯托夫有关这四种认识论原则的表述,准确地体现了洛克希望在对信念的理性管控和调节中所包含并力争实现的伦理责任。由于宗教信念并不能在理性的基础上获得直接可靠的证据,或者说理性能力并不能单单依靠它自身的力量形成有关宗教信念的"直觉知识",因此在宗教命题中运用"直接信念原则"在洛克看来并不能产生较为积极的结果。① 也就是说,无论理性如何努力,如果单单在知觉的层面上去发现宗教信念中所包含的可直接相信的确定(证据)知识,即使不是不可能的,起码也是勉为其难的。因此,如果说,在宗教信念中实施"直接信念原则"是对其"真理责任"的过于严格的要求的话——因为根据这一原则,几乎没有什么信念命题是证据可靠的,从而都会被排除在洛克意义上的知识之外;那么在宗教信念的持有过程中要想在满足伦理要求的条件下获得一些满意的结论,积极履行"证据原则""评价原则"和"比例原则"——沃尔特斯托夫把它们称为"间接信念原则",乃是一种适宜的或合理的做法。

确实,洛克在以理性为基础对宗教信念命题的划分中,就充分表达了他关于如何在信念持有中贯彻"间接信念原则",从而履行"真理责任"的看法。洛克认为,信念命题可以在理性的层面上被分为"合乎理性"(according to reason)的命题、"超理性"(above reason)的命题和"反理性"(contrary

---

① 参见 Locke, *An Essay Concerning Human Understanding*, 4.15.3。沃尔特斯托夫对这个问题的看法似乎并不那么悲观。他认为洛克主张在有关上帝观念的真理——例如上帝会通过他的话语(say-so)为我们的信念提供唯一真实的东西——方面,我们能够获得直接的知识。参见 Nicholas Wolterstorff, "Locke's Philosophy of Religion", *The Cambridge Companion to Locke*, p. 185。

to reason）的命题。① 由于"合乎理性"的命题遵循着理性的原则并能通过理性判定其真假，因而是一些借助自然能力的推演即可获知其真理可能性及其知识可靠性的命题；而"反理性"的命题则是与我们清楚明白的观念不一致或相矛盾的命题，或者说它们直接与理性的认识原则相冲突，有悖于理性及其合理性的根据从而可以被判定为假的命题。这两类命题在以往的宗教信念中都是存在着的。因此，洛克认为，在对这类信念命题的知识论考察以及真理责任的履行中，一以贯之地运用理性原则——诸如沃尔特斯托夫所归纳的"证据原则""评价原则"和"比例原则"，既是适宜的也是必需的。

然而在宗教信念中，还有一些命题其真假可能性是不可能通过理性从其自然能力中获得或推演出来的。洛克把这类命题称为"超理性"的命题。在他看来，这类命题完全超越了我们的自然能力，人类的自然官能既不能发现它们，也不能判断它们的真假，它们纯粹是以启示为基础所建构的信仰，与理性没有任何的直接关系——理性既不能判定它们为真而成为"合乎理性"的命题，也不能判定它们为假而成为"反理性"的命题。这里的问题是，如果宗教中存在着这样的命题，而理性对于判定它们的真假又无能为力，那么是否就意味着，"证据原则"和"评价原则"等知识论原则对它们来说就毫无意义和价值。实际上洛克并不会形成这种看法，也不认可这种看法。他认为，虽然信仰以启示为基础，但由此构成的信念命题不应该也不能够违反理性的基本原则；而且人们还能够以某种合理的根据——例如理性原则——即使不能确定信念命题的真假，但起码可以检验并评估决定信仰的启示是否是真正的启示。② 洛克相信，我们的认知活动如果能够得到理性的检验和规范，那么就可以在信仰的持有中具有合理性并进而能够消除无根据的狂热。这是一种不可舍弃的伦理责任。

二 "真理责任"

以理性为视角对宗教信念三种命题的划分，在洛克那里既体现了知识论

---

① 此处及下文关于这三种命题的划分及其基本意义的说明，可分别参见 Locke, *An Essay Concerning Human Understanding*, 4.17.23, 4.18.5, 4.18.7, 4.18.9。

② 参见 Locke, *An Essay Concerning Human Understanding*, 4.19.14。

追求中的证据主义原则，也包含着人类作为理性动物应履行的伦理主义义务。① 依据这样的原则和义务，如果信念命题的真假能够为理性清楚地知觉或推演，在令人满意的证据基础上被判定，那么就应该义无反顾地认可它们或者是真的，如"合乎理性"的命题，或者是假的，如"反理性"的命题。由于信念命题在大多时候仅仅呈现的是一种或然性——洛克把信念归结为一种在真假尚不确定的状态下即以赞同的态度表达认可的思想倾向②，因此，为了消除这种或然性的不确定状态，形成可靠的认识，人们应该以合乎理性的方式规范思想（心灵），在形成判断之前考察所有有利和不利的证据，即要在依据证据"认可或否定命题之前，检验所有可能性的证据，看看它们在多大程度上如何形成对一个或然性命题的支持或反对；并且要在整体上进行适当的权衡考量，相应于可能性在此方面或彼方面具有更大根据的优势，以或多或少确定的赞同，拒斥或接纳这个命题"③。

由于信念命题的真假在大多时候是不能为心灵直接认知和确定的，它们更多的是呈现出一种缺乏直接证据保证的或然性状态；因此洛克认为，在信念问题上，如果我们要以理性的方式推进思想进程，就必须考察所有有利和不利的证据，衡量和评估证据的支持优势与程度，提出了被沃尔特斯托夫称为"间接信念原则"的"证据原则""评价原则"和"比例原则"。这些原则是为了在信念活动中确保理性的规范和指导地位、最大限度地使"真理责任"得以履行而提出的。它们要求，人们应该首先在令人满意的证据基础上确保信念命题的可靠性，如果某一命题缺乏这样的证据或其现有证据不具有令人满意的可靠特征，那么就必须依据其他可靠的证据对其真假可能性进行评估，并在对现有证据的数量、连贯性、支持证据和反对证据间的比例等诸多因素全面考量的基础上，赋予命题以相应的可信等级。④

---

① 沃尔特斯托夫借用当代认识论学者 Roderick Chisholm 关于认知责任的两种看法，"就一套最大可能的、逻辑上独立的信念体系来说，接受它的一般要求是真的信念在数量上要多于假的信念"，以及"就任一命题 h 来说，一个人接受它如果而且仅仅如果 h 是真的"。沃尔特斯托夫认为，如果要在这两种看法中做出选择，洛克会倾向于后者。参见 Nicholas Wolterstorff，"Locke's Philosophy of Religion"，*The Cambridge Companion to Locke*，p. 179。

② 参见 Locke，*An Essay Concerning Human Understanding*，4. 15. 3。

③ Locke，*An Essay Concerning Human Understanding*，4. 15. 5.

④ 参见 Locke，*An Essay Concerning Human Understanding*，4. 15. 4。

批判与阐释
——信念认知合理性意义的现代解读——

洛克在证据基础上对宗教信念的规范以及由此提出的思想责任要求，被当代学者们视为经典证据主义的典型形式。实际上，从哲学认识论的观念出发对宗教信念的认知意义进行规范和评估，在西方历史中不乏其人。从古希腊时期到中世纪，始终有不少哲学家和神学家对这样的思维路向和规范原则着迷。例如13世纪的托马斯·阿奎那（Thomas Aquinas，1225－1274）不仅运用亚里士多德等古希腊哲学家的思想原则和逻辑方法对"上帝存在"等神学命题进行理性化论证，而且还自觉地以"哲学家"的身份来架构其思想责任与基本任务。[①] 当然，这并不是阿奎那思想焦点的全部，虽然突出但也仅仅是其庞大理论体系中的一个方面。只是当洛克在现代早期对信念的证据问题重新表述以后，这种看法才在更大范围内产生了广泛的影响，一直到最近，"可能是最为现代的西方知识分子，都是沿着洛克的路线在思考理性、责任和宗教信念间的关系"[②]。

当然，对洛克证据主义思想做出积极回应的西方学者并不都秉持相同的立场。19世纪的英国哲学家克利福德可说是认同洛克思想路线的典型代表。他在《信仰的伦理学》一文中对信念与个人、他人和社会的作用与意义进行了细致的分析与阐述，提出了更为严格的证据主义思想，认为"相信任何没有充分根据的东西，无论在何时何地对何人都是错误的"[③]。

克利福德主要通过对信念与个人、他人和社会关系的阐述，来说明信念的责任和轻信的危害性。他首先是从两个事例开始的。第一个事例是有关"失事移民船"。有一位船东打算派遣他的一艘船装载移民出海，只是开始的时候他对这艘船的可靠性有所疑惑，诸如它的陈旧、本身的不牢固、航行多次并经常修理；但船东也想到了一些有利的方面：这艘船曾多次出海并安全返航，从心里相信造船者和承包者的诚实性，上苍肯定乐意保佑乘船者的安全和未来的幸福……经过多方面的考虑，这位船东决定出海，真心实意并乐观地相信航行的可靠，善意地祝福。但是最终结果却是不幸的，在航行中这

---

① 参见 ST. Thomas Aquinas, *Summa Contra Gentiles*, Book Ⅰ, ch. 1。
② 参见 Nicholas Wolterstorff, "Locke's Philosophy of Religion", *The Cambridge Companion to Locke*, p. 172。
③ 克利福德：《信仰的伦理学》，载胡景钟、张庆熊主编《西方宗教哲学文选》，上海人民出版社2002年版，第348页。

艘移民船沉入了大海。第二个是"岛国惑众协会"的事例。生活在某个岛屿上的一些居民，他们怀疑这个岛屿上的某一宗教团体采取不正当的方式说教，其行为可能触犯了法律，甚至涉嫌诱拐儿童；为此他们采取了一系列引起公众关注的行动：组成了相关的协会，制造广泛的舆论，谴责这个宗教团体成员的言行并以各种方式败坏他们的声誉。这些行动最终引起了当地政府部门介入，成立了一个专门委员会来调查取证。然而调查的结果却出乎人们的意料，不仅表明怀疑者所谴责的东西证据不足，而且还存在着相反的证据表明受谴责者的无辜，反而导致岛国居民对这些怀疑者（惑众协会成员）的判断力产生了疑问，最终降低了对他们的信任度。①

克利福德对这两个事例进行了分析。就"失事移民船"来说，即使船东有可靠性证据，且有善良愿望；但他在出海之前没有进行全面的调查，只是一厢情愿地根据有利的证据而消除了不利的方面，就他无视不利证据或不认真对待不利因素来说，他对移民船的失事负有不可推卸的责任。就"岛国惑众协会"来说，虽然这个协会的成员真心诚意地相信他们对别人的指控（有着良好的动机），他们也没有权利相信那些捕风捉影的证据（不完全的事实）；他们应该在全面调查的基础上做出判断，而不能依据偏见和冲动谴责别人。②

但是，即使出海的船只安全返航且随后多次顺利航行，船东在德行上就是完美的吗？克利福德的回答是"不"。由于船东无视不利的因素或危险的方面，这就使他负有了道义上的责任。即使结果是好的，但这种偶然的结果并不能改变他因不顾不利证据而应在德行上受到谴责这样的事实。从根本上来说，即使这次航行是顺利的，船东也不是无辜的，不是没有责任的，只是他的错误暂时没有被发现或没有表现出来而已。克利福德所坚持的主张是"行为一旦实施，它的正确与否就确定了"，相信决定正确性的东西是根据或原因，而不是结果。他说："正确与否的问题关涉的是他信念的根源，而不是内容；不是他相信什么，而是他为什么相信；不是他所相信是真的还是假的，

---

① 克利福德：《信仰的伦理学》，载胡景钟、张庆熊主编《西方宗教哲学文选》，第341—343页。
② 克利福德：《信仰的伦理学》，载胡景钟、张庆熊主编《西方宗教哲学文选》，第342—343页。

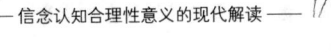

而是他是否应当相信他眼前的证据。"①

在克利福德看来，岛国惑众协会也面临着这样的证据责任问题。假设经过认真的调查，他们谴责的对象不是无罪的而是确实有罪，克利福德认为这也不能表明惑众协会就是完全正确的。他的意思是说，惑众协会至多表明他们在指责对方有罪这一点上是正确的，但他们在提出指责的根据上却是有问题的。因为他们是依据于一些捕风捉影的闲言碎语或自己的偏见来提出谴责的，或许这些捕风捉影的东西和偏见正好是事实，但依据这些没有很强根据的事情来做出判断，就是在德行上有亏欠。只是人们在随后调查中证明他们是对的情况下，没有发现他们的问题而已。因而克利福德说，"问题不在于他们所信的是真还是假，而在于他们所信的根据是否正确"，他继续指出，"他们中的每一个人如果凭良心考察自己，他就会知道他在无权相信眼前证据的时候，就已经培植了一种信念"，而这种信念本是不应该有的。②

船东和惑众协会可能会从结果上为自己辩护，但克利福德并不为美好的结果所打动。他对船东说，如果你考虑到众人生命安全的话，你应该在航行之前作全面的检查；他对惑众协会的人说，即使你们具有事业的正义性和信念的真理性，也应该在攻击他人人格之前，找出足够的证据。他说，这样的考虑既是正确的也是必要的。说它是正确的，是因为人们往往依据信念而做出选择并实施某种行为，因此在做出选择和行为之前，应该对信念进行全面的调查和验证，即使你深信这样的信念也应该进行验证和调查，免得误导行为；说它是必要的，是因为必须要有一种确定的规则来约束和限定那些人的行为，这些人由于不能控制他们的思想和感情而在他们所具有的信念尚未得到证实或具有确实的证据之前就依据这些信念行动。因此，克利福德指出，我们不能把信念和行为割裂开来，只谴责行为而不谴责信念；同时，我们也不能以某种未证实的信念为基础或作为指导，来进行调查。那必然是有偏见的，势必影响调查的公正性。其结果是，他肯定看到（验证）了他希望看到（验证）的东西。③

---

① 克利福德：《信仰的伦理学》，载胡景钟、张庆熊主编《西方宗教哲学文选》，第342页。
② 克利福德：《信仰的伦理学》，载胡景钟、张庆熊主编《西方宗教哲学文选》，第343页。
③ 参见克利福德《信仰的伦理学》，载胡景钟、张庆熊主编《西方宗教哲学文选》，第343—344页。

克利福德之所以强调信念的责任和根据，是与他对信念的意义和作用的看法分不开的。他认为，信念对个人、他人和社会具有重大的意义，我们不能忽视它对人们的影响和作用。他为此对信念的作用和意义做了阐述和分析。他说："一个人真的相信促使他行动的那个信念，就把行动看成是追逐那个信念，并且这个人已在心中遵从了那信念。"① 人们从内在的心理状态到外在的行为方式，都受到他所相信的信念支配。即使当前他不能直接实施这个信念，也会把它储存起来，以便将来在合适的机会和时间把它变为行动。

克利福德认为这种影响行为的信念是非常强大的，如它可以构成一个具有内在联结关系的信念整体，可以把人们全部生活中的每一个感觉和行为组织起来，按照这样的信念生活；可以接受其他类同的信念，证实以前相似的信念，排斥和削弱不同的信念；可以成为我们性格的内在构成因素；能够对我们的生活并通过我们的生活对社会产生影响；成为我们世世代代积累起来的共同财富和不断传承的悠久传统；等等。正是由于信念有着如此重要的影响和作用，克利福德因此说，在我们的信念所构成的生活和历史中，我们应该负起责任，来为后代创造他们所能够或应该更好生活的世界。②

在克利福德看来，信念不仅对个人的行为产生作用，而且对人类社会也会形成一定的影响。这些产生作用和形成影响的信念，不仅是那些重大的信念，如政治信念（政治理念）、民族信念、宗教信念、经济信念，甚至是那些微不足道的信念，如个人持有的信念和日常生活信念，它们都会对人类的命运产生影响。③ 克利福德之所以强调信念的影响和意义，是为了凸显信念的责任，使我们建立起责任意识。为此，他把"信念"做了这样的界定，他说："信念，是一种促使我们做出决定、并把我们所有的潜在能量交织起来进行和谐工作的能力，这一能力归属于我们，但并不是为了我们自己而是为了人类。"④ 构成信念的能力属于每个人，但信念的作用和影响却是针对他人和社

---

① 克利福德：《信仰的伦理学》，载胡景钟、张庆熊主编《西方宗教哲学文选》，第344页。
② 克利福德：《信仰的伦理学》，载胡景钟、张庆熊主编《西方宗教哲学文选》，第344页。
③ 克利福德实际上是把信念的作用普遍化，有着信念作用的泛化倾向，如他说："要把这种判断推广到一切的信念上去。"克利福德：《信仰的伦理学》，载胡景钟、张庆熊主编《西方宗教哲学文选》，第345页。
④ 克利福德：《信仰的伦理学》，载胡景钟、张庆熊主编《西方宗教哲学文选》，第345页。

会的。正是信念具有这样"卓越"的功能，我们不能对信念掉以轻心，不能在毫无根据或只有很少的根据的前提下形成并拥有信念。

因此，依据信念的作用，克利福德把信念分为好的信念和坏的信念。好的信念是在真理的基础上建立起来的，它有着合理的和充分的根据，是在"长期的经验和艰辛的劳作"中确立的，可以经受各个方面的检验和追问。这样的信念就能把我们结合在一起，"加强我们共同行动的力量并指导我们的共同行动"。而坏的信念是建立在未经证实和不充分调查的基础上的，按照克利福德的说法，它们或者是为了个人的安慰和快乐，或者是为乏味的生活增添一些华而不实的光彩，展现的只是生活的幻想，或者是一种自我欺骗，来麻醉我们的痛苦。这是一种不负责任的对待信念的态度。他认为，真诚的信仰者应该维护信念的纯洁性，坚定地肩负起信念的道德责任。他说，在这个问题上，每个人都是不能逃避责任的，不论是伟大的领袖人物，还是一般的平民百姓，都是如此。正如他所说的，即使"头脑简单者""出生卑微者"都不能无视或逃避检查自身信念的普遍责任。[①] 也就是说，不论你关注与否，只要你有信念，你都会对社会产生影响，因而你就必定会而且应该承担起信念的普遍责任。

克利福德认为，好的信念不仅能够造福于人类和社会，而且也可以为信念持有者带来益处，它可以使人获得最强烈的和最美妙的快乐；可以使人拥有更多的安全感和力量，从而更好地把握世界；可以使信仰者以"人类"的名义更加坚强起来（因为那是为所用人认同的信念）。因此，他说，我们应该以"人类"的名义保护这些信念，使它们免受虚假信念的侵袭。[②]

虽然好的信念具有种种益处，但要时刻维持这种信念并不是一件容易的事。通常的情况是，人们往往在证据不足的时候就接受或相信了某一信念，并在这一信念指导下行动。这就是"轻信"。克利福德为了维护信念的责任感，对轻信的种种危害做了分析和谴责。

他说，轻信是以一种欺世盗名的方式并借着虚假的力量欺骗我们的信念，它无视人类的责任而窃取了我们的信任，因而是有罪的。这种罪恶涉及众多

---

① 克利福德：《信仰的伦理学》，载胡景钟、张庆熊主编《西方宗教哲学文选》，第345页。
② 克利福德：《信仰的伦理学》，载胡景钟、张庆熊主编《西方宗教哲学文选》，第346页。

方面。首先，轻信本身就是有罪的。不论它的后果如何，即使这种信念在实际上并没有对个人和他人造成伤害，但你在不充分的证据上具有信念，这种事情本身就是不正当的。在克利福德看来，轻信会"削弱我们的自控能力、怀疑能力以及公正地衡量事物的能力"，而这些能力对于我们人类的正常生活来说，都是一些最基本的能力。[①] 其次，轻信会扭曲社会的正常结构。克利福德说，轻信一旦变成普遍的现象，一旦受到保护和支持，它就会成为一种习惯而得到强化，从而演变成一种巨大而广泛的罪恶。这就像盗窃，偷盗别人的财物当然是一件非常有害的事情，但是如果人们认为它仅仅涉及一种所有权的转移，而这种转移是对于损失了一定数量的钱财的人来说没有造成多大的伤害，或者因此而纠正了这个人乱花钱的毛病（好似有道德的劝善作用），却是大错特错的；因为它的结果和影响乃是非常有害的，这种有害不在于它使社会财富做了一次不正当的再分配，更重要的是使社会变得不诚实了：社会成了贼窝，从而社会也就不成为社会了。同样，如果我们不阻止轻信，听任它流行，那么社会也就变得浮躁和不诚实起来，从而使社会正常的结构和性质受到了扭曲。因此克利福德说，"这就是为什么因为有善我们就不应该作恶"，有了诚实的信念，我们就不应该是使轻信发生。否则，那将是不道德的。[②] 最后，轻信也会使社会重新沦入野蛮的状态，因为轻信使人邪恶，破坏了人们建立起来的正义规则、道德规则和文明传统，从而导致了社会的倒退。[③]

总之，轻信会养成人们不良的习惯和性格，会使我们生活在谎言和欺骗之中，社会最基本的道德就受到了践踏。这是可怕的。因此，"相信任何没有充分根据的东西无论在何时何地对何人都是错误的"[④]。也即是说，在任何时候任何情况下都不应该相信那些没有充分根据的事情。

第二节 可证实性原则

以证据为基础对包括信念命题在内的所有命题的认识论意义进行考察与

[①] 参见克利福德《信仰的伦理学》，载胡景钟、张庆熊主编《西方宗教哲学文选》，第347页。
[②] 参见克利福德《信仰的伦理学》，载胡景钟、张庆熊主编《西方宗教哲学文选》，第347页。
[③] 参见克利福德《信仰的伦理学》，载胡景钟、张庆熊主编《西方宗教哲学文选》，第347页。
[④] 克利福德：《信仰的伦理学》，载胡景钟、张庆熊主编《西方宗教哲学文选》，第348页。

评估，为 19 世纪中期以来的实证主义运动推进到不同的思想领域之中，特别是在 20 世纪上半叶的逻辑实证主义（逻辑经验主义）学派中达至鼎盛，形成了影响深广的思想潮流。逻辑实证主义学派在其理论演进中曾提出了一个严格的可证实性标准，依据这一标准，任何表达事实的命题如果在经验上是可证实的（或可证伪的），都是有意义的；反之，不可证实或不可证伪的命题则是无意义的。宗教命题因其缺乏这种经验上可证实或可验证的手段与可能性，而被归在无意义的命题之中。① 虽然逻辑实证主义在随后对其可证实性标准的含义及其作为意义标准的严格性诸方面做了修正，但证据原则在推进这场思想运动的进程中始终起着至关重要的作用。

一 分析与实证

通过现代早期由培根、笛卡尔和洛克等人所强调的方法论在认识中的重要意义，以及坚实基础和可靠证据在真理性知识获得与建构中的不可或缺之地位，逐步形成了一种为众多哲学家所认可的知识论诉求中的基础主义和证据主义思想潮流，并以此带来了对宗教信念的知识论地位及其传统自然神学对之做出合理性论证之可能性的怀疑和批判。这样的思想潮流虽然为现代哲学带来了一股新的力量和发展方向，但其自身中也包含了一些理论上的困境，诸如认识主体的二元对立（笛卡尔），认识对象的现象界与本体界的鸿沟（康德）等之类的问题。虽然笛卡尔、洛克、莱布尼茨、休谟和康德等哲学家为解决这些问题提出了众多不同的方案和理论学说，然而这些问题甚至那些为解决这些问题而提出的理论方案仍然始终是哲学家们争论不休、分歧不断的焦点。当然，这类的分歧和争论并不仅仅是从现代早期才开始具有的，20 世纪英国哲学家艾耶尔对这样的历史做了简要的回顾，认为自从哲学产生以来，分期和争论就始终不断，即使后来在哲学中发展出了"逻辑学、知识论、心灵哲学、语言哲学、伦理学和政治理论"等之类的各门分支学科，有关"哲学的目的和方法"依然存在着"相互冲突的观点"。② 无论这类冲突和分歧是

---

① 参见查尔斯·塔列弗罗《证据与信仰——17 世纪以来的西方哲学与宗教》，第 307—310 页。
② 艾耶尔：《二十世纪哲学》，李步楼、俞宣孟、范利均等译，上海人民出版社 1987 年版，第 5 页。

否真正地展现了哲学的困境,但它总是哲学之所以引起人们责难的原因之所在,谴责它并"未能展现任何进步,……柏拉图和亚里士多德在公元前四世纪提出的问题,至今仍然被争论不休"①。

在艾耶尔看来,这种责难虽然是不公正的,但它确实反映了哲学不同于其他学科,特别是不同于自然科学的思想特征。因此,如果哲学有知识积累或所谓"进步"的话,它也是以不同于自然科学的方式实现的。哲学产生以来两千多年不断演进的历史,就已经对这样的问题做出了肯定的回答,形成了客观性问题、认识能力问题等学科领域与研究对象,以及在围绕着这些问题所展开的探究中所建构起来的众多的流派观点与理论学说。②艾耶尔认为,这些研究对象与理论学说的建立以及包含在其中的矛盾冲突与思想分歧,意味着哲学的进步并不在于古老问题的消失与替代,不在于不同或对立派别的此消彼长,而在于"提出各种问题的方式的变化,以及对解决问题的特点不断增长的一致性程度"③。也就是说,哲学的进步并不同于自然科学累积叠加式的增长,而是以提出不同问题以及对同一个问题提出不同的思考与发问方式的手段来推进哲学的历史进展,并在这种进展中逐步走向一致性以实现其对问题的最终解决。

20世纪以后,艾耶尔认为哲学为实现其问题解决的一致性程度有了明显的增长,这种增长虽然并不意味着发现了最终的答案,但起码是缩小了找到答案的可能与范围。这样的可能性诸如哲学自身意识的不断增长,逻辑学方法的广泛使用,哲学之批判和说明功能的建立,哲学世界观的规范作用和人类生活意义的阐释,自由意志等传统概念与意义的澄清,以及通过语言用法的分析而对人类思维的研究等,它们表现出了艾耶尔所认为的哲学的发展在20世纪所达到的阶段。④他用"证据研究"一词来概括这一阶段的哲学成就,认为它不仅包含了"语言研究"的内容,而且比后者的说法更好也更为深入;因为"证据研究"不仅涉及"语言研究"所展开的如何"阐释我们各种信念

---

① 艾耶尔:《二十世纪哲学》,第5—6页。
② 参见艾耶尔《二十世纪哲学》,第6—19页。
③ 艾耶尔:《二十世纪哲学》,第19页。
④ 参见艾耶尔《二十世纪哲学》,第19—24页。

的内容",而且还"提出了我们坚持这些信念的正当理由"。① 应该说,作为20世纪逻辑经验主义的主要代表人物,艾耶尔之所以用"证据研究"而不是"语言研究"来表达这一阶段的哲学特征,与笛卡尔和洛克等人所推进的基础主义和证据主义思潮对现代哲学的影响是有着非常密切的内在关联的。

这场被艾耶尔概括为"证据研究"或"语言研究"的哲学运动,从19世纪末到20世纪初首先在英美国家发端,然后在20世纪上半叶扩展到世界各地而产生了广泛的影响。它因特别偏重于语言和意义分析而常常被称为"分析哲学"(analytic philosophy)运动,而它在其中流行的时期(20世纪上半叶)也被一些学者标记为"分析的时代"。② 这场运动产生了罗素、摩尔(G. E. Moor, 1873 – 1958)、维特根斯坦以及逻辑原子主义和逻辑实证主义(logical positivism)等代表人物和思想流派,特别是逻辑实证主义(也称逻辑经验主义,logical empiricism)所建构的以经验为基础的证实原则和意义标准,将洛克和休谟以来所展开的对宗教信念及其自然神学的合理性质疑和证据主义批判,在20世纪的思想背景中做出了新的阐发与推进。

在这场以语言的逻辑分析为主要内容的哲学运动中,罗素和摩尔具有非常重要的开端地位。这不仅在于他们的理论成就与思想偏好引领并启发了与他们趣味相同的诸多后来的哲学家,而且也在于他们开始的新哲学运动的思想处境所具有的历史的以及象征的意义。罗素和摩尔开始接受大学教育并刚刚迈入哲学研究领域的19世纪末和20世纪初,是黑格尔的哲学体系在欧美仍然具有某种主导地位的时期,在英国以及在他们所生活其中的剑桥大学,也存在着诸如以布拉德雷(1846 – 1924)和麦克塔加特(J. Ellis McTaggart, 1866 – 1925)为代表的黑格尔主义者。罗素和摩尔开始的时候也深受这种思想流派的影响,但很快他们就表现出了一种新的哲学兴趣,开始背离麦克塔加特、反叛黑格尔主义,并最终对"英国而且对欧洲各地以及整个英语世界以后的哲学发展"产生了"决定性的影响"。③

在罗素和摩尔所引领的20世纪初的分析哲学运动中,19世纪后期数学与

---

① 艾耶尔:《二十世纪哲学》,第24页。
② 如20世纪50年代美国哲学家M. 怀特就曾以"分析的时代"为书名来描写"20世纪哲学哲学家"的思想。
③ 参见艾耶尔《二十世纪哲学》,第26页。

数理逻辑所取得的成就与突破，以及德国数学家与逻辑学家弗雷格（Gottlob Frege，1848 – 1925）的理论贡献都具有不可或缺的基础性地位。特别是弗雷格把算术问题归结为纯粹的逻辑问题，以及在解决这一问题过程中对与此相关的逻辑、语言、意义和心灵之类哲学问题的思考，促使他进一步提出并阐释了有关"同一性、真理、有效性、存在、感觉、指称、普遍性、逻辑形式、数、客体、概念、思想和判断"等问题的理论；他的这些思考与阐释的作用远远地超越了数学基础的界限，对卡尔纳普、罗素和维特根斯坦以及英美哲学界产生了广泛的实质性影响，从而被视为"分析哲学之父"。①

当然，在20世纪上半期分析哲学的发展中，罗素的作用和影响是更为直接的。虽然罗素一生思想活跃、兴趣广泛，出版和发表了60多部著作与大量的论文，内容涉及逻辑、数学、伦理学、政治、历史、宗教和教育等领域，但他对哲学的关注（在其出版的著作中有20部是纯哲学方面的②）仍是其思想兴趣的一项主要内容。而在他开始关注哲学问题时，数学的真理性构成了他思考的起点，或者说，罗素是在通过寻求数学真理得以建构其上或者说数学命题之必然为真的充足理由的过程中逐步开始其哲学探究之旅的。例如他在1903年的《数学的原理》(The Principles of Mathematics)、1910—1913年与怀特海（Alfred North Whitehead，1861 – 1947）合著的三卷本《数学原理》(Principia Mathematica)和1919年的《数理哲学导论》等论著中，不仅试图把数学命题归结或还原为逻辑命题并以此建立起一个纯粹的逻辑体系，而且还对数的本质及其形而上学基础进行了深入的思考。虽然这种思考的目的在于从数学中取消形而上学假设的必要性，以及消除他更早时期著作如《论几何学的基础》（1897年）和《莱布尼茨哲学批判》（1900年）中所保留的传统哲学的残余，但这类思考与消解的理论性质依然更多的是属于哲学而不是数学的。③

在把数学归结为逻辑的思考中，罗素在哲学上所取得的一个重要的进展，是对词项这一构成逻辑命题或数学命题基本单位或元素的意义的认识，以及

---

① 参见 A Companion to Epistemology, pp. 147 – 148。
② 参见艾耶尔《二十世纪哲学》，第27页。
③ 参见艾耶尔《二十世纪哲学》，第28—31页。

对其早期所主张的逻辑实在论的修正。由于罗素在 20 世纪早期开始分析命题意义的初期，他对实在论的观点还抱有较大的好感，并在 1914 年的《逻辑是哲学的本质》一文中提出了"逻辑原子主义"来表达这种看法。① 这种观点的基本看法是，世界是由一些简单特殊的东西构成的，它们即原子事实，只具有简单的性质和简单的关系，相互独立而不能相互推导；与原子事实对应的是原子命题，命题和事实之间具有对应关系，并以此为基础推导出整个宇宙的逻辑结构。然而这种观点所带来的一个非常棘手的问题，就是世界上不仅有着无数多的实体，而且还充满着各种各样稀奇古怪的存在。因为按照他所赞同的逻辑原子主义的观点，一个名称或词项的意义在于它所指称的对象，而任何可以被提及的东西都可以是一个项，可以是一个命题的逻辑主词；因此凡是被提及、能够被命名的东西都指称一定的对象，都有某种意义的存在。罗素在当时出版的《数学的原理》中就认为，"存在"是每个可以设想的东西的性质，因为如果它们不存在的话，我们就不能形成关于它们的任何命题，因此即使像"数、荷马史诗的神、故事、怪物"以及金山、麒麟、圆的方、最大的素数等，都在这样的命题意义中获得了某种现实的存在性。

罗素的逻辑原子论虽然试图通过原子命题与原子事实间的对等关系来推导出整个宇宙的逻辑结构，并且在维特根斯坦早期哲学思想中也获得了一定程度的认可，但过多的个体存在不仅会为统一的世界结构的建构带来困难，而且如果把虚假的和矛盾的逻辑主词作为某种具有存在意义的对象看待的话，也会破坏人们有关存在的现实感。为了解决这类问题，罗素后来提出了一种"摹状词理论"，通过改写或删除摹状词在一个句子或命题中的位置，从而减少对象或实体的数目，以维护"健全的实在感"。其主要做法是：首先把个体词分为专有名词和指称短语（摹状词），前者如司各特、北京等，后者如"《韦弗利》的作者"和"中国的首都"等；然后是通过该写那些出现指称短语或摹状词的句子，使这样的短语在改写后的句子中不再出现，如可以把"司各特是《韦弗利》的作者"这样的句子改写为"有一个 x，此 x 写过《韦弗利》，那么对所有 y 而言，如果 y 写过《韦弗利》，y 就等于 x，而且 x 也相

---

① 参见艾耶尔等《哲学中的革命》，李步楼译，商务印书馆 1986 年版，第 33—35 页。

等于司各特"①。罗素认为摹状词是一个"不完全的符号",没有独立的意义,通过改写后的句子使之不再以具有独立意义的短语出现,从而消除其对实在或对象的指称功能以及本体论意义。摹状词理论应该说是当时哲学分析运动的典范,虽然在后来哲学的发展中遭受到了批评,但它所运用的分析方法和思考问题的方式,则对英美哲学诸多思想和流派产生了广泛的影响。②

正当20世纪前一二十年罗素和摩尔等人以不同方式推进分析哲学运动并持有某种常识实在论观点的时候,在这样的思想氛围中逐步凝聚起了一批立场相同的学者,通过逻辑实证主义的名义,在20世纪30年代前后重申古典经验论传统的意义,高举起了证据主义原则的思想批判大旗。逻辑实证主义作为一场哲学运动,起源于维也纳学派或维也纳小组(the Vienna Circle)。这一学派大约是在20世纪20年代的初期,由一批来自奥地利维也纳的知识分子共同形成起来的,特别是当M. 石里克于1922年成为维也纳大学的哲学教授之后,在他周围聚集了一些对哲学感兴趣的学者,定期讨论一些哲学和科学的问题,最终使得这一群体以明确的思想流派而闻名于世。它的主要成员除了石里克之外,还包括威斯曼(Friedrich Waisman, 1896 – 1959)、卡尔纳普、纽拉特(Otto Neurath, 1882 – 1945)、费格尔(Herbert Feigl, 1902 – 1988)和哥德尔(Kurt Godel, 1906 – 1978)等哲学家与数学家。这一学派大约在1929年正式登记为一个哲学团体,并于同年在布拉格举行了一次国际会议,发表了《维也纳学派的科学的世界观点》的宣言。宣言概括地介绍了这一学派的主要观点。随后到20世纪30年代,它又通过出版专门刊物和一系列专著等形式发表其思想主张而达至鼎盛,并随着30年代晚期之后其成员散居世界各地而在欧美哲学界产生了广泛的影响。③

维也纳学派在其1929年的宣言中对其基本的思想观点做了明确的宣示④,

---

① 参见艾耶尔《二十世纪哲学》,第33页;也可参见罗素《西方哲学史》,何兆武、李约瑟、马元德译,商务印书馆1997年版,第505页。
② 参见艾耶尔《二十世纪哲学》,第32—34页。
③ 参见艾耶尔等《哲学中的革命》,第55—56页;查尔斯·塔列弗罗:《证据与信仰——17世纪以来的西方哲学与宗教》,第305—307页。
④ 这一宣言中所强调的主要论点有三个:把形而上学作为无意义的东西加以排除;"不存在作为基础的或作为普遍科学而与经验科学相并列或凌驾于经验科学之上的哲学";逻辑和数学的真命题具有重言式的性质。参见艾耶尔等《哲学中的革命》,第146—147页。

其中所强调的主张应该说有着较为广泛的思想渊源。在这一学派形成的初期，小组成员除了保持并光大其自身已有的思想观点——如石里克《普通认识论》(1918)中的看法——之外，也对维特根斯坦1921年出版的《逻辑哲学论》(*Tractatus Logico Philosophicus*)产生了浓厚的兴趣。他们深入阅读并讨论了这本书中的众多哲学观点，并把这些观点及其哲学研究或哲学分析的方式方法作为其"效法的范例"。① 在这部被称为经典的哲学著作中，维特根斯坦认为哲学的基本问题是由"能够说的东西"和"不能说的东西"两部分构成的。虽然后一部分相当重要，涉及"逻辑形式"和"哲学本质"等问题，但它们是很难被说清楚的。因此，维特根斯坦说他的《逻辑哲学论》就是要为"思想划界"，为"思想的表达方式划定界限"，即在语言中划分界限。②

维特根斯坦在《逻辑哲学论》中认为"世界是一切发生的事情"，是"所有事实的总和"，构成世界的最基本的对象或实在是简单的和不变的，由它们的各种配置和排列而存在或发生的事态就是事实，每个事实都是基本的，其存在是各自独立而不可相互推导的；世界的最基本的事实是由简单对象所形成的原子事实，世界就是由这些原子事实所构成的总和。③ 在他看来，我们以构造图像的方式描画事实，"我们为自己构造事实的图像"，而"图像描绘了逻辑空间的事态，既原子事实的存在和不存在"。④ 图像是实在的模型，其各要素代表了对象；图像若要描画实在并能够成为后者的图像，图像和被图示的对象之间必须存在某种共同的东西。由于图像是有意义的，其所表达的就是它的意义，因而图像的真假"就在于它的意义与实在相符或者不相符"；图像的真假即在与实在的比较中发现的，不存在"先天为真的图像"。⑤ 由于图像是我们在思想中构造的关于实在的图像，而"原子事实是可以想象的"，因而我们关于"事实的逻辑图像就是思想"；当然，思想是要通过某种形式表达出来的，在命题中，"思想通过一种可由感官感觉到的方式来表达"，即通

---

① 参见艾耶尔等《哲学中的革命》，第55页；查尔斯·塔列弗罗：《证据与信仰——17世纪以来的西方哲学与宗教》，第306页。
② 参见路德维希·维特根斯坦《逻辑哲学论》，王平复译，张金言译校，中国社会科学出版社2009年版，第25—26页。
③ 参见路德维希·维特根斯坦《逻辑哲学论》，第28—35页。
④ 路德维希·维特根斯坦：《逻辑哲学论》，第35页。
⑤ 参见路德维希·维特根斯坦《逻辑哲学论》，第36—37、40页。

过可感知的符号（声音的或书写的符号等）来表达，来"作为可能出现的事态的投影"。① 由于命题是一种"图像"，描画了实在，命题的各部分与实在之间具有对应关系，因此命题的图像展现了命题的含义，其真假就在于它所描画的图像是否与实在相符，是否真实地描画了实在。

由于命题是描画实在的图像，是以事实为基础建构起来的，能够清楚地表达思想，因此在命题和事实之间存在确定的真假关系。在维特根斯坦看来，一个单独的名称或"简单的标记"并不是一个句子或命题，并不指称和描画一个事实或事态，而"只有命题才有意义；只有在命题的语境中，名称才有指谓"。② 因此，只有作为句子的命题才是对事实与事态的表述，也才存在着对与错、正确与不正确的问题，也才是是否有意义的根本之所在。在维特根斯坦看来，由于命题是实在的图像，理解一个命题就是"知道它所表述的事态"，从而表明了命题的意义；因此，"当命题为真的时候"，就意味着命题所"表明的事情是怎样的"，而且"就是这样的"。这类命题所描画的图像之所以能够成为实在的真正的模型，乃是在它们之间存在一种同构的关系或者说共同的东西，这即"逻辑的框架"或逻辑形式，我们从中可以看出"实在中一切合乎逻辑的东西"也正是如此的。③ 虽然这种形式本身不能够通过命题明确地表达出来，而只能在命题中显现出来；但由于这类命题是要表述或指称一个事实或事态的，与后者之间存在着是否相符的问题，因而是有真假含义的。

然而作为重言式的或矛盾式的逻辑命题，则并"不是实在的图像"，并不"表述任何可能的事态"，它们要么必然是真的，要么必然是假的。就这类命题没有表述任何事实命题所要表述的东西来看，它们可能是"缺乏意义的"，也就是说，这类命题并不涉及世界的事实和事态，不具有实在的含义；但它们并"不是没有意义的"，它们作为"符号系统"，以彻底的和必然的方式为所有可能的事态和所有不可能的事态做了规定和说明，并以"极限情况"的方式阐释了"符号的结合"，因而也是有意义的。④ 但是除了这两类命题之

---

① 参见路德维希·维特根斯坦《逻辑哲学论》，第40—42页。
② 路德维希·维特根斯坦：《逻辑哲学论》，第47页。
③ 参见路德维希·维特根斯坦《逻辑哲学论》，第61—62页。
④ 参见路德维希·维特根斯坦《逻辑哲学论》，第88—90页。

外，维特根斯坦认为还有一类命题，如传统哲学"所写的大多数命题和问题"，似乎给我们提供了关于实在世界的知识，但实际上则没有包含任何实质性的内容，这些命题或问题是"根本不能得到回答"的，因而与其说是假的，倒不如说是"无意义的"；维特根斯坦认为这些命题的产生是由于我们语言的误用，或者说是由于未能完全理解"我们的语言逻辑"而导致的结果。[①]维特根斯坦的结论是，哲学的正确方法就是表述那些可以表述的，如自然科学的命题，除此之外最好什么也不要说；因此，当面对一些形而上学命题时，只要告诉这些提出这类命题的人们"他的命题中某些记号"是没有含义的即可。他说这就是"唯一严格正确的方法"。[②]可以说，维特根斯坦在《逻辑哲学论》中把哲学看作一种语言分析的活动，其任务就是要澄清语言上的逻辑混乱，将"思想的逻辑澄清"，把"模糊不清的思想弄清楚，并为之划定明确的界限"。[③]

从基本倾向上看，维特根斯坦在《逻辑哲学论》中将世界的基本结构与表达这种结构的命题之间所建立起的对应关系，以及以此为基础对不同命题的真假关系所做的区分和界定，无论是在基本内容还是在表达方式上，都与罗素在20世纪早期所提出的逻辑原子论思想有着非常密切的关系。虽然罗素的哲学观随着时间的变化而有所改变，维特根斯坦也在其后期所写的《哲学研究》（*Philosophical Investigations*, 1953）中提出了新的哲学主张，但罗素早期的逻辑原子论，特别是维特根斯坦在《逻辑哲学论》中表达的这些思想及其有关哲学功用的看法，通过维也纳学派，而对在20世纪三四十年代之后逐步获得世界性声誉的逻辑实证主义运动产生了广泛而深入的影响。逻辑实证主义是一个由众多哲学家和科学家所共同推进的哲学运动，每位学者都有其不同的影响和看法，其中石里克和卡尔纳普具有核心地位。而作为这场运动的杰出代表之一，艾耶尔的思想也具有典型性，特别是他的《语言、真理与逻辑》（*Language, Truth and Logic*, 1936）对这场运动的主要观点做了系统的论述，从而被视为体现了逻辑实证主义思想倾向的主要代表作之一。本书

---

① 参见路德维希·维特根斯坦《逻辑哲学论》，第58页。
② 参见路德维希·维特根斯坦《逻辑哲学论》，第164—165页。
③ 参见路德维希·维特根斯坦《逻辑哲学论》，第69—70页。

即以它为主要参考书，介绍逻辑实证主义的证据主义思想及其对传统神学的批判。

艾耶尔在《语言、真理与逻辑》的开篇即提到，他这本书的一些观点来自罗素和维特根斯坦，并通过他们可以溯源到贝克莱和休谟等人的经验论传统。① 从总体上看，艾耶尔所提到的这些哲学家及其倡导的经验论传统，确实代表了逻辑实证主义的思想渊源。他们以经验为基础所推崇的证实原则，对不同命题及其意义的区分与说明，进一步成为逻辑实证主义所得以展开的哲学分析运动的主要工作内容。因此，当艾耶尔开始阐述这一学派的思想观点时，他是从休谟对命题的分类开始的。在他看来，休谟命题分类的重要意义就在于不仅要把真正的命题保留下来，而且还要把无意义的命题排除出去。按照这种分类方法，真正的命题要么是先天的分析命题，要么是有关经验事实的综合命题。判定它们是否是真正命题的方法或原则，除了以逻辑的或定义的方式确定它是否是恒真恒假的分析命题之外，可证实性原则乃是最重要的标准，是验证一个经验性命题或真或假的根本所在。除此之外，如果一个命题既不能满足可证实性原则，又不是一个重言式命题，那么它就是一个"形而上学命题"，而一个形而上学命题，在艾耶尔等人看来，虽然无所谓真假，却是"在字面上没有意义的"，诸如"有一个非经验的价值世界""人有不死的灵魂"以及"有一个超验的上帝"之类的命题。②

艾耶尔在这里所做的命题分类及其意义说明，与维特根斯坦在其《逻辑哲学论》中的相关表述有诸多类似之处，甚至在基本倾向上是完全一致的。当然在这样的命题分类中包含着一个非常重要的东西，那也是自休谟甚至是自洛克以来一直为现代哲学家和神学家们极为关注且争执不休的问题，就是如何看待包括哲学和宗教在内的所谓的"形而上学命题"的意义及其知识论地位的问题。在这样的思想背景中，逻辑实证主义所坚守的立场是"拒斥形而上学"，而他们之拒斥形而上学的主要理由和标准，乃是他们所提出的"可证实性原则"。艾耶尔把一个"形而上学论题"归结为这样一种主张，即它认为"哲学供给我们以关于超越科学世界和常识之外的一种实在的知识"；可以

---

① 参见艾耶尔《语言、真理与逻辑》，尹大贻译，上海译文出版社2006年版，"第一版序言"。
② 艾耶尔：《语言、真理与逻辑》，"第一版序言"。

或能够拥有"超验实在的知识"是形而上学的基本立场。① 持有这种立场的形而上学家们会以不同的方法，如人类的理智直观之类的能力，来说明这种知识获得的合理性。艾耶尔认为要想拒斥或推翻这样的观点和立场，就不能从这种形而上学体系的产生方式出发，而应该聚焦于构成这一体系的陈述和命题的性质；也就是说，我们应该考察一个表达超验的实在的陈述会具有什么样的"字面上的意义"。在他看来，康德已以不同的方式对这样的问题做出了说明，即认为当知性超出其可能的经验范围而试图"与自在之物打交道的时候"，只能是陷入自相矛盾之中而说出一些"没有意义的话"；只是康德把"超验的形而上学的不可能"看作一个"事实问题"，而不是像逻辑实证主义者们那样把它看作一个"逻辑问题"。②

艾耶尔认为，之所以要把"企图超越可能的感觉经验的界限"的形而上学的不可能性看作一个逻辑问题而不是一个事实问题，乃是因为我们不能从"心灵实际构造的心理学假设"出发，而只能是从"规定语言的字面意义的规则"中，来推演出这种不可能性；或者说，我们不能批评形而上学家"把知性用在它不能有效地进入的领域"，而是应该谴责他由此所提出的"一些句子"，并"不符合于唯一能使其有字面意义的那些条件"。因此，为了说明形而上学命题是无意义的或是不可能的，我们必须提出一个检验命题或句子"是否表达一个真正的事实命题的标准"，然后考察它们是否满足了这样的标准。这种检验事实陈述真伪的标准就是"可证实性的标准"："一个句子对于任何既定的人都是事实上有意义的，当且仅当他知道如何去证实那个句子所想要表达的那个命题。"③ 也就是说，如果一个人知道他会在哪些条件以及什么样的观察中确定一个命题或句子的真假，这样的命题或句子就是有意义的；反之，如果他在确定一个命题的真假中并不知道也不能设想这样的条件和观察，那么这样的命题要么是重言式的，要么是妄命题或伪命题（pseudo-proposition）。④

逻辑实证主义在开始提出可证实性标准的时候，因其过分的强硬而引起了一些学者们的批评。艾耶尔对此做了解释。他说，在使用可证实性标准时，

---

① 参见艾耶尔《语言、真理与逻辑》，第 1 页。
② 参见艾耶尔《语言、真理与逻辑》，第 2 页。
③ 艾耶尔：《语言、真理与逻辑》，第 3 页。
④ 参见艾耶尔《语言、真理与逻辑》，第 3—4 页。

应该在实践（或事实）的可证实性和原则的可证实性之间做出区分，也就是说，"可证实的"一词应该包括"强的"含义和"弱的"含义；"强的"含义是指一个命题的真实性是可以"在经验中被确实证实"了的，"弱的"含义是指它的真实性是在经验上具有被证实的可能性，具有原则的可证实性。① 依据这样的标准，一个在真假上能够被证明或验证的命题，要么是在经验上被直接证明了的命题，要么是存在着在经验上具有被证明的可能性的命题，或者是能够还原到经验命题并从中推导出来的命题。这样的具有经验的可能性的命题才是有意义的命题，它与重言式命题一道，构成了所有"有意义命题的整个的类"，而形而上学命题既不具有经验的现实性，又缺乏经验上的可能性，不可能属于这样的有意义命题的类，因此是无意义的。②

二 意义标准

在艾耶尔表述中，逻辑实证主义的可证实性原则不仅意味着对形而上学的拒斥，同时也昭示了哲学应有的功能与作用，即分析的和批判的。在他看来，在历史上确实有众多的形而上学家，但同样也存在着众多的分析哲学家，而大多通常被看作形而上学家的大哲学家，实际上乃是分析哲学家。在现代早期把哲学研究活动在本质上看作分析的哲学家中，笛卡尔以某种方式开始了这种工作，而洛克则更为明确地实施了这一活动。他认为，如果人们同意了他关于哲学分析的性质的说明，就会同意洛克的《人类悟性论》（即《人类理解论》）这本书"从本质上说是一本分析的著作"，因为在这本书中，洛克计划打扫地基、清除垃圾，"致力于给知识下定义，给命题分类，和表现物质事物的性质这些纯粹分析的工作"。③ 在洛克之后，贝克莱也做了类似的工作，休谟则更为明确地表达了拒斥形而上学的意图。艾耶尔认为休谟在其《人类理性研究》（即《人类理解研究》）中有关神学的或经院哲学的著作所说的话——在它们之中根本不可能包含任何关于"数和量方面的抽象推论"，也根本不可能包含任何关于"事实和存在事物的经验推论"，我们只有"把它

---

① 参见艾耶尔《语言、真理与逻辑》，第4—5页。
② 参见艾耶尔《语言、真理与逻辑》，第11页。
③ 艾耶尔：《语言、真理与逻辑》，第23页。

投入到烈火中"——就是以不同的语词或说法表达了逻辑实证主义的观点："一个句子既不表达任何形式上真实的命题，又不表达一个经验假设，那就是字面上没有意义的。"① 而包括在这一思想传统中的哲学家，还有霍布斯、边沁、约翰·斯图亚特·穆勒等人，他们构成了英国经验主义一个长久的传统。虽然他并不认为哲学分析的研究活动仅仅局限于英国经验论者，但他相信这一立场是与这一传统有着最为密切的"历史亲缘关系"的。②

逻辑实证主义的可证实性原则在拒斥形而上学中包含了传统宗教命题，这也是由洛克和休谟等人所推进的证据主义中涉及的基本主题。由于这一问题涉及内容重大，艾耶尔也依据于可证实性原则，对宗教知识在经验上的不可能性进行了批判性说明。这些说明可以说是代表了逻辑实证主义对待包括宗教命题在内的所有形而上学命题的基本态度。他在《语言、真理与逻辑》中对宗教命题的经验论批判，是从"上帝存在"如何能够给予我们一个有意义的证明开始的。他说，从实证或证明的角度看，如果一个命题是一个先天命题，那么从中推导或演绎出它的前提必须是确定的和真实的，这个命题才会是确定的和真实的，前提的必然性蕴含着结论的必然性；而如果一个命题是一个经验命题或经验假设，则它只能从另外的经验命题中推演出来，作为结论的这个命题也才会是可能的。只有先天命题才有逻辑必然性，而经验命题仅仅是或然的。③

那么，就具有一神论（非万物有灵论）宗教中上帝属性的那种存在者的存在来说，用这样的一些证明方式来论证的话，会获得什么样的结论呢？在艾耶尔看来，如果把"上帝存在"看作一个先天命题，那么由于先天命题是一种重言式命题，从它那里得出的除了是另外的重言式命题之外，不可能有效地推演出其他的任何东西，从而通过这种方式"要论证上帝存在是不可能的"。他的意思是说，重言式命题只对重言式命题具有逻辑必然性，从它那里不可能获得有关事实性的或经验性的存在者存在的必然结论。然而，如果把"上帝存在"看作一个经验假设、一个或然性命题，是否可以获得经验上的证

---

① 艾耶尔：《语言、真理与逻辑》，第25页。
② 参见艾耶尔《语言、真理与逻辑》，第27页。
③ 参见艾耶尔《语言、真理与逻辑》，第95—96页。

明呢？艾耶尔认为通过这种方式要想获得可靠的结论同样是困难的。因为一个经验假设或经验命题只能从另外的经验假设或经验命题中推演出来，不能单独从其他的非经验假设或非经验命题中推演。假定人们要想从"自然中存在着某种有规则性"出发来推论的话，其结论只能是自然中"具有必然的规则性"，而这种"规则性"与宗教信仰中的"上帝"还相差甚远；如果要想通过"某些经验的表现"或者说自然现象来给这样的"超验存在者"下定义，则更是不可能的。在这种情况下，艾耶尔认为"上帝"一词就只能是一个形而上学的语词；而由这种语词意义所构成的"上帝存在"就不可能是一个具有或然性的经验命题。在他看来，以这样的标准来衡量，则所有用来描写"超验上帝性质的句子"都是没有任何字面意义的。①

当然，艾耶尔说我们或许还有一种办法把宗教命题看作有经验意义的，例如把神看作或等同于自然界的某种客体，它掌控了某种力量，从而在"耶和华发怒"和"天打雷了"之间建立等同关系，为宗教命题提供经验的可能性与证据；但是即使在这样的宗教——艾耶尔把它视为"不纯的宗教"——中，这样的一位神仍然是处在经验世界之外而并非居住在经验世界之中的，它的本质属性不具经验性从而是不可理解的，也是不能用任何的经验方法来证实的。② 在艾耶尔看来，这种超验的神的奥秘超越了人的理解力，不可能为人的理性所证明，却也正是众多有神论者所坚持的主张。然而，这些在后者看来是只能为信仰来领悟的东西，在艾耶尔那里只能是没有知识论意义的，因为我们无法"用可理解的词给上帝下定义"，因此要想构造一个句子，使得它"既是有意义的而又是涉及上帝的"，则是根本不可能的。③

艾耶尔在这里通过逻辑方式和经验方式对宗教命题之无意义的解读，与休谟和康德对自然神学的批判有着基本相同的思想旨趣。例如，康德在分析命题基础上对"上帝存在"之本体论证明进行了逻辑上的考察，认为这一证明中的"存在"一词并不具有一个真正的谓词所应有的含义；休谟则从彻底的经验论立场出发对设计论证明提出了质疑，指出在任何有限的经验中都不

---

① 参见艾耶尔《语言、真理与逻辑》，第96—97页。
② 参见艾耶尔《语言、真理与逻辑》，第98页。
③ 参见艾耶尔《语言、真理与逻辑》，第99—100页。

批判与阐释
—— 信念认知合理性意义的现代解读 ——

可能得出一个无限的、超验的上帝存在的结论。艾耶尔将这些批判的思路整合在一个基本的原则之中，在通过可证实性原则对宗教命题性质的分析中，表达了与康德和休谟等人相同的想法，即这类命题要想获得可靠确定的结论，既不能凭借先天的逻辑手段，也不能依据后天的经验验证。因此在他看来，试图通过宗教经验来证明宗教命题在知识上的可靠性，不仅是不可能的，甚至是荒谬的；宗教经验即使具有心理学的或情感的意义，但它绝对不具有知识论的意义。① 这种评价就像他在对包括伦理学和美学在内的价值判断所做的评价那样，认为如果它们是有意义的陈述，就必定是"科学"之类的陈述；反之，如果它们"不是科学的陈述"，那么它们就是没有实际意义的。这些陈述体现的是一种情感的表达，一种既不真也不假的情感表达。② 逻辑实证主义的主要代表人物之一的卡尔纳普，也在这种意义上谈到了他对形而上学命题的理解。在他看来，这类命题并不表述真理，只是表达了人生的愿望、情感和希望，表达了人生的痛苦与欢乐。它们就像笑、抒情诗和音乐一样，在表达着某种永恒的情感和意志倾向；它们并不判断某种事情，不包含知识，没有理论意义。人们不会用"对错"，而只是用"好坏"来评价它们。③

由于在逻辑实证主义那里，经验证实原则不仅是验证一个句子或命题真假的原则，同时也是检验它是否有意义的原则，特别是它作为意义原则，给许多人带来了困惑。虽然逻辑实证主义提出可证实性标准是为了拒斥形而上学，但如果说一个句子或命题只有当它能够被判定真假时才是有意义的，则无疑会使除了形而上学命题之外的更多命题失去价值。这种威胁反而促使人们对可证实性标准本身提出疑问：这一标准是否是可靠的？表述这一标准的语词是否是合适的和严格的？等等。为了回应诘难，更为明确地阐释这一原则的含义，艾耶尔在其《语言、真理与逻辑》1946年第二版的"导言"中对之做了进一步的解释。艾耶尔说，"可证实性原则"是判定"一个句子"在字面上有无意义的标准，依照这一标准，"一个句子，当且仅当它所表达的命题或者是分析的，或者是经验上可以证实的，这个句子才是字面上有意义

---

① 参见艾耶尔《语言、真理与逻辑》，第101—102页。
② 参见艾耶尔《语言、真理与逻辑》，第82页。
③ 卡尔纳普（Rudolf Carnap）："通过语言的逻辑分析清除形而上学"；参见《逻辑经验主义》上卷，洪谦主编，商务印书馆1982年版，第33—36页。

的"。但是这里就存在着如何区分"句子"与"命题"的不同以及如何理解它们各自含义的问题。为了解决这种术语上的混乱以及诘难，艾耶尔引入了另一个词"陈述"来进一步明确它们的意义，认为"句子"是由任何形式的一些语词（语法上有意义的）所构成的，"陈述"则是由任一直陈句所表达，而"命题"所指的是"字面上有意义的句子所表达的东西"；其中，"命题"在类上属于"陈述"，"命题的类变成了陈述的类的附类"。①

通过引入"陈述"的意义，用"陈述"一词替换"句子"一词，艾耶尔重新将可证实性原则表述为："当且仅当一个陈述或者是分析的或者是经验可以证实的时，这个陈述才被认为字面上有意义的。"② 即这个新的表述在术语上或是范围上都更为合理，但什么是"可证实的"仍然需要进一步明确。艾耶尔说虽然他曾在"强的意义"和"弱的意义"上区分了"什么是可证实的"，并倾向于在后者的意义上使用它；但它依然是存在着一些问题的，诸如这两种意义的区分是否是真正存在的，在单一或独一无二经验基础上证实了的"基本命题"的地位，以及其中一些概念的模糊性等。因此他建议用"观察陈述"代替"经验命题"，将可证实性原则用于观察陈述而不是经验命题，并充分考虑到间接证实的作用与地位。这些考虑使他最终将"可证实性原则"表述为："可证实性原则要求一个字面上有意义的陈述，如果它不是分析的陈述，则必须……或者是直接可证实的，或者是间接可证实的。"③

在艾耶尔看来，在对各种因素和可能性的思考以及对各种诘难的回应之后而经过不断改进的可证实性原则，不仅使那些建立在直接观察基础上的陈述在字面上是有意义的，而且也能够通过一定的条件使建立在间接观察基础上的陈述以及并不以任何观察为基础所形成的分析陈述也是字面上有意义的；特别是后一类陈述，包含在其中的词项虽然并不指称任何的观察内容或对象，但它们可能是基本的或基础性的科学理论，在原则与可能被观察到的东西有关系，因而是可以通过某种方法或"一本'词典'的帮助"，把它们转化为可证实的陈述，从而把它们与形而上学命题区别开来而保留它们在字面上是

---

① 艾耶尔：《语言、真理与逻辑》，第二版"导言"，第1—4页。
② 艾耶尔：《语言、真理与逻辑》，第二版"导言"，第5页。
③ 艾耶尔：《语言、真理与逻辑》，第二版"导言"，第10页。

有意义的地位。相反，任何的形而上学命题并不描述任何可被观察到的东西，也不具有原则上的可能性，甚至也不能提供某种"词典"的帮助而将它们转化为直接或间接可证实的陈述。①

由此可以看到，无论"可证实性原则"如何扩展和改进，形而上学命题或陈述始终是不可能被接纳或进入这个原则所认可的可判别真假及字面上有意义的陈述的范围之中的。也就是说，按照这一原则，当形而上学命题在认识论上不具有真假的可能性时，它的"意义"从而也被彻底地解构和拒斥。如此严苛的原则使人们对"可证实的"在内容和语词用法上无话可说，但依然会对什么是"意义"以及它所可能指涉的东西产生诸多想法的。艾耶尔的态度是，无论"意义"一词在历史上以及人们的使用上有多少歧义，但在这里，在实证主义的思想处境中，它必须有一个专门的用法，即"可证实性原则"和"意义"之间必须有一种内在的关联，只有满足了这一原则，一个陈述才是有意义的；否则，它就是无意义的。或者说，"可证实性原则"是与科学假设和常识陈述所习惯理解的那种"意义"相关联的；如果不能满足这一原则，那么一个陈述就不可能具有这种"意义"上的意义，就不可能在这种"意义"上被理解。②艾耶尔的看法是，形而上学命题不仅不具有真假的可能性，而且还缺乏这种在科学上或常识上被理解的意义。

逻辑实证主义所倡导的思想原则在20世纪三四十年代受到了众多哲学家们的支持和阐发，并随着他们的迁移而在世界各地掀起了一场广泛的思想运动。然而由于他们所批判的思想对象也具有深厚的历史基础，特别是他们所提出的可证实性原则本身也并不是无懈可击的，因而这场运动在20世纪五六十年代之后面临了一系列理论危机，而作为一个学派本身也逐步开始解体。英国哲学家波普尔（Karl Popper, 1902 – 1994）在对可证实性原则作为意义原则的批判中，提出了作为划界标准的证伪原则；美国哲学家蒯因（W. V. Quine, 1908 – 2000）则在其《经验主义的两个教条》中，对逻辑实证主义的两个基本理论支柱——分析命题与综合命题的区分以及还原论，进行了批判性的解构。③

---

① 艾耶尔：《语言、真理与逻辑》，第二版"导言"，第10—11页。
② 参见艾耶尔《语言、真理与逻辑》，第二版"导言"，第12—13页。
③ 参见艾耶尔《二十世纪哲学》，第278—279页。

而与此同时，不断成长起来的宗教哲学家们，也对宗教语言的非经验指称性，或者说它所表达的"特定的生存方式或评价世界的方式"给予了说明，阐释了逻辑实证主义批判的不相关或不合适。①

逻辑实证主义的可证实性原则和意义原则提出后，虽然遭遇到了众多不同的质疑和反驳，但它依据这种原则对传统形而上学命题和宗教命题之性质的分析、说明与批判，则在20世纪上半期的欧美哲学界产生了广泛的影响，而且在20世纪五六十年代的思想舞台上依然能够看到它活跃的身影。从思想史的演进来看，三四十年代达至鼎盛的逻辑实证主义，不仅是19世纪中后期欧洲实证主义思潮的发展，也是现代早期哲学对客观必然性知识诉求的延续，是笛卡尔和洛克等人知识合理性之基础主义和证据主义立场的当代表达。因此，即使在可证实性原则在刚一提出的时候即遭到了质疑，即使这一原则在五六十年代受到诸如波普和蒯因的修正与批判，但它所试图坚持并贯彻的思想原则具有深厚的历史渊源，因而它所为之努力的目标必定是深远的。

第三节　信仰与社会文化

在现代哲学的进程中，从笛卡尔在建构最为坚实可靠根基的基础上寻求"可信赖和系统化知识"的哲学理想，到洛克区分知识与信念中倡导理性之最终的指引与判决地位；从休谟和康德的自然神学批判，到逻辑实证主义对形而上学和宗教神学命题的拒斥，无不体现了这个时代哲学家们对哲学新的希望与期待、对理性与信仰关系的思考，以及在有关客观必然性知识的建构中对宗教神学命题之知识合理性意义的考量与质疑。而在不同时期的演进中，随着知识可靠性标准和原则建立的不断深入和修正，宗教神学命题的合理性批判也逐步从知识层面伸展到了其他领域，导致了社会、文化和心理等批判思想的产生。

一　本质异化与颠倒的世界

在19世纪的社会文化批判中，费尔巴哈和马克思的思想具有最为典型的

---

①　参见查尔斯·塔列弗罗《证据与信仰——17世纪以来的西方哲学与宗教》，第316页。

意义。费尔巴哈作为一名德国哲学家，一生写下了众多的哲学著作，包括《近代哲学史》（1833）、《阿伯拉尔和赫罗伊丝》（1834）、《对莱布尼茨哲学的叙述、分析和批判》（1837）、《论哲学和基督教》（1839）和《未来哲学原理》（1843）等，内容包括中世纪、现代早期以及唯物主义等方面的哲学思想，在 19 世纪德国哲学从黑格尔向马克思的转折中起到了重要的作用；此外，对宗教和神学问题的研究在费尔巴哈的学术生涯中也占据了非常重要的地位，他写下了大量产生广泛社会影响的宗教和基督教的批判性著作，主要有《基督教的本质》（1841）、《宗教的本质》（1845）、《神统》（1857）、《上帝、自由和不朽》（1866）以及从 1848 年 12 月到 1849 年 3 月的《宗教本质讲演录》等。其中《基督教的本质》（Essence of Christianity）被公认为他的宗教批判著作中影响最大也最有代表性的一部，主要内容除了"导论"中"概论人的本质"和"概论宗教的本质"两章外，共分两部分，第一部分为"宗教之真正的，即人本学的本质"，共十七章；第二部分为"宗教之不真的（或神学的）本质"，共九章。费尔巴哈认为他这本书是对以前散见在各处的、有关"宗教与基督教、神学与思辨宗教哲学"方面的零星内容整合而成，其目的是证明"神学之秘密是人本学"[①]，构成这本书的两大部分都在做这种证明，"第一部分是直接的证明，第二部分是间接的证明"[②]。

为了论证神学即人本学以及宗教的本质乃是人的本质，费尔巴哈首先对人的本质做了简要的概述。在他看来，人最根本的特征或本质是"意识"，它更多的是对"无限者的意识"而不是对有限的意识："有限的意识不是意识"，意识的本质特征乃是"对意识之无限性的意识"，在这种意识中，"意识把自己的本质之无限性当作对象"。而人在这种意识中所意识到的人的本质是一种类本质，表现为"理性、意志和心"，那是一个完善的人必定具备的。[③] 但是，作为人的本质的"意识"，必须是在对对象的意识中才能意识到自己，通过对象才能意识到自身，也就是说，"人的本质在对象中显现出来，对象是他

---

① 费尔巴哈：《基督教的本质》，载《费尔巴哈哲学著作选集》（下卷），荣振华、王太庆、刘磊译，生活·读书·新知三联书店 1962 年版，"1841 年初版序言"，第 1、5 页。
② 费尔巴哈：《基督教的本质》，载《费尔巴哈哲学著作选集》（下卷），"1843 年第二版序言"，第 16 页。
③ 参见费尔巴哈《基督教的本质》，载《费尔巴哈哲学著作选集》（下卷），第 26—28 页。

的公开的本质,是他的真正的、客观的'我'"①。因此,"没有了对象,人就成了无"②。费尔巴哈把对象的存在看作人类自我意识形成的根本条件,没有这样的对象,人类就无法形成自我意识,从而也不能形成人的本质(意识);对象意识是自我意识的基础和条件,人们正是在意识到对象的同时意识到了自身,因而人类是能够区分对象意识和自我意识的,如感性对象即外在于人的。然而,宗教对象却是存在于人之中的,是人"自身内在的对象",也就是说,"上帝之意识,就是人之自我意识;上帝之认识,就是人之自我之认识"。③ 费尔巴哈就是以这种内在的对象意识为出发点而对宗教的本质做了深刻的揭示,把宗教看作人的本质,(基督教的)上帝乃是人的本质的投射。他说,人类在最初的时候,即人类的童年时期,往往把自己的本质移到身外,变成为某种对象、某种客观的东西;人只有在把人变成为另一个人时才会成为自己的对象,而且也正是在这种自身之外的对象中才看到了自己作为人的本质。因此,费尔巴哈说,"宗教是人之最初的……自我意识",虽然那是一种"间接的自我意识",但正是人在把自身向外投射所形成的"仰望和敬拜"的对象中才"看到"了自己的本质,这也是费尔巴哈所说"宗教是人类童年时的本质"所昭示的意义。④

在费尔巴哈看来,人类通过宗教而对自我本质的意识是一个逐步实现的过程。在开始的时候,人们把这种投射而成的对象看作超越的、外在于自身的客观的东西,还不能意识到那就是自己的本质。只是随着历史的进展,人们逐步认识到这种客观的东西实际上是"主观物",认识到"以前被当作上帝来仰望和敬拜的东西其实乃是某种属人的东西";也正是在这个时候,人们才意识到以前属神的东西实际上是属人的,认识到是把人的本质当作神来敬拜的。费尔巴哈认为,这就是把宗教作为研究对象的思想家们的任务,即把"宗教信奉者"视为"必然而且永恒法则"的"超乎人"的隐而不显的本质揭示出来,表明"属神的东西跟属人的东西的对立"只不过"是一种虚幻的

---

① 费尔巴哈:《基督教的本质》,载《费尔巴哈哲学著作选集》(下卷),第30页。
② 费尔巴哈:《基督教的本质》,载《费尔巴哈哲学著作选集》(下卷),第29页。
③ 费尔巴哈:《基督教的本质》,载《费尔巴哈哲学著作选集》(下卷),第37—38页。
④ 费尔巴哈:《基督教的本质》,载《费尔巴哈哲学著作选集》(下卷),第38页。

对立",只不过"是人的本质跟人的个体之间的对立"。① 因此,包括基督教在内的所有宗教,其所体现的关系并不是人与神的关系,人与那个所谓超越的、外在的神的关系,而是人与人的关系、人与自己本质的关系;只是人们在宗教中所设定的人与神的关系,是把人的本质当作"另外一个本质"来看待,把"个体的、现实的、属肉体的人""对象化为一个另外的、不同于它的、独自的本质"来予以"仰望和敬拜"。因此从根本上看,"属神的本质之一切规定,都是属人的本质之规定"。② 也正是在这个意义上,他把宗教的每一进步都看作人的自我认识的深化。

费尔巴哈把宗教中一切属神的规定实质上都是属人的规定,通过基督宗教的上帝的理智和道德等本质,以及化身、受难、三位一体、创世、奇迹、复活、天国与永生等奥秘,予以了细致的解释与说明,从中揭示出宗教之本质乃是人本学之本质的真相;并对与基督宗教神学相关的诸多内容,诸如上帝实存与一般本质、启示、思辨的上帝学说、三位一体、圣礼以及信仰与爱等,进行了广泛的批判,指出在它们之中包含了大量自相矛盾和虚假的内容。③ 他说,他就是要用"经验哲学的或历史哲学"的方式,对"基督教的谜语"做出"分析"与"剖解"④,进而"把宗教还原到人、人本学,证明人、人本学是宗教之真正对象和内容",并以此来揭示宗教的奥秘是人而不是神。他认为他这样做的结果,与其说是"使神学下降到人本学,这倒不如说是使人本学上升到神学,就像基督教使上帝下降到人,把人变成了上帝"⑤ 那样。

费尔巴哈把神的本质归结为人的类本质的投射而对宗教之奥秘的人学渊源以及神学矛盾的揭示与批判,受到了马克思的高度赞赏。虽然马克思并没有像费尔巴哈那样写出大量专门针对宗教问题进行阐释的著作,但在他一系列经典的哲学和经济学等论著中的众多地方,都表达了他对宗教的看法以及

---

① 费尔巴哈:《基督教的本质》,载《费尔巴哈哲学著作选集》(下卷),第39页。
② 费尔巴哈:《基督教的本质》,载《费尔巴哈哲学著作选集》(下卷),第39页。
③ 费尔巴哈对基督教奥秘与神学矛盾的揭示与批判的具体内容,可参见《基督教的本质》的第一部分和第二部分各章节。
④ 费尔巴哈:《基督教的本质》,载《费尔巴哈哲学著作选集》(下卷),"1843年第二版序言",第11页。
⑤ 费尔巴哈:《基督教的本质》,载《费尔巴哈哲学著作选集》(下卷),"1843年第二版序言",第17页。

相关的社会批判思想。在《黑格尔法哲学批判》（1843—1844）、《〈黑格尔法哲学批判〉导言》（1843）、《1844年经济学哲学手稿》（1844）、《论犹太人问题》（1843）、《神圣家族，或对批判的批判所做的批判——驳布鲁诺·鲍威尔及其伙伴》（与恩格斯合著，1844）、《关于费尔巴哈的提纲》（1845）、《德意志意识形态》（与恩格斯合著，1845—1846）、《1857—1858年经济学手稿》（1857—1858）、《资本论》（四卷，分别出版于1867年、1885年、1894年和1910年）、《反教会运动——海德公园的示威》（1855）以及《致阿尔诺德·卢格》（1842）、《马克思致恩格斯》（1856）等论著和书信中，马克思分别对宗教产生的根源、宗教的本质以及社会作用等问题做了深入的阐述，从社会、道德和文化心理等方面对之给予了全面的分析与批判。

马克思对宗教的批判立足于他的基本的哲学原则和哲学思想。马克思认为人首先是一个现实的人、一个社会的人，社会存在构成了人的本质。从这一基本的前提出发，就可看到，但凡社会中产生的东西，必定在社会中有其根源。由于"人不是抽象的栖息在世界以外的东西"，人是存在于现实世界中的，"人就是人的世界，就是国家、社会"，因此社会历史中的宗教是人的产物，是"人创造了宗教"，而不是宗教或神创造了人、创造了世界；只不过这种由人创造的宗教所产生的意识和世界，是颠倒了的意识和世界。① 也就是说，在宗教中，人与神、人与世界以及世界与神的关系，不是从人和世界到神，而是从神到人和世界来认识与理解的，人和世界的起源与本质也只能是在神那里才能找到根源的，人类社会从而被披上了一个神圣的面纱与帷幕。马克思因此说它是一种颠倒的世界观。

如果说宗教是以一种虚幻的、头脚倒置的方式反映了人们所生活的这个世界，那么由此所得到的这种颠倒的世界观是如何产生的呢？马克思认为，它主要是以"人的自我意识"之"外化"的方式而形成的，在这样的"外化"过程中，人们首先是把"自己的经验世界变成一种只是在思想中的、想象中的本质"，一种抽象的观念上的或者说虚幻的本质，然后把它作为某种"异物与人们对立"，作为某种所谓外在的、超越的"客体"主宰、统摄人

---

① 马克思：《〈黑格尔法哲学批判〉导言》，载《马克思恩格斯选集》第一卷，中共中央马克思恩格斯列宁斯大林著作编译局编译，人民出版社1972年版，第1页。

类。而之所以说由此形成的宗教世界是颠倒的和虚幻的,还有一个更重要的理由,那就是如果我们要在宗教世界中寻找人的"自我意识"的话,找到的就不可能是真正的自我意识,而只是人的"外化的自我意识",是想象的和虚幻的;因此,我们要想真正地认识和理解构成宗教"本质"的物质基础,那么我们就不应该在所谓"人的本质"以及"上帝的宾词"中去寻找,而是能到"宗教的每个发展阶段的现成物质世界中去寻找"。也就是说,孕育宗教本质的真正的基础,既不是抽象的"人的本质"也不是表现上帝属性的"上帝的宾词",而是现实的"物质世界"。①

马克思认为虽然费尔巴哈能够把宗教的本质归结为人的本质,看到了宗教的本质是人的"自我异化",并且能够"从世界被二重化为宗教的、想象的世界和现实的世界"来认识这种异化的本质;但是费尔巴哈没能理解人是"一切社会关系的总和",因而只是把人的本质看作"单个人所固有的抽象物",看作众多个体"纯粹自然联系起来的共同"的"类",而未能理解人的本质及其情感是处在一定社会形式中的"社会的产物";而且当他把宗教归结为它的"世俗基础"之后,忘掉了还有一个主要的工作需要继续完成,这就是不仅要从"世俗基础的自我分裂和自我矛盾"来说明这个被"转入云霄"的"独立王国"的形成基础,而且还要在现实的社会实践和革命改造中"排除这种矛盾"。② 在马克思看来,在对宗教的理解和批判中,后者是更为重要的。

马克思之所以把通过现实的社会实践和革命改造来排除宗教所表现的"自我分裂与自我矛盾"看作更重要的任务,乃是因为宗教虽然是在人类"自我意识"外化中所形成的颠倒的世界观,但它在人类以往的历史和社会生活中却扮演了一个重要的角色,"宗教是这个世界的总的理论,是它的包罗万象的纲领,它的通俗逻辑,它的唯灵论的荣誉问题,它的热情,它的道德上的核准,它的庄严补充,它借以安慰和辩护的普遍根据"③。由于宗教作为"这

---

① 参见马克思《1844年经济学哲学手稿》,载马克思、恩格斯《德意志意识形态》;参见《马克思恩格斯列宁论宗教》,唐晓峰摘编,人民出版社2010年版,第6、16页。

② 马克思:《关于费尔巴哈的提纲》,载《马克思恩格斯全集》第3卷,中共中央马克思恩格斯列宁斯大林著作编译局编译,人民出版社1960年版,第4—5页。

③ 马克思:《〈黑格尔法哲学批判〉导言》,载《马克思恩格斯选集》第一卷,中共中央马克思恩格斯列宁斯大林著作编译局编译,人民出版社1972年版,第1页。

个世界的总理论"和"它的包罗万象的纲要",成为"它借以求得慰藉和辩护的总根据",因此在宗教,例如基督教存在的一千多年里,它不仅成为宣扬阶级存在必要性的"社会原则",成为"一切已使人类受害的弊端……在地上继续存在辩护"的根据,成为"颂扬怯懦、自卑、自甘屈辱、顺从驯服"等"各种愚民"特点的"社会原则";①而且也成为"被压迫生灵的叹息"和"无情世界的感情",承载了现实苦难的"表现"与"抗议"。因此为了消除宗教的"幻觉",废除宗教给予人们的"虚幻的幸福",以实现真正的"现实幸福",就必须展开"反宗教的斗争",展开"对宗教的批判",而这种斗争和批判就是间接地"反对以宗教为精神慰藉的那个世界的斗争",就是对"苦难世界"的批判。②

因此,马克思把宗教批判视为社会批判的起点和重要的内容,"对宗教的批判最后归结为人是人的最高本质这样一个学说,从而也被归结为这样一条绝对命令:必须推翻那些使人成为受屈辱、被奴役、被遗弃和被蔑视的东西的一切关系"③。马克思相信,由于宗教是人类生活歪曲的反映和人类意识的外化,它自身并不包含任何其他内容,它的根源在人间而不是在天上,因此,"随着以宗教为理论的被歪曲的现实的消失,宗教也将自行消失"④。

二 生活本质与心理依赖

马克思在现实物质世界的基础上对宗教形成根源的揭示,以及对其所展开的社会批判与道德批判,在现当代社会中产生了深远的影响;他以唯物主义历史观为思考原则对宗教产生和发展所做的分析,认为包括宗教观念在内的所有社会观念,都是人类社会发展到一定阶段的产物——随着生产力的提高和人类认识能力的提升而产生——的看法,为我们正确认识宗教的起源及其本质提供了一个指导性的原则与方向。由马克思等人所倡导的唯物史观以及在当时欧洲社会正在逐步产生广泛影响的进化论和历史进步观等,为19世

---

① 马克思:《〈莱茵观察家〉的共产主义》(1847);《马克思恩格斯列宁论宗教》,第92—93页。
② 马克思:《〈黑格尔法哲学批判〉导言》,载《马克思恩格斯选集》第一卷,第1—2页。
③ 马克思:《〈黑格尔法哲学批判〉导言》,载《马克思恩格斯选集》第一卷,第9页。
④ 马克思:《致阿尔诺德·卢格(1842年11月30日)》;载《马克思恩格斯全集》第47卷,中共中央马克思恩格斯列宁斯大林著作编译局编译,人民出版社2004年版,第43页。

批判与阐释
—— 信念认知合理性意义的现代解读 ——

纪中后期以科学实证为基本方法的现代宗教学（Science of Religion）的产生，提供了强有力的思想基础和理论支撑，推进了作为科学的宗教研究在更大范围和更深程度上的展开。受这些思潮以及作为科学学科的宗教研究的启发与鼓舞，从19世纪后期到20世纪初，一大批宗教学家、社会学家、文化人类学家和心理学家等，在不同领域和不同层面上对宗教的起源及其本质予以客观实证的解读与分析，以不同方式否定并批判了宗教的"神启说"。

在这些学者关于宗教起源的诸多学说中，麦克斯·缪勒（Max Muller, 1823-1900）的"无限观念说"在思想方法上最具有典型意义。缪勒认为，我们要想真正把握宗教的本质，即"宗教是什么"这一基本问题，最好的途径就是"追溯它的起源，然后在其后来的历史发展中把握它"①；而我们要真正弄懂"宗教曾经是什么"并且是"如何嬗变为现在的样子"的，就必须舍弃"原始启示论"，舍弃当时流行的"物神理论的常规"，只有如此我们才能拨开笼罩在这个问题之上的历史的、神话的或神学的迷雾，也才能找到揭示宗教起源的真正道路。②他把这条道路看作人类不断感知、把握和描述"无限"的历史之路，当早期人类面对山川、河流、星辰、太阳、天空、黎明等自然景观时，他们在这些现象之中或之后"看到"并"感受"到了"无限"的存在，第一次萌发了"无限"意识。③这种"无限"观念，即神灵形成的最根本的基础。因此可以说，早期人类的"无限感，是所有宗教的最重要的史前动力"，"在无限的观念中，我们找到整个人类信仰历史发展的根基"。④这是"一种充满活力的胚芽"，正是在从自然现象中生发出来的"无限观念"这一"胚芽"的基础上，人类发展出了它的各种宗教和信仰形式。

缪勒的宗教起源说之所以在19世纪中后期的宗教研究中具有典型的方法论意义，不仅在缪勒本人通过这种方法推动了现代意义上的宗教学的建立，而且还在于这种方法本身符合时代的潮流，是由一批思想家共同推进的结果。而在欧洲当时所流行的这种非神学的思想方法，可以追溯到文艺复兴时期，其中的一些内容从那时开始就进入思想家们的视野中，并最终演变成一种先

---

① 麦克斯·缪勒：《宗教的起源与发展》，金泽译，上海人民出版社1989年版，第14页。
② 麦克斯·缪勒：《宗教的起源与发展》，第114页。
③ 麦克斯·缪勒：《宗教的起源与发展》，第123页。
④ 麦克斯·缪勒：《宗教的起源与发展》，第31页。

验哲学的"进步观念",然后经过达尔文进化论的改造,而被包容在历史的、进步的和演化的这些"完全是现世的范畴"之中;这种变革起到了形塑人类思想的非常重要的作用,最终促使"人们在新的原则之上重新考察了整个人类文化"①。现代意义上的宗教学就是在这样的基础上建立起来的,它在进化论中找到了"一种单一的指导性的、既能满足历史的要求又能满足科学的要求的方法论原则"②。

在这种方法论原则的指导下,不少宗教研究者们把宗教看作一个不断进化的过程,宗教的起源就是被置于这样的过程中来探究的。例如,英国19世纪哲学家和社会学家斯宾塞(H. Spencer,1820-1904)坚信,无论是人类社会还是宗教观念,都经历了一个从低级到高级、从简单到复杂的演进过程,因而任何宗教必定起源于某种最为简单和最为粗糙的观念。他把人类最早的宗教信仰形式归结为是以鬼魂说为基础的"祖先崇拜"或祖灵崇拜,认为祖灵崇拜是"一切宗教的根源"。③ 与斯宾塞处在同一时代的爱德华·泰勒(E. Tylor,1832-1917)在对众多原始民族文化研究的基础上,把起源于早期人类梦幻的灵魂观念进一步扩展,提出了宗教最早的表现形式是"万物有灵论"的观点。④ 稍晚于他们而以《金枝》闻名于世的英国宗教人类学家弗雷泽(J. G. Frazer,1854-1941),则通过人类最原始的迷信形式"巫术"来解读宗教的起源,认为巫术先于宗教并成为宗教产生的根源。⑤

20世纪以后,除了以进化论的和理性主义的立场探究宗教起源问题之外,开始产生出一种新的探究方式,即从宗教还原论的和前理性的立场思考宗教起源问题。⑥ 宗教社会学家涂尔干(E. Durkheim,1858-1917,也译为杜尔凯姆)把宗教还原为社会无意识的"集体表征"或"集体仪式"(图腾崇拜),精神分析学家弗洛伊德(Sigmund Freud,1856-1939)把宗教还原为原始

---

① 埃里克·J. 夏普:《比较宗教学史》,吕大吉、何光沪、徐大建译,上海人民出版社1988年版,第31—32页。
② 埃里克·J. 夏普:《比较宗教学史》,第33页。
③ 参见加里·特朗普《宗教起源探索》,孙善玲、朱代强译,四川人民出版社1995年版,第42—43页。
④ 参见加里·特朗普《宗教起源探索》,第43—44页。
⑤ 参见加里·特朗普《宗教起源探索》,第91—92页。
⑥ 这些学者的观点,可参阅加里·特朗普《宗教起源探索》,第4章至第6章。

批判与阐释
——信念认知合理性意义的现代解读——

人的心理需要或性冲动（俄狄浦斯情结）需要，神学家奥托（Rudolf Otto, 1869－1937）把宗教的起源归结为非理性的"独特的宗教体验"，人类学家莱维－布吕尔（Levy Bruhl, 1857－1937，也译列维－布留尔）从原始人的前逻辑思维中探究宗教的起源，心理学家荣格（C. G. Jung, 1875－1961）把无意识中的"原始意象"或"原型"作为宗教的根源来解读；还有一些学者从女权主义、新弗洛伊德主义和新荣格主义等理论出发，对宗教起源从社会性别角色和不同的心理特征与需要等方面做出了说明。

这些学者从不同立场对宗教的解读，无论是进化论的和理性主义的还是还原论的和非理性主义的，都体现了现代社会在人文社会科学学科的意义上对宗教起源的理解，从而在广泛和多维的层面上深化了对宗教本质的认识。例如与马克斯·韦伯（Max Weber, 1864－1920）齐名、被誉为现代社会学奠基人之一的法国著名社会学家涂尔干，把宗教归结为人类最基本的生活形式和社会组织，深化了现代社会对宗教产生的社会文化心理之根源的探究与解读。在其最为重要的著作《宗教生活的基本形式》（1913）中，涂尔干提出了宗教之具有社会属性和集体属性的看法，认为无论是宗教的表现还是宗教行为及其仪式，都是集体性的，都是对"群体中某些心理状态"的"激发、维持或重塑"，体现了"一切宗教事实所共有的本性"，是"社会事务，以及集体思想的产物"。[①] 在这本书中，涂尔干主要是在对澳大利亚原住民原始宗教的考察和分析中，来揭示宗教之为人类基本生活形式的意义。在他看来，从"最原始和最简单的宗教"中来理解宗教本性乃至"人性本质"，具有最重要的社会学意义；在这样的考察和理解中，他认识到就其自身的存在方式来看，"任何宗教都不是虚假的"而是"真实的"，都是"对既存的人类生存条件做出的反应"。[②]

基于任何宗教都是对人类自身"既存生存条件反应"的假设出发，涂尔干在反驳了以泰勒和斯宾塞为代表的泛灵论以及以缪勒为代表的自然崇拜学派的宗教起源观之后，提出了"图腾制度的膜拜"是最为"基本"、最为

[①] 爱弥尔·涂尔干：《宗教生活的基本形式》，渠东、汲喆译，上海人民出版社2006年版，第8页。

[②] 爱弥尔·涂尔干：《宗教生活的基本形式》，第1—2页。

"原始"的膜拜形式的看法。① 涂尔干认为，图腾不仅是一个氏族的名字，还是它的一种标记、一种"名副其实的纹章"，图腾信仰作为最古老、最原始的宗教形式，是与人类最古老最简单的社会组织——氏族密切相关的，"图腾制度和氏族是相互包含的"②。而在这种最原始的形式中对宗教信仰——图腾的研究和考察，所得到的宗教的最早的观念，或者说宗教真正的起源，不是诸如"神秘人格、神或者是精灵的观念"那种"自身具有神圣性的确定而独特的事物"，而是"不能界定的力量、没有个性的力"，它乃是"行风作雨的力量，是化育万物、产生日光的力量"；因此涂尔干说，"力的观念就是宗教的起源"。③然而，这种"不能界定""行风作雨"的力要转化为确定的信仰形式——图腾崇拜，必定需要一定的形成机制，依据于相应的建构条件。由于图腾首先是一个符号，是对两类不同事物的表达，一是作为"图腾本原或者神的外在可见的形式"，二是氏族的确定的"社会符号"；它们在图腾中合二为一，氏族本身即为"氏族的神、图腾本原"，"氏族被人格化了，并被以图腾动植物的可见形式表现在了人们的想象中"。④ 因此，在氏族社会中，存在两种不同的心理状态和生活形式，与此相应的是"它们之间隔着一条鸿沟"的两种不同的现实："一边是凡俗事物的世界，另一边则属于神圣事物。"⑤

在涂尔干看来，氏族本身之所以被神圣化并成为图腾崇拜，一个关键的因素乃是氏族社会的集体力量和群体生活对氏族成员的心理和情感的长期的影响与作用。在图腾崇拜中所表现出的各种宗教的力，都表现的是"氏族集体的和匿名的力"，包含着自然的、人类的、道德的和物质的因素。而它作为道德力量，完全是群体的道德存在对个体的道德存在作用的结果，体现了集体意识作用于个体意识的方式，因而"它们的权威只是社会对其成员的道德优势的一种形式"。⑥ 当然，群体对个人的作用必须建构在双方的相互配合的基础上，涂尔干把集体生活和个体成员之间的相互作用、共同行动看作宗教

---

① 参见爱弥尔·涂尔干《宗教生活的基本形式》，第84—85页。
② 参见爱弥尔·涂尔干《宗教生活的基本形式》，第105、161—162页。
③ 参见爱弥尔·涂尔干《宗教生活的基本形式》，第191、194页。
④ 爱弥尔·涂尔干：《宗教生活的基本形式》，第199页。
⑤ 参见爱弥尔·涂尔干《宗教生活的基本形式》，第204页。
⑥ 参见爱弥尔·涂尔干《宗教生活的基本形式》，第211—212页。

产生的必要条件，如果构成社会的个体没有聚集起来采取共同的行动，社会就不能发挥作用；只有在社会共同的行动和生活中，集体观念和集体情感才可能产生，从而才可能产生宗教，产生宗教信仰和宗教崇拜的各种形式。正是在这样的意义上，涂尔干说，集体"行动在宗教生活中占有主导地位，只因为社会是宗教的起源"①。

如果说涂尔干因把宗教归结为社会、把最早期的信仰形式图腾崇拜归结为氏族社会的"集体表征"或"集体意识"而被一些学者称为社会还原论的话，那么弗洛伊德把宗教归结为原始人类的某种心理需要或愿望满足则当属于心理还原论的代表。弗洛伊德一生除了写出众多影响深远的心理学著作外，还对宗教保持了不竭的热情，写下了一系列宗教研究论著，如《图腾与禁忌》（1913）、《一种幻想的未来》（1927）和《摩西与一神教》（1939）等。在这些论著中，弗洛伊德从心理学的方法出发对宗教的起源进行了揭示和探究，提出了一些既别出心裁同时又饱受争议的看法。例如在《图腾与禁忌》中，他对原始民族的乱伦、禁忌、万物有灵、巫术和图腾等信仰与行为进行了研究，认为它们"本质上与精神病相同，不过是人的潜意识冲动，特别是性本能冲动受到抑制的表现"，宗教即起源于人类的野蛮时代这种性冲动受到强迫性压制的经验，与精神病起源于童年时期潜意识冲动受到抑制的经历有着相同的心理和生活形成机理。②

在对宗教产生的心理根源的研究中，弗洛伊德认为"父亲"的角色在早期人类的生存经验和心理情感中，如同在儿童的成长中那样，具有非常重要的意义。它在《一种幻想的未来》中，对宗教观念所得以产生的心理根源——对"父亲"的依赖心理进行了分析。他说，由于"父亲"及其用"爱"所提供的保护，是"孩童时代无助状态的恐怖印象"所唤起的需要，而这种无助状态和被保护的需要是"持续一生"的，因而导致了对"父亲"的依赖以及"父亲"或者说更为强大的"父亲"之存在的必要；与此相似，原始人类也需要这样的"父亲"，它是一种"幻想，是人类最古老、最强烈、最急迫的愿望满足"。为了满足这样的愿望和需要，一个"神圣上帝的慈善统治"和

---

① 爱弥尔·涂尔干：《宗教生活的基本形式》，第399页。
② 参见孙亦平主编《西方宗教学名著提要》，江西人民出版社2002年版，第177页。

"道德的世界秩序"得以建立,既减轻了"对生活中的危险的恐惧",又"确保了公正的要求得到满足",而这一切常常是人类社会无法做到的。因此,弗洛伊德认为,这种源于孩童期冲突的"父亲情结"如果能够以这种宗教的形式得以解决,则对个人精神来说"就是一种莫大的解脱"。①

然而,虽然宗教的产生有一种依赖的心理,包含着美好的愿望,但在弗洛伊德看来,任何的"宗教教义"都是"无法证明的"幻想,也就是说它们既无法得到证明也无法被驳倒,因而是难以在知识的可能性上去评价和分析的。即使哲学家们延伸了"上帝"一词的含义,加上了一些抽象概念,把它变为更高更纯粹的"上帝"概念,但这时的"上帝"则只是一种"不实在的影子,不再是宗教教义中强大的人物"。因此,那始终是对宗教教义的真理性价值难以做出评价的,我们只能说"宗教教义在心理学性质上是一些幻想",仅此而已。②

在《摩西与一神教》中,弗洛伊德以相同的方法,即研究精神病的心理分析方法,再次对宗教早期起源的心理机制做了解释和说明。他把这种心理机制看作一种俄狄浦斯情结,即一种在无意识状态下的杀父娶母冲动。他假定了一个最早的人类生存状态来解释这种情结与冲动。他说,原始人类最早是在以血缘为纽带的小型群体中生活的,而统治这个群体的是一位年长的男性族长,他独占、享有并支配包括女性成员和财富等在内的这个群体中所有的一切,对群体中的其他年轻男性拥有奴役和生杀予夺的权利;群体中的其他男性成员,包括他的儿子们,对这位"父亲"既嫉妒痛恨又敬畏崇拜。但是由于他们的冲动不能得到满足,怨恨不满的情绪不断增长,终有一天他们联合起来,杀死了这位"父亲"并分食了他的身体。一旦仇恨得到释放,随之而来的则是深深的悔恨、怀念与罪恶感。为了防止此类事情的再次发生,他们制定了严格的戒律与禁忌,实行族长崇拜,并建立了严禁族内通婚的外婚制。图腾崇拜即在这样的杀父行为之后的心理情结中形成起来的。③

---

① 弗洛伊德:《一种幻想的未来·文明极其不满》,严志军、张沫译,上海人民出版社2007年版,第56—57页。
② 参见弗洛伊德《一种幻想的未来·文明极其不满》,第57—60页。
③ 参见孙亦平主编《西方宗教学名著提要》,第412—413页。

第四章 主体性与自由决断

现代早期哲学家们对知识可靠性与合理性之基础和根据的彰显与强调，随着启蒙运动中理性意义的进一步扩展而在不同领域中拥有了更多的支持者。这些支持者们不仅在更严格的哲学基础上延续了早期基础主义和证据主义对宗教信念，特别是自然神学的质疑和批判，而且将这种质疑和批判推进到社会、文化和心理等更多的领域之中。然而由于宗教信念（主要是基督宗教）在西方长期的历史演进中构成了其社会生活和文化生活的一个重要方面，因而虽然它在中世纪之后的文艺复兴、宗教改革和启蒙运动等不同历史时期面临着深广且激烈的批判与解构，但它依然在西方社会生活中保持着较为广泛的信仰基础和文化基础。因此，当这些汹涌而来的质疑和批判浪潮在社会上不断呈现出来的时候，它不仅会激起信仰者自身的不满与抵制，同时也会导致一些神学家或学者以相反或自身合理性的方式进行辩护与反驳，从而产生大量反驳性的和阐释性的文本与论著。

第一节 无关的雅典

希腊哲学在其思想体系建构中关于"真理之路"或知识合理性的主张，随着其影响力的增强而逐步演变成一种普遍的认识论要求与规则。因此，当基督宗教在罗马帝国产生的时候，其信仰体系与神学思想在认知合理性层面上，遭遇了来自希腊哲学的审视、质疑和批判。虽然在这两大思想体系碰撞的历史过程中，一些神学家面对这些质疑和批判，采纳了希腊哲学的观念与方法，对基督宗教的信仰与神学做出了或多或少的建构与辩护；但始终有一些神学家，对哲学理性保持着极端怀疑的态度，坚信信仰有其自身的合理性意义。

一 探寻的界限

应该说，以所谓的自身的合理性（非哲学的）或虔信主义的方式为其信仰辩护，早在 2 世纪前后基督宗教面对希腊哲学批判时就已经在历史上出现。由于在公元 1 世纪刚刚产生的基督宗教，无论是信仰特征、教义还是信仰方式、身份归属等，都较为简单、不成体系、小众与隐秘，从而引起了来自罗马帝国不同领域和不同社会文化阶层的不解和疑惑，乃至压制与批判。在面对哲学的质疑和批判时，大多教父神学家如查士丁和克莱门特等，采取了理性主义的辩护策略，即运用希腊哲学的概念和思维方式为其信仰的合理合法性辩护。然而，也有一些神学家采取的是与他们截然不同的应对方式，例如生活在与查士丁差不多同时代的塔堤安（Tatian，约 110–172）对希腊哲学就没有多少好感，反而认为其信仰本身即自足的和合理的。在他所写的《致希腊人书》中，对希腊哲学家们的生活、语言和思想等进行了嘲讽，认为被称为"野蛮人"宗教的基督宗教，要比希腊宗教和哲学更久远也更优越。[①] 他虽然相信希腊人是把摩西的"教义作为源泉来汲取"的，却认为他们的哲学、宗教及其他诸多文化表达形式是不值得恭维的。在他看来，被希腊人自视甚高的哲学，仅仅是他们满足"虚荣自夸"的利器，为的是用一种学说来反对另一种，其结果是造成了他们之间"相互抵牾，彼此仇视"；[②] 每个哲学家的观点复杂多变而使读者如坠迷宫，虽各个部分拥有智慧却难有整体的把握，如果能够被人理解的话，也只是限于少数的"精英阶层"，而不可能像摩西传统那样为所有人提供一种明确一致的真理。因此他说，他虽然曾经"精通于它"，却最终"告别了罗马人的傲慢自大和雅典人的夸夸其谈，以及他们所有的病态想法，来拥抱我们的野蛮人的哲学"[③]。

稍晚于塔堤安的德尔图良（Tertullian，约 150–212）更是典型地体现了这种非哲学或反哲学的思想倾向。德尔图良出身于一个北非的非基督徒家庭，在他皈信基督宗教（大约 190 年）之后，写下了大量的著作宣讲基督宗教信仰

---

① 参见塔堤安等《致希腊人书》，第 137—140、188—190 页。
② 塔堤安：《致希腊人书》第三章；参见塔堤安等《致希腊人书》，第 140 页。
③ 塔堤安：《致希腊人书》第三十五章；参见塔堤安等《致希腊人书》，第 198 页。

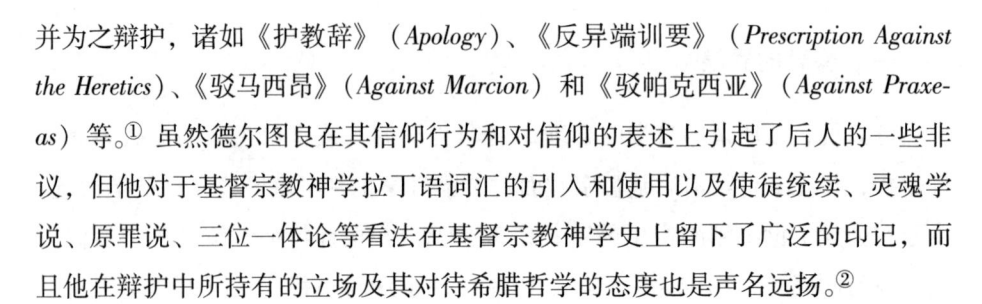

并为之辩护，诸如《护教辞》（*Apology*）、《反异端训要》（*Prescription Against the Heretics*）、《驳马西昂》（*Against Marcion*）和《驳帕克西亚》（*Against Praxeas*）等。① 虽然德尔图良在其信仰行为和对信仰的表述上引起了后人的一些非议，但他对于基督宗教神学拉丁语词汇的引入和使用以及使徒统续、灵魂学说、原罪说、三位一体论等看法在基督宗教神学史上留下了广泛的印记，而且他在辩护中所持有的立场及其对待希腊哲学的态度也是声名远扬。②

在基本倾向上，德尔图良采取了与塔堤安相同的方式，相信基督宗教信仰具有自身的合理性，根本不需要借鉴或使用希腊哲学的概念和方法来说明或论证它的合理性。在他看来，基督已经奠定了唯一明确的真理体系，虽然在获得这一真理体系之前也需要探寻和发现，然而"一旦你发现和相信他所教导的东西"，就不存在任何其他东西可以探寻，也不需要任何其他东西可以相信;③ 因为"你对这种信仰的接受排除了任何进一步的探寻和发现"，而"你探寻的成功为你建立起了这样的界限"。④ 然而由于希腊哲学只是现世的智慧，论证复杂多变，争议永无止境，它所发明的辩证法只是一种"毁灭与建设一样多的艺术"，根本不可能提供一种思维清晰的手段来对这种超越的智慧做出正确的解释。⑤ 因此他说，"我决不会需要一个斯多亚的或一个柏拉图的或一个辩证法的基督宗教。在有了耶稣基督之后我们不再需要思辨，在有了福音书之后我们不再需要探究"⑥。他相信哲学的概念和方法不仅不能认识圣经真理，反而还会导致异端，成为各种异端的始作俑者。他为此告诫基督徒要远离哲学，远离这种"人和魔鬼的学说"。他对希腊哲学持有的是一种极端反对的态度，认为基督徒和哲学家之间毫无共同之处，雅典和耶路撒冷没

---

① 参见奥尔森《基督教神学思想史》，第83—85页。
② 参见胡斯都·L.冈察雷斯《基督教思想史》（第一卷），第176—177页；奥尔森：《基督教神学思想史》，第86—91页。
③ Tertullian, *The Prescriptions against the Heretics*；参见 *Faith and Reason*, edited by Paul Helm, p. 63。
④ Tertullian, *The Prescriptions against the Heretics*；参见 *Faith and Reason*, edited by Paul Helm, p. 64。
⑤ 参见 Tertullian, *The Prescriptions against the Heretics*；*Faith and Reason*, edited by Paul Helm, p. 62。
⑥ Tertullian, *The Prescriptions against the Heretics*；参见 *Faith and Reason*, edited by Paul Helm, p. 62。

有任何关系，基督宗教信仰根本无须哲学的论证和思考。这种看法最终导致德尔图良在信仰问题上坚持了"惟其不可能，我才相信"的极端立场。德尔图良看待希腊哲学与基督宗教关系的这种态度和立场，后来即以"雅典与耶路撒冷有什么关系"和"学园与教会有何相关"之类的名言而广泛流传。

在辩护和阐释基督宗教信念认知合理性问题上为塔堤安和德尔图良等人所表达出来的虔信主义思想路线，在精神特质上它主要是在一种关系的层面上而不是在教会内部呈现出来的，也就是说是针对哲学与宗教以及理性与信仰的历史性关系，特别是前者对后者的质疑和批判而言的，在某种程度上是在一定历史时期对于过分使用或借鉴哲学思想倾向的反叛与抗拒；因而它所彰显的是"唯独"信仰（或圣经）的某种极端的神学立场，而不是整合了哲学之后的较为广泛的思想体系。正是在这个意义上，吉尔松说德尔图良等人持久和深远影响的奥秘只能在神学史上而不是哲学史上被发现。① 然而，虽然基督宗教信念的认知合理性这一问题最早的提出，是在特定的历史时期主要由希腊哲学在公共层面上彰显出来的，但是这一问题不仅具有长期的历史性，而且在应对合理性挑战中如何看待哲学的地位和作用，也势必在神学家之间形成一定的分歧和争论。

因此，当一些神学家在运用哲学的概念和方法阐释神学思想并最终建构起某种宗教哲学体系的时候，另一些神学家则选择了非哲学的神学阐释立场，试图从单纯的信仰立场出发来理解并表达其宗教意义。后者虽然在看待理性与信仰的关系上有时会表现出某种极端的倾向，但在基督宗教的神学思想史上却并非一种孤立的现象，会在某些特殊的历史场景中以不同的方式凸现出来。例如 11 世纪的达米安（Petrus Damiani，1007 – 1072）和 13 世纪的波拿文都（Bonaventure，1221 – 1274），都针对他们所处时代一些神学家在解决神学问题时过多地使用哲学思想与方法的倾向和做法，进行了尖锐的批判；宗教改革时期的马丁·路德（Martin Luther，1483 – 1546）也在推进教会改革的运动中，对经院哲学过分推崇哲学理性的思想传统给予了辛辣的嘲讽，重申了唯有通过圣经才是人类进入福音真谛之真正道路的主张。

---

① 参见 E. Gilson, *History of Christian Phylosophy In The Middle Ages*, p. 45。

二 无效的逻辑

在 16 世纪遍布欧洲的宗教改革运动中，路德既是积极的倡导者，也是主要的践行者。虽然就路德本人而言，他的神学思想最初更多的是与他个人的生活经历和信仰诉求密切相关，但这些思想却与当时的时代背景有着广泛的内在联系，从而使他以公开方式提出的神学主张，很快即构成了那个时期倡行宗教改革的神学家们所认可的核心内容，以及由此所凝练出的三个基本原则：唯独恩典与信心，唯独圣经，信徒皆祭祀。① 这些原则极为不同于当时占主导地位的罗马天主教官方神学以及经院哲学传统，而且可说是针对后者的批判而提出的。

路德生活的时代，在公共层面上流行的基督宗教神学主要是罗马教廷的官方神学；这种神学与中世纪晚期的经院哲学有着密切的关联，在一定程度上可说深受后者的影响。而在这个时期，传统上凝固中世纪统一思想体系的东西也因诸多因素的冲击而面临解体，这些因素诸如欧洲现代民族国家的兴起，对教会等级制度的不信任，神秘主义、唯名论和人文主义的勃兴与广泛影响等，当它们以不同方式对中世纪统一思想体系带来冲击的时候，也波及了经院哲学影响下的传统神学思想，引起了路德及其同时代神学家们对这种表达神学的方式表现出了颇多的不满与诟病。②

然而，饱受路德等人诟病的中世纪传统神学，体现的是一种什么样的思想方法呢？在总体倾向上，中世纪神学可以说是在继承教父神学的基础上逐步积累并日益完善的。在这个过程中，希腊哲学也作为一种认知方式和表达手段，慢慢地渗入这一思想体系之中。特别是自 12 世纪中叶以来，随着亚里士多德著作拉丁译本的全面出版与传播，众多中世纪神学家对之做出了深入的解读与评注，并将他的主要观念和方法用在了对神学思想的阐释与表述中，形成了所谓的经院哲学的思想运动。其中最为主要的代表人物当属 13 世纪的托马斯·阿奎那，他由此所阐述的思想体系被后世学者称为自然神学体系。

---

① 奥尔森：《基督教神学思想史》，第 400 页。
② 参见胡斯都·L. 冈察雷斯《基督教思想史》（第三卷），第 6 页；奥尔森：《基督教神学思想史》，第 399 页。

其中的哲学理性虽然不是唯一的，但起码是一个重要的思想内容。

可以说，路德等16世纪神学家所面对的主流神学，即这类深受经院哲学影响的神学传统。在路德等人的眼中，这类神学把人类理性作为认识上帝的主要方法，凸显的是理性在发现上帝中的意义。他把这种神学称为"荣耀神学"，认为"荣耀神学"并不是依据事物实际所是的样子认识事物，而往往是"把恶说成善并把善说成恶"。① 路德所归结的这种荣耀神学的特征，被认为主要针对的是这种神学所要彰显的人类理性，即试图把理性作为认识上帝的主要方法。在那个时期，理性方法通常被认为是由亚里士多德等希腊哲学家们首先使用的方法，后经阿奎那等中世纪神学家和哲学家的采纳与整合，成为中世纪经院哲学的一项主要思想内容。当然，路德对这种方法并不看好，甚至有些反感。在他看来，这种方法虽然能够使人们认识到有一个上帝，但却不能够使人们理解这个上帝是什么的本质；这就像人们对"上帝存在"都会有一种一般的或自然的认识，但并不能使人们真正具体地面对上帝。他也把前者比喻为"通过律法的"认识，认为它与"通过福音的"认识相距甚远。②

那么，是什么原因使得路德对荣耀神学所彰显的理性方法感到失望呢？一方面，路德赞同使徒保罗的说法，认为人类因始祖的堕落，其理性受到罪的败坏而难以产生对上帝真正的自然认识。另一方面，与此相关联的，路德坚信神学的出发点应是十字架所彰显的受难与羞辱，而不是上帝作为所体现的大能、良善及其荣耀。③ 基于此，路德对荣耀神学中的经院哲学方法进行了嘲讽与批判。他认为，经院哲学由于过多地倚重于理性，特别是亚里士多德的方法，而使荣耀神学出现了极大的偏差，离神圣的奥秘和真相越来越远。他说，逻辑的或三段论的形式对于神学而言"是无效的"，如果坚持把三段论的推理形式运用在神圣事物中，那么三位一体教义可能会成为可论证的，但却"不再是信仰的对象了"；因此他认为在神学中，即使亚里士多德更有用的定义也是"在回避实质问题"，亚里士多德的理性方法总体上对神学不仅是无

---

① Martin Luther, *Heidelberg Disputation*, 21；参见《路德基本著作选》，陈开举导读，茹英注释，上海译文出版社2022年版，第46页。
② 参见胡斯都·L.冈察雷斯《基督教思想史》（第三卷），第35—36页。
③ 参见奥尔森《基督教神学思想史》，第412、415页。

益的而且是有害的,"整个的亚里士多德之于神学,正如黑暗之于光明"。①在基本倾向上,路德对理性的不满不仅直指亚里士多德主义,而且也波及了托马斯主义乃至整个经院哲学。

在对荣耀神学及其经院哲学方法的贬斥中,路德所要推崇或赞赏的是一种与之相反的神学,一种他称为"十字架神学"的东西。他认为,与荣耀神学所要彰显的所谓"荣耀"以及理性与德行不同或相反,十字架神学所看到的恰恰是苦难、卑微乃至吊诡。正是十字架所表现出的受难与软弱,才真正体现出了神圣的奥秘与真相。当然,路德通过十字架神学所揭示的认识上帝的方式,并不是人的理性通过常规的方式所能够理解的。在思想倾向上,他反对逻辑的理性认知,对看似矛盾乃至吊诡的理解方式颇有心得。在他看来,由于神圣奥秘的核心与全部都来自耶稣基督的福音,而这福音以及蕴含其中的上帝之道则记载在圣经之中;因此如何阅读圣经并透过福音理解圣道,乃成为路德建构其神学的基本方式。②

路德在以福音为基础建构其神学的过程中,对十字架的意义做出了独特的理解与解释,认为其中包含着启示和隐匿的张力与矛盾。在他看来,上帝通过"耶稣基督的人性和十字架的苦难"来彰显自己,表面上看似乎是选择了"软弱、苦难和担负世人的罪"的启示方式,但实际上隐匿着上帝的"伟大与大能",隐匿着他对此所拥有的"至高无上主权"的决定。路德认为这种启示与隐匿的张力是人类理智无法理解的。然而,在路德那里,困惑人类理智的不止这些,还包括更加使人感到吊诡的东西。这即在上帝通过福音启示自我的背后,不仅显明的是一个充满了爱心、良善、恩典与怜悯的上帝,而且还隐匿着一个更加威严与严厉的上帝,甚至历史上和自然中的一起罪恶都与他相关,他作为"隐藏的、幽暗的、神秘的神"决定了一切,即便是"魔鬼",也是"神的魔鬼"。③ 这种包含多重意蕴的启示与隐匿的方式解读福音,为路德的十字架神学显现出了截然不同于传统经院哲学的思想路向。

这种思想路向的含义是多方面的。就本书涉及的层面而言,它所直接针

---

① Martin Luther, *Disputation Against Scholastic Theology*, 47, 49, 50, 53;参见《路德基本著作选》,第17页。
② 参见奥尔森《基督教神学思想史》,第416—417页。
③ 参见奥尔森《基督教神学思想史》,第419—420页。

对的或者说批判的是路德所谓的受经院哲学影响的荣耀神学，以及内在其中的对律法的、理性的以及自然的方式的过度信任。正如路德的同事及其思想的系统阐释者梅兰希顿（Melanchthon）所指出的，这种神学因太哲学化了而把认识聚焦于"形而上学的分析与思辨"，忘掉了个人的体验和直接阅读圣经的意义。① 相反，路德可谓个人体验和圣经阅读的热情践行者，其神学思想的孕育与提出乃是这种践行的直接结果。当他1513年至1518年间在威腾堡大学讲授圣经课程以及阅读圣经的过程中，充分意识到了"因信称义"的意义，自认为是因此而获得了"重生"，并写出了众多的小册子和论文，竭尽全力阐发其心得与思想。② 这种思想的阐发与其推进教会弊端和陋习的改革一道，导致了整个欧洲的宗教改革运动。

可以说，路德在基督教会史和神学思想史上的意义深远，他因充分倚重信仰自身所导致的对哲学理性的不信任，在理性与信仰关系史上书写了浓墨重彩的一笔，塑造并开创了一种新的神学思想流派，甚至一种全新的宗教派别也与其有着莫大的关系。然而，虽然在信仰上路德盛赞"因信称义"说，而且对待理性不恭敬的态度则因称其为"魔鬼的淫妇"③ 而成为历史上的名言流行甚广；但实际上路德并非把理性看作一文不值的。他有时把它看作非常"有用的工具"，在社会生活与管理、技术的发明创造以及谋生手段上有其积极的作用，认为"理性是万物中最重要也是最高级的东西，而且与现世中别的东西相比，是最有价值的和类似神圣的。……应当说理性是使人有别于禽兽和其他东西的主要因素"④。而他之所以在看待理性的态度上给人们留下了如此不恭的印象，主要是因为他认为理性带有堕落的印记，不能够正确地和恰当地理解《圣经》、践行信仰。特别是他认为理性会在"魔鬼的支配下"支持肉体、善行和律法，反对灵性、信仰与福音，从而导致在对《圣经》中的上帝的理解中走向完全不同的道路。⑤ 因此，当他在看待哲学在神学史中的

---

① 参见科林·布朗《基督教与西方思想》（卷一），第119页。
② 参见奥尔森《基督教神学思想史》，第407—408页。
③ 这种称呼是路德在维腾堡的最后一次讲道中提到的。参见科林·布朗《基督教与西方思想》（卷一），第122页。
④ 参见 The Disputation Concerning Man, theses 4-6 (LW, 34: 137)，转引自胡斯都·L. 冈察雷斯《基督教思想史》（第三卷），第39页。
⑤ 参见胡斯都·L. 冈察雷斯《基督教思想史》（第三卷），第38—39页。

意义时，会用"虔敬教义的摧毁者""捏造寓言的人"和"讨厌的哲学家"等词语称呼亚里士多德，同时连带地对广泛使用亚里士多德思想的托马斯·阿奎那也表达了些许的不敬。① 虽然这种不恭不敬是否真实地反映了路德对待理性的态度也引起了现代学者的怀疑，但起码表明路德对于哲学理性在神学和信仰的解释与辩护中的价值，是不会给予太高的评价，甚至是坚决反对的。

第二节 主体性与悖论

路德之后，特别是在16世纪宗教改革中涌现出的新教神学，形成了一个波澜壮阔的思想运动。虽然在其内部也产生了一定的分歧，并导致了不同派别的出现和对立。但在基本倾向上，它们都持守"唯独圣经"和"唯独恩典与信心"之类的原则，对中世纪晚期的神学哲学化保持着一定的距离。这种分离的态度即使在启蒙运动中也有着普遍的表现。也就是说，当17世纪之后哲学家们在完善知识的古典基础主义和证据主义标准并对宗教信念的认识论地位提出更为严厉的质疑的时候，一些秉承新教精神的神学家则反其道而行之，宣称哲学的客观性与信仰的主体性之间完全不相关，试图在现代的思想背景和语言背景中并以符合这一背景的方式阐释基督宗教信念的本质与特征。例如在17、18世纪发生在德国并随后蔓延到其他地域的敬虔主义运动，可谓是希望完成路德意图的一个广泛的尝试。② 更为引人注目的是19世纪丹麦哲学家和神学家索伦·克尔凯郭尔（Søren Kierkegaard，1813－1855），他可说是在现代的思想处境中从单纯的信仰立场出发阐释基督宗教意义的一个较为典型的代表。

一 证据的不相关

克尔凯郭尔（也译为基尔凯戈尔、祁克果等）是一个富有才华的人，虽然生命短促、身体羸弱、虔诚敏感，却写出了诸如《非此即彼》《哲学片段》《最后的、非科学性的附言》《恐惧与颤栗》《致死的疾病》和《爱的作为》

---

① 参见科林·布朗《基督教与西方思想》（卷一），第122页。
② 参见奥尔森《基督教神学思想史》，第二十九章。

等深受读者喜爱的一系列论著；虽然时常被人们称为哲学家和20世纪存在主义的先驱，但他自己并不会接受哲学家的称号，而是把自己"看成信仰的卫士，被给予了使基督教变得艰难的使命"，把成为基督徒看作需要花费一生才可能艰苦达成的事情。① 他把人生的存在分为三个不同的阶段，即"生活道路的三个阶段"——美学的、伦理的和宗教的，每个阶段都有其相应的生活内容、价值取向和生命特征，从一个阶段到另一个阶段的过渡并非连续的，而是存在着"飞跃"（leap）和痛苦的抉择。② 由于克尔凯郭尔对生命的个体存在形式极为关注，重视的是存在的个体而不是普遍的状态，因此他对基督宗教意义的阐发不是从客观性或一般性的理论关系出发，而是从个体信仰者的具体信仰活动入手，把个体的他（或她）与基督宗教的关系看作一种生活实践而不是一种学说体系。在他看来，基督宗教并不是一种哲学体系，不是一种类似于哲学那样的客观理性；而是一种关乎个体生命存在、关乎个人永恒幸福的主体性真理。因此对于基督宗教发问的合适方式是主观性的而不是客观性的：客观的问题为基督宗教"是真的"吗？涉及"什么"，即基督宗教是一个什么样的思想、真理或信仰之类的问题；主观的问题则是"个体与基督教的关系"如何？涉及"怎样"，即"我"怎样或者如何才能成为一个基督徒之类的问题。提问的方式不同，回答问题的方式也不同。③

在当代的学者中，蒂利希曾把直接认知或体验上帝存在的方式称为"弥合分裂"的方式，把它作为本体论方式而与理性推论的"陌路相逢"的宇宙论方式做了区分，认为它们代表了宗教哲学的两种基本的类型和方法。④ 克尔凯郭尔的主体性方式乃是一种"弥合分裂"的方式，体现了直接体验中的心理诉求。因此，当克尔凯郭尔说当我们以"是什么"和"关系如何"的方式发问时，我们就会得到两种不同的关系和两种不同的关于基督宗教性质的答案。克尔凯郭尔首先对客观性方式做了说明。他说，如果我们客观地考察基

---

① 参见胡斯都·L. 冈察雷斯《基督教思想史》（第三卷），第394页。
② 参见胡斯都·L. 冈察雷斯《基督教思想史》（第三卷），第395页；威廉·巴雷特：《非理性的人——存在主义哲学研究》，段德智译，上海译文出版社2007年版，第174—181页。
③ 克尔凯郭尔：《最后的、非科学性的附言》，王齐译，中国社会科学出版社2017年版，第6—7页。
④ 参见保罗·蒂利希《文化神学》，陈权、王新平译，工人出版社1988年版，第13、18页。

督宗教，那么就会把它看作一个"给定的事实"；而人们从"给定事实"出发以客观方式探究其真理，通常意味着它或者是一种"历史真相"，或者是一种"哲学真理"。"历史真相"是"经由对各种不同的报告陈述"进行"批判性考察"所获得，"哲学真理"则是通过寻求历史上"给定和认可的教义与永恒真理之间"的联系而形成。① 当然，他对这两种客观探寻真理的方式并不认同，认为它们最大的问题是缺乏"无限的关切"与激情。他觉得这些探究方式确实是在"追问真理"，也可能会对它们探究的问题产生一定的兴趣，但绝不会形成无限的关切，不会在这种探究中产生出对个人永恒幸福的无限关切，不会"以个体的方式""满怀无限激情地"投身其中。即使研究者"以不竭的热情工作"，付出了个人生活与大量的时间与精力，但他们的探究仍然是一种"客观的、缺乏兴趣"的态度。② 克尔凯郭尔认为这种态度与信仰的主体性是没有关系的，不能从内在性的意义上展示出信仰的真正奥秘。

那么，在个体投身于信仰的问题上，是哪些方面让克尔凯郭尔对历史的方式和哲学的或思辨的方式感到失望呢？就以历史的方式探究宗教问题而言，克尔凯郭尔认为它主要关注的是宗教经典和历史文献的可靠性。这在基督宗教方面，首要的是《圣经》。而以历史的方式考察《圣经》，所涉及的问题通常是：在资料和文献方面到底能给我们提供多大程度的可靠性？我们能够确定其中所描述的事件都是完全真实的吗？耶稣是否在那样的时间出生、传道、死亡和复活？……诸如此类的问题。这都是历史真理要解决的问题。克尔凯郭尔把《圣经》的历史性问题，具体归结为这样几个方面："每部经书是否为真经，其真实性、完整性、作者的可靠性"，以及特别重要的是要必须确保它是圣灵的启示，即它的"原则上的保证"。③ 克尔凯郭尔认为这是确保《圣经》的可靠性，需要从历史的和批判的角度解决的关键问题。

但是以客观的方式确定这些问题的最终真实性，则是非常困难的。因为历史的复杂性和资料的多样性、事件当事人的缺失、口传的误差和失真等诸多因素，使得任何历史的考证只具有有限的意义。特别是神的显现和启示，

---

① 克尔凯郭尔：《最后的、非科学性的附言》，第 11 页。
② 克尔凯郭尔：《最后的、非科学性的附言》，第 11 页。
③ 克尔凯郭尔：《最后的、非科学性的附言》，第 13 页。

即使有，也是一次性或个人性的，根本无法在较为广泛的意义上被重复或被证实。根据克尔凯郭尔的说法，如果以这种方式研究宗教问题，"更重要的是明白并且记住，就算人们拥有渊博的学识和令人震惊的耐力，即使所有批评家的脑袋都悬在一个脖子上，人们永远也不会得到比近似更多的东西"。① 因此，克尔凯郭尔认为，不确定性永远是这种历史研究的结果，或者说，最大的确定性只是一种近似性。除了《圣经》历史研究所出现的"不确定"或缺憾之外，克尔凯郭尔也对长久以来的"教会理论"以及"基督教真理的证明"理论进行了考察，认为这些追求"客观"真理的人们最终也难以达到其目的，他们貌似发现了真理，但"根本就没有掌握它"，其结果是"他以客观的方式抓住其客观真理，结果他本人却居于真理之外"。②

当代有学者把克尔凯郭尔的这类论证称为"近似证明"和"后延证明"，认为依据这类证明，由于历史证据不可能具有完全的无误性，它总是有疑惑且"从来不能完全排除掉错误的可能性"；从而在历史领域，任何的事实都"是不可能达到如此确定的客观决断以致没有怀疑来搅扰它的"，而这种"近似"如果"被视为永恒幸福的根基则是完全不充足的"。③ 在克尔凯郭尔看来，历史证据的不完全性或非完善性并不是他在信仰的基础上予以排斥的唯一理由，历史证据的不适当性还在于它的暂时性或非永恒性。在历史研究领域，"新产生的难题被解决，更新的难题又再次出现"，对历史问题的"决断在直接地跟着研究结果的过程中被向后推延了"，从而使我们"卷入了一个括弧号里面，其结论是永远向前观望"，也就是说，由于"客观历史的探究永远不会完全完成，因此寻求把信仰建立在它之上的人只能永远将他的宗教委身向后推延"。④ 历史研究过程中一个一个的问题不断出现和解决，使之任何对它的决断都可能被向后推延。历史证据不具有永久的无误性，宗教信仰若要建基于此，拥有的只能是不确定性。

---

① 克尔凯郭尔：《最后的、非科学性的附言》，第12页。
② 克尔凯郭尔：《最后的、非科学性的附言》，第25、28页。
③ 罗伯特·玛丽休·亚当斯：《克尔凯郭尔反对宗教中客观推理的三个证明》，载迈尔威利·斯图沃德编《当代西方宗教哲学》，周伟驰等译，北京大学出版社2001年版，第41页。
④ 罗伯特·玛丽休·亚当斯：《克尔凯郭尔反对宗教中客观推理的三个证明》，载迈尔威利·斯图沃德编《当代西方宗教哲学》，第45页。

克尔凯郭尔之所以反对把信仰建立在历史的证据之上，乃在于他相信宗教信仰对确定性有着至高的要求，不容许一丁点儿的错误可能性。因而，任何的历史证据，即使其确定性具有无限的接近性，也不可能成为宗教信念的基础。当然，在克尔凯郭尔看来，在客观确定性上，放弃历史证据并不意味着要放弃信仰。相反，正是这种客观证据的"不在"，反而更能显现"信仰"的"在场"，更能激发信仰者的激情。激情乃是克尔凯郭尔看待人们持有信仰的核心要素，因而他说，即使这种客观的确定性被最终建立起来，它也不会成为促使人们走向信仰的动力和原因。因为信仰并不是通过历史或哲学之类的学术研究而产生的，信仰需要个人充满激情的关怀，这种作为信仰必要条件的激情和关怀，恰恰是客观分析所缺乏的。他甚至认为，信仰不仅与确定性的证据无关，而且与相反的或反对的证据也没有关系。他说，即使反对者证明了经书不是由传统认为的那些作者所写，内容是不可靠的，缺乏完整性，没有受到灵感启示等，那也根本不可能废除基督宗教，不可能损害信徒的信心，不可能取消信仰者的责任。① 总之，信仰的持守与证据的有无或多少无关。

　　同样地，克尔凯郭尔认为思辨的或哲学的方式，也不会为信仰提供绝对的无误性与确定性。在他看来，思辨的考察会把基督宗教看作一种历史现象，并将思想贯穿其中来理解其真理问题，从而导致这种宗教本身演变成为一种"永恒的思想"。② 而这种考察方式的最大特点就是客观性，无论是思辨本身，还是持有这种思想的人们，都"变得非常客观"，会用"思辨的、真正的思辨的思想来贯穿它"。当然，如果基督宗教"在本质上是某种客观的东西，那么观察者理应是客观的"；但如果它"在本质上是主体性的，那么观察者是客观的就是个错误"。③ 而实际上，克尔凯郭尔并不认为基督宗教是客观的，它在本质上只能是一种"主体性"和"内在性"。因而思辨的方式只会使人们处于"漠不关心的客观知识之中"，表现出对"他的、我的、你的永福"的"全然漠不关心"；如果以这种方式考察基督宗教，只能是"走上一条相反的

---

① 克尔凯郭尔：《最后的、非科学性的附言》，第17页。
② 克尔凯郭尔：《最后的、非科学性的附言》，第31页。
③ 克尔凯郭尔：《最后的、非科学性的附言》，第32—33页。

道路",从中人们会"放弃自身、丧失自身"。① 因此,克尔凯郭尔把基督宗教看作充满无限关切的人们在主体意义上去投身的事情,而思辨客观的方式是不可能把握与获得的。

二 主体的激情

由于克尔凯郭尔相信客观思辨或历史证据与信仰是不相关的,因此他认为信仰体现出了与客观知识的不同,知识需要确定性的证据,而对信仰来说,不确定性恰恰是它的朋友,确定性反而是最危险的和有害的。因为信仰需要的是激情,没有了激情,信仰就会消失,而确定性与激情之间正好是对立的和矛盾的。因此在他看来,正是不完满的和不确定的世界唤起了激情,在这样的世界中,人们反而更易于保持信仰。由于克尔凯郭尔把信仰的维系和持有归结为激情,从而认为信仰不需要证明,证明反而是信仰的敌人。只是当信仰变得不成为信仰、信仰者的激情减退时,证明才会出现。而这恰恰是在主体被变成为客体或被当作客体看待时,才会发生的情况。但在这时,与信仰相关联的无限激情则不可能产生,信仰也不可能以内在的方式被持有。②

在克尔凯郭尔看来,投身于信仰是一种主体性的决断或决定,而任何主体性的决断或决定都是以激情为基础的。一旦取消了主体性或削弱了主体性的激情,那么做出信仰方面的决断就是不可能的,或者说任何这样的决断都是不够坚定的。为此,克尔凯郭尔对基督宗教信仰的这种主体性质给予了一个经典的表述:"基督教是精神,精神是内心性,内心性是主体性,主体性本质上就是激情,至上的激情就是对个人的永恒福祉的无限的、个体性的关怀。"③ 信仰是一种激情,它是个人和上帝直接接触的产物,亲身体验上帝本身就成了信仰的基础。因而任何的或再多的历史证据和客观思辨都不能保证这种"体验"的发生。正是宗教信念和理性证据之间的不可比性,或者说对客观证据的放弃或不再诉求,激发了信仰者的无限激情与生命冒险。

如果说信仰仅仅与激情相关,而激情源于内在的主体性,那么对于信仰

---

① 克尔凯郭尔:《最后的、非科学性的附言》,第34—35页。
② 克尔凯郭尔:《最后的、非科学性的附言》,第17页。
③ 克尔凯郭尔:《最后的、非科学性的附言》,第18—19页。

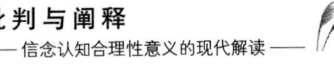

的决断来说，以客观的方式进行思考或论证则是没有意义的。克尔凯郭尔正是从这样的观念出发，对客观的思考方式进行了反驳。他说，由于客观的考虑涉及的是内容或对象，其结果只能是那个对于信仰具有关键意义的决断被无限的推迟。因此他认为"决断"只能是"主体的接受"，反之"客观的接受则是异教思想或者说毫无思想"；如果说基督宗教是一种真理或有真理的话，那它只能存在于"主体性之中"。①

由于历史的和哲学的考察走的是一条客观的道路，而克尔凯郭尔所偏爱或推崇的信仰之路是一条主体性道路，这是两种截然不同的道路，它们在看待问题的方式与态度及其达成的目的诸方面尽显差异。克尔凯郭尔对这些差异做了比较分析。在他看来，客观的方式指向的是外在的对象，是某种客观的东西；而主体的方式则指向的是内化的东西——内在性或主体性。这种指向当它们各自走向极致时，都会消解对方，在最深刻的主体性中，客观性或客观的反思是不存在的；反之，在客观性达到极点时，主体性也荡然无存。然而，当客观性的反思方式试图超越它自身，达到某种"终结性的东西"时，那么在这时，这种最终的东西就只能是一个在现实不存在的、抽象的数学上的点，是一种思想与存在同一的抽象幻想；而主体性始终把握的是生存着的个体，它可能是一个永不能完结的过程，但它是在有限的当下瞬间中，依赖其内在的激情，"存在着的特定个体"则体验到了"无限与有限的统一"。②

主体性道路与客观性道路在看待知识的本质属性方面也存在着不同。客观的道路认为知识是一种证据性的知识，是主体和客体的一致或思维与存在的统一，强调了客观性的决定作用；而主体的道路则认为一切本质意义上的知识都是与个体的生存相关联的知识，凡是没有"在内心性的反思中与生存相关联的知识在本质上只是偶然的知识"，在程度和规模上是无关紧要的。主观意义上的知识是与认识者本身相关的知识，是关乎存在个体的知识。克尔凯郭尔认为只有"伦理的知识和伦理—宗教的知识才是本质性的知识"③。与此相关联，克尔凯郭尔对两种道路认识真理的方式也做了比较。他说，与客

---

① 克尔凯郭尔：《最后的、非科学性的附言》，第103—104页。
② 克尔凯郭尔：《最后的、非科学性的附言》，第160页。
③ 克尔凯郭尔：《最后的、非科学性的附言》，第160—161页。

观道路的"抽象活动"或"客观性反思"不同，主体性道路则依赖的是激情和悖论，激情维持了信仰，而悖论则体现了它的基本特征。例如，在有关上帝的问题上，客观的方式询问的是他是"真实的"什么；而主观的方式关注的则是与上帝的关系，是"怎样"的关系。①"怎样"体现了与客观反思不同的乃至相反的旨趣，在后者看来越是不可能的和矛盾的地方，在主体看来越是可能的。主观真理包含了某种悖论的性质。

虽然主体性道路包含着颇多在客观道路看来是悖论的东西，但克尔凯郭尔相信前者在把握上帝上有着比后者更直接的优势。他认为客观之路虽然也是一种接近上帝的道路，却是一个漫长的接近之路，甚至是"永远无法企及"的，处在永远找不到或永远在寻找的路途上。反之，主体性道路却用"无限激情""瞬间就把握"到了上帝，即使这种把握充满了矛盾与"辩证的困难"——时刻处于有和无、找到和失落的两难之中，即使它拥有了"那个辩证性困难的全部痛苦之所在"，但由于"上帝是主体"，存在于主体的内在性之中，把上帝看作与个人具有一种主体性的关系，乃是生存着的个人与上帝相关联的唯一合适的方式。他认为苏格拉底也是以这种方式探究灵魂不朽的。苏格拉底以"假如"开始，正是这种"假如"所包含的无知或不确定性激发了他的热情，从而获得了那些具有所谓客观证据的人们所不能得到的结果。克尔凯郭尔把"苏格拉底的无知"看作在内在性的全部激情中，"对于永恒真理与生存者之间的关系的一种固定表达"，虽然它包含着悖论，却体现为一种主观真理，这种真理甚至可能比"整个体系"中的"客观真理"更多。②

因此，在克尔凯郭尔那里，信仰展示出了一种主体性，一种以激情为特质的"主体性真理"。因为在他看来，信仰体现的是人与上帝"怎样"的内向性关系，这种内向性"怎样"的极致就是对无限的激情，而对无限表现出激情的恰恰是主体性，因此，主体性就是基督宗教意义上的真理。在他看来，由于客观性是不存在所谓激情的决定或承诺的，决断和献身只存在于主体性中，因而以客观的方式寻求对无限的决断和献身是错误的。相反，正是通过

---

① 克尔凯郭尔：《最后的、非科学性的附言》，第161—162页。
② 克尔凯郭尔：《最后的、非科学性的附言》，第162—164页。

对无限的激情与献身,"主体性的'怎样'和主体性就是真理"①。

应该说,克尔凯郭尔关于信仰主体性特征的表述,是在有意凸显其与哲学所强调的客观理性之间的差异和对立。为了使人们对这种差异和对立有着更为明确的认识,他对"主体性即真理"的含义做了进一步的解释。在他看来,"主体性即真理"首先具有的是"客观的不确定性"。主体性真理不是"具有客观的不确定性",而是它本身就体现出了这种不确定性。不确定性是主体性真理的内在特征。他说,信仰是以主体的方式获得的,而主体就是存在的主体,即现存的个体,它是处在时间的辩证法之中的。任何这样的个体都是在具体的时间中做出决断、表现激情、形成冲动的。这是与力图追求超时间的、绝对的客观方式相对的。也就是说,存在的主体作为现存的个体,在以激情的方式强调"怎样"并做出决断时,就出现了与客观知识的分道扬镳。它更多体现的是一种主体性的冲动和激情。这时,主体性所把握的真理,是一种在客观方式看来是不确定的或者使人困扰的东西。正是这种不确定的东西,才是主体以激情的方式紧紧把握的,也是激发主体无限激情的东西。克尔凯郭尔把这种主体所把握的不确定性定义为真理:"真理就是通过最具激情的内心性在占有之中牢牢抓住的一种客观不确定性,这是对于一个生存者来说的至上真理。"②

当然,不确定性也是一种困扰、一种"焦虑不安"和"麻烦",但这种不安和困扰在克尔凯郭尔看来不仅不是阻止"我"走向信仰的障碍,反而是激发"我"全部热情的动力。克尔凯郭尔对信仰内部的这种张力做了描述,他说:"没有冒险就没有信仰,信仰是在内心性的无限激情与客观不确定性之间的矛盾,如果我能够客观地把握上帝,那么我就没有信仰;但是,正因为我做不到,所以我才必须信。如果我要让自己保持信仰,我必须持续地留意,我要紧握那种客观不确定性……"③ 他认为这种主体性真理对不确定性的把握,包含着对认知者本身的理解,即任何认知者都是生存着的个体。克尔凯郭尔为此对苏格拉底做出了高度的赞赏,认为这也是苏格拉底式智慧的本质,

---

① 克尔凯郭尔:《最后的、非科学性的附言》,第164页。
② 克尔凯郭尔:《最后的、非科学性的附言》,第165页。
③ 克尔凯郭尔:《最后的、非科学性的附言》,第165页。

是他的不朽之处。

然而，主体如何能够并且持久地把握到某种不确定的东西，似乎是一种矛盾，甚至是不可能或荒诞的。克尔凯郭尔在说明主体性真理的客观不确定特征的同时，也认可并宣称了它的荒诞性与悖论性。当他把主体性、内心性确定为真理时，他也意识到这会在客观性上呈现出一种矛盾的状态，因为毕竟"主体性真理"是排斥客观性的。然而他认为，正是客观的不确定性这种看似矛盾的东西，则成为激发内在激情拥有真理的动因。他说这种真理的主体性原则也是苏格拉底的原则。当然，在他看来，永恒真理本身"在本质上绝非悖论"，只是在这种真理"与生存者建立关系才成为悖论"。① 但是永恒真理必须与现存的个体（主体）相关联，因而真理的内在性与客观性之间的矛盾也是必然的。我们可以在一定意义上把这种主体的客观不确定性视为一种荒诞性。克尔凯郭尔相信这乃是信仰的特征。

主体性真理所呈现出的不确定性及其悖论性质，应该说是与其认识方式有关的。"主体性即真理"意味着我们必须从内在性出发看待真理，以客观的方式看待它反而看到的是不真实的东西。这种从主体性出发、向内看的方式，在苏格拉底那里是一种回忆的方式。但在基督宗教这里，回忆的方式是行不通的，它为原罪所遮蔽。但是从绝对的意义上看，人的罪不是永恒的，罪只是在人生成时具有的，他是"在罪中出生并且作为罪人出生"。因而原罪对人的存在来说具有时间性：有限的存在在有限的时间中获得了原罪。但是，原罪成为凌驾于人的存在之上的一种力量，人无法摆脱它，从而成为遮蔽他认识永恒或者说"通过回忆返回永恒"的东西。在苏格拉底或柏拉图的意义上，这就意味着人无法通过回忆来达到对永恒真理的认识。永恒真理与个人的有限存在状态是相悖的和矛盾的，有罪的存在状态使他与永恒真理分离。② 但是，克尔凯郭尔说，正是这种走向真理的荒诞感，激发了人的无限激情，从而向真理跳跃。

克尔凯郭尔把这种把握真理的跳跃方式称为"悖论"。他说，"悖论"就是在永恒真理与现存时间中的个人的关联中产生的，"永恒真理在时间中生成

---

① 克尔凯郭尔：《最后的、非科学性的附言》，第166页。
② 克尔凯郭尔：《最后的、非科学性的附言》，第168页。

了，这就是一个悖论"①。当代学者利文斯顿把这种悖论做了进一步的解释，他说："道成肉身的悖论是双重的荒谬，因为第一，它宣称上帝变成了人，永恒者变成了暂存者；第二，它宣称人的永恒幸福可以在一个历史事件中有其出发点，而对这个事件的历史性本身却只能赋予或然性。"② 但是克尔凯郭尔认为从本质上讲，这种看似悖论的东西并不是悖论。因为永恒真理在本质上也是主体性的，而且人也仅仅是由于原罪在时间中变得无知无明，人在其内在本质上仍具有把握永恒真理的可能。只不过这种把握是以激情为支撑、以冒险为代价的。冒险越大，信仰就越强；反之，冒险越小，客观的可能性就越多，而内向性就越少。因此，信仰的道路就是一条从荒诞、悖论到激情、冒险的道路。这是一条内心性或内在性的道路，"当从生存中退出、以回忆的方式进入永恒成为不可能的时候；当真理作为悖论面对我们的时候"，当原罪为我们带来恐惧与痛苦的时候，客观性就成为巨大的风险，内心性则成为表达信仰真理的唯一道路。③

他说，苏格拉底就是这样做的，客观不确定的矛盾促使了人们的冒险，在这样的冒险中获得了信仰。但他认为，基督宗教信仰的荒诞性要远远超越苏格拉底无知的荒诞性。为此，他对信仰的荒诞性又做了进一步的说明，指出这种荒诞性"指的是永恒真理在时间中出现，指上帝生成，他出生、成长，等等"④，与凡人一道生活，呈现出了所谓双重的荒诞。荒诞性表现为信仰的内在性与客观的不可能之间的矛盾。但克尔凯郭尔说，这种荒诞性恰恰通过它对客观的排斥而成为信仰内向性的动力与尺度。这种动力与尺度使得信仰者对于从历史知识和客观证据出发而获得的信仰，表示出了极大的不信任。荒诞性反而在信仰中建立了自身的可靠性标准。

正是对信仰内在性的绝对认可，使得克尔凯郭尔对从古代以来试图从历史证据与客观理性的角度阐释或论证信仰合理性的做法，表现出强烈的不满与抵制。他说，"基督教自我宣称它是在时间中显现的永恒的、本质性的真

---

① 克尔凯郭尔：《最后的、非科学性的附言》，第169页。
② 詹姆斯·C. 利文斯顿：《现代基督教思想》下卷，何光沪译，四川人民出版社1999年版，第628页。
③ 克尔凯郭尔：《最后的、非科学性的附言》，第169页。
④ 克尔凯郭尔：《最后的、非科学性的附言》，第170页。

理；基督教自我宣称为悖论，而且就犹太人眼中的绊脚石、希腊人眼中的愚蠢以及理智眼中的荒谬而言，基督教要求信仰的内心性"，而这正是"基督教即真理"的最为强烈的表达——它虽为客观性所排斥，但"所借助的恰恰是荒谬的力量"，或者说它虽看起来是荒谬，但"它仍然是真理"。① 克尔凯郭尔相信悖论与激情的联姻构成了基督宗教信仰的基本因素，那是客观理性不能理解也不会达成的。

克尔凯郭尔在这里所表达神学思想的核心主题，是生存者的个人与上帝的关系，在这种关系中处于关键地位的因素是个人置身其中的方式，而不是内容。然而由于置身或投身的方式始终是由个人做出的，它既不受普遍理性规则的支配，也不受外部力量的辖制，所以，个人的生存体验和生活选择就具有根本的意义，亲身参与的"自我活动"构成了信仰的基础。由于没有客观确定性的支撑，信仰行为就是一种冒险、一种充满个人意蕴的孤独体验。那是需要人们以无限的激情来维持的。这也许会使人经历一种绝望，然而没有这种绝望，就不会体验生命的意义，也不会进入他所期待的"永恒之中"。因此在克尔凯郭尔那里，信仰作为一种冒险，首先体现的是信仰的先在性和无条件性。对上帝的先行信仰是所有问题的前提条件。然后才是客观的不可能性和冒险。由于信仰并非建立在客观的证据之上，信仰不能获得确定性证据的支持，对信仰者来说，就需要他以无限的激情来维系。信仰是冒险的前提，先有信仰，然后才是冒险。信仰并非信仰者在充满冒险的活动过程中或之后获得的。它不是一种风险收益；毋宁说正是信仰的存在，才使冒险和激情成为必要，成为信仰者必备的品德。而且信仰和客观的不可能性之间的关联也主要是表明了信仰的无条件性。当然，克尔凯郭尔认为，信仰与事实无关，并不意味着信仰是武断的。信仰是一种个人体验，即使这种体验不具有普遍的客观性，但对于个人来说，某一次的亲身经历对于他的信仰的建立则是足够的。他不需要说服别人，他只需要说服自己，他唯一需要的就是这种主观的可能性。应该说，克尔凯郭尔是在新的历史时代对德尔图良关于"荒诞者可信"思想所表达出的客观不可能性，从主体或内在性的角度予以了进一步的阐释与说明。他们都从反思辨哲学的立场出发，表达并强调了信仰的

---

① 克尔凯郭尔：《最后的、非科学性的附言》，第 171—172 页。

非客观或非思辨特征。

三 "陌路相逢"与"弥合分裂"

在如何看待和解释人与上帝的问题上，阿奎那"陌路相逢"的理性认知和克尔凯郭尔"弥合分裂"的主观体验，表现出了宗教哲学中两种不同方式的截然不同的旨趣。虽然在信仰的维度上，阿奎那和克尔凯郭尔都坚持了启示真理的重要性，相信对绝对的直接认知来自上帝的恩典；但在人的有限层面上，如何认识或走向上帝，两者则有着各自不同的立场。在阿奎那那里，人和上帝的关系不仅体现了信仰内在性的问题，而且也体现了理性与信仰关系的相互纠葛。就后者而言，这种纠葛以及信仰和理性间的差异从基督宗教产生之日起就一直是困扰神学家们的一个主要问题。一般认为，这种差异源于构成西方文化根基的二重性——希伯来宗教和古希腊哲学的不同思想传统以及它们在罗马帝国的相遇。因而，凡是坚持启示的唯一性、相信"信仰之外无他物"的神学家，如德尔图良，都会从希伯来传统中寻求精神资源，质问"雅典与耶路撒冷有何相干"。然而，希望在启示之外另觅新途、试图以理性方式理解上帝的人们，则往往会从古希腊哲学中获得思想的支持。

阿奎那之所以认为理性推理是除了启示之外的另一条认知上帝的方式，不仅在于他的老师大阿尔伯特（Albert the Great）对他的示范性作用，在于古希腊哲学特别是亚里士多德著作的重新翻译和引入对当时思想界的广泛影响，而且还在于他对人的本质及其认识能力的看法。阿奎那认为，虽说"有心智的灵魂"作为人的肉体的"形式"，"塑造了每一种真实的人类活动"，但如果失去肉体，灵魂也是不完全的，其功能也不能得到整全的发挥。在阿奎那看来，一个完整的人类存在，即一个"肉体和灵魂在人的行为中同时发挥作用"的存在。① 通过感觉器官获得的感性知觉，构成了人类理性能力的基础，肉体的感性活动和灵魂的理性思维是一个相互依赖的统一认识过程，它们共同指向一个更高的认识目标，指向对非物质对象——天使和上帝的理解。阿奎那相信，通过对人的本质及其认识能力的澄清，最终将有助于对神圣的三

---

① 参见 ST. Thomas Aquinas, *Summa Theologica*, Ia, Q. 76, a. 1, a. 5。

位一体的认识。由于人的理解能力和意志来自上帝并模仿了上帝，人的自我认识具有对上帝认识的类比意义，因此，"只有最大限度地理解人类自身，才能理解上帝"①。

阿奎那维护理性方法的正当性，力图表明，就人类自身来说，在认知上帝的过程中，我们能做点什么？即他力图给予人以一种主动性，或现实（此岸）活动的合理性。启示是更直接和更完美的，但人的理性活动本身也并非毫无益处的。理解（认识）上帝也在于首先理解（认识）我们自己。阿奎那自己在这方面就为我们树立了一个榜样，正如现代读者所坦言的，"他并非站在上帝的角度，而是站在人类的角度写作《神学大全》"②。

阿奎那对理性的肯定表明了他的立场，即在信仰中我们应该如何接纳理性，而不是能否接纳理性。然而，以因果推理和类比推理为基础的宇宙论类型仅是与上帝"照面"的偶然方式，这种"照面"也只是在最终的意义上才会"显现"。而且这种显现并非直接呈现，不具有当下的现实性，只是一种逻辑的必然性或类比的可能性。旨在消除没有终点的无限序列这种超出人类想象能力之外的理性矛盾和不确定性，阿奎那提出了上帝存在的因果推论、动力因论证和完善等级等论证。这些论证更多的是一种验证，而不是一种证明。上帝是一种先在并成为这些论证的前提，制约、规定了这些论证得以进行的方式和结果。而这种在证明最后"跳跃而出的"作为无条件必然性的上帝，则是通过本体论类型在启示、恩典的方式下获得的。我们可以借用蒂利希的话对之评论，即这种方式"意味着在这种理性因素之侧，伫立着非理性的权威"③。

然而，在阿奎那的思想体系中，确实存在着矛盾和困惑。如果放弃理性认知上帝的可能性，那么就会无视作为西方思想根基之一的古希腊传统，势必冒着使基督教神学走向封闭和僵化的危险。这是处在当时思想背景下的阿奎那所不愿做的。但如果把理性推论作为认知上帝的方式，则又是不完全、不充分和不尽如人意的，而且还会引起纯粹意义上的神学家们的愤慨。即使

---

① 参见约翰·英格利斯《阿奎那》，第52、92页。
② 约翰·英格利斯：《阿奎那》，第52页。
③ 蒂利希：《文化神学》，第18页。

理性方式被认可,这种方式也只能被"作为"有限的方式,才能在神学范围内是有用的和可被接受的。然而理性方式本身在运用过程中却存在着两种极端的危险性,要么是"过于"有限,则因其意义太小,而会被弃置不用;要么是"充分"有限,可能会因其过分膨胀,而给启示神学带来冲击。为了建立起在认识上帝的过程中理性方式的恰当性,阿奎那对这种方式进行了详细的论证和说明。

克尔凯郭尔则从另一个意义上展示了他对理性推论的不信任(当然,克尔凯郭尔是在否定客观证据的基础上否定理性认知方式的)。在他看来,任一历史证据都是不完善的和暂时的,都或多或少包含着错误,因而把信仰建立在这样的证据上的做法是不适当的和不负责任的。走向上帝不是去寻求客观的可能性和理性证据(逻辑必然性),而是全身心地投入和体验。因而他认为,走向上帝的生命历程就是冒险,就是人们需要以无限的激情投入的生存体验。因而,人们只能以个体性的方式走向上帝。上帝不是仅仅在历史上某一时刻出现的,而是就在那里,活生生地存在,每时每刻在向我们敞开着,是每个人都可走进去的。关键的是我们以什么方式走向他和体验他。而这种体验永远只具有个体性或主观性。所以,克尔凯郭尔认为,内在的激情构成了信仰的标准,真理只存在于人的主观意识活动之中。

由此可见,理性能否成为认知上帝的途径,成为宇宙论类型和本体论类型相互区别的焦点。诚然,在阿奎那的思想体系中,启示和理性相互补充,但为了建立起在认识上帝的过程中理性方式的恰当性,阿奎那对这种方式所进行的详细论证和说明。虽然这种论证并不像蒂利希所说的那样,彻底"切断了本体论方法的神经"[①];但无疑削弱了这种方法的基础,冲击了启示真理的单一性和纯粹性。正是在后一个方面,阿奎那激起了不少神学家们的愤怒和反击,引起了路德"理性娼妓"的咒骂和对福音是"反对一切理性"的原则的重申。

克尔凯郭尔正是在这个意义上凸显了主观体验的重要性。由于理性认知是一条陌路相逢的道路,并不能直接认知上帝,上帝可能偶然出现,也可能随时离我们而去。这有着非永恒的危险性。对于真正的基督徒来说,若即若

---

① 蒂利希:《文化神学》,第18页。

离并不是一种理想的信仰状态。在这种方式中，上帝好似与我们并没有切身的关联，信仰成为与我们生活并非息息相关的客观理性。这是克尔凯郭尔所坚决反对的。为了使信仰成为我们生活的一部分，成为我们为之献身的生活方式，上帝必须走向我们的主体性中，激发我们的无限热情。客观可能性的上帝就没有必要。然而，难道生存的体验就是一条唯一恰当的道路吗？更重要的是，克尔凯郭尔并没有消除基督教传统中信仰与理性的矛盾，而是在另一个维度上加深了这一矛盾。

克尔凯郭尔关于信仰毋需客观论证的看法，被一些当代学者归结为三个证明：近似证明、后延证明和激情证明。近似证明来自他所谓的"任何历史的东西最可获得的确定性只不过是近似的，……若近似被视为永恒幸福的根基则是完全不充分的"看法；后延证明则建立在历史研究中难题的解决和出现的不断反复中，从而"决断在直接地跟着研究结果的过程中被向后推延了"的历史研究特性之上；激情证明建立在克尔凯郭尔认为宗教的客观不可能性以及信仰需要无限的激情来维系的基本立场上。近似证明所依据的看法虽然被认为包含了某种正确的内容，但以此建立的近似证明则是"一个糟糕的证明"；后延证明被认为是不合适的乃是因为它所建构的三个前提是有问题的；而激情证明则因涉及无限的激情和冒险而使得人们面临着诸多的顾虑。[①] 这些证明特别是激情证明中所涉及的信仰的跳跃，被拿来与帕斯卡的"赌注说"作比较，认为它们之中所包含的预期使克尔凯郭尔试图"完全摆脱客观的正当理由比他可能认识到的要困难得多"。[②] 当然，克尔凯郭尔试图寻求的是一种完全不同于阿奎那等人的哲学理性的方式，这种方式如果说在阿奎那那里是一种认知的途径的话，在克尔凯郭尔这里则是一种生活方式。这是两种不同甚至截然相反的方式与途径。这两种途径虽与他们所处的历史处境有关，但在20世纪却在不同的思想家群体那里也得到了不同的反响。

---

① 参见罗伯特·玛丽休·亚当斯《克尔凯郭尔反对宗教中客观推理的三个证明》，载迈尔威利·斯图沃德编《当代西方宗教哲学》，第41—54页。
② 罗伯特·玛丽休·亚当斯：《克尔凯郭尔反对宗教中客观推理的三个证明》，载迈尔威利·斯图沃德编《当代西方宗教哲学》，第55页。

第三节　决断与责任

20世纪以后，一些西方神学家继续了德尔图良和克尔凯郭尔的思想路线，对试图把握和认识信仰本质的理性主义方式采取了坚决抵制的态度。虽然他们在表达信仰的内在意义方面不太愿意像他们的前辈那样，通过一种过分彰显它的荒诞性或客观性矛盾的方式来实现；但在其看待自然理性与客观证据在把握信仰本质的地位方面，采取的仍然是毫不信任的立场，认为那是一种完全不适当的方式，甚至是没有任何意义的要求。例如瑞士著名神学家卡尔·巴特（Karl Barth，1886－1968）认为，从理性上证明上帝存在之类的自然神学，是完全不恰当的，它既不能成为一个神学问题，也不应该是神学的一部分。[①] 他指出，上帝是个"全然相异者"，神—人具有无限的距离，自然不仅不是认识上帝的通道，反而把上帝隐藏起来了。而试图通过理性的方式把握和论证上帝本质与存在的自然神学，其所作所为实际上不是在认识上帝，而是在分裂上帝，其结果是把上帝"设想为一种抽象冷漠的存在"，从而"把一个陌生的神祇引进到教会的范围里来"。[②] 因而，巴特对自然神学采取了坚决否定的态度，认为最好是全部废止自然神学。

一　信赖

卡尔·巴特被誉为20世纪最伟大的新教神学家，新正统主义思潮和辩证神学流派的最重要的代表。巴特的神学思想成就是如此之大，甚至被人与奥古斯丁、阿奎那、路德和加尔文等历史上出类拔萃的神学家联系在一起。确实，他的影响是深远的，能够进入宗教改革以来最伟大的新教神学家之列。卡尔·巴特出生于瑞士的巴塞尔，很小的时候就深受其作为大学神学教授的父亲的影响，成年后在德国的几所大学里曾跟从当时非常著名的众多自由主义派神学教授学习神学，并在毕业后的一段时期里曾接受并遵循这种神学思想的主张。巴特的职业除了在大学毕业后担任过10年左右的瑞士地方教会的

[①] 参见胡斯都·L. 冈察雷斯《基督教思想史》（第三卷），第473页。
[②] 参见詹姆斯·C. 利文斯顿《现代基督教思想》下卷，第665页。

牧师职务之外，从1921年来到德国开始，主要是以大学教授的身份从事神学思想的研究并产生社会影响的。在德国期间，巴特曾先后在闵斯特大学、波恩大学等学校任教，纳粹上台期间因政见不同而被迫于1935年年初离开德国回到瑞士巴塞尔，从此之后就一直在那里生活任教。①

巴特被视为具有异乎寻常创作能力的神学家，一生写出了大量影响深远的作品。他的主要著作包括《论〈罗马人书〉》（1919，也译《罗马书注释》）、《上帝之道与人之道》（1924）、《上帝之道的理论——基督教教义导论》（1927）、《神学与教会》（1928）、《教会教义学》（12卷，第1卷发表于1932年，其他11卷陆续在四五十年代出版）和《教义学纲要》（1947）等。导致他作为著名神学家而闻名于世的标志，是他于1919年出版，特别是1922年在德国出版第二版的《论〈罗马人书〉》。在这本书中，巴特彻底清算了他所接受的自由主义神学思想，提出了他对神学的一种新的理解，在德国乃至欧洲神学界产生了震撼性的影响。而促使巴特神学思想转变的契机与原因，主要是他在瑞士担任牧师期间对自由主义思想教育实践的不满、第一次世界大战前后及期间欧洲的动荡给人们所带来的困惑以及他对《罗马书》潜心阅读后的心得。他对这本书的影响有一个形象化的描述，说他就像一个走在通向教堂钟楼的黑暗楼梯的人，脚底打滑而抓向扶手，不想抓到的是钟绳，结果敲响了震撼世界的钟声。②

巴特所敲响的震撼世界的神学钟声，不仅是深远的，而且是广泛的。这种深远广泛的影响在其神学思想的多样性方面也得到了充分的体现，例如"辩证神学""危机神学"和"新正统主义神学"等，都是人们用来描述其神学思想基本特征时所使用的术语。③当然，在巴特那里，信仰的核心是神的启示，是神的话语通过耶稣基督的启示；他认为人们只能通过"神的话"才能"认识神"，而"永恒的神只在耶稣基督里才能为人认识"，圣经作为耶稣基督的见证而具有非常重要的地位。他的神学可以说完全是依据于圣经中的耶稣基督建构起来的。④因此在如何看待与认识信仰的本质方面，巴特所采取的

---

① 参见詹姆斯·C.利文斯顿《现代基督教思想》下卷，第642—646页。
② 参见詹姆斯·C.利文斯顿《现代基督教思想》下卷，第643—645页。
③ 参见胡斯都·L.冈察雷斯《基督教思想史》（第三卷），第469页。
④ 参见奥尔森《基督教神学思想史》，第622、624—625页。

批判与阐释
—— 信念认知合理性意义的现代解读 ——

是与路德等人基本相同的立场,对自然神学持有的是一种否定与拒斥的态度。如果按照巴特的看法,像自然神学那样完全按照人类自然理性来把握或论证基督宗教信仰的本质,完全是一种不适当的和不合理的方式的话;那么,什么是他认为的认识信仰的合适的和有意义的方式呢?他觉得要想对这个问题有一个较为合理的回答,必须首先对信仰的性质有着较为明确的理解。巴特在不同著述中对这个问题都以不同方式做了说明,而他于1947年出版的《教义学纲要》(*Dogmatics in Outline*)一书中的说明则较为典型。在这部著作中,他从三个方面对基督宗教信仰的性质予以了描述。我们可以分别把它们概述为神人交接中的信赖、理性启发下的知识和自由决断中的责任。正是在对这三种性质的描述中,巴特表达了应该以什么方式把握或阐释基督宗教信仰的意义。

巴特认为,使徒信经开宗明义讲到的"我信……"中的"我信",是对基督宗教信仰的明确宣示。因此,他以这样的"我信"为基础和主线,将他对信仰性质的三种不同的阐释连接起来。每一种阐释他都以一个简要的话语作为开始。第一个阐释的引导性话语是:

> 基督宗教的信仰是上帝与人交接的恩赐,在这交接中,人们可以自由地听取上帝在耶稣基督里所说的恩惠之道,他们不顾生活中与这道相反的一切,仍然义无反顾地排除一切而完全信赖他的应许与指导。①

巴特在此强调了基督宗教信仰的性质是在神人交接中对上帝恩惠之道的自由听取与全然信赖。他认为,使徒信经所宣示的"我信",涉及一种信仰事实;虽然这一事实因包含着"我"而关涉人的主观方面,但它更为关注的是"信……"所指向的对象方面,即主观信仰所赖以存在的圣父、圣子、圣灵这一信仰对象。而且正是对这一对象的信仰,才能使人们因对对象的体验所生发的"感动与情绪"有了根据,才能就人的方面所发生的事情——人的"所能成、所能做和所能经验"的东西说出"最切当、最深刻和最完全的话语",从

---

① Karl Barth,*Dogmatics in Outline*;参见《20世纪西方宗教哲学文选》上卷,刘小枫主编,杨德友、董友等译,上海三联书店1991年版,第486页。

而也才能成就一种"人的生存样式"。① 巴特相信，在信徒身上发生的"我信"，是在神人交接中实现并完成的——在对三位一体上帝的信仰中，人们发现他自己完全为他所"信仰的对象所充实、所决定"，从而排除了孤独，在生活、行动和各种环境中感受到他能够面对上帝并和他结伴同行。巴特认为这种交接在历史中的达成，乃是与耶稣基督的交接，是与上帝在耶稣基督里所说的恩惠之道的交接；而与耶稣基督的交接就是与三位一体上帝的交接。只是这种交接永远不是由人这方面做出的，也不可能是由人做出的，人类没有这种能力，也没有这种权力。它完全是上帝的主动行为，是上帝自主的决定，他要做人类的上帝并白白赐予人类以慈爱。完成并实现上帝与我们交接的恩惠之道的是耶稣基督，是在圣经中被宣示出来并为使徒先知们见证了的那位既是真神又是真人的耶稣基督，"上帝在他身上与我们交接"。②

然而，如果说上帝赋予人类的恩惠之道是上帝主动自主的行为，那么如何能够说"人们可以自由地听取"呢？巴特的解释是，这种被给予的恩赐与人们自由地听取，是合二为一不可分的。他说，上帝赐予人的恩赐就是使得人类得自由的恩赐，"一种包括其他所有各种自由在内的大自由的恩赐"。③由于与上帝的交接并非来自人的主动，或者说单单就人的天然本性来说是没有任何可能性与上帝交接的；仅就我们自身来说，上帝是不可思议的和不能接近的。这种交接的发生完全是由于上帝的能力和恩惠，是他将不可能变成了可能，使得人们拥有了信仰的可能和自由听取的可能。巴特的意思是说，如果没有上帝的主动行为，人类将没有信仰的可能，也没有自由听取这种信仰的可能。因此他说，"自由是上帝的伟大恩赐"，他进而认为人类在拥有这一"大自由"的同时也开启了各种自由，使得人类的各种自由有了可能，以这个恩赐的自由为中心"开始向外渗入各种自由"之中。④

由于巴特相信，上帝的恩赐使得人们获得了他们自己不能取得、不能找到的恩惠之道，"能够"获得并听取这道则体现了人的自由；而能够自由地听取并相信这道则意味着听取者觉得这道可靠。因此他认为，听取恩惠之道之

---

① Karl Barth, *Dogmatics in Outline*；参见《20世纪西方宗教哲学文选》上卷，第487页。
② Karl Barth, *Dogmatics in Outline*；参见《20世纪西方宗教哲学文选》上卷，第488页。
③ Karl Barth, *Dogmatics in Outline*；参见《20世纪西方宗教哲学文选》上卷，第488—489页。
④ Karl Barth, *Dogmatics in Outline*；参见《20世纪西方宗教哲学文选》上卷，第489页。

后所随之出现的信仰就是一种信赖，对上帝及其应许的信赖，"'我信'意思就是'我信赖'"；正是这种信赖而把人类从对自己以及各种偶像的崇拜中解放出来，"被赋予自由去信赖值得我们信赖的他"。① 然而，如果神人交接为人们提供了信仰和听取恩惠之道的可能，那么由此产生的对恩惠之道的信赖，在信赖者那里会呈现出一种什么样的精神状态呢？或者说，信赖者是否源于或依据于某种充分的证据而完全坚定地持有这种信赖呢？巴特的答案是否定的。他的否定不是对信仰坚定性的否定，而是对信仰客观证据或事实的否定。在他看来，信仰为信仰者提供的是一种"能够"去信的状态而不是"必须"去信的事实。他说，《圣经》中的人物并不是因为某种证据的理由才去相信，而是他们突然被放置在了能够去信的状态中，从而才义无反顾地去相信。因此他把信仰归结为"一种自由，一种被容许"，容许信仰者可以不顾与这道相反的一切而坚持这道，也就是说，"我们绝不'因为'什么而信，我们是由于领悟而信"。②

基督宗教信仰之所以会出现不是因为事实而信，而是因为领悟而信的状况，在巴特看来，乃是由于虽然上帝通过耶稣基督显现给我们，但他自身是隐藏于他的道之外的，从而是不可见的，"好像世界对于我们是完全黑暗的"。巴特认为这种不可见并不意味着不可信，它只是意味着"人类的有限性"，意味着"我们的信仰并不来自我们的理性及能力"。③ 正是在这个意义上，巴特才说，基督宗教的信仰呈现的是一种"不顾生活中与这道相反的一切，仍然义无反顾地排除一切而完全信赖"的状态。由于信仰是出于信心而不是出于事实，巴特因此认为，信仰关涉一种永远有效的决心和最后的决定，一种一经信了就信到底的决定；关涉一种紧紧抓住上帝的信念，一种"唯独恩典"（sola gratia）和"唯独信仰"（sola fide）的信心；同时也关涉对上帝之道的完全信赖，一种在人类生存和生活的各个方面对上帝之道的完全依靠与信赖。④

---

① Karl Barth, *Dogmatics in Outline*；参见《20世纪西方宗教哲学文选》上卷，第490页。
② Karl Barth, *Dogmatics in Outline*；参见《20世纪西方宗教哲学文选》上卷，第491页。
③ Karl Barth, *Dogmatics in Outline*；参见《20世纪西方宗教哲学文选》上卷，第492页。
④ Karl Barth, *Dogmatics in Outline*；参见《20世纪西方宗教哲学文选》上卷，第492—493页。

二 知识

如果说信仰并非来自理性，而且呈现出虽与人类生活情态相反但仍然义无反顾地信赖的状态的话，那么是否意味着这样的信仰完全是非理性的，或者说是与理性没有任何关系的呢？巴特并不认同这样的结论或推导，他在关于信仰性质的第二个阐释中对它包含的理性的可能性做了说明。这一阐释的引导性话语如下：

> 基督徒的信仰是理性的启发，在这启发中，人们自由地生活于耶稣基督的真理中，同时由此认定自己生存的意义，及其一切遭遇的原因和目的。①

如果按照上文所说，基督宗教信仰是源于领悟而不是源于事实，它并非出自我们的理性能力，那么如何又说它是"理性的启发"呢？在这之间难道不存在矛盾和吊诡吗？巴特也承认，在教会的历史上确实有些人为了某种宗教情感及神学观点的缘故，而对理性持反对的立场。但是他认为这种立场是错误的。他以"道成肉身"这一时常在理性认知的角度引发争议的信条为例，并予以说明。他说，"道成肉身"所宣示的"逻各斯"（Logos）成为人身，并"不是一种偶然、独断、混乱和不能理解的语言，而是一种表达真理反对虚妄的语言"②。这种被表达出来的真理是永恒的真理，它首先是关于"道"本身，显现了上帝的理性；其次也涉及人类的理性，在这种宣示中被反映并再现出来。因此巴特认为，以此为基础建构的基督宗教信仰不是反理性或非理性的，而是理性的，是一种知识，"信条一旦被宣告或被承认，新的知识就应该被建立"③。他把信仰的行为看作一种"知识的行为"，信仰的意义蕴含着知识的意义。

然而，在这样的信条宣告中被建立起来的知识，是一种什么类型的知识

---

① Karl Barth, *Dogmatics in Outline*；参见《20 世纪西方宗教哲学文选》上卷，第 493 页。
② Karl Barth, *Dogmatics in Outline*；参见《20 世纪西方宗教哲学文选》上卷，第 493 页。
③ Karl Barth, *Dogmatics in Outline*；参见《20 世纪西方宗教哲学文选》上卷，第 494 页。

呢？或者说，通过这种知识，我们会对信仰的对象——三位一体的上帝形成什么样的认识呢？巴特认为，这是一种上帝启迪下的知识，而仅凭人的自然理性乃是不可能获得或拥有的。在他看来，基督宗教的信仰对象，就其本性与存在来说，并非人类的认识能力所能知的。人类仅凭其自身的能力，他自身的理解力与感知能力所能够达到的认识限度，至多是"一种最高的存在，一种绝对的性质，一种绝对自由的权力的观念，一种超乎一切之上的东西而已"①。然而在巴特看来，这种"绝对的、最高的、最深的及最后的存在"或"自在之物"之类的东西，与基督宗教信仰的上帝是没有任何关系的。它仅仅是人类自身思想的产物或"人类有限可能性的一部分"，而不是那个被信仰中的上帝，人们可以"思想这种存在，但他没有因此思想上帝"。② 因此可以说，巴特关于信仰知识的性质，是与人类自身的理性探索或思考没有关系的，它不是以客观证据为基础所进行的推论性知识。巴特把这种知识看作一种为信仰对象主动启示并显现自己时所发生或形成的知识，没有他的启示或显现，就不可能有这种知识的产生。它完全是在被认识者单方面主动的情况下被激发出来的，因此巴特说，有关上帝的知识，是在他的启示发生的地方，在他所做的适于人的说明、适于人的知识传授以及适于人的教导的地方，才最终被形成被建立起来的。③ 他因而把这种知识看作启发下的知识。

信仰知识是一种启发下的知识，是在神人交接中被启迪给人类的；它虽然不是人类理性自身能够独自建构起来的，但巴特仍然把它看作理性启发下的产物。他的看法是，信仰知识来自神的理性——神的逻各斯，以及这种逻各斯在人类能够认知的范围内所建构起来的神圣规则或定律。当然，这些规则或定律并不是按照人类自身的理性思维方式建构起来的，它们是以神圣的方式在人类能够理解的范围内建立的。这些规则建立以后，人类还必须调整他们的思维习惯或认知方式，只有当这些方面实现以后，人类才能获得完整的信仰知识，它的理性真理才能够被最终启迪出来。也正是在这个时候，人们变得有自由有能力，从而能够对上帝形成认识。虽然这种知识是由认识对

---

① Karl Barth, *Dogmatics in Outline*；参见《20世纪西方宗教哲学文选》上卷，第494页。
② Karl Barth, *Dogmatics in Outline*；参见《20世纪西方宗教哲学文选》上卷，第495页。
③ Karl Barth, *Dogmatics in Outline*；参见《20世纪西方宗教哲学文选》上卷，第495页。

象所成就所决定的知识，但巴特认为正是这样的缘故，这种知识才是一种"真正的知识"和"自由的知识"；但同时它是由人类表达出来的，因此又是一种相对的和被禁锢了的知识。①

实际上，当巴特把信仰归结为在神人交接中被理性启迪出来的时候，他的目的不仅在于说明信仰知识的性质，而且要以此为基础来解释人类生存的意义。在他看来，基督宗教信仰并不是一种微妙的和非逻辑的感觉经验，而是一种知识。这种知识不仅在它与上帝的逻各斯相关时合乎逻辑，而且也在它与耶稣基督的生死攸关时合乎时空中发生的事实。而且当使徒们把他们的所见所闻在圣经中表达出来的时候，这种知识就为人类所认识和理解，成为"一种明晰而富有条理的人类思想"②。巴特把以这样的方式形成的知识看作比一般人类的知识更为丰富，他认为一般的知识概念 scientia 不足于表达它的含义，而圣经中的"智慧"一词则更适合它的意义。他说，不论是希腊文的还是拉丁文的 sapientia，都指的是"智慧"，它与知识不同，在它里面不仅"包含知识本身"，而且还包括"人的整个存在的实用知识"，包含着一种实际的"生活知识"和可以"直接付诸实施的理论"。③ 在巴特看来，这种智慧性的知识在人们的生存和生活中更有价值，因为它不仅是一种活的知识和活的真理，而且是一种强有力的光，照耀在人们所行的路上，照亮了人们的行为和言语。他认为以这种方式看待信仰知识，就把握到了它的真谛，"以此光生活，以此真理生活，就是基督宗教知识的意义"④。

一旦信仰知识包含了生活的意义，那么人们就能够以此来解释他生存中所有"遭遇的原因和目的"，这也是巴特之所以不仅把信仰视为知识，而且将其视为智慧的主要动机之一。在他看来，只要人们在神人交接中受到逻各斯理性的启发而认识到了信仰对象的真相，就意味着他们同时也认识到了世界全部的真相。因为成为肉身的逻各斯通过耶稣基督所展现给人类的，既是上帝的真相，也是世界被创造的真相，包含着整个宇宙最初的真理和最终的真理。人类及其所生活于其中的世界从中获得了它们最终的根源和存在的意义。

---

① Karl Barth, *Dogmatics in Outline*；参见《20世纪西方宗教哲学文选》上卷，第495—496页。
② Karl Barth, *Dogmatics in Outline*；参见《20世纪西方宗教哲学文选》上卷，第496页。
③ Karl Barth, *Dogmatics in Outline*；参见《20世纪西方宗教哲学文选》上卷，第496—497页。
④ Karl Barth, *Dogmatics in Outline*；参见《20世纪西方宗教哲学文选》上卷，第497页。

巴特正是以这样的方式，把基督宗教信仰看作理性启发下的知识，看作可以在生活中践行并赋予生命以最终意义的生存智慧。

三 责任

巴特对信仰性质的说明，除了把它归结为神人交接中的信赖和理性启发下的知识外，他还从自由决断（决心）中的责任方面进行了展开。这一说明的引导性话语是：

> 基督徒的信仰是一种决心，在这种决心中，人们须自由地在教会式的言语上，处世的态度上，尤其重要的是在他们的言行相符上和行为上，对信赖上帝及对耶稣真理的认识公开负责。①

巴特在这里主要从基督徒的责任意识方面，对基督宗教信仰的性质做了说明。他说，如果一个人要决定或决心成为一个基督徒，那么他必须对自己、对他所在的团体以及它所处的世界负责。也就是说，他必须因其信仰而具有一种承担或担当意识。为了说明这种承担意识是如何展开并实现的，巴特从信仰的历史特征和自由特征方面予以了解释。他说，基督宗教信仰作为上帝和人之间的一种关系，虽然体现的是一种神秘的关系（"神秘事件"），但这种关系绝对不是一种超历史的关系，也不是一种绝对的关系，而是一种在历史中形成的信仰关系，也就是说，"哪里有基督教信经意义上的信仰，哪里就有人在时间中承担、完成和实现的历史"②。那么，如何理解这里所说的信仰的历史性呢？

按照巴特的看法，在圣经基础上建构起来的基督宗教信仰，是在某个具体的历史时间中承担、形成和实现的。也就是说，对上帝的信仰，必须在某个历史时期、通过某种具体事件而为某些人所拥有。对上帝的信仰必须以这些具体的历史场景为条件，或者说，基督宗教信仰就是在这些历史条件中产生和形成的。由于信仰涉及信仰对象和信仰者，因此我们可以分别从双方来

---

① Karl Barth, *Dogmatics in Outline*；参见《20世纪西方宗教哲学文选》上卷，第498页。
② Karl Barth, *Dogmatics in Outline*；参见《20世纪西方宗教哲学文选》上卷，第499页。

理解信仰的历史性。首先，就信仰对象上帝来说，他的本质当然不具有历史性，他也不是一个历史性的存在，他绝对是超验的和无限的。但是如果要成为人们的信仰对象，他就必须在具体的时间中显现，通过某个事件为人们所认识，或启示给人们，这就是巴特所说的"奥秘之显现"；① 否则，没有在"时间中看到和听到"某种可信的事件发生，就不会有信仰产生。因此，上帝要成为信仰对象，他必须显现为或体现出某种历史性。这可以从两个方面来理解。一方面，就上帝本身来说，"上帝的内在生命和本质不是僵死的、被动和静止的"，因为"圣父、圣子和圣灵构成一种内在关系和运动，我们称之为一个故事、一个事件"。② 巴特在这里的意思是说，三位一体的上帝本身就可以构成一种活生生的事件，圣子和圣灵能够构成一个被我们看到和听到的具体事件，他本身具有成为某种历史性的可能。另一方面，上帝确实也成为历史中的上帝，进入历史中。这是圣子耶稣以人的面目呈现出来的，"他在本丢·彼拉多执政时蒙难，被钉在十字架上，受难并入葬"；正是这种历史的事件和历史的显现，造就了人们的信仰，"信仰就是人对上帝作为历史存在、他的本质和活动的回应"。③

其次，就信仰者——人来说，它是在历史中信仰，并且是一种历史形式的信仰。巴特说，有基督宗教信仰的地方，就会形成一种历史形式，这种历史形式就是以某种团体、某种共同体、兄弟间的情谊呈现出来的，进一步来说，它表现为与外邦人区别的以色列人、表现为"以自己名义聚会的教会"、表现为"圣徒间的共享关系"。正是以这种特殊的人群为基础，才构成了信仰，构成了信仰的历史性，"于是这样的历史就形成了：为了回应上帝拣选的恩典，我们用人类的作为来回应上帝的作为和本质——我们用顺服来回应神"。④ 在这里，"人类的作为"就是一种历史的作为，它表现为特殊形式的团体、兄弟情谊、教会等，表现为以群体为形式的公开生活的倾向。总之，信仰的历史性就是上帝的作为和人类的回应的历史性，它是在某一历史时刻首先由某一特殊群体承担并在他们之中形成起来的。

---

① Karl Barth, *Dogmatics in Outline*；参见《20世纪西方宗教哲学文选》上卷，第499页。
② Karl Barth, *Dogmatics in Outline*；参见《20世纪西方宗教哲学文选》上卷，第499页。
③ Karl Barth, *Dogmatics in Outline*；参见《20世纪西方宗教哲学文选》上卷，第499页。
④ Karl Barth, *Dogmatics in Outline*；参见《20世纪西方宗教哲学文选》上卷，第499页。

在巴特看来，信仰的承担意识不仅与其历史性相关，更是与它的自由特性相关。巴特主要是就信仰者——人的角度出发来解释其自由特性的。他说，信仰虽然是上帝和人之间的一种奥秘关系，其中上帝具有绝对的自由，但同时也赋予人类以自由。那么，如何理解这种信仰的自由呢？在这里，巴特主要把自由看作选择，它不是什么也不做，而是选择了做什么。而自由就是选择的自由，主动地选择。因此信仰的自由就是信仰的选择，是主动选择了信仰，而不是盲从。这就是巴特在这里所表达的，信仰虽是顺从，但不是被动地服从，在他看来，正是在这样的服从中，才体现出了人的选择，因为"信仰就是宁采取信，而不采取不信；宁采取信赖，而不采取不信赖；宁采取知识，而不采取无知；信仰的意思是在信与不信、误信、迷信之间，作适当的抉择"①。

既然信仰是一种决心，一种自由的抉择，那么这种抉择就必然包含着一种责任。因为抉择是一种自由的选择，是你自由做出的选择，而任何选择都会产生一定的后果（通过你的思想、言论和行为体现出来），你要对这些后果负责。因为这些后果是你自由选择所带来和造成的。自由是你做什么事的自由，选择做什么事的自由，而不是不选择什么、不做什么的自由。巴特认为，信仰的自由就体现了这样的一种责任。他说，信仰使我们选择了与上帝建立一定的关系，那么这种信仰的责任就一方面体现在我们对上帝的责任，我们不能在"生活和态度上"回避对上帝的义务与责任；另一方面，由于上帝是全人类的上帝，是公众的和公共的上帝，因此，对上帝的信仰就使我们"退出私人的小圈子，而进入决定、负责、和公开的生活"。② 对上帝的信仰把我们从个人的小圈子中拔离出来，把我们置于公共生活中，承担起相应的公共责任。这也就是巴特所说的，对圣父、圣子和圣灵三位一体的上帝的信仰，不能不成为公开的和公共的信仰。

在这里，巴特结合前面的论述，就信仰的公开责任所包括的三个方面的关系做了简单的说明。这三个方面的自由是信赖自由、知识自由和责任自由。③ 在

---

① Karl Barth, *Dogmatics in Outline*；参见《20世纪西方宗教哲学文选》上卷，第500页。
② Karl Barth, *Dogmatics in Outline*；参见《20世纪西方宗教哲学文选》上卷，第500页。
③ 这里所说的"自由"，更多的是具有"选择"和"承担"的含义。你选择了信仰，就是选择了信任、知识和责任，同时也就拥有和承担了信任、知识和责任。

巴特看来，它们在信仰中是密不可分的，它们共同构成了一个完整的信仰。按照巴特的说法，当神秘的上帝从高贵尊严中走出来、降临到宇宙的卑微处境、向人类启示自身时，人们就获得了"上帝的恩赐、爱、安慰和光明"；而获得这些恩赐、爱、安慰和光明的人们，也绝不会掩饰它们，不会掩饰由此而对上帝所产生的信赖和信任，他们会产生责任投入行动，来传播和宣告这种信任和知识。同时，这种恩赐、爱、安慰和光明也把人们从有限、无助、放荡和愚昧中解救出来，获得高贵的自由。因此，自由是与启示、信仰、知识和责任相关联的。[1]

巴特把公共责任作为信仰所宣告的基本内容来看待。他认为公共责任包括了三个方面——教会式的语言、处世的态度以及言行相符与行为上，他把这三个方面看作基督教信仰宣告或公开负责的三种形式。他主要是从两个方面对这种公共责任所包含的内容做了解释。

首先，信仰的公开负责或公共责任体现在教会式语言的表述方式或言说方式之中。他说，"我们有用教会式的语言来为我们的信赖和知识作公开负责的自由"[2]。这意味着教会团体始终拥有自己的语言和言说方式，一方面，这种语言和言说方式具有一种历史的相关性，它始终是在特定的历史时期产生和形成的；另一方面，这种与特殊历史背景相关联的信仰语言还体现了一种社会责任，它必须通过希伯来文的语言形式、希腊文的语言形式和其他语言形式的《圣经》语言，来向教会团体和其他民众确认并宣告信仰。公开信仰，这是一种责任。

其次，信仰的公共责任还包含了对待世界的态度和相应的公共责任或道德责任。巴特说，信仰不**只**是一个教会领域之内的事情，不应仅仅局限在教会和信徒之中。由于教会是为世界而存在的，因而信仰必须规定出明确的对待尘世的态度。也就是说，还存在着信仰及其知识的公共化问题，如信仰及其语言的转化或转译问题。说到底，信徒不仅是信徒，还是世界的一分子，他必定关注这个世界，表现出对待世界的某种态度，从而在生活实践中运用和实现信仰。因此，巴特说，教会就不能是一个划界问题，从而在界限内捍

---

[1] Karl Barth, *Dogmatics in Outline*；参见《20世纪西方宗教哲学文选》上卷，第500—501页。
[2] Karl Barth, *Dogmatics in Outline*；参见《20世纪西方宗教哲学文选》上卷，第501页。

卫信仰。划界永远不是教会的责任。因为依据基督教的本质，教会唯一的使命是将福音传遍地极。因而，教会语言必须通俗化，并适应形势而世俗化。这就涉及对待世界的态度和行为问题，在对待世界的态度和道德行为中肩负起公共责任。它也说明基督教是一种入世的而不是出世的宗教。这也就是巴特在最后所说的，"宣认的意义是一种活的宣认"①，一种有责任有承担的生活宣告。

四 简评

那么，从我们在本书中所关注的理性与信仰关系的角度上看，巴特在上文中所阐释的信仰性质，会对这种关系提出什么样的看法呢？在巴特看来，信仰发生在神人交接的时刻，而且是在特定历史时空中发生的人们能够感知到的事件。从通常的意义上看，当认识者与认识对象在某一时空中相遇并使得前者对后者产生感知和认识，是符合一般认识论规则的。但是巴特认为，这种相遇完全是认识对象的主动作为而认识者是绝对被给予或者说是被遭遇的，它是神秘的且唯一的，那么即使在这种相遇中人们能够产生一定的体验以及"感动与情绪"，产生"能够"去信、"能够"选择去信的自由，这些体验与情感以及可能又是如何被持久地维系的呢？毕竟巴特也承认，神人交接为人们提供的是一种"能够"去信的状态，而不是"必须"去信的事实。由于上帝虽然通过耶稣基督显现给人们，但他自身是隐藏于他的道之外而不可见，他是什么的内容并没有在这种交接中展现给人们，从而在后者那里形成客观性的知识。巴特把它看作不是因为这样的对象不能展示其是什么，而是因为人们理性能力的有限而不能认识到他是什么。因此如果人们仍希望保有由此获得的信仰，那么就应该是"不顾生活中与这道相反的一切"而对之完全地信赖。

然而，什么是"生活中与这道相反"的东西呢？是常识理性或哲学理性所追求的客观证据吗？如果是这样的话，那么信仰所呈现出的是否是一种非理性或反理性的状态呢？巴特当然不会认同这种看法。他说，信仰是理性启发下的产物，它首先来自神的逻各斯理性，并且是在人类能够理解和认知的

---

① Karl Barth, *Dogmatics in Outline*；参见《20世纪西方宗教哲学文选》上卷，第505页。

范围内建构起来的；因此它是合乎理性的，是一种合乎理性的知识。在他看来，这种知识甚至比通常最深的哲学思考还要深厚宽广，因为它不仅包括了通常知识所应有的形式，而且还是人们可以在生存活动中践行的活的知识。如果是这样的话，那么信仰似乎就具有了严格的理性形式和知识内容，从基督宗教产生以来在哲学与宗教以及理性与信仰之间就不应该具有那么强的张力。然而，即使在一般意义上巴特可以把信仰称为理性启发下的知识，这种知识也在其建构的途径和方式上与哲学所构想的知识类型有着相当大的不同。从古希腊以来，哲学家们一直在试图将真正的知识建立在客观证据及其合乎逻辑之类的合理性推论的基础之上，以超越并区别于意见等非严格不确定的观念。因此，当巴特说神人交接所提供给人们的是一种"能够"去信的状态而不是"必须"去信的事实的时候，它就与哲学所设定的知识建构基础发生了分离。进而，当巴特说信仰知识完全是神的主动作为，而人们仅靠自身是不可能获得——充其量能够形成并非信仰对象的某种"绝对的、最高的、最深的及最后的存在"——的时候，就与哲学家对人类自身理性能力充分信任的信心渐行渐远。而且当巴特说人们要完全理解这种信仰知识还必须调整他们的思维习惯或认知方式，甚至要不顾"生活中与这道相反的一切"，那更是与哲学家们关于真正知识的原则与标准相去甚远。应该说，巴特关于信仰是理性启发下的知识，与哲学家们所设想的理性与知识有着截然不同的旨趣。这也正是巴特为什么对托马斯·阿奎那等人试图在自然理性的基础上通过由果溯因证明上帝的存在、通过类比方式认识上帝的属性等自然神学思想持坚决反对的原因之所在。实际上，在巴特的信仰理性与哲学家的客观理性之间，还存在着一定的概念偏差与思想鸿沟。

第五章　情感、意志与新基础主义

宗教信念的知识地位以及自然神学论证的合理性，在现代哲学的处境中一直面临着不间断的质疑和批判。在笛卡尔和洛克的哲学理想与认识论学说中逐步伸展出来的基础主义和证据主义思潮，虽然在一些哲学家那里首先是被作为对传统自然神学论证的批判原则而被接纳和认可的，如休谟对设计论证明的批判和康德对本体论证明的批判；但内含在这些原则中的对可靠基础与合理证据的诉求，为越来越多的人所认可与接受，从而演变成对所有社会思想进行评判的基本原则。在这种思想演进中，不仅宗教信念是否具有可靠的根据被给予了证据上的拷问，而且对它的持有是否具有道义上值得尊重的理由也被提出了伦理上的质疑，诸如克利福德信仰伦理学的提出以及逻辑实证主义对所有形而上学和宗教神学命题的拒斥。然而，如果说宗教信念以及自然神学缺乏在哲学理性上被认可的根据与理由，那么它是否会像洛克所希望或者说逻辑实证主义者所实施的那样，成为一种引领或拒斥它们的最终的判决呢？实际上，在这些坚守基础主义和证据主义之知识论理想的哲学家之外，还有一些哲学家和神学家提出了另外的途径与方式，希望能够对宗教信念与神学命题的合理性做出一定的解释和说明。这些途径和方式虽然不同于哲学的证据主义原则，但也有别于虔信主义的极端立场。它们尝试从人的本性或人类的生存状态和生存实践等层面出发，为宗教信念的合理的或者说可以正当接受的根据，提出一些较为宽泛的解释。此外，还有些学者虽然接受了哲学的合理性要求，但并不认同哲学家们关于合理性的看法和定义，或者尝试从意志的角度，为信念的产生寻找其不同于理性的合理性根据；或者限定理性的使用，通过一种扩大了的基础主义方式为信念提供某种有保证的根据。本章即以这些方面的内容为主要考察对象，通过对休谟的情感主义、康德的道德感、詹姆斯（William James，1842 - 1910）的信仰的意志以及普兰丁格（Alvin Plantinga，1932 –　）等人的有保证的信念等思想的梳理与分析，来评估这类信念合理性之解释方式和辩护方式的意义与地位。

第一节　人性之源与道德之基

笛卡尔与洛克等人在探究什么是真正的知识和必然性真理，以及在界定确定的知识与不可靠的观念和意见的过程中所推进的认识论思想，在很大程度上激发了休谟和康德对认知合理性问题的批判性考察；他们运用内在于其中的证据原则和命题分析方法等手段，在全面深入考察人的认识能力的基础上，对传统自然神学的论证价值提出了严格彻底的批判。这种批判包含了他们对待宗教信念的基本态度，以及对其在认知层面上的合理性的全面质疑，例如休谟对无理性的宗教狂热的反感和排斥，以及康德对基本宗教命题缺乏认识论意义的揭示。然而，在休谟和康德的生活和学术生涯中，宗教问题会以不同的面貌和方式呈现出来，从而使他们在通过哲学的立场给予批判之外，也会在其他的层面上对之产生的机制和存在意义进行说明与批判，形成了关于宗教问题的较为丰富的解释与批判思想。

一　情感引发信仰

休谟虽然在经验论原则的基础上对自然神学进行了严格的证据主义批判，对恶的神正论证明给予了冷嘲热讽，并不相信死后生命的合理性，而且在与别人的谈话中说他在读了"洛克和克拉克的书之后"再也不会持有任何的宗教信仰了[①]；但这并不意味着休谟对宗教问题不再感兴趣。相反，他认为宗教问题意义重大，"关于宗教的每一次探究都至关重要"，而在这些探究中有"两个问题"最能"考验我们的才智，其一，是宗教理性的基础；其二，是宗教人性的起源"。[②] 在他直接论述宗教问题的两部主要著作《自然宗教对话录》和《宗教的自然史》（*Natural History of Religion*）中，休谟对"考验我们才智"的这两个问题分别做了回答。《自然宗教对话录》主要考察第一个问

---

① 参见查尔斯·塔列弗罗《证据与信仰：17世纪以来的哲学与宗教》，第144页。
② 休谟：《宗教的自然史》，徐晓宏译，上海人民出版社2003年版，第1页。

题，即宗教的"理由"——"信仰上帝或神"的所谓的"合理的根据";《宗教的自然史》则论述第二个问题，即它的"原因"——"宗教在人性和社会中的自然起源"。① 也就是说，这两个问题分别涉及"有什么理由要相信它"（其"真"）和"它是如何出现的"（其"因"）的问题。而在对第一个问题的探究中，主要问询的是宗教观念"如何证成""它们是否有'理性的基础'"等，体现的是一种纯粹"科学"的探寻，其答案往往是毋庸置疑的。② 应该说，在《自然宗教对话录》中，休谟通过对自然神学和神正论等的批判，否定了它具有"理性的基础"和可以"证成"的根据。

如果说对第一个问题的回答是建立在纯粹"科学"探究的基础上，体现了休谟对宗教的哲学的或理性的批判；那么在《宗教的自然史》对第二个问题的回答中，休谟又是如何看待宗教的起源及其人性基础的呢？一些学者认为，在休谟看来，如果我们"知道了某个特定信仰的原初条件、原因或动机（无论是观察到的还是推测到的），也就知道了为什么人们信奉它的'实际'理由"；因而，宗教信仰的起源问题，实际上是回答人们为什么"信奉宗教信仰并沉迷于宗教活动的问题"的关键。③ 也就是说，通过对宗教起源的探究，休谟希望能够找到一种解释原则，一种可以较好地说明宗教何以产生以及为何信奉的解释原则。

由于在休谟生存的时代（18 世纪），流行的说明宗教合理性的或者说为上帝信仰做辩护的方式有两种，论证的方式和启示的方式。启示的方式主要是通过采信《新约》圣经中的预言和神迹来展开的。④ 按照这种方式来看，神迹的发生以及自然的秩序、美丽和目的性等，都表明了有一个智慧的和仁慈的造物主的存在。休谟对这种方式表现出了极大的不信任，他认为，一个聪明人会在他的信念和支持这种信念的证据之间建立起相应的比例关系，他如果要在"无误的经验"上产生结论，就必须"以最高度的确信来预期将来的事情"，并且"以他过去的经验作为那种事情将来要存在的证据"。⑤ 而从

---

① J. C. A. Gaskin, "Hume on Religion", *The Cambridge Companion to Hume*, p. 316.
② 参见休谟《宗教的自然史》，徐晓宏译，"（英文版）编者导言"，第 7—8 页。
③ 参见休谟《宗教的自然史》，徐晓宏译，"（英文版）编者导言"，第 8 页。
④ J. C. A. Gaskin, "Hume on religion", *The Cambridge Companion to Hume*, p. 318.
⑤ 休谟：《人类理解研究》，第 98 页。

自然规律以及自然界所呈现的特征来看，通过神迹的论证是不足以达到上帝存在的结论的。在休谟看来，所谓"神迹就是对自然法则的破坏"，背离了自然正常的运行法则，发生了在自然状态下不可能发生的事情。例如，一个健康的人的突然死亡，不能是神迹，充其量是一种意外；而一个死亡了的人的复活，则绝对是一个神迹。休谟认为这种神迹在自然状态下是根本不可能发生的，人的恒常经验是不可能验证一个奇迹的，因为奇迹本身就是违背人的日常经验的，从人的经验中不可能导出神迹的必然性来。①

恒常经验对神迹的排斥，使得启示的方式在休谟那里失去了论证的价值。而休谟在《自然宗教对话录》里对以自然神学为核心的论证方式的批判，也消解了人们试图通过理性论证来辩护宗教信念合理性的可能性。如果说这两种方式都不是人们相信神存在的理由，那么还有什么原因来解释人们的宗教信仰呢？休谟认为是一种"自然的原因"，即人类的某些恐惧导致了宗教的发生，也就是说，我们可以在人类的"恐惧"——"对控制人类生命的有时是恶意的、有时是仁慈的、而常常是反复无常的事件的未知原因的恐惧"中发现"神的信仰的起源"。② 因而，当休谟在《宗教的自然史》中把宗教的起源——即"产生原初信仰的那些原则是什么"以及"引导其运行的那些事件和原因是什么"——作为其探究的主题时③，他主要是把"希望与恐惧、未知的原因、想象"等情感因素，作为"对宗教起源的解释中的核心特征"的。④

为了说明自然情感在原始宗教产生中的作用，休谟首先要确定的是什么是人类最早的宗教信仰形式。他把它这种信仰形式看作多神教，他说，"多神教或偶像崇拜是、而且必定曾经是人类最早、最古老的宗教"⑤。休谟的理由一方面是基于"最古老的记录"、历史文献资料以及现存"野蛮部落"的观察材料等，得出最初的人类大多"沉湎于多神教"，都是"偶像崇拜者"；⑥另一方面则基于他对人类思想史之自然进程的考察。他认为人类的思想进程

---

① 参见休谟《人类理解研究》，第101—102页。
② J. C. A. Gaskin, "Hume on religion", *The Cambridge Companion to Hume*, p. 319.
③ 休谟：《宗教的自然史》，第2页。
④ 休谟：《宗教的自然史》，"（英文版）编者导言"，第11页。
⑤ 休谟：《宗教的自然史》，第3页。
⑥ 休谟：《宗教的自然史》，第3—4页。

遵循着的是从低级到高级的发展路线，它通过对不完善之物的不断认识，逐渐形成一种完善的观念，"心灵是由低级向高级逐渐上升的：它通过对不完善之物进行抽象，从而形成一种关于完善的观念"；宗教观念的形成也遵循着这样的不断演进之路从低到高发展的，现有的一神论中所包含的"神性"观念与人性之间的"巨大鸿沟"不是瞬间就能跨越的，它必定是"通过慢慢在其自身框架的粗俗部分中区分出更高贵的部分，它学会了只把更加崇高和高尚的后者移置到神身上"①。而在"人类最初形成它们的粗陋的宗教观念"时，是自然的新异和奇幻使他产生了震惊与敬畏，自然中"一次惊天骇地的诞生会激发他的好奇心，从而被他视为一种奇观。由于自然的新奇，自然警醒了人；并且即刻使他战栗、献祭和祈祷。……平常的景观，无法使他产生任何宗教信念和情感"②。而那种一神论中的抽象的神及其有序的"宇宙秩序与框架"是那些"粗鄙无知"的原始心灵既无法理解也无法获得的。

如果说多神教和偶像崇拜是人类最早的宗教信仰形式，那么导致这种信仰的原初宗教观念是如何形成的呢？在休谟看来，最早的宗教观念并非生发于对有序的"宇宙秩序与框架"——他称之为"自然之工"的沉思，因为这种沉思只会把人们引向唯一神的信仰；而是源于生活本身，源于早期人类自然生活中的希望和恐惧，"在所有曾经信奉多神教的民族中，最早的宗教观念……源于一种对生活事件的关切，源于那激发了人类心灵发展的绵延不绝的希望和恐惧。……每一个自然事件都受到某个理智的能动力的支配；生命中发生的幸事或不幸事，没有哪个不是特定的祈祷或感恩的对象"③。因而，休谟把普遍存在于人类日常生活中的普通的情感，诸如"对幸福的热切关注、对未来悲惨生活的担忧、对死亡的惧怕、对复仇的渴望，以及对事物和其他必需品的欲望"等，看作宗教观念最早的源泉；正是这种"战战兢兢的好奇心"以及"心绪不宁"中所表现的"对自然的希望和恐惧"，而不是所谓"思辨的好奇心"和"对真理的纯粹热爱"，导致了宗教的产生——原始人类"以极其迷乱而惊愕的眼神，在这幅混乱的图景中看到了神性最初朦朦胧胧的踪

---

① 休谟：《宗教的自然史》，徐晓宏译，第5页。
② 休谟：《宗教的自然史》，徐晓宏译，第6—7页。
③ 休谟：《宗教的自然史》，徐晓宏译，第13页。

迹"。① 因此在休谟看来，最早的宗教观念的产生，不是由于任何的推理和理性能力，而是出自人们内心中的情感或感觉，出自人性的虚弱与恐惧，生活中的不幸、担忧与希望。

休谟提出宗教源于情感的看法，不仅从情感的意义上理解最原始宗教观念的产生，而且也从日常的宗教信仰活动中认识情感的介入机制及其起作用的方式。② 休谟有关情感对宗教起源意义的看法，不仅表现在《宗教的自然史》中他所详细论述的宗教起源过程，而且在《自然宗教对话录》中，他也同样承认对一个至高存在者"上帝"的渴望是人们情感的自然需要。他说，当人类理性就"宇宙秩序"的最高原因之类"如此庄严"的问题不能给予满意的解答的时候，"一个想望上帝的人在这种情况下会感觉到的最自然的情绪，是渴盼或渴望上天会给予人类一些更具体的启示，并将我们信仰的神圣对象的本性、属性和作用显示出来，以消除或至少减轻我们这种深重的愚昧"③。休谟关注这种情况下人们心理状态，认为人们的这些信念是由我们在特定场景下的本能或倾向造成的，因而是"自然的"和符合人的自然本性的。

休谟对宗教问题的关注和探究，不仅在理性的维度上对各种形式的宗教理性论证做出了彻底的批判，而且在情感的角度上提出了一种认识宗教形成机制的途径。休谟对宗教理性根据的批判以及对宗教形成原因的解释，结果是弱化了对超自然对象的关注，突出了人们在自然场景下面对无限者或至高存在者时的心理感受和情感反应，表现了他对人自身的关注，也体现了他的人性哲学的情感内核。休谟宗教成因的情感解释路径对后世的影响可说是深广的，不仅康德以某种相同的方式在对自然神学批判之后对宗教的道德成因做了解释，而且克尔凯郭尔、施莱尔马赫、威廉·詹姆斯等人对这样的解释方式也都做了更为深入的阐释，在现当代宗教哲学的探究中，形成了一条丰富的宗教成因的情感解释路径。

应该说，休谟对宗教起源的人性解释，把人类最基本的生活情感看作认识宗教观念产生的基础，他的这种自然主义的解释方式既有历史的传承，也

---

① 休谟：《宗教的自然史》，第14页。
② 参见休谟《宗教的自然史》，第18页。
③ 休谟：《自然宗教对话录》，第109页。

在19世纪中后期现代宗教学产生之后的诸多宗教起源论中有着更多的回应，如以还原论的和前理性主义的立场思考宗教的起源问题的学者们，试图把宗教的起源归结为某种心理因素，在解释方式上都表现出了与休谟多多少少有些类似的思想指向。而施莱尔马赫、威廉·詹姆斯等人通过对宗教依赖感以及信仰的意志等的阐发以另一种不同的方式发展了休谟的解释原则，丰富了对宗教情感认知的内涵。当然，在休谟的哲学思想中，有关理性与情感的关系，他是把情感看作原初性的，先于概念而存在的，而理性是后于情感而发生作用的。他以这种关系来作为解释宗教之所以发生的最原初的根据，也是其看待宗教问题的基本意图的体现，即宗教虽然不具有理性上的根据，但则有着情感上的原因。

二　道德导致宗教

在有关宗教问题的研究和看法上，康德与休谟有着诸多的相似之处。虽然在生长起来的历史文化处境中两人秉承了不同的思想传统，但启蒙运动展开的广泛影响、自然科学成就的示范效应以及现代早期以来哲学认识论之证据主义原则的不断推进等诸如此类的时代元素也为康德和休谟等人看待宗教合理性问题提供了某种相同的精神氛围和理论倾向，促使他们对传统自然神学的论证方式给予了更为严格的批判。如果说休谟是在彻底经验论立场上彰显了这种论证方式的不合理，那么康德则是在纯粹理性的意义上表明了这些方式所论证的基本神学命题的不可能。因此，当休谟和康德无论是在经验主义的还是在形而上学的维度上揭示出自然神学以及宗教信念缺乏可靠合理的认识论根据之后，他们还尝试从其他方面解释和说明宗教形成的机制。也就是说，即使宗教信念在他们看来是没有认识论意义的，他们还是希望能够说明这种信念是如何产生的、它的起源是什么。休谟把它看作情感，情感引发了信仰；康德则认为是道德，道德导致了宗教。

而就康德而言，他把对宗教问题的讨论或思考一直看作他在纯粹哲学领域为自己提出的研究计划所要解决的三大基本任务之一：能够知道什么的形而上学、应当做什么的伦理学和可以希望什么的宗教。无论是在《纯粹理性批判》等论著，还是在写给他人的书信中，康德都一再提到了他所希望解决的这三大任务或问题。① 因此可以说，对宗教问题的研究是康德哲学研究中的一个重要的部分，只是他不把它作为"知道什么"的可以在纯粹理性中解决的形而上学的问题，而是把它作为"希望什么"的能够在道德领域中思考的问题。然而，虽然在提到他的三个或四个纯粹哲学基本研究计划的论著和书信中，康德说他试图实现这个计划的第三部分即"希望什么"是通过《单纯理性限度内的宗教》来完成的，但由于康德纯粹哲学不同思想内容的内在关联，他关于宗教的道德意义的思考，实际上在他的《纯粹理性批判》和《实践理性批判》等论著中就以某种形式开始了。也就是说，虽然康德在《纯粹理性批判》特别是在《实践理性批判》中把道德法则归结为意志的自律，设定为作为有限理性存在者的人类必须遵守的绝对命令，从而把道德看作毋须任何神圣意志而"自给自足"的；但按照这种命令行事的人类，必定会有一种期待，对幸福的期待——按照绝对命令"我做了我应该做的"，那么"我"所最终希望的乃是"幸福"。② 正是这种幸福的指向和最终的满足，才预示了宗教的可能。因而康德思想研究专家李秋零说，康德的《实践理性批判》和《判断力批判》包含了"道德导致宗教"的思想，而这一思想"既是康德道德哲学的归宿，又是他的宗教哲学的出发点"。③

在《单纯理性限度内的宗教》中，康德关于道德与宗教关系的基本立场是，道德并不需要或依赖宗教，但它必然导致宗教；宗教因道德而具有必要性。作为起点，道德为宗教架设了存在的必要。因此，当康德思考道德自身形成的基础和条件时，宗教是没有意义的；只是在达到德福相配的至善时，或者说为了使德福相配的至善成为可能，一个全知、全善、全能的至上存在者才是必要的。而在康德讨论事实经验和纯粹靠理性的原则以及实践的和道德的生活原则时，宗教因素是不会也不可能在场的。在他看来，道德完全是以人"这种自由的存在物的概念"为基础而建立起来的，正是这种自由而能使人通过他自己的理性"把自己束缚在无条件的法则之上"，道德没有必要

---

① 在这些问题之后，康德同时提出了他需要解决的第四个也是最后一个问题——回答人是什么的人类学。参见康德《纯粹理性批判》，第612页；康德：《致司徒林》（1793年5月4日），载康德《单纯理性限度内的宗教》，李秋零译，中国人民大学出版社2003年版，第221页。
② 参见康德《纯粹理性批判》，第614页。
③ 参见康德《单纯理性限度内的宗教》，"中译者导言"，第7页。

"为了认识人的义务"和"遵循人的义务"而需要"另一种在人之上的存在物的理念"以及"不同于法则自身的另一种动机";也就是说,"道德为了自身起见,(无论是在客观上就意愿而言,还是在主观上就能够而言)绝对不需要宗教。相反,借助于纯粹的实践理性,道德是自给自足的"。①

而道德之所以是"自给自足的",乃是借纯粹实践理性而实施它的人的意志,是"绝对自由"的,意志自由是所有的实践原理和道德法则的基础;因此康德说,"自由的概念"在其"实在性"被证明为"实践理性的一条无可置疑的规律"之后,就"构成了纯粹理性的、甚至思辨理性的体系的整个大厦的拱顶石",而其中的一切单纯理念都与它相联结并通过它而获得客观实在性,即"它们的可能性由于自由是现实的而得到了证明"。② 由于意志是自由的,当其为自身立法时就体现了意志的自律,意志的自律是道德法则建立的基本原则,"意志的自律是一切道德律和与之相符合的义务的惟一原则;反之,任意的一切他律根本不建立任何责任,而且反倒与责任的原则和意志的德性相对立"③。在康德看来,作为纯粹的实践理性的意志是直接立法的,由此形成的实践理性的基本法则就是,"要这样行动,使得你的意志的准则任何时候都能同时被看作一个普遍立法的原则"④。康德把这条实践规则解释为"无条件的",是"我们应当绝对地以某种方式行事"的规则,也就是说,意志"通过法则的单纯形式被设想为规定了的,而这个规定根据被看作一切准则的最高条件"。⑤ 因此,自由所建立的道德法则不仅是普遍的法则,而且是一条绝对命令,是以其自身为目的而必须执行的绝对命令。

虽然道德法则是纯粹理性为自身立法,但纯粹理性本身是实践的,它所提供的"德性法则"是人们必须遵守的普遍法则,是"一切有理性的存在者"必须以此来行动的法则,这条法则在人类那里就成了一条必须遵守的命令,"道德律在人类那里是一个命令,它以定言的方式提出要求,因为这法则是无条件的";而以无条件的方式所实施的行为意味着"某种强制",表现为

---

① 康德:《单纯理性限度内的宗教》,"1793年第1版序言",第1页。
② 康德:《实践理性批判》,邓晓芒译,杨祖陶校,人民出版社2003年版,第2页。
③ 康德:《实践理性批判》,第43页。
④ 康德:《实践理性批判》,第39页。
⑤ 康德:《实践理性批判》,第40页。

一种"义务"。① 康德因此也把履行这种责任和义务看作意志自律的基本原则。由于道德法则是以人这一纯粹理性存在者的绝对自由为基础建构的，它以绝对命令的形式体现了意志的自律，因而它不需要预设任何外在的或神圣的意志作为其存在的条件。人的道德是自律的，按照自身的命令行事即可。

当康德把道德看作自足的时候，他认为这时的道德并不需要一个"先行于意志规定的目的观念"，来对意志做出解释；无论出于认识义务还是敦促人们履行义务，"都不需要一个目的"。但是这并不意味着道德就根本不可能与某种目的没有任何的关系，他说，即使这一目的不会作为法则的根据，但它依然会作为"必然结果"而与道德法则相关联。他认为之所以如此，乃是由于人们"若不与目的发生任何关系"，那么他就"根本不能做出任何意志规定"。虽然目的并不规定行动如何产生效果，它却规定了行动产生效果的方向，可以以此调整行为自身的"所作所为"，使得行为与目的"协调一致"，因此康德说目的"不可能是无关紧要的"。② 康德认为这一目的包含了一种"客体的理念"，"一种尘世上至善的理念"；而为了使"至善"在尘世成为可能，"我们必须假定一个更高的、道德的、最圣洁的和全能的存在者"。③

康德认为这种理念并非道德的基础，而是从道德那里产生的，是以道德原理为前提为自己所确立的一个目的，因此"它满足了我们的自然需要：即为自己的所作所为，在整体上设想某种可以由理由加以辩护的终极目的"；也就是说，通过它，人为自身的道德需要做了证明，即"要为自己的义务设想一个终极目的，来作为义务的结果"。为了使道德义务获得应有的结果（效果），道德必须在它之外架设一个"有权威的道德立法者的理念"，来保证这种结果有可能，因此，康德说"道德不可避免地导致宗教"。④ 康德对此的解释是，如果说道德产生宗教，那么从中会引申出"存在有一个上帝，因而在尘世上也存在有一种至善"的命题，这一命题只能是一个先天综合命题，是由纯粹理性提出的客观实践的先天综合命题；它所包含的概念超出了尘世上的"义务"概念，附加上了"义务的后果（效果）"的内容，由此构成的命

---

① 参见康德《实践理性批判》，第41—42页。
② 康德：《单纯理性限度内的宗教》，"1793年第1版序言"，第2—3页。
③ 康德：《单纯理性限度内的宗教》，"1793年第1版序言"，第3页。
④ 康德：《单纯理性限度内的宗教》，"1793年第1版序言"，第4页。

题是不可能蕴含在道德法则之内并以分析的方式从中推导出来的。① 在康德看来，如果我们严格遵循道德法则，并因此而产生或达到至善这一目的，使得幸福与配享幸福的德行相一致，这是人的能力完全不能实现的，"因而必须假定一个全能的道德存在者来作为世界的统治者，使上述状况在他的关怀下发生"②。康德认为，虽然在完全以人的意志自由和自律为基础的道德原则的践行中，人的本性中包含着趋恶的倾向——这些倾向一些是天生的，一些是人招致或赢得的③，但人性中包含着"原初的向善禀赋"④，从而使人们重新向善，实现最终的至善。

就康德关于道德与宗教关系的基本立场来看，虽然人类的道德法则不是以宗教或一个至上的存在者为前提建构起来的，它完全依赖于意志或实践理性的自由和自律，但有了它，我们所履行的道德义务和责任才获得了最终的结果和意义，同时也保证了德福相配的一致。"上帝的存在"是一种因道德需要的设定，或者说道德命令，宗教信仰最终是一种道德信仰。康德这种阐述使得人们感到他关于宗教之道德论证的主要目的是要表明，道德在根本上不需要宗教，却导致了宗教，试图把宗教看作活生生的信仰而不是理性知识；或者说，他所表明的是宗教虽然在理性上是不真实的，却有着道德上的渴求，多少类似于帕斯卡的赌博论证（Pascal's wager）。⑤ 而包含在康德关于"宗教"定义——"作为对神圣命令的所有责任的认知"——中的元素至少有三个：宗教是道德倾向而非理性知识，拒绝或否定上帝存在的理性知识对宗教来说是必需的，宗教需要责任、上帝以及把我的责任看作上帝意图我去做的某种东西。⑥

从总体上看，在看待宗教的问题上，康德与休谟有着差不多相同的思想倾向，在有关休谟所说的宗教的两个重大问题——"真"的问题和"因"的

---

① 参见康德《单纯理性限度内的宗教》，"1793 年第 1 版序言"，第 4—5 页。
② 康德：《单纯理性限度内的宗教》，"1793 年第 1 版序言"，第 6 页。
③ 参见康德《单纯理性限度内的宗教》，第 13 页。
④ 参见康德《单纯理性限度内的宗教》，第 9—10 页。
⑤ 参见 Allen W. Wood, "Rational Theology, Moral Faith, and Religion", *The Cambridge Companion to Kant*, edited by Paul Guyer, Cambridge University Press, 1992, pp. 403-404。
⑥ 参见 Allen W. Wood, "Rational Theology, Moral Faith, and Religion", *The Cambridge Companion to Kant*, p. 406。

问题上，他们也有着基本相同的立场，都对前者的可能性给予了哲学上的批判。正是这种批判以及康德对他所生活的时代在社会上流行的宗教行为与观念的反感、失望和敌意，使得人们对他在《实践理性批判》和《判断力批判》中，特别是在《单纯理性限度内的宗教》等论著中对宗教在人类道德生活中的意义和作用所做的解释，感到了相当大的诧异。或者说，由于康德给人印象是一个具有科学气质的人，关心理性的发展和人性道德的进步，对流行的宗教文化、祈祷实践、宗教礼仪和教会权威保持着相当大的怀疑、反对和敌意，对所有神秘的或神迹之类的东西缺乏丝毫的耐心，因此当他因通过道德的设定而对宗教以及至上的存在者做出范围广泛的论述而被称为"深刻的宗教思想家"（a deeply religious thinker）时，听起来则使人感到匪夷所思。① 但无论这种匪夷所思是如何产生的，18世纪以来人类理性的进展以及宗教不断变化的状况，特别是人类文化在更深更广的层面上的认识和揭示，为宗教的产生及其意义的解释提供了在理性之外的更多的途径和方式，这些途径和方式在19世纪以来的社会文化和心理等层面上有着更为突出的表现。

第二节　意志与信念

在总的倾向上，休谟关于宗教的两个重要问题的区分使得休谟和康德的宗教思想呈现出了两种不同的旨趣与方式——在真的问题上体现的是一种批判，而在因的问题上表现出的是一种解释。批判方式主要聚焦于对基督宗教及其自然神学的理性论证或合理性辩护，遵循的是现代早期以来哲学的证据主义传统；解释方式则是在更为一般意义上说明宗教何以产生，它在人性中的原因是什么，预示了后世宗教研究所践行的一种主要的路径。但是如果有人说休谟的情感成因说以及康德的道德设定论，其主要目的表现出的是对宗教合理性辩护的情感认知路径或道德论证明，则多多少少是有些文不对题的。实际上，我们应该把休谟和康德关于宗教成因解释的意义，放在19世纪之后，特别是现代宗教学产生之后的思想背景中来理解，即他们的情感与道德

---

① 参见 Allen W. Wood, "Rational Theology, Moral faith, and Religion", *The Cambridge Companion to Kant*, pp. 413–414。

批判与阐释
—— 信念认知合理性意义的现代解读 ——

理论虽然并非一种在证据主义基础上的认识论批判，但也不可能是在理性之外为其合理性寻求辩护的理论；它更多的是一种说明，主要是希望在哲学理性之外的社会文化乃至人性中为宗教的成因和起源找到可以有效解释的根据。应该说这是现代宗教学研究宗教起源和本质问题的一个基本的意向，只是在18 世纪的休谟和康德那里是以不同的方式表达出来而已。当然，如果说有人试图在理性之外的某种因素，如意志中，为宗教的合理性辩护，那确实有这样的神学家存在，如 13 世纪"77 禁令"期间的波纳文都，以及之后的司各脱和奥康等。而且这种辩护传统在随后的历史中也不乏其人。但是，当 19 世纪后期的维廉·詹姆斯（William James, 1842 – 1910）也尝试以意志来揭示信念的根据时，他对此的理解和解释就已经包含了更为宽泛的社会文化意义了。

一 假设与意志

维廉·詹姆斯是美国著名哲学家和心理学家，与皮尔士（Charles S. Peirce, 1839 – 1914）和杜威（John Dewey, 1859 – 1952）并称实用主义（Pragmatism）三个最主要的代表人物。主要著作除了《心理学原理》（1890）、《实用主义》（1907）和死后出版的《彻底经验主义论文集》（1920）等之外，在宗教方面主要有《信仰的意志》（1897）和《宗教经验种种》（1902）等论著。《宗教经验种种》是他在 1901—1902 年吉福德讲座基础上结集出版的一部较为系统的宗教著作，对宗教形成的经验基础做了深入的阐释。而在其《信仰的意志》（*The Will to Believe*）中，詹姆斯主要关注的是信仰的性质、信仰与意志和理性的关系、意志的特征等问题，基本观点是信仰是建立在意志的基础上，而不是以客观证据为标准的，并以此对克利福德的证据主义要求做出了批评性的回应。

在《信仰的意志》的开始，詹姆斯首先简短地阐述了他的写作目的，是要"为信仰辩护"，即说明信仰的合法性，"为我们在宗教的事务中正当地采纳一种信念态度而辩护"[①]，即使这种合法性不是在理性或哲学的基础上给予的，而是就信仰本身而言的，也就是说，人们自愿采纳信仰的合法性，它是

---

① William James, *The Will to Believe · Human Immortality*, Dover Publications, Inc., 1956, p. 1.

与信仰本身关联在一起的。实际上，他要说明的是，信仰的非证据或非哲学的合法性何在。

为了说明这种合法性何在，詹姆斯首先界定了信仰的一般性质及其所包含的选择的可能性是什么。他说，我们可以把"任何被归于信仰的东西"给予"假设"（hypothesis）之名①，也就是说，信仰通常都表现为一种假定，具有假设的性质。他的意思是，信仰所表达的不是一种事实判断，而是一种相信有什么或是什么的愿望或期待，它的事实性还有待于证实，因此它是一种假设性的东西。例如当我说我相信"太阳（明天）照常升起""这座山有一个山神""上帝存在"，等等，不论这种信仰所表达的东西最终是不是真的、能不能被证实，信仰所表明的仅仅是这种非证实或证实之前的一种心理状态，因此它从本质上说是一种"假设"。或者说，信仰就停留于这种假设的状态上。

在詹姆斯看来，信仰虽然是一种假设，但它对于人们来说可以呈现出两种可能性，或者说假设本身可以分为两种情况，即"活的假设"（live hypothesis）和"死的假设"（dead hypothesis）。"活的假设"就是向提出这种假设的人们"呈现出真正可能性的假设"。而所谓"呈现出真正的可能性"是指，当人们说到这个假设时，这个假设就会在这些人的心中产生共鸣、形成影响，并能够理解它所表明的意义，或产生相信它的冲动和愿望。如太阳照常升起对整个人类、山神对中国古代民众、耶稣对西方人，或者就像詹姆斯所说的，马赫迪（Mahdi）对阿拉伯人。一个假设之所以被说是活的，乃是它会在提出者的心灵中产生诸多的可能性，或者说引起心理上的波动和共鸣。而与之相反，死的假设就是不能产生这些心理共鸣或者说不会引发诸多可能性的假设。因此，活的假设和死的假设的区分，不是真的假设和假的假设的区分，也不是就其本身而言的，即假设的死活之分不是一个假设本身"固有的属性"，而是相对于可能拥有这种假设的人们而言的，是与提出或拥有某个假设的"单个思想者"相关。如果它能导致人们促使行动的意志，就是活的；如果不能形成意志，形成产生行动的意志，则是死的。活的假设能够在听到或相信它的人们中产生影响、形成意志、促使行动，因此"最有活力的假设"能够产生

---

① William James, *The Will to Believe · Human Immortality*, p. 2.

"不可更改的行动意志",这个时候,这个假设就构成为信仰。也就是说,意志和信仰具有内在相关性,"在存在着行动意志的地方,就存在着信仰的倾向"。①

由于假设只是表达了一种可能的状况,人们一般或必定会在不同的可能性中做出选择,形成决断。詹姆斯对于人们在两种假设中所做的选择和决断进行了细致的分析,认为选择可以分为若干种不同的情况,其中主要有三种。首先,选择有活选择和死选择之分。选择一般都是在两种或两种以上情况之间的选择,活的选择就是指供你选择的若干种情况或者说两种情况都会对你产生共鸣或感染力,从而都有可能对它们做出选择;死的选择是指这些情况对你不会产生影响,从而不会对它们任何一个做出选择。如他举例说,对于一个西方人来说,"做一个通神论者或成为一个伊斯兰教徒",可能就是一个假的或死的选择;而"做一个不可知论者或成为一个基督徒",则是可能的选择和活的选择。②

其次是强制性的(forced)和可以避免的(avoidable)的选择。强制性的选择是指你必须在这两种情况中做出一种决断的选择,非此即彼的选择。如就一个真理来说,要么接受要么不接收;完全选言逻辑中的二难推理即具有这种必须做出选择的强制性。而可避免的选择是非强制性的,对其中的两种情况可以不做出选择、可以避免做出决断,如带伞出门和不带伞出门的选择,并非一种真正必须做出的选择,它不具有强制性,因为你完全可以不用出门。③

最后是选择也包括了重大的(momentous)选择和不重要的(trivial)选择的分别。例如对一些人来说,到北极探险的选择就可能是非常重要的;而通常在一般的科学活动中所日常面对的大多选择就会是不重要的。他认为,如果一些选择中要面对的是一些重要的不可多得的机会、具有较大的利害关系、决断是明智的且不易撤销的,则这时的选择就是重大的;反之则是不重要的。④

詹姆斯在这里是想要表明,那些真正的选择是强制性的、活的和重大的选择。而在后来的叙述中,他是希望把信仰的选择作为这样的选择来看待的。

---

① William James, *The Will to Believe · Human Immortality*, p. 3.
② 参见 William James, *The Will to Believe · Human Immortality*, p. 3。
③ 参见 William James, *The Will to Believe · Human Immortality*, p. 3。
④ 参见 William James, *The Will to Believe · Human Immortality*, pp. 3-4。

当然，如果要能够说明信仰的选择是一种真正的选择，还需要讨论信仰的基础，即信仰是在什么样的基础上形成的，使得人们能够说在此基础上形成的信仰选择是一种重要的或者说是重要的选择。詹姆斯认为，在传统上，人们一般会把信仰与人们的情感本性或意志本性相关联，尝试从它们那里寻找信念形成的基础。

然而，当人们考虑信仰的情感基础或意志基础时，詹姆斯认为他们往往会把理性以及事实作为意志或情感选择信仰的某种决定因素。我们不知道他的这种说法是否针对的是17世纪以来哲学家们所倡导的证据主义思想，或者在中世纪时期阿奎那等人的理性论证方式，但他心目中的这种理性阐述方式应该是包含了这些哲学家们的思维倾向的。当然，詹姆斯并不认同这种看法，他首先对理性在意志选择中的作用问题做了说明。在他看来，有一些事情，是事实确定、理性认可的事情，这些事情是意志不能随意更改的。它们是理性把握了的、以事实为根据的真相，意志要想改变它就显得有些荒诞，如他说亚伯拉罕·林肯的存在以及他刊登在某个杂志上的肖像，它们是由确定的构造构成的，涉及当下的以及遥远的事态和观念间的各种联系，"如果我们看到它们在那里或不在那里，它们对我们来说就在那里或不在那里；如果它们不在那里，就不可能通过我们的任何行为而被放置在那里"①。

但是还有另一些事情，它们是理性不能通过事实为根据来把握的。他以"帕斯卡赌注"（Pascal's Wager）为例来说明。17世纪的法国数学家和哲学家帕斯卡把采纳基督宗教信仰的行为比喻为"赌博"游戏，他说，就像投掷分币中的赌博那样，你所猜测的事物的本性要么是在正面，要么是在反面，而把赌注压在正面或反面都是没有什么理性根据的；同样，信仰基督宗教也是如此，相信上帝或不相信上帝是在理性上不能回答的，你只能像猜硬币游戏那样选择一种答案。帕斯卡说虽然选择正面或反面没有根据，但选择的结果是非常重要的，这对基督宗教信仰尤为如此。他说，假如你决心把赌注压在正面上，选择了信仰上帝，那么"如果你赢了，你就会获得永恒的至福"，这是你付出任何代价都值得的。但是"如果你输了，你什么也不会损失"。因此按照帕斯卡的说法，无论如何，这都是一种非常值得的选择，尽管存在着无

---

① William James, *The Will to Believe · Human Immortality*, p. 5.

限的可能而只有唯一一次选中的机会，因为"如果存在着无限获益的可能性，那么任何有限的损失都是合算的，即便是确定的损失也是合算的"①。

有人认为詹姆斯使用帕斯卡赌注理论来说明信仰选择的意义，是因为詹姆斯看到了信仰的实践或有用的方面，注重的是一个观念的"兑现价值"，因此是"发展了有神论的打赌理论"。② 但实际上，詹姆斯对这种"赌注理论"持的是一种多少有所保留的态度，起码在《信仰的意志》论著中是如此。在他看来，用赌注语言表达信仰的理由，使人觉得这是信仰的最后一张王牌是没有办法的办法，是基督宗教为"征服无信仰的心灵而最后绝望地抓住的武器"。③ 他说，确实，通过这种输赢的计算来说服人们信仰，不是一种真正的信仰，是灵魂空虚的表现。仅仅以赌博的比喻使人选择信仰，不是一种提供给意志做出决断的活的选择。詹姆斯认为，实际上，人们听从信仰的劝告而选择信仰，是他们事先具有了信仰的倾向或意向，正是这些先在的东西才使他的信仰选择成为活的选择。

詹姆斯用这个"赌注"理论为例，来说明这种盲目的意志是不可能成为信仰的根据。在他看来，这种极端的观点也会引起科学家和哲学家对信仰是没有根据的批判，引起他们更加坚定地强调合理根据和理性方式的意义。他引用了其中一些人相关的看法和言论，也包括克利福德关于信念责任意识的看法，最后一句话是"相信任何以不充分的证据为基础的东西，在任何时候、任何地方、对任何人来说都是错误的"④。

如果说有些事情是完全超出了理性和事实的界限与范围，理性对此根本是无能为力的，只能依赖于意志做出选择，那么这种选择是否就体现了信仰的本质呢？或者说这种选择就像帕斯卡所说的，是没有任何根据或道理可言的？詹姆斯倾向于认可意志与信仰的关系，他认为意志与信仰有着重要的内在关联，这种关联在某种意义上甚至是决定性的。

詹姆斯承认克利福德等人对理性证据的强调是正确的、是对人是有益的，但是他认为我们不能过分，不能走向极端，认为理智洞察力中不包含任何情

---

① William James, *The Will to Believe · Human Immortality*, p. 5.
② 查尔斯·塔列弗罗：《证据与信仰：17世纪以来的哲学与宗教》，第257页。
③ William James, *The Will to Believe · Human Immortality*, p. 6.
④ 参见 William James, *The Will to Believe · Human Immortality*, pp. 7–8。

感的和意志的东西，或者说单凭纯粹的理性就能决定我们信仰什么、不信仰什么，这是不够客观的，也是不正确的。实际上，詹姆斯的看法是，在我们信仰什么和不信仰什么的决定中，意志占据了某种重要的地位。他说，确实，一些对人们没有影响、不会使人们有共鸣的假设（死假设），意志不能仅凭自己的力量、仅凭自己的愿望就能使它成为活的假设，意志没有这种能力；但是他说，导致这些假设成为死的假设的根本因素，不是理性，而是意志，是另一个意志行为。他说，意志虽不能使已死的假设复活，却能事先决定哪个假设是活的，哪个是死的。他认为，这是与意志的本性有关。为此，他对"意志的本性"做了解释。他认为，构成"意志本性"（willing nature）的东西，包括了十分广泛的内容，诸如表现为信仰习惯的深思熟虑的意志（deliberate volitions）、因恐惧和希望、偏见和激情、仿效和党派行为、等级制度等因素共同构成的现实背景和心理倾向等。实际上他说，我们的意志不是一个简单的行为和简单的冲动，它是由众多明显的和不明显的因素构成的，包括了历史习惯、传统和现实的各种冲突与压力等，这些因素内在地支配了我们的爱好、倾向、情感等，因而我们的意志好似一个瞬间的决定，但它实际上是以这些因素为基础的（深思熟虑的意志），只是我们在大多时候不能明确地意识到而已。这种情况显得"我们发现我们自己在信仰，却几乎不知道怎样信仰或为什么信仰"[①]。詹姆斯说，这就是一些人所说的由知识背景或知识环境所构成的"权威"，对我们关于什么是可能的和不可能的假设、什么是活的和死的假设的影响。他举例说，我们关于一些科学假说和政治理念的争论，支持或反对，更多的不是出于理性的根据和深刻的认识，而是出于意志，是一种意志对抗另一种意志，"不是洞察力，而是意见的威望才是那种从中产生出火花并点亮我们沉睡信仰弹药库的东西"[②]。而且在大多情况下，由于他人信仰某种东西，我们出于对这些人的信赖，从而我们也会相信这些东西，"我们的信仰是对其他人的信仰的信仰"[③]。当然，证据、探究肯定有助于人们对真理的认识，但是在各种思想的征战中，起支配作用的往往是意志，关于一

---

① William James, *The Will to Believe · Human Immortality*, p. 9.
② William James, *The Will to Believe · Human Immortality*, p. 9.
③ William James, *The Will to Believe · Human Immortality*, p. 9.

种信念以及在这种信念基础上的生活，在更多的时候就是一种意志的征战。他的这种看法在20世纪中期前后的科学哲学家中也不乏支持者，库恩（R. L. Kuhn, 1922–1996）关于科学革命结构的理论对此有着积极的回应。

之所以会出现这种情况，詹姆斯对之做了解释。他说，意志之所以能够在决定我们的信仰方面起着重要的所用，乃是人们一般所采取的实用主义态度，因为"我们并不相信所有那些对于我们来说没有用的事实和理论"①。他把这种看法作为一个规则，因此他说克利福德所说的"宇宙情感"（普遍的伦理责任）对基督宗教的情感是无用的，人们一般不是依据这种责任选择信仰的，而赫胥黎（Huxley）之所以反对基督宗教，是因为在他的生活格局中，这种宗教体制（祭祀制度）是没有用处的；而纽曼（Newman）主教之所以支持这种体制，是因为他需要并喜爱这种制度。科学家们之所以反对"心灵感应术"，主要不是因为它是不科学的，而是因为它破坏了科学的基础，"破坏了自然和所有其他事物的一致性"，而这种一致性对于科学研究来说是重要的。② 在他看来，逻辑学家对逻辑法则的强调，也是以其自然愿望为基础的。因而，有用性成为判定信仰采纳与否的关键，而不是科学证据和理性。虽然詹姆斯试图从实用主义的立场来为意志的选择做出符合生活效用的解释，但是如果没有理性的调节和限制，实用性的意志极有可能泛滥成为没有节制的灾难。这也是洛克的担心，以及他所强调的理性的指导和规范所体现出的普遍证据准则的意义。

但就詹姆斯来说，当他赋予了意志以更多的内容和东西之后，认为是我们的非理智本性，即意志，影响并决定了我们的信念。因此如果就以先有的情感意志为基础来决定是否采纳某种信念来说，帕斯卡的赌注理论还是有一定作用的。因此在他看来，"单纯的洞察力和逻辑，无论它们可以怎样完美地起作用，都不是真正产生我们信念的唯一的东西"③。在这里，詹姆斯虽然把信念的产生归结为多种因素共同作用的结果，但他还是把情感或意志的作用看作主要的。他说他要捍卫的论点是，"无论何时，一个真正的选择就其本质

---

① William James, *The Will to Believe · Human Immortality*, p. 10.
② 参见 William James, *The Will to Believe · Human Immortality*, p. 10。
③ William James, *The Will to Believe · Human Immortality*, p. 11.

而言不可能在理性的基础上做出决断，那么我们的情感本性（passional nature）就不仅可以而且必然是合法地在命题之间做出选择"①。而无论这种选择是什么，即使不做选择，都是情感的决定。

二 独断论与经验主义

在詹姆斯关于人们所做出的一些真正选择的考察中，他认为有时理性是不能做出可靠的决断而犹豫不决的，这时就只能依赖于情感或意志来发挥作用，是它们促使我们做出选择而不是搁置问题。也就是说，对于持有信念的问题，詹姆斯始终保持着积极的态度，认为我们应该每时每刻都保持毫不犹豫的选择，无论是在理性的基础上还是在意志的基础上，都要有肯定的答案。这或许是与詹姆斯关于信念的独断论立场相关。他认为，在有关真理或信念的问题上，历来存在着"独断论"的立场（"dogmatic" ground）和哲学怀疑论（philosophical scepticism）的立场。他说，在论述有关信仰和意志的问题上，他采取的是与哲学怀疑论不同的独断论的立场。哲学怀疑论对任何可靠的真理和信念都持怀疑的态度，认为我们不可能获得任何确定的信念或真理，如休谟的怀疑主义对任何建立在因果关系上的看法都不信任。他说，他与哲学怀疑主义不同，假定"存在着真理"，我们的心灵能够获得这样的真理，并且"注定要获得这种"真理。② 他说，这就是他关于真理的独断论立场。

在相信真理存在的独断论立场中，詹姆斯认为有两种获得这种真理的具体方式，一种是经验主义的方式（the *empiricist* way），另一种是绝对主义的方式（the *absolutist* way）。绝对主义的方式认为我们不仅能够获得这种真理，而且知道在什么时候获得；也就是说，当这个真理出现时，我们能够断定它就是我们所要的那种客观的或绝对的真理，我们有这种能力和判定它的标准。而经验主义的方式则认为我们能够获得这种真理，它有这种信心，但什么时候获得则是不确定的。或者说，当它出现时，我们也不知道它是不是我们所要的那种真理，我们缺乏判定真理的绝对标准。在经验主义方式中即使我们

---

① William James, *The Will to Believe · Human Immortality*, p. 11.
② William James, *The Will to Believe · Human Immortality*, p. 12.

不知道真理何时出现，但仍相信有这样的真理。① 在他看来，这是两种不同的独断论，它们在断定真理方面有着不同的确定性程度。

詹姆斯认为，从历史上看，经验主义的方式在科学中较为流行，而绝对主义方式在哲学中则占据统治地位。有许多哲学体系都宣称对绝对真理的占有。这在正统的学院派哲学中表现得最为充分，它强调所谓的客观证据的证明，诸如"我现在在你面前"，"2 小于 3"，"如果所有人都会死，那么我也会死"等感觉命题和逻辑数学命题，这些都是绝对正确、不可怀疑的命题。他说，这种方式的最终的根据是"理智与现实的一致"。它是主体和客体之间的认识关系和对应关系，如果它们之间有着一致性，那么就会产生确定的真理。这种真理会形成像教皇一样的一贯正确的武断结论。这种哲学会以这样的方式反对宗教，认为它的证据是不充分的。但是詹姆斯反驳说，这种武断本身也包含着证据的不充分性，只是当他们在谴责别人时，自身没有意识到这个问题罢了。他说，这是一种来自直觉（instinct）的武断主义、来自直觉的直接断定。②

詹姆斯认为虽然我们都是这种依赖直觉的绝对主义者（absolutists by instinct），但应该从这种绝对主义中解脱出来，不要受它的所谓的绝对确定性的束缚，他说，这才是一个真正的哲学研究者应采取的态度。他承认客观证据和确定性无疑是值得追求的最好理想，但是"在这个月色朦朦、梦幻造访的星球（moonlit and dream-visited planet），哪里可以发现它们的踪迹呢？"③ 詹姆斯认为它们并不是经验所能提供给我们的，经验只具有相对性，不具有这种绝对的确定性。因为，首先，任何经验或关于经验的看法都不会由于是绝对确定的，从而不可能对它做出重新的解释和修正。这是整个哲学史验证了的真理。最初的感性经验只是提供了初步的材料，人们会在它的基础上做出各种分析和解释。除了抽象命题或与具体实在本身无关的命题之外，任何的经验命题都不可能只有一种唯一的和绝对的答案，对于它们，人们往往会有众多不同的甚至是对立的解释。经验是不具有绝对性的。④ 其次，任何关于具

---

① 参见 William James, *The Will to Believe · Human Immortality*, p. 12。
② 参见 William James, *The Will to Believe · Human Immortality*, pp. 13 - 14。
③ William James, *The Will to Believe · Human Immortality*, p. 14。
④ 参见 William James, *The Will to Believe · Human Immortality*, pp. 14 - 15。

体对象确定性的判定标准都是相对的,并不存在一个被所有人认可的关于经验或事实真理的判定标准。在历史上,人们提出了众多不同的标准,诸如启示的标准、民族共同认同、心灵直观以及笛卡尔的清楚明白、里德(Thomas Reid,1710－1776)① 的常识、康德的先天综合判断等。詹姆斯认为有这么多的标准存在充分表明,不存在被所有人认可的客观标准,它只是一种精神的单纯渴望或无限遥远的理性目标,"深受赞赏的客观证据从未在那里取得胜利;它仅仅是一种渴望或极限观念(Grenzbegriff),标志着我们精神生活的那个无限遥远的理想"②。而在人们关于客观根据和确定性标准的描述中,往往充斥着大量的二律背反式的矛盾命题,诸如世界是理性的—世界的存在只有非理性的事实,有人格的上帝—人格的上帝是不可想象的,存在可被认识的外部物理世界—心灵只能认识其自身,永恒的精神原则—易变的心灵状态,无限的因果系列—绝对的第一因,必然—自由,目的—无目的,无限—有限,等等。③

面对这些二律背反命题所陷入的不可解决的困局,詹姆斯认为我们所能采取的唯一合理的方式,就是不断经验,然后对这些经验进行思考。他说,我们采取的是经验主义的方式,"当我们作为经验主义者抛弃了客观确定性之教条的时候,我们并没有因此抛弃对真理本身的探求或希望。我们依然把我们的信心寄托在它的存在上,依然相信通过系统化地持续积累经验和思考,我们会获得比以往更好的、趋近它的地位"④。他的意思是,虽然我们抛弃了对绝对化的渴望,但并没有抛弃对真理本身的探究和希望,而且只有在这种探究中,我们才能逼近真理。在他看来,经验主义方式与绝对主义的学院派哲学不同之处在于,后者注重的是绝对的原则和出发点,而前者所注重的是经验的过程及其结果,无论这种结果来自何处,"如果思想的总体趋势继续巩固着它",那就是经验主义者认为是真的东西。⑤ 也就是说,经验主义并不注重我们的思想从何而来,而是关注于它向何处去,在经验的探究中寻求其可

---

① 18世纪苏格兰哲学家,主张常识性的实用主义。
② William James, *The Will to Believe · Human Immortality*, pp. 15－16.
③ 参见 William James, *The Will to Believe · Human Immortality*, p. 16。
④ William James, *The Will to Believe · Human Immortality*, p. 17.
⑤ William James, *The Will to Believe · Human Immortality*, p. 17.

能的走向与结果，并把这种结果看作真的。

虽然詹姆斯在比较绝对主义方式和经验主义方式中对后者有着更多的积极评价，主张把经验主义方式作为其探究真理的主要方式，但他认为在使用这种方式时，还有一个虽然细微然却非常重要的问题需要关注，那就是认识责任的问题，即在运用这种方式时要承担的责任。他认为能够体现这种认识责任的有两个方面，表现为两种法则，即"认识真理"（know the truth）和"避免谬误"（avoid error）。他说这是两种完全不同的认识论法则或方式，是"想要成为认识者的第一的和重大的诫命"①。但是人们往往把它们等同，认为它们体现的是同一事物的两个不同方面。他说，确实，在偶然的情况下，相信了真理就能避免谬误，或者避免了谬误就可以得到真理，但这不是必然的，因为这是两种不同的认识法则，它们有着相互不同的认识目的，体现不同的认识责任，各自完成着自身的任务。但是以往的人们往往把它们相混同。

詹姆斯说，如果认识到两者的不同，人们就会在它们之间做出选择。有些人会把追求真理放在第一位，有些人则可能认为避免谬误是更重要的。坚持第一种看法的人们，并不认真对待错误问题，认为为了真理即使犯一些小的错误也是值得的；但持有第二种看法的人们，却认为错误的危害性最大，是首先要避免的，即使不能得到真理，也不能冒跌入谬误的危险；也就是说，不要在证据不足或不充分时就相信某一事件或学说，因为这种轻信有可能会招来错误。他说，这就是克利福德的立场，"不要轻信任何东西，使你的心灵永远处于悬置状态，宁可使它在不充足的证据面前关闭，也不要招致相信谎言的可怕危险"②。詹姆斯说，在这个问题上，他不会与克利福德苟同的。虽说轻信有着过多的情感色彩，但任何一种选择不都是有意志的因素在里面吗？他说，人们有着普遍的心理习惯，既喜好真实，也乐于接受谎言。他说，即使像克利福德那样的人也不可避免地有情绪化的表现。如他坚持要把避免谬误放在第一位，甚至可能会出现永远没有信仰的情况，也胜于相信谎言；这种说法在詹姆斯看来，不仅**是**不可能的，而且说"永远没有信仰也比相信一

---

① William James, *The Will to Believe · Human Immortality*, p. 17.
② William James, *The Will to Believe · Human Immortality*, p. 18.

个谎言更好"这种话的人们,本身就是一种过分依赖情感的表现。①

他对解决这个问题所开出的药方是,不要在真理和谬误的问题上过分谨慎,因为在这个世界上,还有比被愚弄更糟糕的事情;因此应该放松心情,不要唯唯诺诺、谨小慎微,不要怕受伤而避免去打战,而且一般性的错误也不是什么大不了的事情。更主要的是,在人生中错误是永远不可能避免的,既然如此,还不如以一种轻松的心情对待真理和错误,这是一种健康的态度,"心灵的轻松看来比行为的过分紧张更为健康"②。他说,这就是经验主义哲学家的立场。应该说,这种立场更多的是一种生活态度、一种人生观,可能体现的是实用主义的立场,而不可能是一种对认识论真理探究的严肃的哲学理论。

在詹姆斯看来,他关于活的假设和死的假设以及绝对主义和经验主义等问题的讨论,是其对基本问题讨论的一种铺垫和准备,是一种导论性的东西。他说他要阐述的基本观点是,情感本性(意志)对于我们的观点(或信念)有着重要的影响,这种影响对于我们在几个不同的观点或信念之中做出选择时,尤为突出。情感或意志不仅是我们选择某一观点或信念的决定因素,而且情感或意志也是我们之所以选择这一观点的合法或合理的根据,虽然它并不是客观证据。当代学者克拉克(Kelly James Clark)把詹姆斯这种关于情感本性决定对命题或观念选择的看法称为"詹姆斯论点",认为这是詹姆斯这篇论著的中心,它要维护的是人们"即使没有充分的证据也完全有权利拥有信念"。③

他说,即使在我们认为应该以证据的方法思考以避免受骗、在以客观的方式思考来获得真理中,也包含着情感意志的决定。当然,他认为在一些情况中,我们可以不去匆忙地做出决断,以等待证据,从而以避免错误。他说,这是一些无关大局的情况,或者说不是急迫要做出决定的事情,如在日常的科学研究中、一般的人类事务中,以及法庭只有在证据齐全或提供出有说服力的证据时才能做出判决的情况。他认为关于全部物质世界的自然领域,都

---

① William James, *The Will to Believe · Human Immortality*, p. 18.
② William James, *The Will to Believe · Human Immortality*, p. 19.
③ 参见凯利·詹姆斯·克拉克《重返理性》,第82—83页。

可以这样做。这些都不是强制性的。它们都是纯粹理智要做的事情，只涉及理性的问题。但是，即使如此，情感意志也是不能完全被排除的。如果要想使科学有所成就、有所发展，对科学的兴趣和欲望是不可缺少的。对科学研究结果毫无兴趣的人，是不可能在科学上有什么建树的。没有浓厚的兴趣和欲望参与其中的科学研究，只能使科学变为一种技术、一种仅仅获得证明的技术。这对科学来说不是一件幸事。①

但是，他认为"人的情感要比技术规则来得更强大有力"，他引用帕斯卡的话来说，"Le coeur a ses raisons, que la raison ne connait pas"（人心有理性所不了解的理由）。② 这是纯粹的技术理性所不能解决的。因此，他的看法是，在那些强制性、急迫的和重大的问题上，是情感或意志在发挥作用，只有在那些非强制性的、不需要立即做出选择的地方，中立的、客观的证据才是需要的。然而，即使在思辨理性的问题中，他对是否真的存在着不需要强制性的选择，仍保持怀疑。

无论如何，在詹姆斯看来，如果一般科学问题在选择上不具有强制性的话，那么道德问题则必定是具有强制性的，它"直接将自身呈现为这样的问题，即对它的解决是不能等待感性证据的出现的"③。它的问题是必须立即回答的，而无论支持或反对的证据是否存在。道德与科学不同，科学问的是对象是否存在，涉及感性证据；而道德问的是好坏和价值问题，涉及心灵的倾向和对象的评价。决定科学的是理性和事实，而决定道德的是意志和价值。它们是两个不同层次的问题，有着不同的态度和看待问题的方式与手段。因而对于一般的证据问题，哪一个提供的东西会更合理，詹姆斯认为是难以回答的。

因此，詹姆斯不愿意在一般的或宽泛的意义上讨论道德信念问题，而是希望在特定的或具体的层次上来考虑它的意义。他说，人们在社会生活中就会遇到大量这样的特定的涉及道德情感的问题。具体就人与人的关系来说，除了构成这种关系的一般原则和基础之外，还有一些情感倾向和意志之类的

---

① 参见 William James, *The Will to Believe · Human Immortality*, pp. 19–21。
② William James, *The Will to Believe · Human Immortality*, p. 21。
③ William James, *The Will to Believe · Human Immortality*, p. 22。

心理状态会对这种关系产生重要的影响和作用。在这里，他特别强调了主动行为的作用。例如，就你喜欢不喜欢我来说，他认为在大多场合关键的因素"取决于我是否迎合你，取决于我是否愿意假定你必定会喜欢我以及我是否会向你表示信任和期望"；① 如果我对你敬而远之，不对你表示亲近，那么十之八九你不会对我产生亲近之情。他说，男女之间的爱情也是如此，如果男方热情和主动，持之以恒地表示出这种热情，那么女方必定会被打动，他说，"有多少女人的心仅仅就因为某个男人满怀热情地坚持她们必须爱他而被征服"②。因而他说，在这个问题上，男方绝不能有对方是"不可能被征服的假设"。在这个问题上詹姆斯确实有点夸张，毕竟在人际关系以及爱情问题中，除了意志的作用之外，还有其他更多的因素，如社会的、家庭的、文化心理上的、价值尊严上的以及经济上的等之类的考虑。但他主要是希望通过这样的例子表明，意志导致了愿望的存在、引出了事实，"对于某种真理的愿望导致了那个特定真理的存在"③。也就是说，意志决定了社会事件的发生、促成了人与人的某些关系的建立。他说，这在个人的职业升迁上也是如此。只要他相信他能升迁，并把它作为他的主要目标和唯一愿望（一种活的假设），坚持不懈、持之以恒，牺牲其他一切在所不惜，他就肯定能得到提升，詹姆斯感叹道："除了这种人之外，谁还能获得提升、福利和高位呢？"他说，其中的关键是"他的信念作为一种要求对在他之上的权力发生了作用，并导致了对这个信念自身的证实"。④

在他看来，信念除了在人际关系、职位升迁等方面会产生积极的作用外，它在由众多个体所构成的社会群体中也发挥着意想不到的作用和意义。例如政府、军队、商业体系、船只、学院、运动队等，之所以能够结成并有效地运转，是"因为每一个社会成员在履行自己职责时，都相信其他社会成员也会同时履行他们的职责"⑤。这种信念是非常重要的，没有它，这些社会团体是很难建立起来的，即使建立起来也是很难发挥作用、取得成效的。詹姆斯

---

① William James, *The Will to Believe · Human Immortality*, p. 23.
② William James, *The Will to Believe · Human Immortality*, p. 24.
③ William James, *The Will to Believe · Human Immortality*, p. 24.
④ William James, *The Will to Believe · Human Immortality*, p. 24.
⑤ William James, *The Will to Believe · Human Immortality*, p. 24.

在这里主要说明了在某些事件中，特别是社会事件中，是信念产生了事实，而不是事实导致了信念。他说，在一些事例中，"一个事实是根本不可能发生的，除非一种预期的信念存在于这一事实的产生过程中"①。他的意思是说，不能要求事事必有根据，有时信念就可能带来能够证明它的事实，所谓的严格的证据主义是没有绝对意义的。

通过上面的论证，詹姆斯认为，"在依赖于个人行为的真理中，以愿望为基础的信念既确实是合法的又可能是必不可少的"②。也就是说，在詹姆斯看来，起码在个人事务和个人行为中，以愿望或意志为基础而产生的信念，既是有合理根据的，又表现出了一种必要性。如果把这样的看待问题的方式运用到宗教信念上，那么会产生一些什么样的情况呢？在他看来，宗教一般来说包含着更为广泛的内容，如果说"科学谈论事物存在，道德谈论某些事情比其他事情更好"，那么"宗教在本质上则谈论两种东西"。他对此的解释是，首先，宗教涉及永久美好的事物。它认为完美的东西必定是永恒的，宗教就涉及这种永恒的美好之物，或完善的永恒性。他说，这个假定是永远不可能在科学上得到证实的。其次，如果我们相信第一个断言是真的，那么我们就会过着更好的生活。或者说，宗教假定了以这个永恒为基础的生活是更美好的生活。③

他说，在我们假定这两个断言为真的前提下（他认为这是我们讨论宗教问题的前提，不承认这两个前提，就没法做进一步的讨论。因此他说，他只对"剩余的人说话"，即只对承认这两个断言的人说话），可以就它们所包含的逻辑含义或要素做出进一步的阐释。他认为这两个断言的逻辑推论有两个方面，一方面宗教信念为人们提供了一个重要的选择。选择宗教信仰，对某个人的人生是重要的，他由此能获得至关重要的利益，如果不做这样的选择，他就会失去由这种选择而来的相关的利益；另一方面这种选择是一个强制性的选择。也就是说，如果我们关注或特别在意宗教信念所导致的利益和好处，那么做出信仰的选择，就是一种强制性的选择。因此，具有重要意义的强制

---

① William James, *The Will to Believe · Human Immortality*, p. 25.
② William James, *The Will to Believe · Human Immortality*, p. 25.
③ William James, *The Will to Believe · Human Immortality*, p. 25.

性的选择,就是宗教信念的基本意义。①

当然,在做出这种选择时,我们不一定有很强的事实证据。但这种选择不能等待证据,不能在证据之前表现出犹豫不决,因为如果它是真的,你的犹豫就会失去很多机会;当然它也可能是假的,但如果它是假的,你的选择也不会失去很多的东西。因此詹姆斯认为,"怀疑主义不是对选择的回避;它是对某种特定类型危险的选择。失去真理的危险要比犯错误的机会更好,——这正是你们这些信仰否定者们的确切的立场"②。当然他认为,采取怀疑主义的立场也是一种情感的表现,它没有比采取信仰立场的人们有更多的理性证据。他的意思是说,不要认为怀疑主义就是一种更合理的或更有证据的立场。

如果说怀疑主义的态度有可能使我们失去很多机会的话,那么多少肯定的态度则会使我们有更多获益的可能。为此,他对选择宗教信念的立场做了进一步的辩护。首先,宗教有其为真的可能性,它是一种可能为真的活的假设。在没有确定它的真假之前(可能永远不能确定),就采取否定的态度是不合逻辑的。其次,它能使我们处在与世界和他人更好的关系之中。世界不再是一个外在的"他者",而是一个与你有着更亲密的内在关系的"我—你"关系。而且我们也可以具有积极的善良意志,与他人建立起友善的社交关系,而不是与他人隔绝。最后,采取积极的态度就有可获得结识神的机会。如果封闭在复杂的逻辑关系中,我们就会失去认识神的可能。③ 他说,由此可以表明,单纯的理性否定主义是不可取的,"如果某些类型的真理是确实存在的话,那么一种绝对禁止我去认识这些类型的真理的思想规则,就是一种不合理的规则"④。

应该说,詹姆斯以意志为基础对信念合理性理由的说明,为人们留下了深刻的印象,其中的一些似乎成为人们必须持有信仰的因素。当代学者对这些理由或因素进行了归纳,主要包括客观证据的不充分、激情的普遍性以及信念引发事实等。也就是说,在詹姆斯看来,在我们生活中有众多事情是理

---

① 参见 William James, *The Will to Believe · Human Immortality*, pp. 26 – 27。
② William James, *The Will to Believe · Human Immortality*, p. 26。
③ 参见 William James, *The Will to Believe · Human Immortality*, pp. 27 – 28。
④ William James, *The Will to Believe · Human Immortality*, p. 28。

批判与阐释
—— 信念认知合理性意义的现代解读 ——

性不能提供证据的，而它们对我们又是非常重要的，从而意志决定的信念就是必要的。同时，对某件事情的赞成或反对，无论是否有确定的证据，最终的决定都不可避免地包含了情感的因素，或者说受制于激情。最后，如果人们一开始就对某件事情持有坚定的或执着的信念，它极有可能会导致这种事情最终的出现。① 这些因素虽然并不具有可靠的、确定无疑的理性证据，但它们被詹姆斯视为人们合法持有某种信念的根据，甚至是信念成为人们生活中不可缺少的理由。

虽然信仰在客观实证的意义有其不可克服的困难，但詹姆斯依然相信它也有其自身的权利、自由和合理性，它不都是荒谬的。在这个问题上，他所秉持的是一种宽容的立场，体现出了经验主义的精神，"我们应该自己活着，也让别人活着"。② 他说，我们应该勇于面对重大的问题，选择自己认为正确的道路，即使它是一个冒险的道路，也不要犹豫和等待。虽然不知道这是否是一条正确的道路，但只有勇往直前才能有收获，"朝向最好的去行动，朝向最好的去希望，并接受那到来的东西"③。

詹姆斯通过实用主义的立场对宗教信念的解释或辩护，虽然并没有采取帕斯卡赌博论证那样极端的形式，但他确实将其中的选择理论做了更多的演绎，用活的、重大的假设以及所谓"深思熟虑"的意志作用等初始条件修正了帕斯卡理论中完全盲目的选择行为。当然，在这篇他所谓的辩护论著中，他并不认可克利福德证据主义所强调的"宇宙情感"和普遍的伦理责任对于所有思想观念都是有价值的，或者说即使他同意客观证据对于我们接受一个观念具有重要的理论意义，他依然始终强调宗教信念的非事实的假设性质，并通过死活假设的区分来阐释人们选择宗教信念时的某种可能的或"合理"的理由。而且更重要的是，当你选择了某种信念之后，并对它保持持之以恒的坚守，那么最终你将获得你所希望的东西或福利，或者用现当代某种科学哲学"观察渗透理论"的说法，"看到了你想看的东西"。詹姆斯的这种信念产生事实而不是事实引发信念的看法，把宗教视为某种情感或意志的结果，

---

① 参见史蒂夫·威尔肯斯、阿兰·G. 帕杰特《基督教与西方思想》（卷二），刘平译，北京大学出版社2005年版，第196页。
② William James, *The Will to Believe · Human Immortality*, p. 30.
③ William James, *The Will to Believe · Human Immortality*, p. 31.

与休谟的"情感引发信仰"或康德的"道德导致宗教"有着更多的相似之处。因此詹姆斯的"信仰的意志"在基本的层面上,与传统自然神学宇宙论证明或目的论证明的事实性辩护不同,而更偏重于一种关于宗教信念是如何产生的起源性解释。

第三节 有保证的信念

休谟和康德秉承现代早期哲学认识论的证据主义思想对古典自然神学的批判,为传统神学试图通过理性的方式来为自身合理性辩护的尝试带来了沉重的打击,从而也为哲学的宗教批判树立了一种典范。然而启蒙运动为西方学者带来的开放的社会文化视野,也使他们看到了宗教现象存在的广泛性。因而,即使对自然神学的哲学批判是一种极富思想价值的理论,但也只是局限在某一宗教体系,如基督宗教中的一种理论批判,尚不能在更广泛的层面上对人类宗教现象的产生做出解释。这也可能正是休谟所意识到的,哲学批判即使阐释了宗教论证中所试图达到的"合理根据"是不可能的,也没有解决它的"原因"——"宗教在人性和社会中的自然起源"是什么的问题。因此他们在合理性的批判之外,对宗教产生的情感的和道德的原因也给予了解释。虽然这种解释影响了后世一些学者对宗教的认识在不同层面上的展开,产生了大量的社会文化和心理等的宗教成因解释理论;但是在基督宗教之内,或者说针对基督宗教及其神学论证的哲学批判并没有因此而消失,相反它仍然是一个为哲学家们极为关注并不断深化的理论问题,如20世纪逻辑实证主义所推展的分析哲学运动对传统宗教命题的批判。相应地,回应哲学批判的宗教合理性辩护,在现当代宗教哲学家中也同样是不乏其人的,普兰丁格及其所倡导的改革宗认识论思想,可说是其中最为典型的代表。

一 基本命题

笛卡尔和洛克等人对于不可靠的意见或信念的质疑和批判,在随后的时代中不仅为哲学家们以更加严格的方式表达出来,即任何的观念或(宗教)信念必须满足基础主义和证据主义的要求,否则就是不合理的和没有根据的;而且,可靠的证据还被克利福德等人发展为合理地持有一种宗教信念的人们必须履行的伦理责任——"相信任何没有充分根据的东西，无论在何时何地对何人都是错误的"。17世纪之后哲学家有关知识命题的证据基础和伦理责任的看法与主张，以及由此形成的对宗教信念认知合理性的质疑，引起了当代西方宗教哲学家的广泛关注。在针对这种被一些当代学者称为启蒙运动关键假设的"证据主义"主张——"一种信念只有在一个人拥有充分的证据、论据或理由时，这个信念对他才是合理的"① 时，宗教哲学家们提出了诸多的策略和方法，以回应启蒙运动以来哲学家们的质疑和挑战。在回应证据主义的挑战中，有三种不同的有神论立场可以被区分出来。第一种是"有神论的证据主义"，认为只有有力的证据才能证明相信上帝是合理的。其代表人物有斯温伯恩（Richard Swinburne）、刘易斯（C. S. Lewis）、佩利（William Paley）等。第二种是信仰主义（fideisim）立场，主张"信仰上帝无需理性，甚至可以反理性"。持这种主张的人们认为，如果有证据，信仰上帝可以是理性的，但没有，因而只能依赖信心。其代表人物如德尔图良、克尔凯郭尔以及卡尔·巴特等。第三种是以一些持有改革宗认识论（Reformed epistemology）思想的人们为代表，他们认可合理性的要求，但反对启蒙运动的证据主义观点——没有证据的支持就是非理性的看法，提出了一种新的合理性观念。其中的代表人物主要有普兰丁格、沃特斯多夫（Nicholas Wolterstorff）、阿尔斯顿（William Alston）和马夫罗迪斯（George Mavrodes）等。②

在这三种回应启蒙运动证据主义批判的有神论立场中，改革宗认识论者主要是保持了宗教改革时期改革宗的思想传统，特别是受到加尔文（John Calvin, 1509 – 1564）的影响，对知识、信念和合理性的概念进行重新思考。阿尔文·普兰丁格作为其中的典型代表，在把自启蒙运动以来西方思想对基督宗教的反驳在总体上进行了归纳，把它们分为两个不同的类型，一类是事实性（de facto）反驳；另一类是规范性（de jure）反驳。事实性反驳是基于客观事实而对基督宗教信念所做的真实性反驳。普兰丁格认为其中最重要的当属依据苦难和恶所进行的反驳，其主要意思是说，如果存在一个全知、全善、全能的上帝，那么他所创造的世界就不应该有苦难和罪恶；既然世界上

---

① 凯利·詹姆斯·克拉克：《重返理性》，第2页。
② 参见凯利·詹姆斯·克拉克《重返理性》，第4—6页。

存在着这么多的苦难和罪恶，那么这一上帝的存在就是可疑的或者说是不真实的。此外，事实性反驳还包括三位一体、道成肉身等基督宗教教义不可能是真的，以及科学的进步驳倒了超自然王国存在的神学理论，等等。① 普兰丁格认为虽然事实性反驳种类繁多且历时久远，但规范性反驳却"更为流行"，包括了基督宗教信念缺乏正当的和合理的根据，它是理性上不可辩护的，不合理性的，理智上不值得尊重的，与健全的道德相抵牾，没有足够的证据，等等理论。他把弗洛伊德的意愿满足学说、哲学家的证据主义批判以及多元论者的谴责等，都看作规范性反驳的典型。②

虽然在历史上事实性反驳和规范性反驳时常会交织在一起的，但相对于事实性反驳，普兰丁格认为规范性反驳则更流行，涉及的问题更为复杂，从而对它的回答也更富有挑战性。因此，他把关注的重点放在了后者，尝试从中寻找到一个针对基督宗教信念的"切实的规范性反驳"，从而能够对之做出"有的放矢"的回应。在他看来，在构成规范性反驳的基本内容中，有三个核心概念值得关注，它们分别是"辩护"（justification）、"合理性"（rationality）和"保证"（warrant）。③ 普兰丁格在对基督宗教信念知识地位的辩护性解释中，对这三个概念及其涉及的问题进行了广泛的说明。构成这些说明的一个主要方面，体现在他对知识的证据标准及其包含的合理性意义进行了历史性的梳理，并对"合理性"概念的含义做出了不同于传统的界定与阐释。普兰丁格思考这个问题的起点，仍然是哲学对宗教信念认知合理性的质疑与反驳。在他看来，由于西方历史上众多哲学家认为，基督宗教有关上帝的信念缺乏充分的证据，因此持有这种信念就是非理性的或不合理的，是理性上不可接受的，或者说是在理智上不负责任的。这种质疑或者批评实际上在基督宗教刚刚产生的时候，就已经为来自古希腊思想传统的哲学家们提了出来，并经过启蒙运动哲学家们的进一步强化，而一直持续到了现当代。应对这种质疑或批评的传统方式，是根据哲学反对者的标准来为宗教信念提供尽可能好的理性化阐释，并提供理性上可接受的证据或证明，例如托马斯·阿奎那的自然神学

---

① 参见普兰丁格《基督教信念的知识地位》，邢滔滔徐向东、张国栋、梁骏译，赵敦华审校，北京大学出版社2004年版，"前言"，第2—3页。
② 参见普兰丁格《基督教信念的知识地位》，"前言"，第3页。
③ 参见普兰丁格《基督教信念的知识地位》，"前言"，第3—5页。

论证。然而普兰丁格并不苟同这种做法，而是对传统的"证据"标准提出了反驳，就宗教信念的"保证"与"合理性"意义提出了自身的解释。

那么，古希腊哲学家所提出的有关知识的证据与合理性意义的看法是什么呢？普兰丁格认为这是"一种看待信仰、知识、有根据的信念、合理性以及相关论题的广泛流行的图景或整体的方式"①，这一图景或方式从柏拉图和亚里士多德的时代以来就已被广泛接受，并一直在西方的思想文化背景中占据着某种主导的地位。它的影响力是如此之大，以至于不仅古代哲学家们把它作为评价一切知识或信念是否具有合理性的标准，甚至中世纪众多经院哲学家和神学家，如安瑟尔谟、阿奎那等，也以此为根据而提出有关上帝存在的合理性证明，形成了被称为"自然神学"的思想传统。到了17世纪以后，这一图式又经过洛克、休谟、托马斯·里德（Thomas Reid）和康德等人的阐释与整合，形成一个包括证据主义、道义主义和基础主义在内的"经典套装"，一种"思考信仰、理性、合理性、辩护、知识和信念的本质以及其他相关论题的方式"。②

在普兰丁格看来，经典证据主义是一种从证据的角度看待信念合理性意义的方式，认为"只有当存在着好的论据支持"一个宗教信念时，它才是"理性上可接受的"。③ 经典基础主义的核心是基础命题以及在这些命题被接受的其他命题，普兰丁格把它的宽泛的含义表达为："一个信念对一个人是可接受的，如果（或者当且仅当）它要么是严格基本的（亦即自明的、不可更改的或者对于那个人的感官是明显的），要么它是在通过演绎推理、归纳推理，或者外展推理支持它的可接受的命题的证据基础上被相信的。"④ 沃特斯托夫把一个经典基础主义者看作这样的一个人，他主张"唯一直接的（基本的）信念是那些其内容或者对这个人是自明的命题，或者是这个人的心智活动或对象的不可纠错的报告的命题"⑤。而经典道义主义则与道义论的内容相关，涉及信念的责任和义务之类的东西。洛克是在现代意义上提出信念的伦

---

① A. Plantinga, *Is Belief in God Properly Basic?* 参见 *Faith and Reason*, p. 346。
② 普兰丁格：《基督教信念的知识地位》，第 90 页。
③ 参见普兰丁格《基督教信念的知识地位》，第 90 页。
④ 普兰丁格：《基督教信念的知识地位》，第 93 页。
⑤ Nicholas Wolterstorff, *John Locke and the Ethics of Belief*, "Preface", p. x, note 4.

理责任的先驱者，正是他明确地主张我们应该有一种责任和义务，以某种方式来调节意见，规制"我们的思想生活或认知生活"；或者说，我们在调节意见或认同方面存在着"责任和义务"，只有当好的理由和证据支持时，人们才有义务表达同意。①

普兰丁格认为在证据主义、基础主义和道义主义构成的经典套装中，洛克的思想起到了开创的作用，他将证据和道义结合，为基督宗教的合理性辩护既提出了证据的要求，也提出了思想的责任，从而使之在规范性问题中具有了特别重要的地位。克利福德的"信仰的伦理学"就是将"道义论和证据主义"结合的具有典型意义的理论。虽然也有学者对克利福德的主张提出了不同的看法，如美国哲学家威廉·詹姆斯（William James, 1842 – 1910）在"信仰的意志"（The Will to Belive）中所展开的有针对性的批评，但是就对其中涉及的问题的争论，则一直持续到了当代不同学者和思想家之中。②

如果说经典套装已经在现代的规范性反驳中产生了广泛的影响，那么，应该如何看待它对基督宗教信念所提出的证据批评和道义谴责的呢？实际上，在明确地把证据主义、基础主义和道义主义归结为"经典套装"之前，普兰丁格曾经对证据主义传统和基础主义传统所提出的问题做出过回应。他把古代的、中世纪的和现代早期的看待知识或信念之合理性问题的方式，统称为"经典基础主义"（classical foundationalism），认为从中形成的"证据主义对上帝信仰的反对"或论证，"就是明显地植根于这种看待问题的方式之中的"。③而且长期以来，在西方的思想文化背景中，这种方式即使不是唯一的，起码也是为大多数人们普遍认可的方式——成为自然非神学家（natural atheologians）④和自然神学家（natural theologians）双方共同判定基督宗教信念，特别是上帝信念是否合理的主要依据——"这两个群体一致认为，只要有神论信仰是有

---

① 参见普兰丁格《基督教信念的知识地位》，第94—96页。
② 参见普兰丁格《基督教信念的知识地位》，第97—99页。
③ A. Plantinga, *Religious Belief without Evidence*, To Believe or Not to Believe: Readings in the Philosophy of Religion, p. 417.
④ 普兰丁格把那些认为上帝信念是不合理的或非理性的哲学家称为"自然非神学家"，认为这一名称要比"非自然神学家"（unnatural theologians）更合适一些。参见 A. Plantinga, *Religious Belief without Evidence*, To Believe or Not to Believe: Readings in the Philosophy of Religion, p. 414.

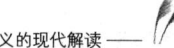

充分证据的,它就是理性上可接受的"。①

应该说,在这个以证据为核心的经典基础主义思想传统中,引起当代宗教哲学家们关注的主要问题是它所表达出的那种强烈的规范(normative)意义或倾向。这一方式或传统所提出的合理性标准不仅是一种事实性标准,更重要的是一种规范性标准。由于经典证据主义认为,只有在充分证据的基础上接受一个命题或信念,才是理性的或合理的;否则,就是非理性的或不合理的。它在做出这样的界定时,不仅指出了一个命题或信念是有根据的或无根据的这种事实,而且还包含了对这样的命题或信念是合理的或不合理的之类的价值判断,包含着对持有这种命题或信念的一个人是否遵循了正确的方式以及是否履行了他的社会的或伦理的责任与义务的评判。这也正是普兰丁格所说的,证据主义在这里所用的"'理性的'(rational)和'非理性的'(irrational)是被作为一个规范性的或评价性的语词来使用的"②。

因此,按照证据主义者的这种看法,如果有神论信念是没有证据的或证据不充分的,那么持有这种信念就是无根据和非理性的,从而也是未能履行伦理义务以及在理智上有缺陷的。这也正是普兰丁格在此所特别关注的问题。他认为,为了更好地理解证据主义反驳的意义,我们必须更深入地考察包含在其中的证据之意义。在他看来,证据主义是植根于经典基础主义之中的,而一个经典基础主义者认为合理的或证据充分的命题要么是基本命题,要么是在基本命题的基础上被接受的命题;后者的合理性则关乎它与作为证据的基本命题的关联程度。虽然普兰丁格也对"合理性"概念的真正含义以及"什么是证据"和"有多少证据才是充足的"之类的问题提出了异议,③ 但他

---

① A. Plantinga, *Is Belief in God Properly Basic*? 参见 *Faith and Reason*, p. 346。
② A. Plantinga, *Is Belief in God Properly Basic*? 参见 *Faith and Reason*, p. 348。
③ 例如,他认为,哲学家们长期以来强调了一个命题或信念的合理性问题,但他们并没有给出一个直接的或明确的关于"合理性"的定义。他说,如果有这样一个定义的话,那么它将会为一个信念是理性上可接受的建构一些条件——几个必要的以及合起来是充分的条件;但是他认为要找到任何一个重要的必然性条件都是极为困难的。事实上是,在他看来,人们合理地接受一个信念,有时是与这个人所处的文化条件和思想背景之类的东西相关,而不是必然与这个信念本身的真假相关。他觉得这里的困难是,我们并不能够直接通过"合理性"的定义来确定一个命题或信念是否是合理的;哲学家们处理这个问题的方式通常并不是通过给予一个合理性信念的必要的和充分的条件来回答它,而是询问这个信念是否具有证据或充分的证据。参见 A. Plantinga, *Religious Belief without Evidence*, *To Believe or Not to Believe: Readings in the Philosophy of Religion*, p. 415。

更为关注的是作为证据主义基础的"基本命题"。

在对基本命题的说明中,普兰丁格首先引入了"理智结构"或"思想结构"(noetic structure)一词,通过"理智结构"来解释什么是基础主义,进而表达他对基本命题的看法。在他看来,一个人的理智结构将包含他所相信的一套命题(或信念)以及在他和这些命题之间所具有的某种认识论关系。一个典型的理智结构会将命题区分为基础命题和非基础命题两个部分,并具体指定哪一类是基础的,哪一类不是。此外,这样的理智结构还会包括他称为"可信度指数"(an index of degree of belief)的东西,即一些信念比其他信念以更为坚定或更为可靠的方式被接受,以及某种类似于"入门深度指数"(an index of depth of ingression)之类的东西——指明哪些信念是处在理智结构的核心部分,哪些是处在外围部分。[①] 普兰丁格认为,经典基础主义可以成为这种理智结构的一个主题而通过这一结构得到说明。也就是说,作为一个合理的基础主义的理智结构,必将具有作为信念基础的基本命题,它们不是在其他信念或命题的基础上被接受的;而非基本的命题则是在基本命题的基础上被接受的,它们的可信强度依赖于基本命题对它们的支撑程度。

普兰丁格注意到,由于在一个合理的理智结构中,关键的因素是基本命题,它必须能够起到基础性的作用,能够承担整个理智结构的重量;因此经典基础主义者们都规定了成为基本命题所应具有的条件。在他看来,一个古代的和中世纪的基础主义者(他以托马斯·阿奎那为例)认为,如果一个命题是基本的,那么这个命题对他来说必须是"自明的"(self-evident to him)或者是"感觉明显的"(evident to the senses)。普兰丁格首先对"自明的"概念进行了分析。那么,在这里,一个命题是"自明的"意味着什么呢?他说,根据古代的和中世纪的基础主义传统,"一个自明的命题的突出特征就是,在把握或理解它时一个人就完全明白它是真的";或者说,"理解一个自明的命题,对于认识到它是真理乃是充分的"。[②] 例如"1+2=3"和"不存在既结婚又没有结婚的男人"之类的算术命题与逻辑命题,"红色区别于绿色"之类

---

① 参见 A. Plantinga, *Religious Belief without Evidence*, *To Believe or Not to Believe: Readings in the Philosophy of Religion*, pp. 418–419。

② A. Plantinga, *Religious Belief without Evidence*, *To Believe or Not to Believe: Readings in the Philosophy of Religion*, p. 420.

表达同一性和差异性的命题,以及其他类型的命题——诸如"如果 p 必然是真的而且 p 包含了 q,那么 q 也必然是真的"之类。这些命题对于大多数人来说,既能理解它们所包含的所有概念,又能明了它们的结论是真的。然而,在普兰丁格看来,这种"自明的"观念必然是针对个人的,因为对你是自明的对其他人就未必是的,特别是对于那些并没有真正或完全理解一个命题所包含的概念的人们来说,很难说这样的命题对他们是自明的。因此,在认可什么是自明的命题的范围上存在着差别,一些命题会有更多的人认为是自明的,一些命题可能会被较少的人认为是自明的。但是无论这种认同的范围有着什么样的区别,如果一个命题是自明的,那么对于真正把握或理解了它的人来说就会明了它是真的。

应该说,这种关于"一个命题是自明的"理解在历史上居于主导性地位;人们确实也是以这种方式看待"自明"问题的。普兰丁格只是觉得这个问题需要进一步的明确或说明。他认为,当一个人说他真正理解了一个自明的命题就会"明了它是真的"时候,他实际上是"直接地转向了一种视觉的比喻(visual metaphor)并且明显地通过指向视觉来解释自明"。① 在普兰丁格看来,通过视觉比喻解释自明的方式包含着两个方面的含义。首先是认识论方面(epistemic component),如果一个命题是自明的,则你会对这个命题有着直接的知识——对其结果的认同是直接得到的,而不是在其他命题的基础上获得的。如"1 + 2 = 3"就是这样的命题,而"24 × 24 = 576"则是推论或计算的结果,不具有直接的知识。其次是现象学方面(phenomenological component),即当你在思考一个自明的命题时,会产生一种类似于光环或发光(luminous aura or glow)的东西,这也是洛克或笛卡尔所谓的"清晰的光芒"(evident luster)和"清楚明白"(clarity and brightness)所展现出来的东西。这种光芒使得人们感受到了接受它的强烈倾向,一种驱使认同的倾向;也就是说,当一个人思考一个自明命题的时候会发现,拒绝赞同这个命题是不可能的,或者说至少是困难的。因此,一个自明的命题既能够使它以清晰的光芒展示出来,同时也促使人们产生了接受或相信它的经验倾向或冲动。自明的命题就

---

① A. Plantinga, *Religious Belief without Evidence*, *To Believe or Not to Believe: Readings in the Philosophy of Religion*, p. 421.

是以这种真理性的方式呈现出来的，它既是一种直接的知识，又具有驱使认可的力量。从而，阿奎那等人把这种命题看作严格基本的命题。①

另一个被阿奎那等人视为基本命题的是"感觉明显的"命题。这是一些知觉命题（perceptual propositions），其"真假是我们可以通过观看或使用某种其他的感觉就可以确定的命题"②。普兰丁格给出这类命题的例子是，"在我面前有一棵树""我正在穿鞋子"以及"那棵树的叶子是黄色的"。确实，这类命题由于它与人们的感觉经验直接相关联，从古希腊以来被众多的哲学家看作知识的起点，在哲学认识论中具有非常重要的基础性地位。

"自明的"命题和"感觉明显的"命题因其自身所具有的确定性特征以及被广泛认可的真理性意义，而被古代的和中世纪的基础主义者们看作认识论的基本命题，成为支撑其他非基本命题认知合理性的基础。但是在这两类命题的使用和界定过程中，人们逐步认识到"感觉明显的"命题因其过多地涉及个人的感觉经验，而在客观的确定性上似乎不够严谨。这种状况到了现代早期愈发地突出，引起了哲学家们的疑虑并进而对这类命题的表述做出了一定的修正。笛卡尔的主张是，我们应该用更为谨慎的方式表达感觉命题，不是"我看到了一棵树"而是"在我看来我看到了一棵树"，不是"那棵树的叶子是黄色的"而是"我感到我看到了某种黄色树叶的东西"；这后一类命题虽然更具主观性，更多的是涉及个人的精神状态，但它们具有某种前一类命题所不具有的对错误的免疫力，起码它对于表达这类命题的"我"来说具有"主观"上的一致性或确定性，即使"我"可能产生幻觉或是一个错觉的受害者。普兰丁格在这里所阐释的笛卡尔的观点，其意思是指，如果将感觉命题（像第一类表述方式那样）以客观的方式表达，它不仅会在"我"和客观对象之间产生是否一致的问题，而且也易于导致其他"感觉主体"的质疑。如果把它以个人精神状态的方式表达，至少这一命题对"我"自身来说是一致的从而是不可纠错的——毕竟在笛卡尔看来，"我"最不能怀疑的乃是

---

① 参见 A. Plantinga, *Religious Belief without Evidence*, *To Believe or Not to Believe: Readings in the Philosophy of Religion*, p. 421。

② A. Plantinga, *Religious Belief without Evidence*, *To Believe or Not to Believe: Readings in the Philosophy of Religion*, p. 421.

"我"的精神状态。①

普兰丁格对现代早期关于"感觉明显的"命题修正的分析，主要是说明现代基础主义者强调了基本命题应该享有对错误的免疫力，具有对认识主体的不可纠错性。他对这种不可纠错性给出了一个扩展性的定义，指出一个命题 p 对于 S 是不可纠错的，"如果而且仅仅如果：（a）S 相信 p 而 p 是错误的是不可能的，以及（b）S 相信非 p 和 p 皆为真是不可能的"②。在这种修正中，笛卡尔等人最终提出了他们关于基本命题的看法，或者是自明的（他们对此没有提出异议），或者是不可纠错的，唯有满足这两个条件中的任何一个的命题才是基本的命题。

通过对上述基本命题条件的历史性分析，普兰丁格指出经典基础主义形成了两类关于基本命题的看法，一类是古代和中世纪基础主义者提出的，认为一个命题是基本的，仅仅如果它或者是自明的或者是对感觉明显的；另一类是笛卡尔、洛克、莱布尼茨等现代基础主义者持有的，主张一个命题对 S 是基本的，仅仅如果它对 S 或者是自明的或者是不可纠错的。普兰丁格把古代和中世纪的基础主义与现代基础主义统称为经典基础主义。③

对于普兰丁格来说，接下来的问题就是，我们应该如何看待和评估经典基础主义关于基本命题的看法。整体上看，经典基础主义把基本命题分为三类：自明的命题、不可纠错的或不可更改的命题和（对某个 S 来说是）感觉明显的命题。普兰丁格认为，把这三类命题看作基本命题看来是没有问题，或者姑且认可它们是真的；但是问题是，仅仅只有这三类命题才是基本的命题吗？除了它们之外，难道就不存在其他的命题，也可以被人们看作基本的吗？经典基础主义关于基本命题的条件难道不是过于的狭隘和严格吗？因为在他看来，如果严格地按照经典基础主义关于基本命题的标准，那么我们每天持有的大量的日常信念就会是不可能的，或者说是非理性的。例如相信存

---

① 如果把作为认识论基础的感觉命题过多地与个人的主观精神状态相关联，无疑会产生许多危险的结论，诸如主观主义、认识上的"唯我论"等；而且它确实也是一个客观性难题。普兰丁格在这里并没有过多地阐发，他主要是从中引出"不可纠错"的观念。

② A. Plantinga, *Religious Belief without Evidence*, *To Believe or Not to Believe: Readings in the Philosophy of Religion*, p.422.

③ 参见 A. Plantinga, *Religious Belief without Evidence*, *To Believe or Not to Believe: Readings in the Philosophy of Religion*, p.422.

在着持久的物理世界、存在这不同于我自身的他人以及存在着过去了一段时间的历史之类的命题就会是不合理的，因为它们既不是自明的，也不是不可纠错的，又不是感觉明显的，或者按照普兰丁格的说法，至少没有任何一个人已给出了好的理由认为它们是属于其中的一个。其结果就是，这些事实上我们大多都惯常相信的命题被排除在基本命题之外，而变得不合理起来。他认为，这也是从笛卡尔到休谟现代哲学发展所给予我们的一个至关重要的教训。①

那么，包含在其中的问题是什么呢？或者是经典基础主义规定的关于基本命题的条件是合理的，或者是这些条件是不恰当的。就后者来说，如果这些条件是不恰当的，起码它将许多命题排除在基本命题之外，而这些命题在普兰丁格看来实在是应该属于基本命题的。例如，他说，我相信我今天中午吃了午饭。我不是在其他命题的基础上相信它的，而只是把它作为基本命题，把它看作处在我的理智结构的基础之中的。而这个命题既不是自明的，也不是感觉明显的和不可纠错的，但我就是把它看作基本的。难道我这样看待它，就表明我是非理性的和不合理的吗？普兰丁格倾向于认为经典基础主义所设定的成为基本命题的条件是过于苛刻了，从而不能恰当地或宽泛地将"我"认为是基本的命题而包含在其中。当然，这仅是问题的一个方面。还有一个方面是理论本身的问题。所谓理论本身的问题是指，对于经典基础主义者来说，如果一个命题是基本的，仅仅当它是自明的或不可纠错的或感觉明显的——我们姑且称它为基本命题标准；当经典基础主义者表述这个标准时，他是否提出了一个适当的或好的论证证明了这个标准？或者说他是否从其前提是一个自明的或不可纠错的或感觉明显的命题出发，经过演绎的、归纳的、可能的或其他无论什么的论证而得出关于这个标准的结论？如果没有，那么这个标准是否是自明的或不可纠错的或感觉明显的，从而自身就是一个基本命题呢？普兰丁格认为，迄今为止，他既没有看到任何一个基础主义者提出这样的论证，同时这个标准又不符合它所规定的成为基本命题的三个条件中的任何一个。因此他说，经典基础主义者关于基本命题标准本身是自指地不融贯的，

---

① 参见 A. Plantinga, *Religious Belief without Evidence*, To Believe or Not to Believe: *Readings in the Philosophy of Religion*, p. 423。

虽然它不符合成为基本命题的条件,但他们把它视为当然的基本命题。①

在普兰丁格看来,这些问题内在于由证据主义、基础主义和道义主义所构成的经典图景(classical picture)之中,成为这个看待合理性问题的经典图景难以解决的困难。他对这个图景的基本评价是,"经典基础主义在自我指称上似乎是不自洽的:它为得到辩护的信念提出一个它自己并不满足的标准",从而,"经典基础主义者,在断言(以及可能相信)他的经典基础主义时,提出了在一个人的权限之内得到辩护的、不受责备的标准,但是他自己对这个经典图景的信念并不满足这个标准"。②

二 认识论立场

普兰丁格在对经典图景,特别是经典基础主义的批判性分析中,认为它关于基本命题的看法存在一定的问题,或者是基础主义者关于基本命题的标准是错误的,或者是他们在接受这一标准时违背了应该遵循的认知责任——因为即使它是真的,他们却并没有提供任何关于它的充分证明或证据。无论哪种情况,基础主义者接受并坚持他们所提出的基本命题标准都是不合理的。因此,普兰丁格认为,经典基础主义把一些可疑的或尚不完备的东西当作确定基本命题的标准或条件,而证据主义关于认知合理性的观点——特别是对有神论的反驳——却是植根于这样的基础之中的,但这种根基则是不充分的或不稳固的。③ 然而,如果普兰丁格是对的,那么是否意味着他会彻底放弃经典基础主义者的基本主张以及他们看待知识合理性的方式呢?或者说,他会提出什么样的方式来为基督宗教信念的合理性辩护而把它看作一个有保证的信念呢?

为了说明基督宗教信念是一种合理的和有保证的信念,普兰丁格在对经典基础主义进行批评的过程中,扩展了他对基本命题的看法。在他看来,经典基础主义关于基本命题标准或条件的看法是不恰当的,这种不恰当性不仅

---

① 参见 A. Plantinga, *Religious Belief without Evidence*, *To Believe or Not to Believe*: *Readings in the Philosophy of Religion*, pp. 423 – 424。

② 普兰丁格:《基督教信念的知识地位》,第104页。

③ 参见 A. Plantinga, *Religious Belief without Evidence*, *To Believe or Not to Believe*: *Readings in the Philosophy of Religion*, p. 424。

表现在它在自我指称上是不自洽的，而且还表现在它关于基本命题的看法上过于狭隘，以至于它将本来应该属于基本命题的众多命题排除在了这类命题之外。例如，他认为上帝存在的命题就是这样的命题。

在说明上帝信念为什么是一种基本信念的理由时，普兰丁格曾经举出三个改革宗神学家的观点作为例证。这三位神学家分别是19世纪的荷兰神学家赫尔曼·巴文克（Herman Bavinck，1854-1921）、宗教改革时期的神学家约翰·加尔文（John Calvin，1509-1564）和20世纪神学家卡尔·巴特（Karl Barth，1886-1968）。[1] 巴文克的基本观点是，证明或证据既不是信仰者相信上帝的最终根据，也不是他们之所以合理地或正当地持有这种信念所必需的条件。在他看来，由于我们关于上帝的知识是不可能在证明的基础上达成的，因此应该像《圣经》那样，从上帝出发，把他作为所有问题的先决条件，而不是从论证其存在的证明出发。我们相信上帝存在就如同我们相信自我、他人和外部世界的存在那样，不需要证据或证明。加尔文的看法是，上帝已在所有人那里植入了一种相信他的内在倾向或冲动，从而每个人都具有某种天然的"神圣感"（an awareness of divinity），这种神圣感会在一定的环境或条件下被激发出来，形成有关上帝的信念。因此，加尔文认为，认可这一倾向并在一定的环境中——例如在注视布满星辰的天空或辉煌壮丽的群山——接受了上帝创造世界信念的人们，这样做时是完全符合他的认知责任的。卡尔·巴特坚持了同样的看法，认为信仰者对上帝的信仰是完全处在他的认知权力之中的，即使他并不知道任何好的有神论证明。

普兰丁格通过陈述上述三位改革宗代表人物的思想，其基本意图是要表明，上帝信念是一种基本信念；因此即使不是在其他命题或信念的基础上接受它，持有这一信念仍然是合理的，并以此来回应或反驳经典基础主义者对有神论信念缺乏证据的批判。他说，改革宗人士的基本主张就是："一个信仰者在以信仰上帝为起点、接受它为基本的以及把它作为达成其他结论的证明的前提方面，是完全合理的，整个地处在他的认知权力之中的。"[2] 为了更为

---

[1] 他们的具体观点可参见 A. Plantinga, *Religious Belief without Evidence*, To Believe or Not to Believe: *Readings in the Philosophy of Religion*, pp. 425-428。

[2] A. Plantinga, *Religious Belief without Evidence*, To Believe or Not to Believe: Readings in the Philosophy of Religion, p. 428.

明确地表达这种观点，普兰丁格将改革宗思想家关于基本命题的看法与经典基础主义者的看法进行了比较。他说，他们倾向于接受经典基础主义者关于一个理智结构中存在这一套基本信念的主张，而且对于后者，关于非基础信念是从基础信念中获得支持的看法也并不表示特别的反感，但是坚决地反对一个基本信念仅仅是自明的或感觉明显的或不可纠错的信念这种主张。因为他们相信，一个合理的理智结构可以很好地将上帝信念包含在它的基础之中，而经典基础主义却将它排除在基本信念之外。这是他们坚决不会同意的。普兰丁格引用巴文克的看法，认为我们应该像《圣经》那样把上帝信念作为"神学和宗教"的起点与基础，而不是把它交付给三段论，通过论证来获得对它的支持或反对。而在这个问题上，他觉得加尔文的看法中包含了一种更为明确的主张，即一个恰当地被建构起来的基督徒的理智结构，上帝信念是作为基本信念而处在它的基础之中的。①

为了进一步阐释上帝信念是一个基本信念的看法，普兰丁格后来引入了A/C（阿奎那/加尔文）模型，即以"托马斯·阿奎那和约翰·加尔文共同提出的"主张为基础，"说明有神论信念是可以得到保证的"。② 阿奎那和加尔文的共同主张是，"人对上帝拥有一种自然的知识"——阿奎那认为人的本性里已被赋予一种能力，"可一般地和模糊地知道上帝存在"；加尔文认为人有一种"神圣感应"的官能或认知机制，使人形成自然倾向、本能、习性或目的，可以"在不同的条件和环境下，产生有关上帝的信念"。③ 普兰丁格即以阿奎那和加尔文的这些共同看法为基础，建构起了说明基督宗教信念可能为真的思想模型。④

普兰丁格认为，阿奎那/加尔文（A/C）模型中的上帝知识是一种自然知

---

① 参见 A. Plantinga, *Religious Belief without Evidence*, *To Believe or Not to Believe: Readings in the Philosophy of Religion*, p. 428。

② 普兰丁格：《基督教信念的知识地位》，第193页。

③ 阿奎那的看法在他的《神学大全》第一集问题2第二条和《反异教大全》第3卷第38章中都有所表述，加尔文的看法主要集中在他的《基督教要义》开头几章中。参见普兰丁格《基督教信念的知识地位》，第196—199页。

④ 普兰丁格认为，为一个命题或事态S提出一个模型，就是要指出S如何可能是真或真实的。由于模型本身也是一个命题或事态，因此这一模型要能够清楚说明：（1）模型命题有可能是真的；（2）若模型命题为真，则目标命题也会是真的。结合这两个条件，可以得出结论说，目标命题有可能是真的。参见普兰丁格《基督教信念的知识地位》，第194页。

第五章 情感、意志与新基础主义

识，是因人的本性中的能力或认知机制受某种条件和环境的"引发"而自然而然拥有或获得的知识。它如同人们其他的感知、记忆和先天信念，是以一种更为直接的方式呈现出来的，而不是像自然神学家的有神论证明那样通过推论或论证获得的。因而由此获得的信念（知识）是一种基础信念，并非以其他信念或命题为证据推论出来的非基础信念。[①] 在普兰丁格看来，A/C 模型中的上帝信念正因为不是基于其他命题或信念作为证据被接纳的，从而是恰当地基础性的。而它之为恰当的基础信念，既是"经过辩护的"，又是"有保证的"——所谓"经过辩护的"是指，以这样的方式接纳这种信念的人们，"没有超出他的知识权利，没有不负责任，没有违反知识或其他的义务"；[②] 所谓"有保证的"是指，它"通常是由一些恰当地在适切的知识环境里起作用的认知官能所产生的，而这作用是按照那官能的设计蓝图，成功地导向真理的"[③]。正是这些认知官能、适切的环境和恰当地起作用等条件，为信念的获得提供了保证。

虽然在 A/C 模型中，普兰丁格觉得还有一些诸如宗教经验的知识地位、罪在多大程度和什么范围上对人们有关上帝自然知识的获得方面产生影响、削弱和阻碍等之类的问题需要讨论和解决，但他认为 A/C 模型已经勾画出了上帝信念是一种有保证的基础信念，满足了成为知识的条件，这就足够了。[④] 在他看来，A/C 模型中的上帝信念，有三个使其拥有知识地位的条件：经过辩护的、具有内在的和外在的合理性以及有保证的。他认为，如果再加上三个其他的核心元素——圣经、圣灵的内在诱导和信仰，那么就可在这个基本的 A/C 模型的基础上，架构起一个扩展的 A/C 模型，从而不仅可以将上帝信念，也可以将三位一体、道成肉身、基督复活、救赎、赦罪、救恩、重生、永生等信念纳入这样的模型中，使之获得知识地位，成为经过辩护的、合乎理性的和有保证的信念。[⑤]

无论 A/C 模型以及扩展了的 A/C 模型有着怎样的雄心，做出了什么样

---

① 参见普兰丁格《基督教信念的知识地位》，第 201—202 页。
② 普兰丁格：《基督教信念的知识地位》，第 204 页。
③ 普兰丁格：《基督教信念的知识地位》，第 205 页。
④ 参见普兰丁格《基督教信念的知识地位》，第 213 页。
⑤ 参见普兰丁格《基督教信念的知识地位》，第 270—271 页。

的建构和论证，普兰丁格的基本意图是明确的，即在对经典基础主义有关基本命题标准或条件的考察和质疑中，通过把上帝信念确定为基本信念，来说明或阐释它的认知合理性与知识地位问题。因此他说，这乃是改革宗思想家之所以反对自然神学的根本原因之所在。在他看来，虽然自然神学传统产生了诸如安瑟尔谟、阿奎那、司各脱和奥康以及笛卡尔、斯宾诺莎和莱布尼茨等这些伟大的思想家，但是当他们这样做时，"不仅仅所提供的论证是不成功的，而且整个事业在某种程度上也是完全被误导的"[①]。而所谓"被误导的"是指，这些自然神学家只是依据经典证据主义的思路来对上帝存在进行论证或证明，却完全忘掉了上帝信念是不需要建立在来自其他命题的论证或证据的基础上的，它本身即一种基本信念，它的合理性并不依赖于其他命题的论证或证明。因此普兰丁格认为，自然神学通过提供证据性的证明来论证宗教信念的合理性，是"不可能被做到的，然而即使可以也不应该去做"[②]。

然而，普兰丁格等人通过把上帝信念归于基本命题来辩护或说明它的认知合理性的方式是否是恰当的呢？他们是否提出了比自然神学更好的论证，或者按照普兰丁格的说法，更好地"理解"有神论信念合理性问题的方式呢？实际上，如果我们简单回顾一下经典基础主义关于知识合理性标准形成的早期历史，可能有助于对这个问题的理解。在古希腊时期，哲学家们——如柏拉图和亚里士多德——就已提出了区分真的知识或真理性知识与不具真理性或真理性待定的日常信念和意见的标准，那就是前者必须是为理性直接把握或是被证明为真的知识。而被证明的知识必须是通过理性的或逻辑的手段、从直接的和不可证明的前提——如逻辑公理或感觉经验等——中推导出来的。基督宗教产生以后，为了回应罗马帝国哲学家们关于基督宗教信念是非理性的批判并为其合理性辩护，一些神学家在阐释和论证其基本信念的过程中，运用了诸多来自希腊哲学的概念与理性手段，并逐步在中世纪的历史过程中形成了影响广泛的自然神学传统。与此同时，哲学也在完善其关于合理性知

[①] A. Plantinga, *Is Belief in God Properly Basic?* 参见 *Faith and Reason*, p. 347。

[②] A. Plantinga, *Religious Belief without Evidence*, *To Believe or Not to Believe: Readings in the Philosophy of Religion*, p. 425.

识的评价体系和论证体系，提出了以基本命题和非基本命题为合理性知识之构成原则的证据主义与基础主义思想。应该说，"既不从宗教信仰也不从任何预先假定的宗教信仰的前提出发来为宗教信仰提供根据"① 的自然神学，是在认同哲学关于真正知识形成条件的基础上对宗教信念认知合理性所做的论证，如安瑟尔谟本体论证明的概念分析，以及阿奎那宇宙论证明的经验推演等。无论这些论证是否取得了引人瞩目的成就，还是存在着什么样的问题，自然神学在知识合理性上是在尝试把哲学作为对话的伙伴，认为如果按照哲学的标准，它同样能够对有神论信念提供相关的证明。可能正是在这样的意义上，普兰丁格把以安瑟尔谟和阿奎那等人的思想为代表的自然神学传统，与古代的和现代早期的哲学家们的思想一道，统称为经典基础主义。

由于自然神学在基本命题的标准上采纳了或者说不自觉地认同了古典哲学的思路，把上帝信念看作其合理性有待证明的非基本命题，从而引起了普兰丁格等改革宗思想家们的反对，认为自然神学的尝试是"完全被误导的"，"即使可以也是不应该去做的"。在他们看来，为什么不把这种信念看作其合理性无须证据证明的基本命题呢？当然，古典哲学之所以提出什么是判别真正知识的标准，其初衷是要将那些非理性的或无根据的观念限定在知识的范围之外，从而在知识论上建构起一种合乎理性的同时也是合乎道义的条件。即使这些标准和条件可能过于严格，但它要好于在确定什么是合理性的知识时，因缺乏可行的标准而可能导致的某种放任态度。普兰丁格也意识到这个问题的存在，当他把上帝信念视为自身即具有合理性的基本命题，而不是需要证据支持的非基本命题时，他说，我们这样做是否意味着会把包括怪诞失常行为在内的所有信念都看作基本的，从而在合理性的问题上持有一种过于宽泛的标准，把占星术及其他非理性的东西都容纳在其中了？他认为这种结论不是必然的。因为在他看来，每一个基本信念都是相对于某个或某些特定的条件或环境而言的。在某个或某些条件与环境中一个信念是基本的，在其他条件或环境中则可能不是基本的。例如，他说，我们在特定的环境中会把"我看到一棵树"视为基本的，但在其他环境中，如我正坐在起居室中闭上眼

---

① William Alston, *Perceiving God*, *The Epistemology of Religious Experience*, Cornell University Press, 1991, p. 289.

睛倾听音乐这样的环境中,这种命题就不会被视为基本的。① 普兰丁格在这里实际上是把某种环境或条件,看作一个命题能否被判定为合理的基本命题的标准。他也正是这样看待有神论信念的,认为"存在着被广泛现实化了的环境,在其中上帝信念是严格基本的"②。然而,这是一种什么样的"环境"呢?它难道不具有某种宽泛性或模糊性,从而存在着使所有的人——如占星术士——用来为自身的信念或行为辩护的可能吗?

或者说,当普兰丁格在反对经典基础主义的基本命题标准——如自明的或不可纠错的——的时候,认为这个标准本身既不是自明的也不是不可纠错的,它是自指的、不融贯的,没有什么合理的理由去相信这个标准是合理的,等等;他在反对这个标准时,是否提出了一个更为严格的或更为合理的标准去取代它?或者仅仅是解构这个标准而在基本命题的判定上采取更为宽容或更为相对的立场呢?普兰丁格的答案似乎更倾向于后者。他说,反对经典基础主义的基本命题标准,一方面并不意味着因此而认同任何事情都是基本的,另一方面也不意味着要提出一个更好的标准去取代它;而是说,确定一个命题是基本的,并不一定必须有一个满意的标准,或者说,即使没有这样的标准或在这样的标准被达成之前,我们在确定什么是基本的和非基本的命题的时候,仍然是符合认知责任并是合理的。③ 那么,为什么会出现这样的结论呢?难道它不会在不同的认知群体——例如哲学与宗教——之间形成不同的基本命题判定标准吗?如果是这样的话,那么由哲学家们所着力建构的经典基础主义思想则面临着前所未有的挑战,出现了游离于它所制定的基本命题判定标准的倾向。也就是说,当中世纪自然神学把上帝信念当作非基本命题而试图提供证据性证明的时候,它是在按照基础主义的思想路线从事合理性的论证;然而当现当代改革宗认识论把上帝信念归结为无须证据证明的基本命题时,它虽然也接受了基础主义关于基本命题是合理性命题的主张,但并

---

① 参见 A. Plantinga, *Religious Belief without Evidence*, *To Believe or Not to Believe: Readings in the Philosophy of Religion*, p. 429。

② A. Plantinga, *Religious Belief without Evidence*, *To Believe or Not to Believe: Readings in the Philosophy of Religion*, p. 429.

③ 参见 A. Plantinga, *Religious Belief without Evidence*, *To Believe or Not to Believe: Readings in the Philosophy of Religion*, pp. 429–430。

不认同后者在确定什么是基本命题问题上所提出的标准或条件。确实，普兰丁格明确地表达了这种看法，他说在断定什么是基本命题方面，"基督教团体是向它的一套例证负责的"，而不是向罗伯特·罗素等哲学家们的例证负责。① 而且在指出经典图景的困难时，普兰丁格针对证据主义的证据要求提出了相反的看法，他说，"事实上根本没有理由认为，为了得到辩护，基督教信念要求论据或命题证据"，基督徒"在信仰上帝上能够得到辩护，即使他们不是按照论据或证据来持有他们的信念，即使实际上没有这样的论据或证据"。② 应该说，普兰丁格的看法是中世纪后期以来意志主义辩护方式演进在当代的表现，反映了当代学者关于不同思维框架或语言框架之间对话相对性的思想处境。

普兰丁格在现当代处境中对宗教信念合理性的解释，就其是否具有信仰主义倾向或特征在学者们中引起了争论。一些学者如威廉·亚伯拉罕（William Abraham）在其出版于 1985 年（Englewood Cliffs, N. J.: Prentice-Hall）的《宗教哲学导论》（*An Introduction to the Philosophy of Religion*）中，认为普兰丁格的中心主张是"要成为合理的，相信上帝不需要理由"，从而体现出了大部分信仰主义者的基本特征，虽然他可能是最温和的信仰主义者。③ 他把普兰丁格归于信仰主义者行列的看法引起了其他学者的反对，克拉克把在辩护上持有信仰主义立场的人们分为三类：第一类认为理性在信仰中"毫无价值"；第二类认为理性具有误导的可能，只遵从理性会引入不信的方向；第三类认为理性有局限，在某些信念上是充足的，在另一些信念上则是不足的。第三类并不贬低理性，只是限定理性的使用，克拉克认为奥古斯丁和阿奎那等都持有这种常识性的立场，是与普兰丁格最接近的立场。在他看来，这种立场与其说是信仰主义的，倒不如说非信仰主义的，没有资格被称为信仰主义者。④ 他倾向于把这种立场称为常识的合理性，认为古典证据主义所寻求的数学式的确定性，把理性限定为计算机的样式，是一种"不合宜的合理性范

---

① A. Plantinga, *Religious Belief without Evidence*, To Believe or Not to Believe: Readings in the Philosophy of Religion, p. 431.
② 普兰丁格：《基督教信念的知识地位》，第 104 页。
③ 参见凯利·詹姆斯·克拉克《重返理性》，第 124 页。
④ 参见凯利·詹姆斯·克拉克《重返理性》，第 123—124 页。

式",这种范式无疑消除了人们的日常理性,因此他说改革宗的合理性理论维系或"保全了我祖母的合理性"。① 当然,这种常识的合理性是否体现了理性的真正意义,以及在多大程度上能够成为被学者们认可的根据,是需要进一步考察与评估的。但无论普兰丁格是如何在当代的思想处境中阐释宗教信念合理性问题的,他所尝试解决的核心问题仍然是从西方哲学与宗教或理性与信仰的长期历史性关系中生发出来的,并将对这种关系的认识和理解以及对托马斯难题的解决,在新的时代条件下向前推进了一步。

---

① 参见凯利·詹姆斯·克拉克《重返理性》,第126页。

第六章 语言、符号与泛功能主义

宗教信念的真假及其合理性之意义问题，虽然在古希腊哲学的形成期间就已经被哲学家们提了出来，但围绕这类问题在具体层面上所发生的具有针对性的对话——批判与辩护，则主要是在公元1世纪基督宗教产生之后而在罗马帝国的哲学家和神学家们之间展开的。面对来自哲学的荒诞性责难，早期基督宗教的神学家们主要采取两种方式为自身的合理性辩护：一是以希腊哲学为取向的理性主义辩护方式；二是坚持自身合理性的信仰主义辩护方式。现代哲学开始其进程之后，有关宗教信念的合理性问题不仅继续着以哲学的证据主义为核心的批判与辩护的对话格局，而且也逐步突破了这一格局的限制，出现了社会文化、心理情感和意志道德等为路径的众多的批判、解释和辩护的理论，扩展了对宗教信念之意义的理解与认知。然而20世纪上半叶在欧美等地流行开来的逻辑实证主义运动，在重申证据原则的过程中，将宗教信念的合理性难题以更为严格的方式置于大众的视野中。虽然这场思想运动在20世纪中叶以后，特别是1960年代以来，呈现出了逐步衰退的趋势；但由于其影响面之广，以及它所提出的问题的严峻性，点燃了众多宗教哲学家重新思考宗教的性质及其话语意义的热情，从而导致了诸多不同于实证主义进路的阐释方式。其中的一个重要思想后果，乃是所谓"语言学转向"（the linguistic turn）的理论思潮。

第一节 语言游戏与思维框架

20世纪五六十年代在宗教哲学中所出现的"语言学转向"，就这一转向所聚焦的语言问题而言，并不是这个时期才刚刚开始出现的一种新的理论现象。至少从20世纪20年代起，早期逻辑实证主义者在凝练其学派宗旨时，语言问题就已成为他们关注的核心，把哲学的任务主要界定为一种语言分析的活动，其目的就是要澄清语言使用上的逻辑混乱。只是当他们把经验的可证实性原则与意义问题关联起来而呈现出强烈的反有神论立场时，才促使后来的宗教哲学家们对宗教话语和命题的性质与意义展开更广泛的讨论。这些讨论的主要目的乃是希望突破或放弃单一的事实性意义原则，尝试在更多的维度与层面上考察了宗教语言所可能具有的功能、目的与意义，从而丰富了这一转向所涵摄的多重语言学意蕴。

一 "奥古斯丁图画"

然而，就基督宗教本身而言，使用什么语词表达其信仰并如何更为准确地理解它们的意义之类的问题，早在这一宗教产生初期就已存在。由于语言是一个非常复杂的现象，在其形成和使用过程中，每个语词不仅具有一个或多个基本的字面意义，而且延伸并扩展出了众多不同的含义与表达方式。因此，在基督宗教《圣经》形成过程中，如何使用希腊语和希伯来语等日常语言中的语词构建宗教话语并向大众解释其中的信仰意义，就已经成为早期教父们面临的一个主要问题，并因此产生出了不同的思想学派。以提奥菲勒（Theophilus，约 115–181）为代表的安条克学派，主张对《圣经》文本及其语言的理解应该恪守原意，从字面的本意出发进行解释。① 该学派因其主要成员来自安条克城（Antioch，也译安提阿）而得名。与这种所谓字面解经理论不同，来自亚历山大城的克莱门特和奥利金，差不多在同一时期提出了与提奥菲勒不同的解经理论。他们除了重视文本本身的字面意义（literal sense）之外，更为看重的是其背后更深的或隐藏的意义。在他们看来，《圣经》文本不仅通过语词本身表达了其所指称的字面含义和历史意义，而且还通过象征或隐喻的方式揭示了道德的、灵性的特别是宗教的意义。② 奥利金等人所提出的隐喻（metaphors）或寓意（allegories）解经法对圣经文本的意义从不同层面进行解释，应该说受到了同样来自亚历山大城的较早时期犹太哲学家斐洛的影响。斐洛曾借用希腊哲学的观念，对摩西五经的意义从伦理的（ethical）、心

---

① 参见赵敦华《基督教哲学1500年》，第67页。
② 参见胡斯都·L. 冈察雷斯《基督教思想史》（第一卷），第186—187、201—202页。

理的（psychological）和科学的（scientific）的层面上做了说明。奥利金受斐洛的启发，把圣经的意义也分为三个不同的层面来解释，即文字和历史的（literal and historical）意义、道德的（moral）意义以及精神的或属灵的（spiritual）意义。有时他也会依据人的存在结构，把圣经分为体（body）、魂（soul）、灵（spirit）三重意义。①

　　这些解经学派中教父哲学家对一些《圣经》文本特殊语词的自然含义、习俗含义和宗教信仰含义的多重解读方式，也在随后的时期为一些教父哲学家和经院哲学家们所使用。罗马帝国晚期的奥古斯丁可谓教父哲学的集大成者，他关于语言语义的研究也颇多建树。奥古斯丁在其《忏悔录》（第一卷第八章）中，描述了他是如何学会语言的使用并以此表达自己意愿的。他说，在这个学习的过程中，长辈们起到了重要的示范作用。他们在称呼某物时身体即转向该物，用称呼该物的声音"意指该物"；他们还用各种表情、身体动作和不同语气来表达某种心理状态。通过长期不断地聆听这些语词如何在长辈们的话语被用于不同的语句和不同的位置，奥古斯丁说他理解并掌握了这些语词的意义和用法。② 这段话被认为是对人类自然语言本质的经典阐释。维特根斯坦在其《哲学研究》的开头部分引述了这段话，认为在这段话中，奥古斯丁刻画了人类语言的本质，指出人类语言中每个语词都是有意义的，其意义就在于这个语词在为事物命名过程中与该事物的联系，即它所指称或表述的东西。③

　　奥古斯丁在这里关于人类语言本质的说明，被维特根斯坦等人称为"奥古斯丁图画"（Augustinian picture）。然而，这一图画并不是奥古斯丁赋予语言意义唯一的东西。实际上，他把语言看作一个复杂的现象，除了命名与指称事物之外，还包括诸如信息交流、祈祷和唱歌等多重意义的使用。④ 在更大的层

---

① 参见 *The Cambridge History of Later Greek and Early Medieval Philosophy*, p. 183。
② 参见 ST. Augustin, *The Confessions*, Book I, Chapter Ⅷ, 13；*NICENE AND POST-NICENE FATHERS*, VOLUME 1, edited by Philip Schaff, D. D., LL. D., Hendrickson Publishers, Inc., 1994（Fourth printing 2004），p. 60。
③ 维特根斯坦：《哲学研究》，汤潮、范光棣译，生活·读书·新知三联书店1992年版，第7页。
④ 奥古斯丁在其《论教师》（*On the Teacher*）中论说了对这些语言的多样化使用。参见 Anthony Kenny, *A New History of Western Philosophy Volume Ⅱ：Medieval Philosophy*, Oxford University Press, 2005, p. 116。

面上，他是把语言作为符号（signs）的一种，来看待它的作用与功能的。在他看来，作为表示和指示功能起作用的符号，主要分为自然的（natural）符号和给予的或约定的（given）符号。自然的符号是以自然的方式产生的，表达或预示了他物的某种东西，如烟之于火、兽迹之于动物等，它的产生并不具有意愿或主观意图，但人们能够通过它认知到了与其自身不同的东西；而约定的符号则是"有生命的物体"以主动明确的意图和方式，用以表达或表示某种心理状态或"他们所感知和理解的东西"的符号，如在人们之间所使用的语言。① 奥古斯丁的意思是指，无论是自然的符号还是约定的符号，都具有以某物表达或表示他物的功能；它们的区分主要在于符号的使用和展现是否具有某种主观的愿望或意图。如果没有主动明确的意愿或意图，那些流露出愤怒或悲伤的表情可说是以自然方式显现心情的自然符号；如果具有这些意愿或意图，人们用以预示某种警示的烟火，则可作为约定的符号来使用。

在这些符号中，奥古斯丁比较关注的是约定的符号，特别是作为其主要构成部分的语言符号，因为这种符号在人类信息传递中占据了非常重要的地位。基于这种认识，奥古斯丁在其《忏悔录》《论教师》《论辩证法》《论基督教学说》和《论三位一体》等论著中，都曾以不同方式对语言的地位、构成、使用方式以及语词语义的区别和含义等进行了讨论。这些讨论有时也会被奥古斯丁用在对神学语词意义的解释中，诸如"圣言"或"圣道"（Verbum Dei）的含义与言说方式，实体性述谓与关系性述谓的不同，以及内在语与其外在表达形式的区别和关系，等等。② 当然，在这些解释中，奥古斯丁虽然意识到了宗教语言与人们使用的日常语言或传统哲学语言之间的差异乃至困境，但他没有也似乎并不打算就这种差异做出长篇大论的讨论。

与奥古斯丁稍有不同，托马斯·阿奎那则更为介意宗教语言与日常语言的不同所导致的对前者理解的困难。这种困难一方面导致了阿奎那在关于上帝本质的认知方面，采取了与奥古斯丁等人几乎相同的否定方式，认为我们

---

① Augustine, *De doctrina christiana*, 2.1.2 – 2.2.3；参见 *The Cambridge Companion to Augustine*, edited by Eleonore Stump and Norman Kretzmann, Cambridge University Press, 2001, p.191。

② 参见董尚文《阿奎那语言哲学研究》，人民出版社 2015 年版，第 99—101、104—107 页。

不可能就上帝的本质形成肯定性的知识，即使有也至多是奥古斯丁所谓的"有学问的无知"以及阿奎那所主张的"否定性剩余"或"本质剩余"。① 在他们看来，这些无知或否定主要是由人类认识能力的有限性所致。另一方面，这种困难也促使阿奎那对宗教表述使用日常语言的可能性进行了分析考察。其中，他通过类比方法，对一些基本语词概念在宗教和日常使用中的异同所做的阐释，最具典型性。

在这种通过类比而展开的词义分析中，阿奎那主要选取的是善、智慧、真理、生命、意志、爱、正义等概念，它们不仅在日常生活中被人们经常使用，而且也在基督宗教传统中被用来称谓上帝。一般来说，当我们在日常生活中使用这些语词概念时，人们通常会对它们有着相对明确的理解。但是，当我们用那些在日常生活中获得某种确定含义的概念来述谓上帝时，会产生什么样的理解呢？阿奎那认为，人们一般会在两种意义上使用这些概念，一是否定的意义，如说"上帝是有生命的"时，意味着他乃是一个不同于无生命的存在；二是因果关系的意义，如说"上帝是善的"时，则意味着他是万物之善的原因。然而，在阿奎那看来，这两种解释是不完全的或不充分的，它们都没有准确地表达出"智慧""善""生命"等名称在用于上帝时的确切含义，并从三个方面分析了它们的不准确性。②

阿奎那自己的解释是，当我们用"智慧""善"和"生命"等概念述谓上帝时，如果我们是用从万物——他称之为受造物——那里获得的概念意义来表述上帝，那么是可以从这一概念已有的肯定或明确的意义上来理解的；但是他尤为强调的是，这种理解一定要避免单义性（univocity）陷阱，即不要从完全相同的意义上来理解同一概念在这两类不同对象上的使用。毕竟它们是两种截然不同的存在类型，在它们之间虽然具有因果关系而使得肯定性的理解获得某种支持，但多义性（equivocity）言说也具有合理性。也就是说，在阿奎那看来，由于上帝是万物的原因和根源，所有存在于万物中的东西，如善、智慧等，都源自上帝；这些先存于上帝中的善和智慧等，是以卓越的、

---

① 参见翟志宏《托马斯难题：信念、知识与合理性》，中国社会科学出版社2014年版，第160—161页。

② 托马斯·阿奎那：《神学大全》第一集第1卷问题13第2条，段德智译，商务印书馆2013年版，第200—201页。

单纯的和完满的方式存在着的，它们就是等同于上帝的本质、能力与存在。而当它们呈现在人类等受造物中时，则是以分散的和多样化的方式存在着，体现的是人的某一种能力或某一种属性。因此，用善、智慧等概念来述谓人和上帝时，既包含了这些概念相似的单义性，也涉及了它们不同的多义性，是依据于"比例关系"、以"类比的方式"述说人和上帝。① 除此之外，阿奎那在《神学大全》随后的篇幅以及《反异教大全》等著作中，对众多这类语词概念的词义进行了大量的比较分析，阐释了宗教语言与日常语言之间的联系与区别。

应该说，阿奎那关于语词的单义—多义兼容学说，涉及的是人类的日常语言在表述超验、无限的上帝时如何可能的问题。当然，在这种如何可能的背后，还隐藏着是否可能的问题。实际上，阿奎那和奥古斯丁等在人类语言是否能够表述上帝的本质方面，首先看到的是"无知"或"否定"；如果人们尝试用肯定的语词来表述，他们会说那是绝对不可能的，甚至是无意义的。然而他们似乎并没有也可能不愿意把这种绝对不可能贯彻到底，特别是阿奎那，他在面对如何表述上帝属性的问题上，希望能够找到一些肯定的语词来为人们提供一种有意义的理解。当代一些学者认为，中世纪哲学家们在把日常语言使用于宗教信仰命题过程中，考虑更多的不是它的无意义，而是它的困难，以及在如何克服这种困难中使之可能。在他们看来，阿奎那的类比理论是当时的一种标准理论，这种理论在既避免拟人化又避免不可知论的同时，通过"适当比例"原则为日常语言的宗教使用提供了一种有意义的途径。② 当然，阿奎那的类比理论在历史上既受到重视，也不断遭到批评，而它试图揭示的意义问题则在 20 世纪面临着更大的挑战。

二 意义与游戏

在 20 世纪宗教信仰所面临的合理性挑战中，逻辑实证主义者们所推展开来的思想运动，可谓最具影响力。他们将经验证实原则与意义标准整合起来，

---

① 托马斯·阿奎那：《神学大全》第一集第 1 卷问题 13 第 5 条，第 208—211 页。
② 参见麦克·彼得森、威廉·哈斯克、布鲁斯·莱欣巴哈、大卫·巴辛格《理性与宗教信念——宗教哲学导论》，孙毅、游斌译，中国人民大学出版社 2003 年版，第 295—298 页。

对表述宗教信仰的言论或命题，从无意义的维度上进行了严厉的谴责，从而引发了人们广泛的关注。当然，早在18世纪的休谟那里，他曾就宗教命题可能包含的无意义话语给予了揭露，指出当我们打开一部神学类的或学院派形而上学类的书籍时，都不可能在其中发现任何有关"数和量方面的抽象推论"以及有关"事实和存在事物的经验推论"；对于这类书卷，他的建议是，我们最好把它们付之一炬，因为除了"诡辩和幻想"之外，它们不可能包含任何有意义的东西。① 休谟以数量关系，特别是经验事实为基础归结陈述或命题意义的看法，在逻辑实证主义者们那里得到了积极的回应，他们在考虑一种表述或一个命题的意义时，以更为明确和更为严格的形式对之进行了阐释与界定：

（1）当且仅当一个陈述在经验上可证实，它才有事实意义；

（2）当且仅当一个陈述是分析的或自相矛盾的，它才有形式意义；

（3）当且仅当一个陈述或是有形式意义或是有事实意义，它才有认知的或字面的意义；

（4）当且仅当一个陈述或是真的或是假的，它才有认知的或字面的意义。②

这四个方面被看作逻辑实证主义意义理论的基本内容。如果按照这些内容和标准对宗教命题进行考量，那么基督宗教关于上帝的陈述既不能够在经验上成为可证实的，也不会被作为形式命题来看待，因此是无意义的，亦没有真假的意义。

正当逻辑实证主义运动在英美等地如火如荼地传播开来时，来自英国剑桥的哲学家维特根斯坦，对语言和意义等问题进行了重新思考；这种思考与当时的其他思想运动一道，为人们探究日常语言以及宗教语言的性质，提供了一种不同于逻辑实证主义的理解方式与途径。维特根斯坦关于语言和意义

---

① Hume, "An Enquiry Concerning Human Understanding", *Great Books of the Western World*, Volume 35, p. 917.

② Michael Martin, "The verificationist challenge", *A Companion to Philosophy of Religion*, edited by Philip L. Quinn and Charles Taliaferro, Blackwell Publishers Ltd., 1997, p. 204.

问题的新的思考，主要是在《哲学研究》（*Philosophical Investigations*）和《论确定性》（*On Certainty*）等后期论著与讲演中呈现出来的。这些在维特根斯坦后期著作中所提出的观点与看法，与他早期代表作《逻辑哲学论》（*Tractatus Logico-Philosophicus*）中的思想，形成了比较大的反差与不同。

在《逻辑哲学论》中，维特根斯坦认为语言（命题）是实在的图像和模型，为实现语言这种唯一的功能，应创造出理想的人工语言来代替不确切的日常语言；但在其后期的《哲学研究》中，维特根斯坦强调了日常语言本身的重要性，认为其功能是多种多样的，一个句子只是完成或实现某个目的的"工具"，其意义受到各种语法规则或约定的支配。在这本书的开头，维特根斯坦首先引用了奥古斯丁《忏悔录》中的一段话，把它看作"一幅关于人类语言的本质的特殊图像"，在这幅语言图像中，"每个词都有一种意义"，其意义乃是"这个词所代表的对象"。① 维特根斯坦用建筑工 A 和他的助手 B 之间的对话解释了这种语言交流的方式：他们使用由石块、石柱、石板和石梁这些词组成的语言，当 A 喊出其中的某个词时，B 则按照他所听到的声音传递出相应的石料。维特根斯坦把这种语言交流方式看作一种原始的语言观念，的确"描述了一套交流系统"；但是这套交流系统只是语言交流的一种，并不能把"所有我们称之为语言的东西都包括在内"，它的适用范围是有限的，只在一个狭窄的范围内使用，并不适用于语言使用的所有范围。②

把词的意义限定在它所代表的对象上来描述语言的功用，是维特根斯坦在《逻辑哲学论》中以某种方式认同了的看法。但在这部重新阐释语言意义的《哲学研究》中，他提出了语言用法的多样化观点。他说，正如工具箱里的工具有锤子、钳子、锯子、起子、尺子、钉子等，以及它们的功能各不相同那样，"词的功能也是多种多样的"；③ 由此构成的句子也有无数多的种类，诸如断言、疑问、命令、描述、报告、推测、假说、图表说明、编故事和讲故事、演戏、唱歌、猜谜、编笑话以及讲笑话、解题、翻译、提问、感谢、诅咒、问候、祈祷等，而且这种多样性也"不是某种固定的、一成不变的东

---

① 路德维希·维特根斯坦：《哲学研究》，蔡远译，中国社会科学出版社 2009 年版，第 5—6 页。
② 参见路德维希·维特根斯坦《哲学研究》，第 7 页。
③ 路德维希·维特根斯坦：《哲学研究》，第 12 页。

西",语言具有工具的多样性。他用游戏来解释语言的这种用法,认为"'语言游戏'一词的作用主要在于突出一个事实:语言的言说是活动的一部分,或者说是生活形式的一部分"①。

维特根斯坦用游戏来描述语言的功能和用法,旨在于说明语言的多样性,而消除人们试图寻找所谓语言的内在的和共同的本质的形而上学期待。在他看来,我们称为"游戏"的那种东西——诸如棋类游戏、牌类游戏、球类游戏和竞赛游戏等,我们并不能从中找到一个单一的本质或"某种共同的东西","不会看到对所有游戏来说都具有的共同的东西,而只会看到一些相似之处和一些关系,以及这些东西的系列";随着对它们考察的进行,一些相似点出现了,而另一些又消失了,考察的最终结果是,"我们看见一个由相互交叉重叠的相似关系组成的复杂网络;有时在总体上相似,有时在细节上相似"。他说,我们可以用"家族相似"来描述这种特征,正如同一家庭成员在身材、相貌、眼睛的颜色、步姿、性情等有各种相似之处,各种"游戏"也以这样的相互重叠交叉而形成一个家族。②语言也是这样的游戏,我们在它们的具体使用中既感受到了它们的多样性,也能够从中理解它们之间的家族相似。正如游戏有其自身的规则,语言的使用也有其要遵守的规则,但这种规则只能在语言的游戏中获得,正如一个棋子只能在一盘棋中获得其意义那样,一个词的意义也只能在其使用的游戏中来理解,"我们称为'句子'、'语言'的那种东西并没有我们原来设想的那种形式上的统一性,而是由一些多少相互关联的结构所组成的家族"③。他认为所谓"语言(或思想)是某种独特的东西"的看法,只是一种迷信,是由"语法幻觉产生"的迷信;哲学研究就是要去"发现这个或那个纯粹的胡说以及那些理智撞向语言界限时留下的肿块",摧毁那些所谓"伟大而重要的东西",这些东西无非"一些纸做的房子",摧毁它们为我们清理出"语言赖以立足的地基",并最终"把词从它们形而上学使用中带回到它们的日常使用中来",在日常语言的使用中考察词的"清晰表达"形式。④

---

① 路德维希·维特根斯坦:《哲学研究》,第19页。
② 路德维希·维特根斯坦:《哲学研究》,第47—48页。
③ 路德维希·维特根斯坦:《哲学研究》,第70页。
④ 参见路德维希·维特根斯坦《哲学研究》,第71—73页。

批判与阐释
—— 信念认知合理性意义的现代解读 ——

由于语言类似于游戏，体现了一种生活形式，有多少语言游戏就有多少语言的用法，语言的意义就在于这种日常的使用之中，不存在绝对地判别语言或句子意义的唯一标准。维特根斯坦关于语言游戏的这种看法，被他本人以及其他一些学者用在对宗教语言或命题的解释中，形成了一种独特的宗教哲学观。维特根斯坦在1930年代中后期发表的《关于宗教信仰的讲演》（"Lectures on Religious Belief"）中，依据其关于语言游戏的立场，对宗教信仰命题的意义做出了解释和说明。他在这些讲演中指出，人们所提到他所相信的一些信仰命题，如"末日审判"等，"并不是通过推理或诉诸信念通常的理由来显明的"，而是通过他的生活形式，通过支配他"全部生活"的东西来显明的，或者说，当我说"我相信"的时候，我的"这一信念"在另一方面并不依赖于"日常信念通常所依赖的事实"。① 这些信仰的表达依据于表达者自己的理解、自己的生活以及自己的期待，因而，当人们用不同的甚至是相反的方式来表达某种信仰命题时，他们是在用"不同的方式进行不同的思考"，说的是"不同的事情"，从而具有的是"不同的图景"。② 由于宗教信仰的表达有其自身的意义和预期，可能甚至完全不去顾及事实证据和历史根据，因此在维特根斯坦看来，如果人们要去批判或嘲讽它的不合理，最好也不要从它是不是建立在"充分的证据上"来寻找谴责它的理由，而应该从其他地方来发现这种理由。③ 而在收录维特根斯坦1914年至1951年间随笔和评论的《文化与价值》的札记性著作中，他也把宗教信仰看作"一种生活方式或者是一种评价生活的方式"，表现出的是对一种"参照系"的热忱信仰。④

维特根斯坦从语言游戏的立场对宗教语言表达方式的解释，引起了当代学者们广泛的兴趣，激发他们对其中涉及的问题和意义进行了深入的解读和讨论。而在这些解读和讨论中的首要问题，就是如何把握与理解维特根斯坦的立场与观点。在总体倾向上，维特根斯坦使用"语言游戏"概念，首先要

---

① Ludwig Wittgenstein, *Lectures and Conversations on Aesthetics, Psychology, and Religious Belief*, edited by Cyril Barrett, University of California Press, 1967, p. 54.

② Ludwig Wittgenstein, *Lectures and Conversations on Aesthetics, Psychology, and Religious Belief*, p. 55.

③ Ludwig Wittgenstein, *Lectures and Conversations on Aesthetics, Psychology, and Religious Belief*, p. 59.

④ 参见维特根斯坦《文化与价值》，黄正东、唐少杰译，译林出版社2014年版，第90页。

说明的是人类日常语言具有各种各样的表达形式和用途。我们不能只看到一个词的唯一的和绝对的意义，认为它就指称一个对象、对应于一个简单的对象，那是不正确的。语言是在不同的场合和不同的使用中，体现出不同的意义的。语言类似于游戏，我们只有在列举众多的游戏中理解什么是游戏，我们也只有在列举语言的用法中理解什么是语言，有多少语言的使用或使用句子的方式，就有多少语言游戏。语言游戏作为使用语言符号的方式，具有工具的多样性和方法的多样性。

然而，通过语言游戏来描述语言使用的多样性，其中仍包含着一个重要的问题，那就是如何看待和评价每一种由语言游戏所构成的谈话方式，或者说我们是否能够用一个普遍的或一般性的标准来衡量某一语言游戏的意义或合理性。维特根斯坦并不认同这种衡量是合适的或是有价值的，他认为每一种谈话方式或语言游戏，都是在特定的思维框架下形成的；我们只能在这个框架内提出问题和讨论问题，我们不能对框架本身提问，这是没有意义的，除非你根本不用这个框架或反对这个框架。就像我们下象棋，你不能对下棋规则产生疑问或不遵守这样的规则，规则是无所谓对错的，只要你下棋，就必须遵守这些规则，除非你不下棋。他的意思是说，由于任何一个框架都为自身设定了一定的标准和规则，只有在这样的标准和规则下，讨论才能够深入，也才是有意义的。从一个外在的或所谓普遍的原则对框架本身的合理性提问，就超越了或溢出了它自身所本有的或内设的标准和规则，从而也就可能会使得问题变得散漫或缺乏针对性。

那么，以信仰为核心所形成的思维框架，内在其中的谈话方式为宗教提供了一种什么样的意义呢？它所表达的陈述或命题是有根据的，从而是合理的吗？在"关于宗教信仰的讲演"中，维特根斯坦通过一系列的例子表明，信仰者在表达其信念的言论和陈述时，也提到了某种根据，但这种根据并不是科学意义上的或历史事实意义上的证据。[①] 在他看来，表达宗教信仰的人们在乎证据，**也**看重合理性，但他们似乎并不希望也并不愿意提出合乎科学或哲学意义上的证据来表明他们信仰的合理性，他们的目的不在此；或者说，

---

① Ludwig Wittgenstein, *Lectures and Conversations on Aesthetics, Psychology, and Religious Belief*, p. 57.

信仰者并不把他们的信仰看作一件合乎科学理性或哲学理性的事情。这不是他们努力的目标。如果从思维框架的角度考虑，那么宗教语言就在合理性问题上形成了一个自足的系统，人们不能从外部对信仰本身提问，询问它是否可以在科学理性上证明、它是否合乎理性以及是否能够满足经验证实原则。

但是，如果说宗教语言是一个不同于科学语言或哲学语言的框架体系，那么是否意味着宗教在形成自己的言说方式的同时，也为自己建构了一个自足的意义体系，从而可以免除来自外部，如哲学，关于其证据合理性的质疑与谴责？就维特根斯坦在其后期哲学论著，特别是在"关于宗教信仰的讲演"中所表达的观点来看，应该说是包含了这种免责倾向的。而且这种倾向是如此的明显，以致使人们感到，在维特根斯坦那里，由于宗教语言为自身建立了自足的意义系统，而从外部引入某种意义标准，不仅是不适当的，而且也是错误的。为此，当代学者尼尔森（K. Nielsen）等人，把他的这种观点与倾向称为"维特根斯坦信仰主义"（Wittgensteinian Fideism），并对它做出了一定的批评，认为这种主义"是在致力于一种相对主义的荒诞形式，即每一生活形式都是自主的，能够根据自身的说话方式得到评价，不可能受到来自外部的批评"，从而也会使与信仰魔法和仙女相关联的生活形式免除外部的批评成为可能。[①] 也就是说，即使人们承认维特根斯坦的语言游戏观是有道理的，但在人类生活中一些不合理的乃至荒诞的东西，是不应该因此而获得免责权的。

第二节　非认知功能与宗教符号

应该说，维特根斯坦阐发其后期哲学思想的**同时**，实证主义运动所倡导的可证实原则与意义标准，也逐步引起了越来越多的质疑，诸如它在拒斥无意义命题的同时，是否可能会排除一些虽不可证实或难以证实却是有意义的科学命题与日常陈述；它是否会损害对在历史中积累下来的对善恶区分、灵魂假设和神圣性之类问题，继续表现出有意义的关切与关注；以及这一原则与标准本身是否是合理的或有意义的；等等。这些疑惑不仅揭示出了实证主义原则的一些理论漏洞，同时也引起了不少人的不满与反驳。在这个过程中，

[①] Michael Martin, *The verificationist challenge*；参见 *A Companion to Philosophy of Religion*，p. 207。

一些宗教哲学家尝试考察宗教语言的性质，以期阐释用以表达宗教信仰的命题，体现的可能会是一种什么样的意义或价值。有的认为宗教语言是非指称的，它并不指称某种经验的或超验的实在，而是体现了一种生活方式或评价方式；有的把宗教语言看作一种伦理语言，表达的是一种价值观念；等等。①可以说，在围绕着合理性问题而扩展开来的对宗教信念的众多内容与问题的讨论中，用以表达宗教信念的语言与符号有什么样的实在意义或象征意义，也成为当代学者们理解或看待宗教语言或宗教命题的性质，或者说它是否具有认识论意义的一个重要的维度。其中一些学者关于宗教语言或宗教符号超越或不具有认识论真假意义的讨论，包含了一个极富挑战性的话题，即我们是否能够或是否应该把宗教信念置放在知识合理性的意义上进行讨论的问题。

一　语言的多样性

逻辑实证主义运动将证据原则与意义标准整合起来，其主要目的是希望为人类的思想表达建构起一个清晰明确的原则。根据这一原则，表达思想观念的语词概念只有当它指称或关联于某一经验实在并为后者所验证时，才是有意义的。当然，如果按照这一原则安排我们的语言，其表述意义的明晰性是毋庸置疑的；毕竟它包含了一个严格的语言使用规则，能够过滤或消除所使用语词概念的模糊性和歧义性。然而由此随之产生的一个问题是，语词概念严格的和单一含义的使用，是人类使用语言的唯一合理的意义吗？维特根斯坦在其后期哲学中所提出的关于语言使用的多样性乃是人类自然语言的本质乃至人类生活的本质的看法，可以说是对这种语言单一意义理论的反驳，认为否定语言意义的多样性则意味着对生活多样性的排斥。

虽说在20世纪中期之后，有不少宗教哲学家秉承了与维特根斯坦后期哲学基本相同的立场，来探究宗教语言的多样性意义；然而逻辑实证主义关于认知合理性意义的探究并将其置于经验证据的基础上予以考量的做法，并不是他们一时的兴趣。这种做法不仅蕴含着一种深远的历史传统，而且还有着一定的现实意义。因此，当逻辑实证主义失去其主流地位的时候，它关于知

---

① 参见查尔斯·塔列弗罗《证据与信仰——17世纪以来的西方哲学与宗教》，第316页。

批判与阐释
—— 信念认知合理性意义的现代解读 ——

识合理性的诉求，关于意义与经验实在关联的看法，依然会以某种方式产生着持续性的影响。例如，安东尼·福如（Anthony Flew）在20世纪50年代曾借用威斯德（John Wisdom）"不可见园丁"（invisible gardener）的比喻，指出宗教命题如果以各种方式来避免其被证伪，则表现出了它在经验上是无意义的。[①] 而约翰·希克（John Hick）则借用来世的可能性，阐发了宗教陈述的可证实性；他在60年代提出了一个比喻，指出两个具有不同生命观的旅行者，当他们走过生命的"最后一个拐弯"时，就能够获得宗教主张可证实或可证伪的真实性意义。[②] 然而，希克虽然支持宗教陈述具有经验意义，但他所提出的可证实性条件是奇特的，这种条件是生活在此世的人们根本无法获得的。这也是希克遭人诟病之所在。

在后实证主义时代，即使逻辑实证主义的意义理论依然受到追捧，但当人们用这一理论分析宗教语言的实证意义时，大多会以一种复杂的方式展开。例如，尼尔森（Kai Nielsen）在20世纪七八十年代回应宗教哲学家们对实证主义意义标准的批评中，倡导的是一个改进了的或者说是做了重新阐释的意义标准。在他看来，意义理论将其与关于经验事实的陈述关联起来，能够为我们提供一个事实上有意义或无意义的清晰例证，从而也能够为我们关于事实的直觉判断建构起一个较为清晰的标准；而这种清晰的表述在宗教信仰者那里也是需要的。因此，尼尔森认为，人们对意义理论是自指不融贯的批评不够恰当，因为这一理论不是一个关于经验事实的直接陈述，而是一个关于什么是事实上有意义和无意义的陈述的建议以及如何对之进行区分的明确的标准。[③] 虽然这种建议是从外部为宗教命题提供了一种意义标准，但尼尔森认为它是有价值的，起码可以避免他称之为维特根斯坦信仰主义立场所可能导致的某种荒诞的相对主义形式。正是基于这种看法，尼尔森对宗教命题做了分析，认为宗教话语的无意义并非在所有无意义的意义上是无意义的，它们其中一些在经验事实上确实是无意义的，但另一些不是无意义的，而可能在

[①] 参见麦克·彼得森、威廉·哈斯克、布鲁斯·莱欣巴哈、大卫·巴辛格《理性与宗教信念——宗教哲学导论》，第300—301页。

[②] 参见麦克·彼得森、威廉·哈斯克、布鲁斯·莱欣巴哈、大卫·巴辛格《理性与宗教信念——宗教哲学导论》，第302页；A Companion to Philosophy of Religion, pp. 204–205。

[③] 参见 Michael Martin, The Verificationist Challenge; A Companion to Philosophy of Religion, p. 208。

真假上是错误的。① 为了说明意义标准依然是恰当可行的，他对之做了补充阐释，并对普兰丁格等人的批评进行了反驳。②

虽说逻辑实证主义的意义标准体现了长久的哲学认知合理性理想，但它将经验事实与意义的严格关联，不仅为宗教语言带来了真假上的困境，而且也导致它在价值上的失范。尤其是后者，在伦理规范上更为敏感。这种敏感性促使宗教哲学家们思考宗教语言的性质或本质是什么，即如果宗教语言不具有事实的认知功能的话，它是否还包含着其他的意义和价值？实际上，在20世纪中期之后，较多的宗教哲学家与后期维特根斯坦一道，或者说在他的启发下，对宗教语言的功能与性质，做出了有别于乃至相反于逻辑实证主义的探究。这些探究都或多或少表现出了对实证主义意义理论的背离或否定，倾向于认为宗教语言并不旨在指称或描述具体的经验实在，而是借助或使用日常语言表达某种其他的东西。在他们看来，虽然这种表达未能把对经验事实的描述或认知作为主要目的，但仍不失其具有某种积极的或肯定的意义，涵摄或揭示了一些不同于认知功能的思想的、情感的或生活的意义与价值。

20世纪中期之后当代学者关于宗教语言性质的讨论，提出了众多不同的观点与看法。其中维特根斯坦在其后期哲学思想中所提出的"语言游戏"理论，可说是最具有典型意义和启发意义。他把语言游戏作为生活形式一部分的看法，为人们重新理解语言以及宗教语言的性质和意义，提供了一种新的思路和方式。一些宗教哲学家们沿着他的思想进路，一方面继续秉承维特根斯坦生活形式自洽性观点，提出了宗教语言之意义和根据的内在主义解释。这些学者如温奇（Peter Winch）和菲利普斯（Dewi Phillips）等，认为宗教语言有其自身的意义，在其建构或赖以产生的"游戏"与生活形式的范围内，拥有着某种相对客观的正当根据与真理标准；如果从外部对之进行评价或做出批评，似乎是不恰当的。③ 当然，这种看法同样包含着明显的相对主义因

---

① 参见 Michael Martin, *The Verificationist Challenge*; *A Companion to Philosophy of Religion*, pp. 206 - 207。

② 参见 Michael Martin, *The Verificationist Challenge*; *A Companion to Philosophy of Religion*, pp. 208 - 211。

③ 参见 *Faith and Reason*, p. 294。

素。另一方面,一些学者则关注于维特根斯坦在语言游戏中所区分的不同语言功能,指出语言除了可以作为陈述句使用外,还可以作为祈使句、行为(行使)句和疑问句等来使用,各自具有不可替代的功能与意义。①

在对语言不同功能的分析中,一些学者通过语言地图的建构来刻画不同语言类型的特征,诸如科学语言、爱情语言、伦理语言和宗教语言等,它们各自在这幅地图中占据着不同的区域,并发挥着不同的作用。这就类似于语言游戏,人们在不同的生活场景中使用不同的语言,来表达不同的思想情感。然而,如果把人类复杂立体的语言进行分类并拼接成一个有着相对清晰边界的地图,那么在制订这个地图时似乎就存在着中心区域和边缘地带的分布。博仁(Paul Van Buren)秉持的就是这种思路,他按照当代流行的观点,把一些语言类型,诸如科学语言、历史语言和常识语言,归于语言地图的中心地带,它们是"清晰的"并占据"统治"地位;而其他的语言,如双关语、诗歌、悖论以及宗教语言,则"处在语言的边缘",表达的多是一些超越日常的和科学的含义之外的东西,具有较大的模糊性,有些没有任何确定的意义甚至是无意义的。② 在博仁看来,这两类语言各有其不同的功能和作用,虽然中心地带的语言是清晰的和不易发生误解的,为我们的思想与生活提供了一个安全稳定的中心;但如果舍弃边缘地带的语言形式,则可能会导致某些丰富的精神经历和生存方式的丧失。他的意思是说,即使宗教语言被归结到语言地图的边缘地带,它依然是这个完整地图的一个不能被丢弃的部分。

当然,博仁通过中心地带和边远地区的划分而绘制的语言地图,为我们提供了一个认识语言各种类型之不同功能和不同作用的有价值的思路。但是,如果认为不同语言类型各自有着明确区分的地理边界,相互之间不可越雷池一步,则是把人类语言本身的复杂性和交织性看得过于简单,而且也易于导致如其他学者所说的"语言信仰主义"的可能;至于哪些语言居于中心地带,哪些处于边缘地位,不同时代会有不同的看法与标准,把其中的某一语言类

---

① 参见麦克·彼得森、威廉·哈斯克、布鲁斯·莱欣巴哈、大卫·巴辛格《理性与宗教信念——宗教哲学导论》,第303页。

② 参见麦克·彼得森、威廉·哈斯克、布鲁斯·莱欣巴哈、大卫·巴辛格《理性与宗教信念——宗教哲学导论》,第304—305页。

型永久绝对地固定于某一地域,则会失之偏颇。诸如对于宗教语言,这种做法可能会忽略掉它涉及的或曾经具有的形而上学的、伦理的和历史的复杂结构。① 实际上,即使人们普遍同意可以依据语言不同功能来编制语言地图,但以什么标准来确定语言的中心地带和边远地区,则是众说纷纭的。一些人认为事实性意义是重要的,但也有人认为伦理的和道德的意义在人类生活中更应占据支配地位。

如果人们尝试以不同的语言类型为边界来编制语言地图,而无论他们会采取哪种标准来分配语言的地理位置,都应该会承认语言表达及其功能的多样性。在对这种语言功能与表达多样性的认可过程中,一方面,宗教语言逐步失去了或不再被认为具有事实意义和认知功能——虽然这种看法可能会是逻辑实证主义观点的继续;另一方面,一些宗教哲学家,如唐·库比特(Don Cupitt)等,认为即使宗教语言不具有知识论上的意义,也不会对它的价值有所损害,因为它的目的不在于认知上的真假,而是在于"为我们的宗教关注、道德动机或自我认知提供一种焦点"②。也就是说,在后一批宗教哲学家中,一些人并不把宗教语言的非事实的和非认知的特征看作对它的否定或批判,反之是从积极和正面的层面上认识它的这种意义,认为这乃是宗教语言本质的体现,以事实的或认知的角度来理解反而是曲解了它的意义。

把宗教语言看作一种非事实的和非认知的语言,是否会降低或减损它的价值,是一个值得进一步思考与讨论的事情。然而如果同意事实性意义并不能够完全揭示宗教语言的性质,或者说有可能会产生对其价值和意义理解的误导,那么必定会促使人们从其他方面,诸如情感的、伦理的,以及包含更多因素的生活方式等方面,探究其性质和功能。布雷思韦特(Richard B. Braithwaite)主要从伦理层面考察了宗教的功能,把宗教语言更多地看作一种道德陈述。在他看来,如果从经验主义的层面上考量宗教信念的本质,那么核心的问题就是要去解释,人们用来表达其宗教信念的宗教陈述,是如何被人们使用的。他认为,内在于其中的首要因素,乃是宗教主张是被作为道

---

① 关于"语言信仰主义"和宗教语言复杂结构的说法,可参见麦克·彼得森、威廉·哈斯克、布鲁斯·莱欣巴哈、大卫·巴辛格《理性与宗教信念——宗教哲学导论》,第306—307页。
② *Faith and Reason*, p. 293.

德主张来使用的。当然，任何一种道德主张都表达了提出这一主张的人们的态度，而这种态度通常是与良好的行为相关联的。① 布雷思韦特虽然认为宗教信念并不等同于道德信念，它与单纯的道德命题之间还存在着较大的差异，但他相信宗教主张必定包含着一定的意向、行为策略和叙事，特别是某种生活方式，从而使其拥有了丰富的道德意涵。② 这种看法使得他能够游离于传统实证主义的真假标准，从道德的以及生活方式的层面上解读宗教命题的价值和意义。

二 符号与象征

在 20 世纪所谓的后实证主义时代，秉持着与布雷思韦特同样想法的宗教哲学家不乏其人；他们之希望从道德层面上揭示宗教命题的性质，与维特根斯坦将之归结为一种独特的谈话方式以及博仁在语言地图中描绘其功能地位等，应该说有着基本相同的目的，即尝试在思想价值或表述意义上赋予其以自身的或内在的自恰性与融贯性，从而来消解或重新看待长期以来理性与信仰争论中所带给它的合理性难题。虽说这些看法和尝试也招致了诸多的质疑和批评，但它确实反映了宗教语言所表达信息与内容的复杂性和独特性。我们在上文也曾说过，对这种复杂性和独特性的认识，并不是一种在现当代才出现的问题或现象；它早在基督宗教刚刚产生的初期，就以如何解读或认识"神的话语与言说"的方式被人们提了出来。这些被称为信仰"第一序列"（first-order）语言的"神的话语与言说"，被认为包含了大量丰富而且复杂隐晦的信息，不仅在神学上需要依赖于作为"第二序列"（second-order）语言的神学语言对之做出说明和阐释；③ 而且还应该通过某种阐释的方式，在宗教语言和日常语言之间建立起理解的平衡。

可以说，如何看待宗教语言的表面文字意义和其背后所隐含的意义，以

---

① R. B. Braithwaite, "An Empiricist's View of the Nature of Religious Belief", *To Believe or Not to Believe: Readings in the Philosophy of Religion*, p. 342.

② R. B. Braithwaite, "An Empiricist's View of the Nature of Religious Belief", *To Believe or Not to Believe: Readings in the Philosophy of Religion*, pp. 349 – 350.

③ 参见 Tyron Inbody, *The Faith of the Christian Church: An Introduction to Theology*, William B. Eerdmans Publishing Company, 2005, p. 13。

及日常语言能否表达或反映出信仰的内在的或超越的信息，构成了基督宗教神学史中一个源远流长的思想内容，许多神学家如奥古斯丁、伪狄奥尼修斯和托马斯·阿奎那等都提出了自身的理解与阐释。到了现当代之后，随着语言研究的深入和多样化的展开，宗教语言与符号的意义问题引起了更多学者的关注，除了维特根斯坦、尼尔森、温奇、唐·库比特、菲利普斯、博仁、布雷思韦特以及麦金泰尔（Alasdair MacIntyre）、莱维纳斯（Emmanuel Levinas）、威廉·阿尔斯顿（William Alston）和普兰丁格等从不同层面并以不同方式对宗教语言的相对性、神学语言的非认识论特征等进行研究外，保罗·蒂利希（Paul Tillich）和保罗·利科（Paul Ricoeur）等人则从符号与记号的区别以及语义的角度，阐释了宗教语言作为比喻和象征的性质与意义。

如何从符号的层面揭示语言的功能与作用，一些古代哲学家们曾以不同方式做出过尝试。奥古斯丁把符号分为自然符号和约定符号两大类，认为语言作为约定符号，主要是被人类等"有生命物体"以主动明确的意图和方式用来表达或表示某种心理状态以及"他们所感知和理解的东西"的符号。他也曾把一些宗教概念用语作为符号，阐释了它们的意义和作用。在现当代，从符号和象征的角度讨论宗教语言性质和意义的宗教哲学家中，保罗·蒂利希的观点被认为是一种经典理论。他对符号与记号的关系、宗教符号的性质与功能、宗教符号的真假及其与实在的关系等方面做出了深入的阐释，提出了一系列备受关注的观点与看法。

蒂利希认为[1]，长期以来，人们一直试图澄清语言符号的意义，从中世纪到现当代的许多哲学家和逻辑学家都在从事这样的努力。只是他们的工作，特别是当代逻辑实证主义者和符号逻辑学家，仅仅把这种努力局限在语言的范围之内，而忘掉了实在的层面，从而使得他们的工作显得过于的狭小，"排斥了生活的大部分内容"。因此，蒂利希认为应该把语言符号的研究扩展到实在的不同层面上，他说，这种扩展体现了"严肃对待符号问题的最积极的方面"[2]。他主要从符号与记号的区别、符号的功能、宗教符号的性质、宗教符

---

[1] 本节依据蒂利希的《宗教的符号》一文概述。原文"The Nature of Religious Language"，*Christian Scholar*，1955（38），No.3。中译文见胡景钟、张庆熊主编《西方宗教哲学文选》，尹大贻、王雷泉、朱晓红、陈雅倩等译，上海人民出版社2002年版，第574—585页。

[2] 蒂利希：《宗教的符号》；参见胡景钟、张庆熊主编《西方宗教哲学文选》，第575页。

号的诸层面及其真假问题等方面来探究符号的意义及其与实在的关系。

蒂利希首先区分了符号（symbols）与记号（signs）的不同。① 他认为这是澄清概念的第一步。他说，记号首先的和基本的功能在于指称或代表了某个外在的事物或东西。记号本身是用语词或字母（如 a、c 等）来表达的，但与表达自身的字母不同，记号表达的主要是它所代表的、不同于自身的某种对象。如"desk"（桌子）和表达它的字母"d-e-s-k"。当然，记号也可用实物来表示，如棍棒、灯具、旗帜等。不论用什么，当它作为记号来使用时，它指向的都是不同于自身的外在的其他事物。如桌子对某种用途的对象的指称、红绿灯对交通的指示、旗帜对政治团体或社会团体的象征。符号在一般意义上与记号这种功能相同或相似。但是符号还有记号所没有的功能，这就是它不仅指向它所代表的对象，还以某种方式"参与它们所指示的实在和力量"，因而可称它们为特殊的记号。如作为权杖的棍棒和一般的棍棒的区别，代表某个国家和氏族群体的具有特殊图案的旗帜和图腾等，"假若作为符号的旗帜没有分享它所代表的对象的力量，那么这一切是毫无意义的"②。因此在蒂利希看来，如果记号仅仅是它所代表的对象的指示的话，那么符号则和这种对象连为一体，成为这个对象的一部分，它们是不能被分开或用另一个相同的记号来代替的。它已融入了某种历史的、政治的或文化的意义。

他认为语言是我们区分记号功能和符号功能的最好例子。语言当它构成一些概念时，它一般具有记号功能，但在运用过程中，一些语词概念会获得符号的意义，如礼拜语言和诗歌语言，它们在长期使用中已积淀出了丰富的历史、文化和宗教的内涵，"有着延续数世纪的力量"，因此"它们不仅是记号，指向所规定的意义；而且是符号，代表实在，并且分享实在的力量"。③ 然而如果数学家或逻辑学家仅仅关注语言的记号功能的话，是不能完全阐述清楚语言的作用与功能的。

蒂利希接下来阐释的是符号的功能。他认为符号的首要的或基本的功能

---

① 在本书前面的章节中，我们通常会将"symbol"译为"象征"，将"sign"译为"符号"。本部分内容我们遵从蒂利希"宗教的符号"中文译者的译法，即用"符号"表"symbol"，用"记号"表"sign"，并以此来阐述蒂利希关于宗教语言的观点。
② 蒂利希：《宗教的符号》；参见胡景钟、张庆熊主编《西方宗教哲学文选》，第 576 页。
③ 蒂利希：《宗教的符号》；参见胡景钟、张庆熊主编《西方宗教哲学文选》，第 576—577 页。

是它的表象功能,即表示不同于他自身的他物并分享该物的力量和意义。由于它代表了外在的事物,从而它能够揭示实在的不同层面,如诗歌、视觉艺术和音乐等所使用的符号。由于与外在实在诸层面相对应的是心灵的诸层面,或者说由于心灵反映了外在事物的诸层面,因而用符号来表达;所以说符号在揭示外在事物诸层面的同时,也揭示了人的内心的诸层面。蒂利希说,"每个符号都是双刃的。它既揭示实在,又揭示心灵";也就是说,符号的"揭示""有着双重功能——即在更深的层面上揭示实在,以及在特别的层面上揭示人类心灵"。①

由于符号是以双重的方式对应于外部实在和人的心灵,因此它和这些事物有着密不可分的关系。这种对应关系使它与简单的记号有了区别,记号可以被随意替换,而符号在表达其专门的功能时则是不可能被随意取代的。专门的符号有着其独特的历史生灭过程,它是自然的而不是一种人为的过程,相反,记号的使用和取代则有着更多的人为过程。因此,符号的产生有着更深的原因,蒂利希称之为"集体无意识"。如某个氏族或群体的旗帜、图腾或一个家族的族徽,它的产生有着历史的或社会的机缘,而且要得到群体无意识的认可,在长久的过程中被所有的成员所接纳。只有这时,它才会成为一个符号。符号虽揭示实在,但它与人们的心理无意识相关。因此,如果某一群体不存在,那么被它们使用的特殊符号也将失去意义,而且在更一般的意义上也可以说,"当相对于符号的人类集团的这一内在状况不再存在时,那么符号也就消失了"。②

如果说符号具有揭示实在的功能的话,那么宗教符号也具有同样的性质。也就是说,宗教符号与其他符号一样,具有揭示实在的基本功能。但在蒂利希看来,与其他符号不同的是,宗教符号是对实在的最深层层面、实在的最基本层面,即最隐秘层面的揭示。这种揭示体现了人类心灵对这一层面的体验,或者说,宗教符号就是表达了人类心灵对实在最深层面的体验。蒂利希认为终极实在的层面就是神圣的层面,因此宗教符号就是神圣的符号。但神圣符号只是表达了神圣的东西,它本身不是神圣的东西;因为"超验的东西

---

① 蒂利希:《宗教的符号》;参见胡景钟、张庆熊主编《西方宗教哲学文选》,第578页。
② 蒂利希:《宗教的符号》;参见胡景钟、张庆熊主编《西方宗教哲学文选》,第578页。

是在整体上超出所有神圣符号之外"的,因此众多的宗教符号只是在不同方面或层面上表达了这个实在。在历史上,不同的人类、不同的宗教信仰群体,可以用不同的自然事物或语言概念来表达他们心灵所体验到的终极实在,即"实在中的任何事物都能够将自身铭刻为表示人类心灵与它的终极基础和意义之间特殊关系的符号"。① 在蒂利希看来,正是这种众多的表达关系的存在,成为宗教的历史在表面上之所以显得混乱无序的原因。

蒂利希认为宗教符号是在人类生活中产生的,它与人类生活的其他现象一样有着其模糊(ambiguity)的一面,服从"模糊法则",既有其神圣的一面,也有其非神圣的一面,体现了神圣性与非神圣性的交织。虽然符号代表了某种实在,可以分享这种实在的力量,但它绝不是这种实在本身;然而由于符号分有了它所指示对象的力量,它总是存在着取代这种对象并"成为最终实在的倾向"。这时就出现了"偶像崇拜"的现象,"神圣的人就能够演变成神",而这种现象的发生就是人们"将神圣符号绝对化,并且将它们与神圣本身等同"的结果。② 蒂利希把这种现象称为"着魔"(demonization),认为它在历史上是经常发生的,无论是在典籍学说还是在圣礼活动与仪式中都存在着"着魔"的危险。

由于宗教符号是对实在和心灵的双重揭示,因而任何宗教符号都有着两个基本的层面,超验的层面和内在的层面,表现了心灵层面与终极实在的遭遇。就符号的超验层面而言,蒂利希主要从三个方面予以了说明。首先是上帝自身——他是超验层面的基本符号。这方面表现的是终极存在、存在自身和最高的存在,是其他事物存在的基础。它是绝对的,不能像表达其他事物那样简单地用符号来表达;但它存在于和我们的遭遇或关系中,因而必须用符号来表达。否则,我们就不能与他交流。这种表达既包含了绝对的方面,也涉及你—我之类的关系要素。因而蒂利希说:"这就意味着在上帝的观念中,我们有了一个象征并非符号化对象的符号——即'存在自身'。"③ 宗教符号超验层面所表达的第二个方面是上帝的性质和属性。蒂利希说这些性质

---

① 蒂利希:《宗教的符号》;参见胡景钟、张庆熊主编《西方宗教哲学文选》,第579页。
② 蒂利希:《宗教的符号》;参见胡景钟、张庆熊主编《西方宗教哲学文选》,第580页。
③ 蒂利希:《宗教的符号》;参见胡景钟、张庆熊主编《西方宗教哲学文选》,第580页。

和属性,诸如爱、仁慈、无所不知、无所不能等,都是从人类自身的经验中推论出来的,它们在字面意义上是不能直接用在上帝中的,因此所用的这些概念必须具有符号学特征。① 宗教符号超越层面的第三个方面是上帝的活动。这个方面主要是通过符号来表述上帝与人的终极关系,虽然使用诸如"创造""派遣"等之类包含时间、空间和因果性内容的概念,但它们都是以象征的方式表达这种关系的。因此在这个问题上,蒂利希认为我们必须区分"符号语言和非符号语言"之间的不同,以此才能认识到这些表达的真正意义。② 历史上一些神学家也以不同方式表达了人类语言在认识或表达"上帝"中的意义和问题。例如托马斯·阿奎那认为我们虽然可以通过理性的方式证明上帝的存在,但对他的本质只能以否定的方式通过"去障之路"来认识,说明了人类语言的有限性;而对上帝属性的认识主要是通过类比的方式实现的,虽然这种方式在阿奎那那里最终有着"卓越之路"的意义,但这种方式本身更多表现的是语言的象征意义,因此也以某种方式揭示了语言符号与它所表达的对象之间的张力。

包含在宗教符号中的另一个基本层面是内在的层面。蒂利希认为这是神圣时空中的现象层面,实际上表现的是在人的层面上如何理解或体验神圣对象的问题。例如基督宗教中的"道成肉身",它所表现的是神圣事物在不同时空中的转化问题,体现了超验层面与内在层面或经验层面的关系。蒂利希认为这是任何宗教都会面对的问题,即神圣的超验因素必须通过人性的或有形的肉身等体现出来,以便成为人们能够理解和体验的内在因素。再如一些神性要素以及转化为符号的记号。前者是指"在特殊的境遇中以一种特殊的方式成为神圣载体的某些实在",诸如具有象征性的圣餐等;后者指用一些特殊的记号来表现、象征神圣实在的具体事物或概念,如教堂、十字架、蜡烛等,并最终从简单的记号转化为特殊的宗教符号。③

蒂利希关于宗教符号性质、功能及其诸层面的讨论,最终也会涉及一个重要问题,那就是宗教符号的真假问题。在他看来,宗教符号确实存在着真

---

① 蒂利希《宗教的符号》;参见胡景钟、张庆熊主编《西方宗教哲学文选》,第581页。
② 蒂利希《宗教的符号》;参见胡景钟、张庆熊主编《西方宗教哲学文选》,第581—582页。
③ 蒂利希《宗教的符号》;参见胡景钟、张庆熊主编《西方宗教哲学文选》,第582—583页。

假，但它的真假与一般意义上的经验验证无关，他把这种无关看作"不依赖于任何经验的批评"；他认为宗教符号的真假意义仅存在于信仰的历史中，"它的真就在于它们对于产生它们的宗教境况是适当的，相反，它们的假则在于它们与产生它们的宗教境况是不适当的"。① 因而，如果把宗教符号从产生它的具体的历史处境中分离出来，试图依据于纯粹的经验批判来验证它，则是文不对题的。同样地，如果把宗教符号绝对化，认为它们就等同于实际的神圣对象，这乃是"偶像化"，因而是不正确的。终极实在是不可能完全被符号化的。它有自身的完整意义。

蒂利希对宗教符号的性质、功能及其所揭示的实在和心灵诸层面的探究，试图在历史处境中看待宗教（符号）的意义问题，与当代一些学者如保罗·利科等通过语词间的张力以隐喻的方式解释宗教文本，有着诸多的相似之处。在这个问题上，他们与维特根斯坦一道，尝试把宗教语言的意义或者限定在自身的思维框架之中，或者归结为历史的恰当性，或者以某种诠释规则超越字面意义，都表达出了其真假与理性的或经验的证据不相关的看法。无论通过这些方式来理解宗教语言的本质是否合适，这种尝试则为我们提供了一种不同于或游离于哲学批判的方式来回答宗教陈述的真假合理性问题，体现了后实证主义时代学术思想的一种演变。然而无论这种演变的意义是什么，由古希腊哲学以及现代哲学所开创的以客观必然性或证据主义为基础的知识合理性评价标准，如果要在公共的意义上被接受的话，那么就必须是一个为我们始终坚持的标准，或者是一个我们应该为之努力的方向。

---

① 蒂利希：《宗教的符号》；参见胡景钟、张庆熊主编《西方宗教哲学文选》，第584页。

参考文献

一 外文文献

A Companion to Epistemology, edited by Jonathan Dancy and Ernest Sosa, Basil Blackwell Ltd., 1992.

A Companion to Philosophy of Religion, edited by Philip L. Quinn and Charles Taliaferro, Blackwell Publishers Ltd., 1997.

Ante-Nicene Fathers, Volume Ⅳ, Chronologically Arranged with Brief Notes and Prefaces by A. Cleveland Coxe, D. D., Hendrickson Publishers, Inc., 1994 (Fourth printing 2004).

Ante-Nicene Fathers, Volume Ⅱ, edited by Alexander Roberts, D. D. and James Donaldson, LL. D., Hendrickson Publishers, Inc., 1994 (Fourth printing 2004).

Ante-Nicene Fathers, Volume Ⅰ, edited by Alexander Roberts, D. D. and James Donaldson, LL. D., Hendrickson Publishers, Inc., 1994 (Fourth printing 2004).

Anthony Kenny, *Ancient Philosophy*, Oxford University Press, 2004.

Anthony Kenny, *A New History of Western Philosophy Volume* Ⅱ: *Medieval Philosophy*, Oxford University Press, 2005.

Armand A. Maurer, *Medieval Philosophy*, Random House, INC., 1962.

A Select Library of the Nicene and Post-Nicene Fathers of the Christian Church, Volume Ⅴ, edited by Philip Schaff, D. D., LL. D., Christian Literature Publishing Co., 1886.

A Select Library of the Nicene and Post-Nicene Fathers of the Christian Church, Volume Ⅱ, edited by Philip Sch, D. D. , LL. D. , Christian Literature Publishing Co. , 1890.

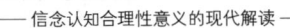

Classics of Western Philosophy, edited by Steven M. Cahn, Hackett Publishing Company, Inc. , 1995 (Fourth Edition).

Eleonore Stump, *Aquinas*, Routledge, 2003.

Etienne Gilson, *History of Christian Philosophy in the Middle Ages*, Random House, 1955.

Etienne Gilson, *The Christian Philosophy of ST. Thomas Aquinas*, University of Notre Dame Press, 1994.

Everett Ferguson, *Backgrounds of Early Christianity*, William B. Eerdmans Publishing Company, third edition, 2003.

Faith and Reason, edited by Paul Helm, Oxford University Press, 1999.

Great Books of the Western World, Volume 35: *Locke, Berkeley, Hume*, edited (in chief) by Robert Maynard Hutchins, ENCYCLOPÆDIA BRITANNICA, Inc. , 1952, (thirty-second printing 1990).

Hans Kung, *Great Christian Thinkers*, the Continuum Publishing Company, 1994.

John I. Jenkins, *Knowledge and Faith in Thomas Aquinas*, Cambridge University Press, 1997.

Ludwig Wittgenstein, *Lectures and Conversations on Aesthetics, Psychology, and Religious Belief*, edited by Cyril Barrett, University of California Press, 1967.

New Essays on Leibniz's Theodicy, edited by Larry M. Jorgensen and Samuel Newlands, Oxford University Press, 2014.

NICENE AND POST-NICENE FATHERS, VOLUME 1, edited by Philip Schaff, D. D. , LL. D. , Hendrickson Publishers, Inc. , 1994 (Fourth printing 2004).

Nicholas Wolterstorff, *John Locke and the Ethics of Belief*, Cambridge University Press, 1996.

Norman Kretzmann, *The Metaphysics of Theism. Aquinas's Natural Theology in Summa contra gentiles Ⅰ*, Clarendon Press, 1997.

Richard Rorty, *Philosophy and the Mirror of Nature*, Princeton University

Press, 1979.

ST. Thomas Aquinas, *On Spiritual Creatures*, trans. by M. G. Fitzpatrick and J. J. Wellmuth, Milwaukee, 1949.

ST. Thomas Aquinas, *On the Power of God*, trans. by the English Dominican Fathers, Burns Oates & Washbourne Ltd., 1934.

ST. Thomas Aquinas, *On Truth*, trans., by Robert W. Mulligan, Henry Regnery Company, 1952.

ST. Thomas Aquinas, *Summa Contra Gentiles*, translated with an Introduction and Notes by James F. Anderson, University of Notre Dame Press, 1975.

ST. Thomas Aquinas, *Summa Theologica*, translated by Fathers of the English Dominican Province, Encyclopedia Britannica, Inc., 1952.

The Cambridge Companion to Aquinas, edited by N. Kretzmann and E. Stump, Cambridge University Press, 1993.

The Cambridge Companion to Aristotle, edited by Jonathan Barnes, Cambridge University Press, 1995.

The Cambridge Companion to Augustine, edited by Eleonore Stump and Norman Kretzmann, Cambridge University Press, 2001.

The Cambridge Companion to Descartes, edited by John Cottingham, Cambridge University Press, 1992.

The Cambridge Companion to Early Greek Philosophy, edited by A. A. Long, Cambridge University Press, 1999.

The Cambridge Companion to Hume, edited by David Fate Norton, Cambridge University Press, 1993.

The Cambridge Companion to Kant, edited by Paul Guyer, Cambridge University Press, 1992.

The Cambridge Companion to Leibniz, edited by Nicholas Jolley, Cambridge University Press, 1995.

The Cambridge Companion to Locke, edited by Vere Chappell, Cambridge University Press, 1994.

The Cambridge Companion to Medieval Philosophy, edited by A. S. McGrade, Cambridge University Press, 2003.

The Cambridge History of Later Greek and Early Medieval Philosophy, edited by A. H. Armstrong, Cambridge University Press, 1967.

To Believe or Not to Believe: Readings in the Philosophy of Religion, edited by Klemke, Harcourt Brace Jovanovich College Publishers, 1992.

Tyron Inbody, *The Faith of the Christian Church: An Introduction to Theology*, William B. Eerdmans Publishing Company, 2005.

William Alston, *Perceiving God. The Epistemology of Religious Experience*. Ithaca and London: Cornell University Press, 1991.

William James, *The Will to Believe · Human Immortality*, Dover Publications, Inc., 1956.

二 中文文献

埃里克·J. 夏普：《比较宗教学史》，吕大吉、何光沪、徐大建译，上海人民出版社1988年版。

艾耶尔等：《哲学中的革命》，李步楼译，商务印书馆1986年版。

艾耶尔：《二十世纪哲学》，李步楼、俞宣孟、范利均等译，上海人民出版社1987年版。

艾耶尔：《语言、真理与逻辑》，尹大贻译，上海译文出版社2006年版。

爱德华·乔纳森·洛：《洛克》，管月飞译，华夏出版社2013年版。

爱弥尔·涂尔干：《宗教生活的基本形式》，渠东、汲喆译，上海人民出版社2006年版。

安瑟伦：《信仰寻求理解——安瑟伦著作选集》，溥林译，中国人民大学出版社2005年版。

奥尔森：《基督教神学思想史》，吴瑞诚、徐成德译，北京大学出版社2003年版。

奥古斯丁：《上帝之城》，王晓朝译，人民出版社2006年版。

《柏拉图全集》第二卷，王晓朝译，人民出版社2003年版。

《柏拉图全集》第一卷，王晓朝译，人民出版社2002年版。

保罗·蒂利希：《基督教思想史》，尹大贻译，东方出版社2008年版。

保罗·蒂利希：《文化神学》，陈权、王新平译，工人出版社 1988 年版。

查尔斯·塔列弗罗：《证据与信仰——17 世纪以来的西方哲学与宗教》，傅永军、铁省林译，山东人民出版社 2011 年版。

笛卡尔：《谈谈方法》，王太庆译，商务印书馆 2000 年版。

董尚文：《阿奎那语言哲学研究》，人民出版社 2015 年版。

段德智：《莱布尼茨哲学研究》，人民出版社 2011 年版。

E. 策勒尔：《古希腊哲学史纲》，翁绍军译，山东人民出版社 2007 年版。

《费尔巴哈哲学著作选集》（下卷），荣振华、王太庆、刘磊译，生活·读书·新知三联书店 1962 年版。

弗洛伊德：《一种幻想的未来·文明极其不满》，严志军、张沫译，上海人民出版社 2007 年版。

汉斯·昆：《世界宗教寻踪》，杨熙生、李雪涛等译，生活·读书·新知三联书店 2007 年版。

黑格尔：《哲学史讲演录》，贺麟、王太庆译，商务印书馆 1983 年版。

黑格尔：《哲学史讲演录》，贺麟、王太庆译，商务印书馆 1983 年版。

胡斯都·L. 冈察雷斯：《基督教思想史》，陆泽民、孙汉书、司徒桐、莫如喜、陆俊杰译，译林出版社 2008 年版。

J. 格雷山姆·梅琴：《新约文献与历史导论》，杨华明译，上海人民出版社 2008 年版。

吉尔松：《中世纪哲学精神》，沈清松译，上海人民出版社 2008 年版。

加里·特朗普：《宗教起源探索》，孙善玲、朱代强译，四川人民出版社 1995 年版；

凯利·詹姆斯·克拉克：《重返理性》，唐安译，戴永富、邢滔滔校，北京大学出版社 2004 年版。

康德：《纯粹理性批判》，邓晓芒译，杨祖陶校，人民出版社 2004 年版。

康德：《单纯理性限度内的宗教》，李秋零译，中国人民大学出版社 2003 年版；

康德：《历史理性批判文集》，何兆武译，商务印书馆 1990 年版。

康德：《任何一种能够作为科学出现的未来形而上学导论》，庞景仁译，商务印书馆 2009 年版。

康德：《实践理性批判》，邓晓芒译，杨祖陶校，人民出版社 2003 年版。

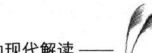

柯普斯登:《西洋哲学史》第二卷,庄雅棠译,黎明文化事业公司1988年版。

科林·布朗:《基督教与西方思想》(卷一),查常平译,北京大学出版社2005年版。

克尔凯郭尔:《最后的、非科学性的附言》,王齐译,中国社会科学出版社2017年版。

莱昂·罗斑:《希腊思想和科学的起源》,陈秀斋译,段德智修订,广西师范大学出版社2003年版。

莱布尼茨:《人类理智新论》,陈修斋译,商务印书馆1982年版。

莱布尼茨:《神正论》,段德智译,商务印书馆2016年版。

《路德基本著作选》,陈开举导读,茹英注释,上海译文出版社2022年版。

路德维希·维特根斯坦:《逻辑哲学论》,王平复译,张金言译校,中国社会科学出版社2009年版。

路德维希·维特根斯坦:《哲学研究》,蔡远译,中国社会科学出版社2009年版;

罗素:《西方哲学史》,何兆武、李约瑟、马元德译,商务印书馆1997年版;

洛克:《人类理解论》,关文运译,商务印书馆2012年版。

《马克思恩格斯列宁论宗教》,唐晓峰摘编,人民出版社2010年版。

《马克思恩格斯全集》第47卷,中共中央马克思恩格斯列宁斯大林著作编译局编译,人民出版社2004年版。

《马克思恩格斯全集》第3卷,中共中央马克思恩格斯列宁斯大林著作编译局编译,人民出版社1960年版。

《马克思恩格斯选集》第一卷,中共中央马克思恩格斯列宁斯大林著作编译局编译,人民出版社1972年版。

迈尔威利·斯图沃德编:《当代西方宗教哲学》,周伟驰等译,北京大学出版社2001年版。麦格拉思:《基督教概论》,马树林、孙毅译,北京大学出版社2003年版。

麦克·彼得森、威廉·哈斯克、布鲁斯·莱欣巴哈、大卫·巴辛格:《理性与宗教信念——宗教哲学导论》,孙毅、游斌译,中国人民大学出版社2003年版。

麦克斯·缪勒:《宗教的起源与发展》,金泽译,上海人民出版社1989年版。

米尔恰·伊利亚德:《宗教思想史》第 2 卷《从乔达摩·悉达多到基督教的胜利》,晏可佳译,上海社会科学院出版社 2011 年版。

米尔恰·伊利亚德:《宗教思想史》第 1 卷《从石器时代到厄琉西斯秘仪》,吴晓群译,上海社会科学院出版社 2011 年版。

普兰丁格:《基督教信念的知识地位》,邢滔滔、徐向东、张国栋、梁骏译,赵敦华审校,北京大学出版社 2004 年版。

塞西尔·罗斯:《简明犹太民族史》,黄福武、王丽丽等译,山东大学出版社 2004 年版。

史蒂夫·威尔肯斯、阿兰·G. 帕杰特:《基督教与西方思想》(卷二),刘平译,北京大学出版社 2005 年版。

《20 世纪西方宗教哲学文选》,刘小枫主编,杨德友、董友等译,上海三联书店 1991 年版。

斯塔夫里阿诺斯:《全球通史》(上下卷),吴象婴、梁赤民、董书慧、王昶译,北京大学出版社 2012 年版。

孙亦平主编:《西方宗教学名著提要》,江西人民出版社 2002 年版。

塔堤安等:《致希腊人书》,滕琪、魏红亮译,中国社会科学出版社 2009 年版;

托马斯·阿奎那:《论存在者与本质》,段德智译,商务印书馆 2013 年版。

托马斯·阿奎那:《神学大全》,段德智译,商务印书馆 2013 年版。

汪子嵩、范明生、陈村富、姚介厚:《希腊哲学史》(第二卷),人民出版社 1993 年版。

汪子嵩、范明生、陈村富、姚介厚:《希腊哲学史》(第三卷上下),人民出版社 2003 年版。

汪子嵩、范明生、陈村富、姚介厚:《希腊哲学史》(第一卷),人民出版社 1997 年版。

王美秀、段琦、文庸、乐峰等:《基督教史》,江苏人民出版社 2006 年版。

威廉·巴雷特:《非理性的人——存在主义哲学研究》,段德智译,上海译文出版社 2007 年版。

维特根斯坦:《文化与价值》,黄正东、唐少杰译,译林出版社 2014 年版;

《西方哲学原著选读》(上卷),北京大学哲学系外国哲学史教研室编译,商务印书馆 1982 年版。

《西方宗教哲学文选》，胡景钟、张庆熊主编，上海人民出版社 2002 年版；

《西方宗教哲学文选》，胡景钟、张庆熊主编，上海人民出版社 2002 年版。

休谟：《人类理解研究》，关文运译，商务印书馆 1981 年版。

休谟：《人性论》，关文运译，商务印书馆社 1980 年版。

休谟：《自然宗教对话录》，陈修斋、曹棉之译，商务印书馆 2009 年版。

休谟：《宗教的自然史》，徐晓宏译，上海人民出版社 2003 年版。

休谟：《宗教的自然史》，曾晓平译，商务印书馆 2017 年版。

《亚里士多德全集》第一卷，苗力田主编，中国人民大学出版社 1990 年版。

亚里士多德：《形而上学》，苗力田译，中国人民大学出版社 2003 年版。

伊丽莎白·S. 拉德克里夫：《休谟》，胡自信译，中华书局 2014 年版。

约翰·马仁邦主编：《中世纪哲学》，孙毅、查常平、戴远方、杜丽燕、冯俊等译，中国人民大学出版社 2008 年版。

约翰·英格里斯：《阿奎那》，刘中民译，中华书局 2002 年版。

翟志宏：《托马斯难题：信念、知识与合理性》，中国社会科学出版社 2014 年版。

詹姆斯·C. 利文斯顿：《现代基督教思想》（上下卷），何光沪译，四川人民出版社 1999 年版。

张倩红、艾仁贵：《犹太史研究入门》，北京大学出版社 2017 年版。

赵敦华：《基督教哲学 1500 年》，人民出版社 1994 年版。

人名索引

(Index Nominum Index of Name)

[说明] (1) 人名索引按照中文和英文格式列出，先后次序以英文名字姓氏为基础，按照英文的字母顺序排列；(2) 部分人物姓名采用其为人熟知的名字排列。

阿伯拉尔（Pierre Abelard） 55，57~59，188

大阿尔伯特（Albert the Great） 66，77，78，85，220

克莱门特（Clement of Alexandria） 24，27，28，34~37，40~46，50，53，86，201，288

威廉·阿尔斯顿（William Alston） 305

阿那克西曼德（Anaximander） 3

阿那克西米尼（Anaximenes） 3，5

安瑟尔谟（也译安瑟伦）（Anselm） 55，57，59，60~63，68，80，85，86，100，115，120，129，270，282，283

托马斯·阿奎那（Thomas Aquinas） 40，44，59，63，66，71，77，85，94，120，129，164，204，208，237，269，273，280，290~292，305，309

亚里士多德（Aristotle） 6，8，10~13，27，30，31，42，43，51，52，55，58，59，63~70，72，75~79，81~84，87，91，94，112，115，124，144，164，171，204~206，208，220，270，282

阿维罗伊（原名伊本·鲁西德）[Averroe（Ibn Rushd）] 64，65，78，79

阿维森纳（原名伊本·西纳）[Avicenna（Ibn Sina）] 64，65，70，99

艾耶尔（Alfred Jules Ayer） 155，170~176，178~186

弗朗西斯·培根（Francis Bacon） 94

卡尔·巴特（Karl Barth） 224，268，279

贝克莱（George Berkeley） 94，179，181

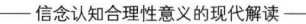

批判与阐释
—— 信念认知合理性意义的现代解读 ——

波埃修（Boethius） 51，52，56，58，69，70，82~84

波拿文都（Bonaventure） 78，85，203

布雷思韦特（Richard B. Braithwaite） 303~305

莱维-布吕尔（也译列维-布留尔）（Levy Bruhl） 196

博仁（Paul Van Buren） 302，304，305

唐·库比特（Don Cupitt） 303，305

加尔文（John Calvin） 224，268，279，280

卡尔纳普（Rudolf Carnap） 155，173，175，178，184

克利福德（W. K. Clifford） 155，156，164~169，238，250，254，256，260，266，267，271

德谟克利特（Democritus） 3~5

杜尔凯姆（也译涂尔干）（Emile Durkheim） 155，195

达米安（Petrus Damiani） 54，57，203

笛卡尔（Rene Descartes） 48，87~95，97~102，106，107，113，114，118~120，122~124，126~128，132，133，136~138，155，170，172，181，187，238，239，259，267，274~277，282

恩培多克勒（Empedocles） 4~6

爱留根纳（Johanes Scotus Erigena） 53，56，82

安东尼·福如（Anthony Flew） 300

弗雷格（Gottlob Frege） 173

弗雷泽（J. G. Frazer） 195

费尔巴哈（Ludwig Feuerbach） 155，187~192

弗洛伊德（Sigmund Freud） 155，195，196，198，199，269

高尔吉亚（Gorgias） 6，7，13

黑格尔（Hegel） 8，172，188，191~193

休谟（David Hume） 87，94，127，131~141，154，155，170，172，179，181~184，187，238~244，248~250，257，267，270，277，293

约翰·希克（John Hick） 300

詹姆斯（William James） 131，141，218，224，225，238，243，244，250~268，271，285，286

查士丁（Justin Martyr） 28，31~37，41，45，46，50，53，201

康德（Immanuel Kant） 87，127，131，132，135，140~155，170，180，183，184，

320

187，238，239，243～250，259，267，270

索伦·克尔凯郭尔（Søren Kierkegaard） 208

莱布尼茨（Leibniz） 87，113～132，136～141，155，170，173，188，276，282

洛克（John Locke） 87～89，93～97，102～114，118，121～124，126～128，130，133，136～138，155～164，170，172，179，181，182，187，238，239，256，267，270，271，274，276

马丁·路德（Martin Luther） 203

迈蒙尼德（Moses Maimonides） 73

马克西姆（Maximus the Confessor） 52

麦克斯·缪勒（Max Muller） 194

摩尔（G. E. Moor） 172，175

马克思（Karl Marx） 155，187，188，190～193

尼尔森（K. Nielsen） 298，300，305

奥利金（Origen） 27，28，34～37，40，44，45，50，86，118，119，288，289

奥托（Rudolf Otto） 54，196

奥康（William of Ockham） 79，81～86，88，250，282

巴门尼德（Parmenides） 3～6，11，70

柏拉图（Plato） 6～11，13，22，26，27，30，31，33，35，36，38，39，41，44，45，49，51，52，65，66，83，87，115，124，171，202，217，270，282

斐洛（Philo） 31～34，288，289

普罗提诺（Plotinus） 27

波菲利（Porphyry） 27，51，83

普罗泰戈拉（Protagoras） 6，7，11，13

毕达哥拉斯（Pythagoras） 3，5，26，30，31，33，35

普兰丁格（Alvin Plantinga） 267～286，301，305

菲利普斯（Dewi Phillips） 301，305

波普尔（Karl Popper） 186

蒯因（W. V. Quine） 186，187

保罗·利科（Paul Ricoeur） 305，310

罗素（Bertrand Russell） 155，172～175，178，179，285

布拉邦的西格尔（Siger of Brabant） 78

苏格拉底（Socrates） 6～10，13，34，44，51，215～218

斯宾诺莎（Baruch Spinoza） 87，120，282

斯宾塞（H. Spencer） 195，196

石里克（Moritz Schlick） 155，175，176，178

塔堤安（Tatian） 28，29，34，35，40，201~203

德尔图良（Tertullian） 28，29，40，201~203，219，220，224，268

泰勒斯（Thales） 3

提奥菲勒（Theophilus） 288

爱德华·泰勒（E. Tylor） 195

保罗·蒂利希（Paul Tillich） 21~27，45，209，305

维特根斯坦（Ludwig Wittgenstein） 155，172~174，176~179，289，293~302，304，305，310

沃尔特斯托夫（Nicholas Wolterstorff） 158~163

韦伯（Max Weber） 196

温奇（Peter Winch） 301，305

塞诺芬尼（Xenophanes） 3，5

主题词索引

（Index Rerum Index of Subjects）

[说明]（1）主题词索引用中文和英文文字对照列出，排列方式以中文名称的汉语拼音字母为序排列；（2）部分主题词以主条目和分条目的形式排列，英文分条目中的主题词以～代替，如"reason"（理性）下的分条目"pure ～"表示"pure reason"（纯粹理性）；（3）部分主题词因出现频率较多而没有列出，一些列出的主题词也因出现频率较多而没有列出相应页码。

A/C 模型（A/C model） 281

安条克学派（the Antiochian School） 288

奥古斯丁图画（Augustinian picture） 288，289

柏拉图主义（Platonism） 22，26，27，30，31，33，36，39，41，45，52，65，66

保证（warrant） 13，73，93，101，102，112，124，127，131，134，143，145，159，163，210，213，238，239，247，248，267，269，270，278，280，281

悖论（paradox） 208，215，217～219，302

本质（essence） 4，5，7，8，11，13，27，28，36，40，41，46，49，53，69～77，80，122，124，125，130，133，134，139，151，154，173，174，176，181，183，187～194，196，198，205，208，212～214，216～218，220，224～226，233，236，250，251，254，256，264，270，289～292，294，295，299，301，303，309，310

本质剩余（essential residue） 74，291

本质异化（alienation of nature） 187

必然性（necessity） 5～8，11～13，30，42，60，69，79，84，87，101，104，105，108，114，116～119，121，125，129，130，133，138，143～148，151～153，155，156，158，182，187，221，222，239，241，272，310

逻辑必然性（logical ～） 114，117，125，130，138，182，222

事实必然性（factual ～） 138

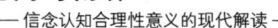

辩护（justification） 2，23～32，34～36，38，40，41，45，50，54，88，124，126～128，137，151，166，192，193，200～203，208，239～241，247，249，250，265～267，269～271，278，281，282，284，285，287

辩证法（dialectics） 8，10，12，37，45，53～56，57～59，83，202，216，290

不可见园丁（invisible gardener） 300

纯粹知性原理（principle of pure understanding） 144

词项逻辑（terminist logic） 81，82

单义性（univocity） 75，291，292

单子论（monadism） 113，114，121，122

道成肉身（incarnation） 19，76，218，229，269，281，309

道德命令（Moral imperatives） 248

道德之基（the moral foundation） 239

笛卡尔循环（Cartesian circle） 102

第一存在者（the first being） 71，72

多义性（equivocity） 75，291，292

俄狄浦斯情结（Oedipus complex） 196，199

恩惠之道（the way of grace） 226，227，228

反驳（objection） 8，9，44，45，48，63，95，97，99，112，113，116，154，187，196，200，214，258，268～272，278，279，298，299，301

分析哲学（analytic philosophy） 172，173，175，181，267

否定性剩余（negative residue） 291

符号（sign） 103，175，177，197，287，290，297～299，304～310

自然符号（natural ～） 290，305

改革宗认识论（reformed epistemology） 267，268，284

感觉明显的（evident to the senses） 273，275～277，280

观念（idea） 2，13，18，19，21～23，26～29，31～33，40，46，49，59，61～63，67，73，75，80，91，93，95～97，99～107，109，110，115，122～124，126～128，132，133，135，137，139，148，151，154，156～158，161，162，164，191，193～195，197，198，200，204，214，230，237，239，240，242，243，247，249，253，254，259，261，266～268，274，276，283，288，294，299，308

复合观念（compound ～） 103，157

简单观念（simple ～） 103，109，157

无限观念（infinite ~） 194

规范（norm） 87, 107, 111, 114, 121, 122, 124 ~ 126, 130, 134, 155, 156, 160, 162 ~ 164, 171, 256, 268, 269, 271, 272, 301

规范的（normative） 107, 126

规范认识论（normative epistemology） 160

合理性（rationality） 1, 2, 22 ~ 26, 28, 30, 31, 33, 37, 38, 42, 47, 76, 82, 87, 88, 94, 106, 107, 109, 110 ~ 115, 119, 121, 122, 126 ~ 130, 136 ~ 140, 154 ~ 156, 162, 170, 172, 180, 187, 200 ~ 203, 218, 221, 237 ~ 241, 244, 249, 250, 265 ~ 272, 275, 278, 281 ~ 287, 291, 292, 297 ~ 301, 304, 310

护教士（apologists） 24, 28, 29

怀疑主义（skepticism） 6 ~ 8, 26, 48, 88, 91 ~ 93, 99, 102, 126 ~ 128, 133, 137, 139, 257, 265

荒诞性（absurdity） 25, 217, 218, 224, 287

基础主义（foundationalism） 1, 106, 114, 123, 124, 126 ~ 128, 133, 136 ~ 138, 140, 154, 155, 170, 172, 187, 200, 208, 238, 267, 270 ~ 273, 275 ~ 280, 282 ~ 284

激情（passion） 36, 210, 212 ~ 219, 222, 223, 255, 265, 266

集体无意识（collective unconsciousness） 307

家族相似（family resemblance） 26, 28, 295

假设（hypothesis） 10, 51, 91, 92, 95, 98, 148, 151, 158, 166, 173, 180, 182, 183, 186, 196, 250 ~ 252, 255, 261, 263, 265, 266, 268, 298

活的假设（live ~） 251, 255, 261, 263, 265

死的假设（dead ~） 251, 255, 261

禁忌（taboo） 198, 199

基础主义（foundationalism） 1, 106, 114, 123, 124, 126 ~ 128, 133, 136 ~ 138, 140, 154, 155, 170, 172, 187, 200, 208, 238, 267, 270 ~ 273, 275 ~ 280, 282 ~ 284

经典基础主义（classical ~） 270 ~ 273, 276 ~ 280, 282 ~ 284

经典套装（classic suit） 270, 271

经验主义（empiricism） 94, 95, 127, 131 ~ 137, 139, 140, 170, 172, 182, 184, 186, 244, 250, 257 ~ 261, 266, 303

经院哲学（scholasticism） 1, 40, 44, 50, 52, 54, 55 ~ 57, 59, 60, 63, 64, 77 ~ 85, 87, 88, 107, 115, 116, 119, 120, 128, 129, 181, 203 ~ 207, 270, 289

可证实性标准（criterion of verifiability） 170, 180, 184

理性（reason） 1，2，4，6~14，22~26，28~31，33，35，37~40，42~50，52~57，59~69，72，73，75~82，85~88，90，94，96~98，102，106~133，135~146，148~164，166，170，172，173，180，181，183，187，188，195，196，199~203，205~209，213，216，218~224，226，228~232，236~241，243~250，253~257，259，261，262，265~272，275~278，281~287，291，292，297~304，309，310

纯粹理性（pure ~） 125，127，139，141~146，148~154，244~247

实践理性（practical ~） 141，245~249

理性主义（rationalism） 10，13，14，30，45，54，63，77，80，114，118，121，123~125，127~129，131，137，195，196，201，224，244，287

弱理性主义（feeble ~） 114，121，125

理智结构（noetic structure） 273，277，280

伦理责任（ethical responsibility） 155，156，160~162，256，266，268

论辩逻辑（dialectical logic） 54，56，57

本体论证明（ontological ~） 55，59，61~63，100，102，107，120，128，131，133，137，138，146~151，153，183，238，283

单纯性论证（~ of simplicity） 120

道德论证明（moralistic ~） 120，249

幻觉论证（the ~ from illusion） 91，92

激情证明（the ~ from passion） 223

模态论证（modal ~） 120

设计论证明（design ~） 120，131，133~135，138，183，238

睡梦论证（dreaming ~） 92

永恒真理的证明（the ~ from eternal truth） 120，131，138

宇宙论证明（cosmological ~） 120，121，131，137，138，146，151~153，267，283

逻各斯（logos） 5，9，22，27，31，33，34，37，41，44~46，229~231，236

逻辑经验主义（logical empiricism） 94，140，170，172，184

逻辑实证主义（logical positivism） 112，155，170，172，175，178，179~182，184，186，187，238，267，287，292，293，299~303，305

逻辑原子主义（logical atomism） 172，174

命题（proposition） 12，13，68，69，73，77，79，81，85，97~99，102，106~114，116~119，121~123，125，128~131，136~139，142，144，146~152，155，157~159，161~164，169，170，173~187，238，239，244，247，257~259，261，267，

268, 270, 272~285, 288, 292~294, 296~300, 304

超理性的命题（~ above reason） 111

反理性的命题（~ contrary to reason） 111, 130

分析命题（analytical ~） 147, 148~151, 174, 179, 183, 186

合乎理性的命题（~ according to reason） 110, 130, 139

基础命题（foundational ~） 106, 270, 273

形而上学命题（metaphysical ~） 139, 178~182, 184~187

原子命题（atomic ~） 174

综合命题（synthetical ~） 144, 147~149, 151, 179, 186, 247

摹状词理论（theory of description） 174, 175

诺斯（gnosis） 2, 3, 14, 15, 36, 43, 44

帕斯卡赌注（Pascal's Wager） 253, 254

判断（judgment） 6, 29, 73, 101, 111, 141~143, 145, 147~149, 162, 163, 165~167, 173, 184, 245, 249, 251, 259, 272, 300

分析判断（analytical ~） 142, 147

后天判断（a posteriori ~） 142

先天判断（a priori ~） 142

先天综合判断（synthetic a priori ~） 143, 259

综合判断（synthetic ~） 142, 143, 147, 149, 259

普遍代数学（universal algebra） 123

普世主义（universalism） 21, 22

77 禁令（Condemnation of 1277） 79, 80, 82, 88, 250

清楚明白（clarity and brightness） 99~102, 105~107, 110, 122~124, 127, 128, 162, 259, 274

情感（feeling） 36, 118, 125, 140, 184, 192, 197, 198, 229, 236, 238, 239, 241~244, 249, 253, 255~257, 260~262, 265~267, 287, 301~303

情感成因（cause of emotion） 249

去障之路（the way of remotion） 73~75, 309

人本学（anthropology） 188, 190

人性之源（the source of human nature） 239

神圣感（awareness of divinity） 279, 280

神圣学说（sacred doctrine） 34, 59, 68, 72, 75

神学（theology） 1，2，11，19，22~24，26~46，49~61，63~69，72，74~88，91，93，114~141，146，153~155，164，170，172，179，181，183，187，188，190，194，196，200~209，219~222，224~226，229，237~241，243，244，249，250，267，269，270，271，279~284，287，290~293，304，305，309

辩证神学（dialectical ~） 57，59，224，225

荣耀神学（~ of glory） 205~207

十字架神学（~ of the cross） 206

新正统主义神学（neo-orthodoxy ~） 225

实体（substance） 11，70，71，73，97，98，100，101，113，114，121，133，144，174，290

复合实体（composite ~） 71

理智实体（intellectual ~） 71

实在论（realism） 81，84，174，175

实证主义（positivism） 112，155，170，172，175，178~182，184，186，187，238，267，287，292，293，298~301，303~305，310

逻辑实证主义（logical ~） 112，155，170，172，175，178~182，184，186，187，238，267，287，292，293，299~301，303，305

思想边界（thinking boundary） 34，139，140

斯多亚学派（Stoics） 22，26，27，30，31，33，41

塔纳赫（Tanakh） 15，16

天赋观念（innate ideas） 95~97，102，103，107，123，126，127，157

投射（projection） 189，190

图腾（totem） 195~199，306，307

推理（reasoning, inference） 12，13，42，43，51，54，56~58，90，96，104，109，124，126，132，134，135，145，148，157，158，205，211，220，221，223，243，252，270，296

归纳推理（inductive ~） 134，135，270

类比推理（analogical ~） 134，221

万物有灵论（animism） 182，195

唯名论（nominalism） 81~86，204

维特根斯坦信仰主义（Wittgensteinian fideism） 298，300

维也纳学派（维也纳小组）（the Vienna Circle） 175，178

文明（civilization） 2，3，14，15，34，52，169，199

迈锡尼文明（Mycenaean ~） 2，3

美索不达米亚文明（Mesopotamian ~） 2，14

米诺斯文明（Minoan ~） 2，3

巫术（witchcraft） 28，195，198

希腊化（Hellenization） 3，13，17，21~23，26，27，30，32

先验辨证论（transcendental dialectics）

先验分析论（theory of prior analysis） 143，144

先验感性论（theory of transcendental sensibility） 143，144

先验幻相（transcendental illusion） 145

象征（symbol） 16，17，45，172，288，299，304~306，308，309

逍遥学派（Peripatetics） 26，31

新柏拉图主义（Neo-Platonism） 26，27，36，45，52

新毕达哥拉斯主义（Neo-Pythagoreanism） 26

信仰（信念）[faith（belief）] 3，14，15，17~19，20~34，36，38，39，41~44，46~51，53~65，68，76，77，79~82，84~86，88，107~119，123~126，128~131，133，136~138，140，141，156，157，162，164~170，175，176，183，187，190，194，195，197，198，200~205，207~244，248，250~257，260，264~268，270，271，279，281，283，285~289，292，293，296~300，302~305，308，310

信仰的伦理学（the ethics of belief） 156，164~169，271

信仰主义（虔信主义）（fideism） 88，268，285，287，298，300，302，303

形而上学（metaphysics） 3，10，11，66~70，72，75，80，83，84，99，102，113~122，125，129，130，135，136，139，141~143，154，173，175，178~187，207，238，244，245，293，295，303

学说（doctrine） 22，26，27，34，35，37，39，46，49，59，65，68，70，72，74，75，77，87，91，93，114~116，122，124，129~131，138，140，158，159，170，171，190，193，194，201，202，209，238，260，269，290，292，308

非正式学说（unofficial ~） 158，159

正式学说（official ~） 158，159

野蛮人哲学（barbarian philosophy/savage philosophy） 35

一致性学说（the doctrine of consistency） 116，124，130，131，138，140

伊壁鸠鲁学派（Epicureanism） 26

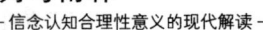

以赞同的态度思想（to think with assent） 47

意义理论（theory of meaning） 293, 299~301

意志（will） 45, 51, 74, 75, 79~82, 88, 117, 171, 184, 188, 191, 192, 221, 238, 244~257, 260~267, 271, 285, 287, 291

信仰的意志（the ~ to believe） 238, 244, 250, 254, 267, 271

因信称义（justification by faith） 207

由果溯因（from effect to cause） 69, 134, 237

有学问的无知（learned ignorance） 291

宇宙情感（cosmic emotion） 256, 266

语言地图（linguistic atlas） 302~304

语言信仰主义（language fideism） 302, 303

语言学转向（the linguistic turn） 287

语言游戏（language games） 287, 295~298, 301, 302

寓意解经法（allegorical interpretation） 45

原始意象（primitive image） 196

原则（principle） 3~5, 18, 21, 22, 30, 32, 36, 39, 43, 45, 46, 48, 49, 53, 55, 57, 60, 63, 66, 67, 69~72, 75, 76, 80, 81, 85, 87, 89, 91, 93, 95~97, 101, 108~112, 114, 118~122, 124, 125, 127~135, 137~140, 143, 144, 145, 152, 153, 155, 157, 159~164, 169, 170, 172, 175, 179, 181, 182, 184~187, 191, 193, 195, 204, 208, 210, 217, 222, 237~241, 244~248, 259, 262, 283, 287, 288, 292, 297~299

充足理由原则（~ of sufficient reason） 114, 121, 122, 124

间接信念原则（~ of indirect belief） 161, 163

矛盾原则（~ of contradiction） 114, 122, 124

评价原则（~ of appraisal） 133, 161~163

完善性原则（~ of perfection） 122

相似性原则（~ of similarity） 134, 139

意义原则（meaning ~） 155, 184, 186, 187, 288

证据原则（~ of evidence） 110, 112, 134, 137, 155, 161~163, 170, 239, 287, 299

证实性原则（verification ~） 155, 169, 179, 181, 182, 184~187, 288

直接信念原则（~ of immediate belief） 161

原子事实（atomic fact） 174, 176

原罪（original sin） 53，202，217，218

詹姆斯论点（James' viewpoint） 261

真理（truth） 4~11，13，30，31，33，34，36，37，39~49，52，53，55，58~60，65，67，74，77，78，83，87，89，90，92，95，98，99，101，102，104，106，109~118，120~125，127，129~131，137，138，142，155，156，158~163，166，168，170，173，178~186，199~202，209~212，214~220，222，229~232，239，242，252，255，257~261，263~265，273，275，281，282，291，301

派生真理（the derived ~） 124，137

事实真理（actual ~） 117，124，125，129，259

永恒真理（eternal ~） 36，116，120，129，131，138，210，215，217，218

原初真理（the primary ~） 123，124，137

主体性真理（subject ~） 209，215~217

真理责任（alethic obligations） 160~163

真正的谓词（true predicate） 149，150，183

证据主义（evidentialism） 1，106，119，124，126~128，131~133，136~8，140，141，154~156，163，164，170，172，175，179，182，187，200，208，238，239，244，249，250，253，264，266~273，278，282，283，285，287，310

知识（knowledge） 1，4~13，23，25，30，35，40~44，48，49，52，54，60，68，69，76，81，85，87~95，97~99，101~115，122~124，126~128，133，135~138，142~145，147，153~162，164，170，171，175，178~184，187，199，200，208，212~214，216，218，226，229~232，234~239，248，255，268~271，274，275，278~283，285，291，299，303，310

感觉的知识（sensory ~） 105，157

后天知识（a posteriori ~） 142

论证的知识（demonstrative ~） 104，105，157

先天知识（a priori ~） 142，143

直觉的知识（intuitive ~） 104，105，123，157

知性范畴（intellectual category） 144，145

智者（sophists） 6~10，13

主体性（subjectivity） 200，208~210，212~218，223

卓越之路（the way of excellence） 74，75，309

自明的（self-evident） 42，43，68，270，273~277，280，284

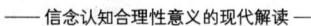

自然神学（natural theology） 1，75，87，88，114，119～122，124～126，128，129，131～141，146，153～155，170，172，183，187，200，204，224，226，237～241，243，244，249，267，269～271，281～284

古典自然神学（classical ~） 137，267

祖先崇拜（ancestor worship） 195

后　记

　　从篇幅和工作量上看,《批判与阐释》的写作与完成多少有点费时拖沓。应该说，本书主题内容的真正确立，始于 2013 年国家社科基金项目的申请并获准立项之时，但随后的写作、结项以及结项后的修改完善，却花费了差不多十年的时间。然而从动笔到杀青付梓却不敢说是"十年磨一剑"，毕竟其间也有其他研究主题和事项使作者分心，磨出的剑锋也谈不上犀利。不过整个地回想起来，本书作者对这一思想主题的考量，不只是始于 2013 年，甚至更早即已映入眼帘并萦绕于心。笔者 2007 年出版的《阿奎那自然神学思想研究》和 2014 年出版的《托马斯难题：信念、知识与合理性》，都可说是以不同方式对本书主题的阐释。如果说前者是以中世纪哲学家阿奎那的自然神学为核心，探究其如何通过整合亚里士多德哲学而尝试为宗教信念提供某种合理性解读的话；那么《托马斯难题》可说是将这种合理性解读以阿奎那思想为核心向更大范围的扩展，包含了希腊哲学理性阐释传统的建构及其与中世纪思想的碰撞融合，以及在现当代思想演变中所面临的阐释难题。记得笔者在《托马斯难题》的出版前言中曾说过，这部小书"把阿奎那的理性（自然）神学体系作为西方哲学（理性）与宗教（信仰）关系阐释史上一个重要标志和里程碑"，希望在此基础上，"进而考察针对宗教信念'认知合理性'的批判与辩护之争论在现代的进展与走向"，毕竟"长时段考察方式"能够"提供一个宽广的视野和宏大的历史叙事"。不过遗憾的是，《托马斯难题》一书本身对"现代进展与走向"的考察在内容与范围上并没有走得太远。然而遗憾终会演变为一种动力或"好处"，若是机缘巧合，再次会促使作者专注于那些未能或没有涉猎到的思想与进展。确实，2013 年的项目提供了这一"发生"的机缘，而本书则秉承了这一探究立场与思想动力，对现当代不同思想家群体间围绕着信念合理性问题展开的对话与争论，给予了历史性的概括、归类与分析，可说是在一定程度上弥补了这种遗憾。当然现在看来，不能说这种弥补就已完全令人满意，它依然留下了不少生涩困顿之处，其中主要问题似乎是当时问题的重现，即本书主题"涉及到问题的复杂和内容的繁多"使得作者的写作面临着巨大挑战，为"在有关不同时期代表人物的选取、思想观点的阐释以及理论细节的处理方面"既带来了困难，也留下了诸多需要进一步探究与完善改进之处。

本书书名和内容是在国家社科基金项目"宗教信念的认识论地位与合理性意义问题研究"（项目号13BZX059）基础上修改完善而成。在研究过程中，本项目获得了国家社科基金的大力支持，使其能够顺利的进行。武汉大学哲学学院和武汉大学基督宗教与西方宗教文化研究中心为本书的出版给予了诸多的帮助。李建全博士、徐玉明博士、陈丽博士、夏天晗博士、崔鹏博士、崔嚷月博士和魏亚飞博士在本书资料收集、人名和主题词索引的整理与编排等方面付出了辛劳。中国社会科学出版社的刘亚楠编辑在该书的编辑和出版方面提出了宝贵的建议，并通读全书对诸多冗余的表达进行了删减或提出了修改意见，使得本书的文字叙述更为流畅、格式排列更为规范。对于上述提到的以及没有提到的机构与学人的帮助与支持，本人谨致以诚挚的感谢和敬意！最后借用老树画画中的两句诗文以自勉：但愿"路边倚马歇息"，不舍"心中一片飞鸿"！

翟志宏

2024年1月21日于武汉珞珈山